电工书架

新编实用电工电子线路

李红星　主编

河南科学技术出版社

·郑州·

内 容 提 要

本书集萃了电工实用的电子线路与电气控制线路，内容包括：常用新颖电子线路、自动控制线路、电工经验线路与保护线路、电动机启动控制线路、电动机降压启动线路、继电控制线路、机床及起重控制线路、电工常用计量仪表线路、PLC 控制线路、单片机控制线路、电动机软启动及变频调速新线路、各种灯具照明线路。

本书内容实用，语言精炼，通俗易懂，图文并茂。一例一图的形式非常适合于广大电工阅读、参考，并可供电子爱好者、相关职业技术院校师生参考应用。

图书在版编目（CIP）数据

新编实用电工电子线路/李红星主编．—郑州：河南科学技术出版社，2011.2

（电工书架）

ISBN 978-7-5349-4813-8

Ⅰ．①新…　Ⅱ．①李…　Ⅲ．①电子电路　Ⅳ．①TN710

中国版本图书馆 CIP 数据核字（2011）第 003534 号

出版发行：河南科学技术出版社

地址：郑州市经五路 66 号　　邮编：450002

电话：（0371）65737028　65788613

网址：www.hnstp.cn

责任编辑：冯　英

责任校对：柯　姣

封面设计：张　伟

责任印制：朱　飞

印　　刷：开封市精彩印务有限公司

经　　销：全国新华书店

幅面尺寸：140mm×202mm　　印张：13.625　　字数：340 千字

版　　次：2011 年 2 月第 1 版　　2011 年 2 月第 1 次印刷

定　　价：25.00 元

前　言

随着我国国民经济建设的迅速发展，电气化技术日新月异，各种电气设备得到了广泛的应用，尤其是变频技术、电动机软启动技术、PLC 技术、单片机技术等，掌握这些新技术，就能在竞争激烈的人才市场上争得一席之地。

本书汇编了多种电工常用的新技术线路，目的是给电工及相关技术人员提供一些安装、维修方面的技术资料线路，使电工及相关技术人员能更多地了解电气线路、电子线路，更全面地掌握电工新技术，在实践中应用自如，解决实际工作中的具体问题。

本书参编人员还有：王兰君、黄鑫、李燕、王文婷、黄海平、凌黎、凌玉泉、李渝陵、朱雷雷、高惠瑾、凌珍泉、贾贵超、刘守真、刘彦爱、谭亚林。

由于编者水平所限，书中错误和不当之处，欢迎读者提出宝贵意见。

编者

目 录

一、常用新颖电子线路

二、自动控制线路

三、电工经验线路与保护线路

四、电动机启动控制线路

五、电动机降压启动线路

六、继电控制线路

七、机床及起重控制线路

八、电工常用计量仪表线路

九、PLC 控制线路

十、单片机控制线路

十一、电动机软启动及变频调速新线路

十二、各种灯具照明线路

一

常用新颖电子线路

1、三端稳压器的并联扩流电路

单片 78 系列的三端稳压器最大输出电流只有 1.5A 左右，在要求大电流稳压输出的场合，比较简单的方法，就是多片三端稳压 IC 并联使用，即它们的对应管脚直接相连。这在一些要求不较高的场合也是一种简单可行的方法，比如用两片代替电视机稳压电路；在一些要求较高的场合就要考虑多片直接并联存在的环流问题，产生环流的原因是稳压 IC 生产过程中的微小差异，其标称参数存在不同程度的误差。解决这个问题的方法是在每片 IC 输出端接一均流电阻再并联，总输出端对地再接一只 100kΩ 左右的电阻。均流电阻取 0.5Ω 左右，功率要视具体的电路要求来定，电路如图 1 所示。

2 电子鸟电路

如图 2 所示，三极管 VT、变压器 T、电阻 R_1 及压电陶瓷片 HTD 组成电感三点式振荡器，产生电子鸟基调信号，电容 C、电阻 R_1、VT、变压器 T 又构成间歇振荡器，对基调信号进行调制，使 HTD 发出间歇性的电子鸟叫声。HTD 既作振荡元件又作发声元件。

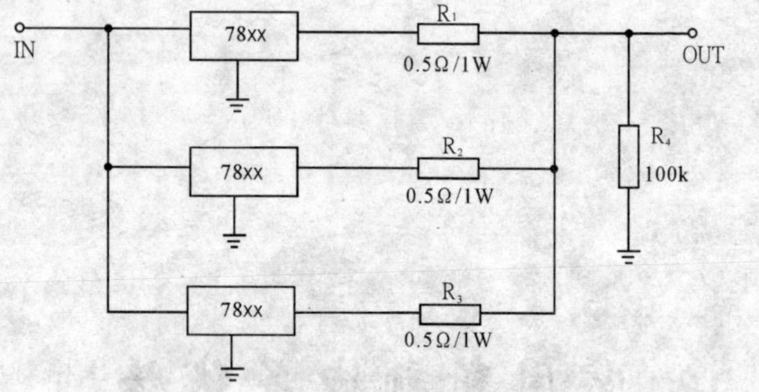

图 1　三端稳压器的并联扩流电路

制作时，变压器用晶体管收音机音频输出变压器，VT 用 3DG6、9014 等 NPN 型三极管，HTD 用 ϕ27mm 压电陶瓷片，R_1 用 220kΩ 电阻，R_2 用 510Ω 电阻，C 用 220μF 10V 电解电容器。HTD 应加上适当的助声腔。改变 C、R_1 的值可调节鸟叫的基调频率及间歇时间。

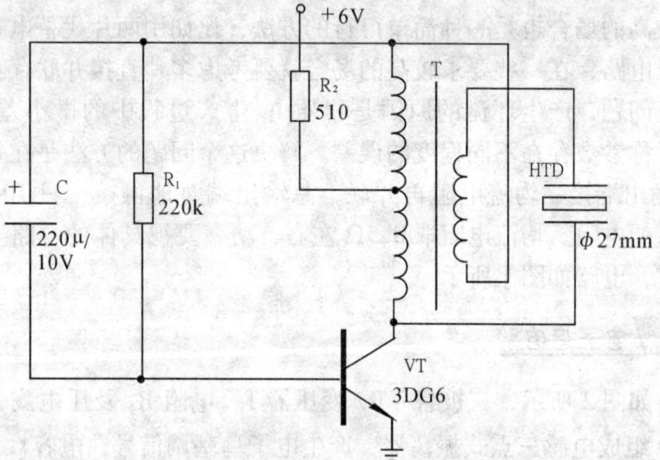

图 2　电子鸟电路

3 双镀膜蜂鸣器电路

电路如图 3 所示，压电陶瓷片 HTD 在这里既作发声元件，将电信号转化为声波信号，同时又作振荡元件，与三极管 VT 构成三点式振荡电路。电路中 R_1 是 VT 的集电极负载电阻，R_2 是 VT 的基极偏置电阻，R_3 为振荡反馈电阻。HTD 为 ϕ27mm 的普通压电陶瓷片，制作时要用刻刀按图中的样式将陶瓷部分刻成两部分。A、B 即为双镀膜陶瓷片，与电路中的 A、B 相对应，C 为金属基板。按图中所示焊接引线 A、B、C，焊接时要快，焊点要小。

蜂鸣器使用时要给 HTD 配上助声腔，以增大音量。

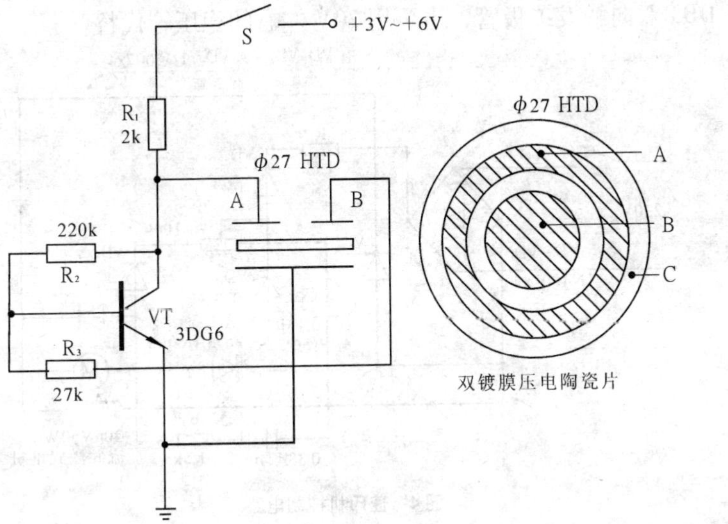

图 3　双镀膜蜂鸣器电路

4 速印机控制电路

上海产系列速印机控制电路原理如图 4 所示。该机采用

200V 50W 直流并激式电机作动力驱动，电源直接采用交流 220V，经 $VD_1 \sim VD_4$ 桥式整流得到直流电。通过调节可控硅 VS 的导通角，进而控制输入电机 M 转子的直流脉动电流的大小，从而调节电机转速控制印刷速度。C_1、R_P、VD_7 和电机转子绕组为充电回路，调节 R_P 的阻值可改变充电时间常数，配合触发二极管 VD_9，可改变 VS 的导通角。VD_5、VD_6、VD_7、VD_8 为电路元器件保护二极管，防止电机转子电刷火花和定子线圈断电时的自感电压对其他元件的损害。

电路中，VS 可用 3A600V 单向可控硅，整流及保护二极管均用 1N4007，C_1 用 0.15μF60V 电容器，C_2 用 0.33μF 400V 电容器，R_1、R_2 取 1.5kΩ，R_P 用 100kΩ 带开关电位器，VD_9 用 DB3 双向触发二极管，也可用 20V 左右的稳压管代替。

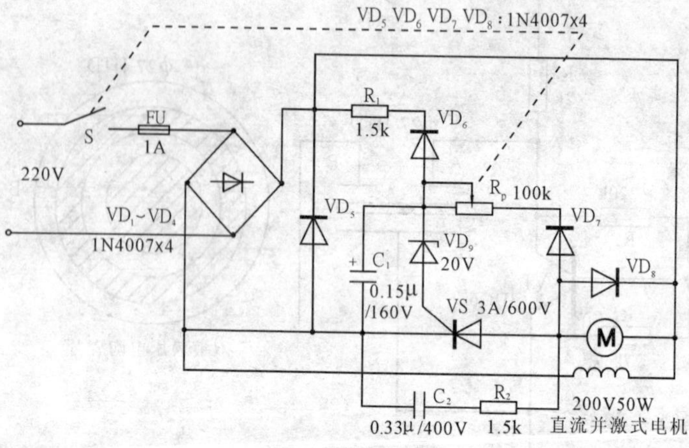

图 4　速印机控制电路

5 车用电热式闪光器电路

如图 5 为摩托车转向闪光电路，其中 A 部分为车内供电电路，B 部为电热式闪光器电路，C 部分为蜂鸣警示电路。电热式闪光器是根据双金属片热胀冷缩的原理工作的，在它的内部，电阻丝 R_1 绕在双金属片开关 S_3 的动片上，转向时 S_1（车辆钥匙总开关）、S_2（左或右转向开关）接通，电阻丝 R_1 发热，双金属片变形，开关 S_3 闭合，转向灯亮。S_3 的闭合导致电热丝 R_1 断电，双金属片降温冷却，最后开关 S_3 断开，灯熄灭。接下来 S_3 断开，R_1 又得电发热，双金属片又变形，S_3 断开，灯亮。这样周而复始，转向灯在闪烁状态。

在 S_3 断开时，蜂鸣器得电发声；S_3 闭合时，失电无声。随着闪光灯的闪烁，蜂鸣器发出断续的警示蜂鸣声。

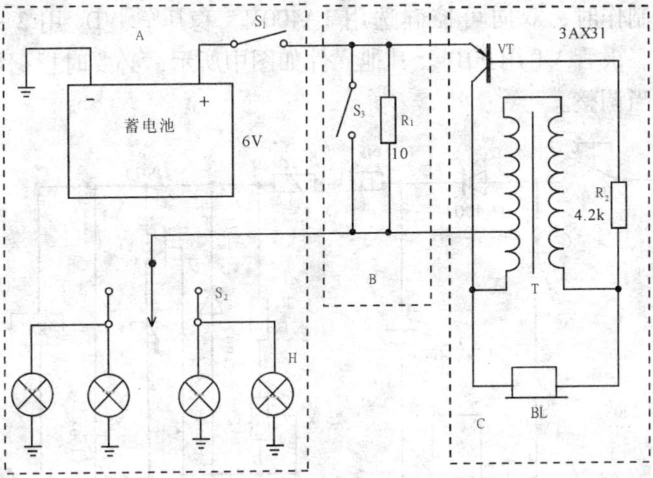

图 5　车用电热式闪光器电路

6 小型塑料封口机电路

该电路构思独特，设计简洁，使用它能够对不同厚度的塑料材料实施定时加热封口。

电路如图 6 所示，VD_1、C_1 构成整流滤波电路，得到 300V 的直流电压，R_1、R_2 降压得到 24V 的直流电压，供定时控制电路使用。SB 闭合，继电器 KA 得电，KA 闭合，经变压器 T 降压，电加热丝得电，开始升温加热。与此同时，C_2 由 R_3、R_P 开始充电，随着 C 两端电压的上升，VT 开始导通，电压上升到一定程度，稳压管导通，可控硅 VS 导通。由于 VS 的导通，使继电器线圈短路失电，KA 断开，电热丝失电而停止加热，完成一次定时加热过程，调整 R_P 可改变定时加热的时间，以适应不同厚度的材料。

LED直接串在继电器绕组回路中，用于工作状态指示，加热时亮，不加热时熄灭。

制作时，双向可控硅选用 1A400V，稳压管 VD_2 用 2 ~ 3V 管，三极管 VT 用 9014。其他元件如图中所示，必要时根据需要作适当调整。

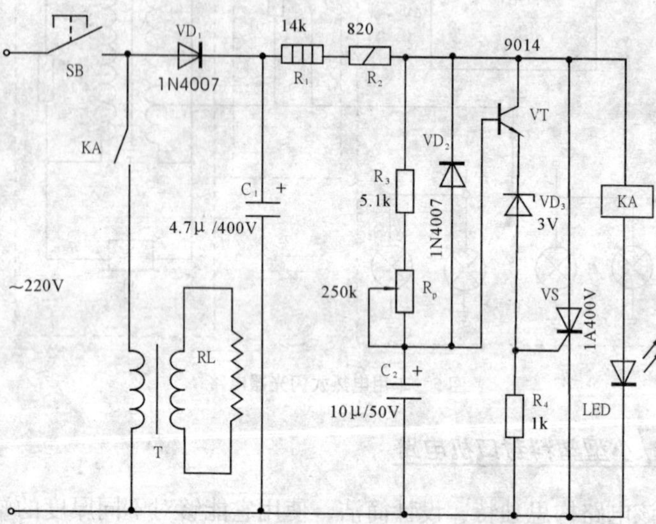

图 6　小型塑料封口机电路

7 多媒体电脑有源音箱功放电路

如今，多媒体电脑日益普及，许多人都希望组装台电脑，既节约了开支，又学了本领。组装兼容机时，有源音箱完全可以自制。这里给出的电路，简单易做，成本低，性能好，同时，它的输出功率也较大。电源电压为6V时，最大输出功率为4W；外接电源为12V时，最大输出功率可达10W以上。

电路如图7所示，两片KD28功放集成电路组成BTL放大器，同样电压下此OTL电路有更大的输出功率，为节省成本，免去了音量控制电位器，音量用电脑软件控制。电源用4节1号电池，也可用6V稳压电源代替。

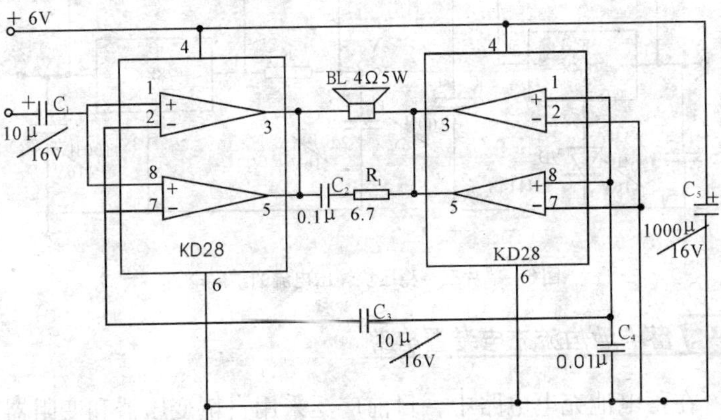

图7　多媒体电脑有源音箱功放电路

8 单片三端稳压块输出电流的扩展电路

单片78系列稳压块最大输出电流为1.5A，在要求更大电流的场合，可用大功率三极管扩展其输出电流，最大输出电流可达1.5×（B+1）A，B为三极管的电流放大倍数，实际应用中要考虑三极管的最大允许输出电流，要给三极管加上合适的散热片。

使用 NPN 大功率管扩展电流的电路如图 8 所示，二极管的作用是补偿三极管发射结的电压，以保持稳压块原来的输出电压。

使用 PNP 型大功率管扩流的电路如图 8 所示，R 的数值由三极管的 U_{be} 值和稳压器的输出电流来决定，U_{be} 对硅管取 0.7V，对锗管取 0.3V。如稳压器的电流取为 1A，则使用硅管时，R 为 0.7Ω，锗管为 0.3Ω。

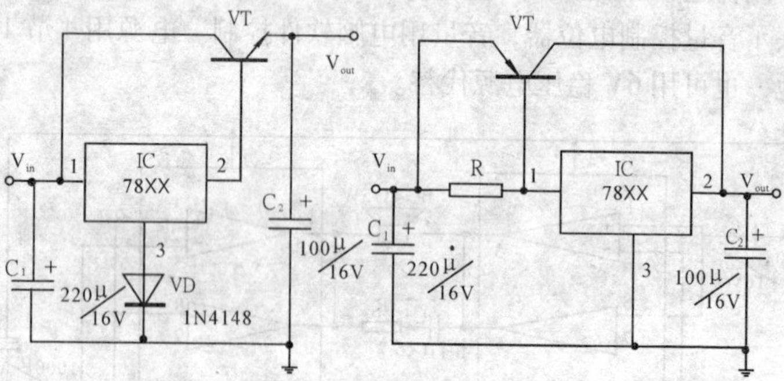

图 8　单片三端稳压块输出电流的扩展电路

9 蓄电池恒流充电装置电路

在蓄电池充电电路中，目前广泛采用自耦变压器和变阻器来调节充电电流，它的缺点是必须不断地监视和调节电流。图 9 所示是一种能自动保持充电电流在给定值上的电路。它采用在变压器初级绕组中串联电容的办法，使充电过程中，电容和绕组之间的电压不断重新分配，因而使充电电流保持给定值。

为使充电电流保持在 5.5A，变压器应选用功率大于 170W，次级每半个绕组空载电压约为 27V 为宜。开关 S_1 选择电容容量，从而控制充电电流。闭合时，充电电流约 5.5A；打开时，充电电流减少一半。

二极管 VD_1、VD_2 最大平均整流电流选 10A，反向耐压选 100V。

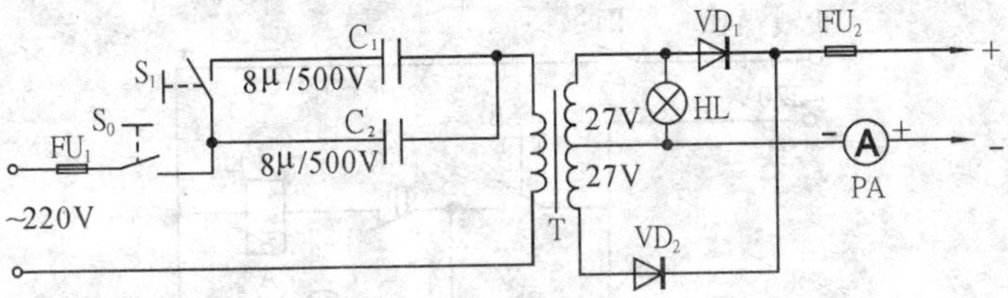

图 9　蓄电池恒流充电装置电路

10 纽扣电池充电电路

如图 10 是一种最简单的纽扣电池充电方法，将两节 1 号电池串连，再串连一只数 kΩ 的电位器和一只万用表，量程拨到电流挡 50mA。充电开始时，调电位器，将充电电流调到 25mA。当充电电流降至几毫安时，证明充电完毕。电池需放置一天后，观察电池不漏液不变形，即可继续使用。

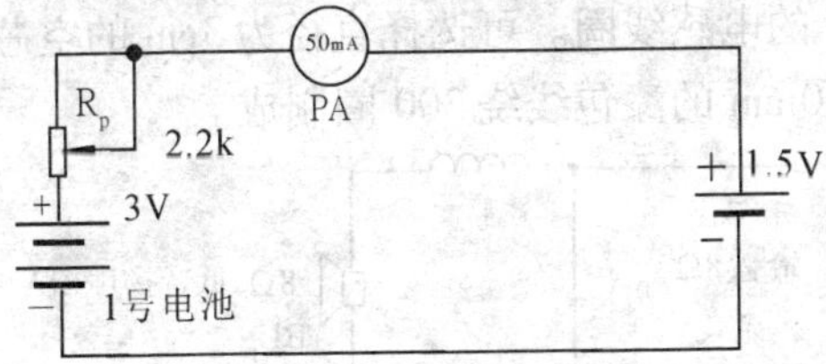

图 10　纽扣电池充电电路

11 学校铃声定时电路

一般学校上课都由人来控制拉铃，但铃声时间长短不一，难以掌握。装一个定时器控制响铃时间，便可解决这一问题。工作原理如图 11 所示：拉铃时按下按钮 SB，此时时间继电器 KT 得电吸合，电铃也同时得电发出铃声，松开按钮 SB，由于 KT 吸合，KT 常开点自锁，直到时间继电器经过调定的时间后（调时间继电器可调到 1min 或根据需要选择调整），其延时常闭点动作断开，使时间继电器失电释放，KT 常开点断开，铃声停止。

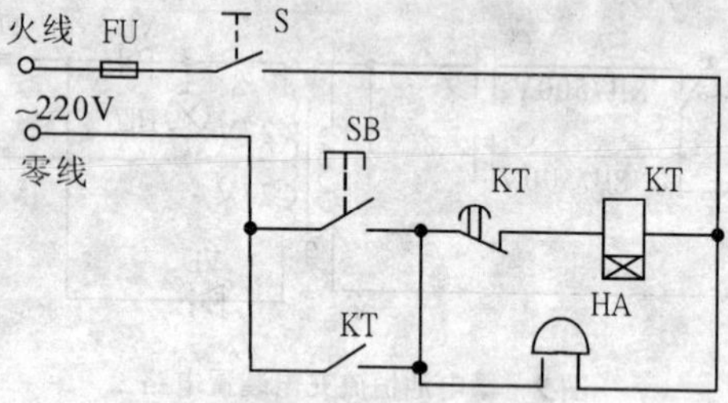

图 11　学校铃声定时电路

12　扬声器与简单高低音分频器连接

扬声器与简单高低音分频器的接线方法如图 12 所示：电感线圈与低音扬声器串联。电容与高音扬声器串联。电容器可用两只小容量的电解电容串成无极性电容用，电感线圈也可自制。如是 10 英寸纸盆扬声器，功率在5～10W 之间，那么电感线圈可选用0. 85mH 的电感线圈。可选择直径为 3cm 的空芯骨架，用直径为 0. 8～1. 0mm 的漆包线绕 300 圈制成。

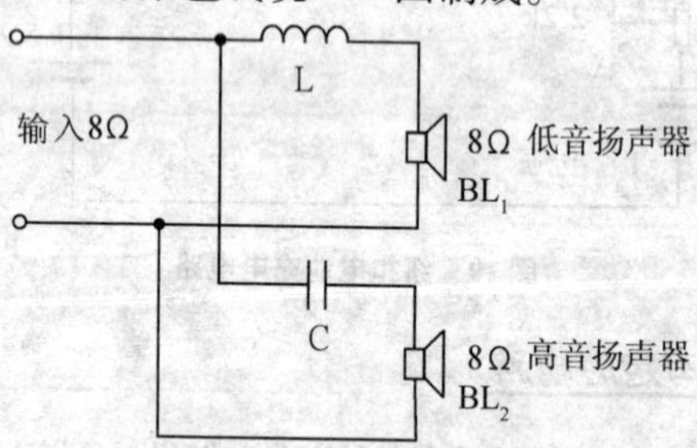

图 12　扬声器与简单高低音分频器连接

13 喇叭和电子管扩音机的配接

喇叭和电子管扩音机配接不当，不但播音效果不好，而且还会缩短扩音机和喇叭的寿命，严重时还可能损坏扩音机和喇叭。

喇叭和扩音机配接时，只要同时满足以下三个条件，就可以直接配接：一是各个喇叭上所标的额定功率的总和等于或接近于扩音机的输出功率，喇叭功率总和不够时，就可以用（灯泡）假负载连接，灯泡的功率可相当于喇叭的功率，灯泡应接到接线端；二是喇叭经过串联或并联后的总阻抗，要和所接的扩音机输出端所标的阻抗相等；三是每只喇叭所得到的功率等于或稍小于该喇叭的额定功率。

图 13（a）为单只喇叭的配接方法示意图；图 13（b）为串联接法；图 13（c）为并联接法；图 13（d）为混联接法。

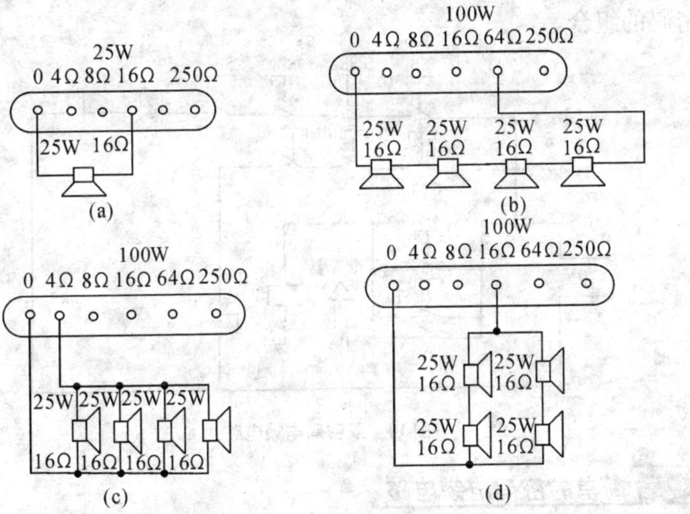

图 13　喇叭和电子管扩音机的配接

14 双密码电锁电路

如图 14 所示是一种双密码电锁线路。线路中 YA 为操纵锁闩或门闩的电磁铁。按钮 SB_1 ~ SB_{10}装在门外。K_1、K_2 为中间继电器，继电器 K_1、K_2 可选用交流 220V 中间继电器。

当开门时，按下按钮 SB_1、SB_2、SB_3、SB_4 电磁铁通电，门才可打开。如果有人不知道密码而在尝试开锁过程中，误按按钮 SB_8 ~ SB_{10}中的任何一个，则继电器 K_1 动作，K_1 的常闭触点断开，切断电磁铁线圈电路，同时电铃发出报警。在这种情况下，即使再按照密码要求按下按钮 SB_1、SB_2、SB_3、SB_4，电磁铁也不会动作。那么要想再开锁，就必须使 K_1 线圈断电，即同时按下按钮 SB_5、SB_6、SB_7 使继电器复位，K_1 的常闭触点闭合，然后才能用密码开锁。改变按钮 SB_1 ~ SB_{10}的接线位置，便可改变密码的组合。

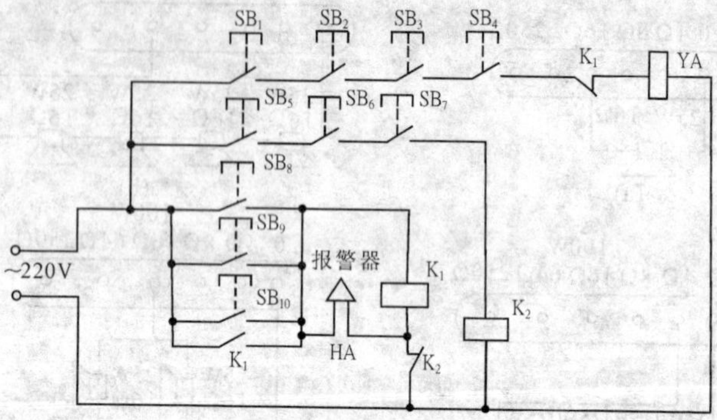

图 14 双密码电锁电路

15 简单的密码电锁电路

如图 15 所示是一种简单的密码电锁线路。线路中 YA 为电磁铁，是锁的执行机构。电磁铁在得电后，衔铁动作，将锁闩拉出，门才能打开。线路中 SB_1 ~ SB_5 为装在门外边的按钮，要想打开门，就必须知道密码，按顺序按下其中两个按钮，如图中情况是：按下 SB_1、SB_3，才能打开门。如按下按钮 SB_5，还会报警。改变线路中的 S_1 ~ S_5 的通断位置，将会改变密码锁的密码。

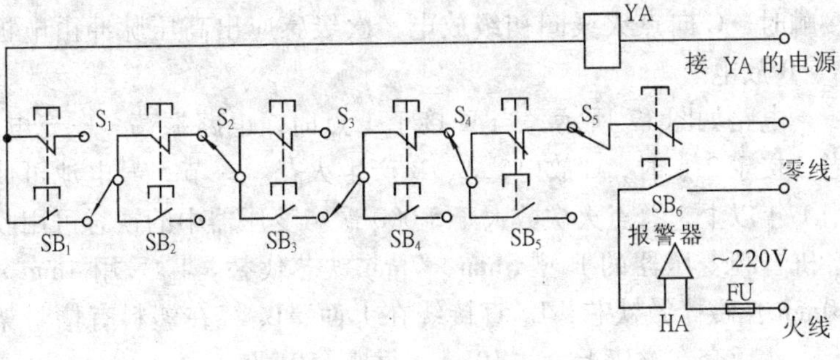

图 15　简单的密码电锁电路

16 简易电子锁电路

如图 16 是一种最简单的电子锁电路，它必须用特制的电子钥匙开。当电钥匙插入插座内，6.3V 交流电经 VD 整流，供直流继电器 K 吸合，使电子锁接通电磁铁电源打开。电容 C_1、C_2 必须对接，这样如有人企图将金属棒插进插座中，由于通入到继电器上的电压为交流，故继电器不吸合。

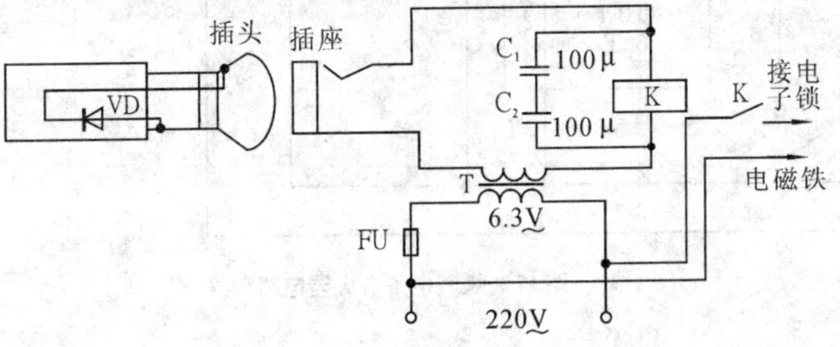

图 16　简易电子锁电路

17 煤气电子点火器电路

该电路采用三极管和变压器组成振荡电路，将干电池的直流电变成交流电，由 T_1 升压，VD 整流，对 C 充电。当 S 与 2 触点接触时，C 向点火线圈初级放电，次级感应出高压脉冲由电极 A、B 放电。

电路如图 17 所示，当 K 接于 1 点时，电路振荡，C 充电。当 S 接于 2 点时，C 放电，A、B 产生火花。一节 5 号电池可使用 1 年以上，总点火次数大于 5 000 次。变压器中的铁芯可用收音机音频变压器的 E 型 5mm × 7mm 铁芯代替。T_2 采用 4mm × 10mm 长磁棒做铁芯，L_4 直接绕在上面，L_5 绕在塑料有槽骨架上、然后套在磁棒上，共 10 槽，每槽 150 圈。

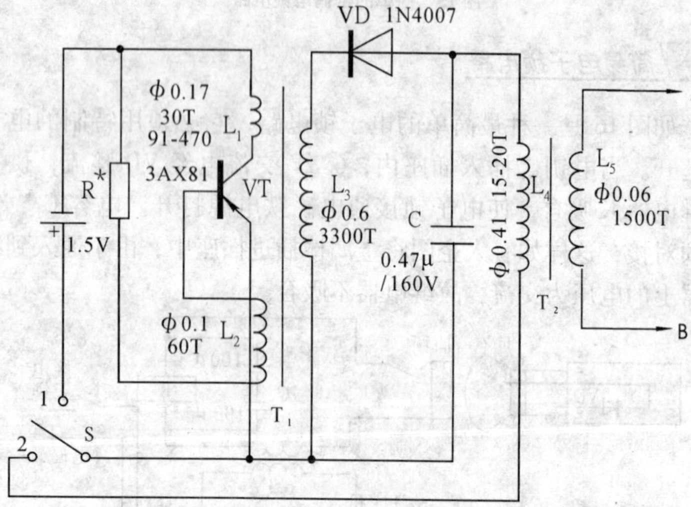

图 17 煤气电子点火器电路

18 用照明线路传递报警信号电路

许多场合要安装报警系统，需要专设线路，给安装带来不便，因而限制了报警系统的推广与使用。如能采用现成的照明线路来传递报警信号，则不失为一种可行的办法。下面的电路能给您提供帮助。

发射电路如图 18（a）所示，S 为短路式报警探头，IC_1 产生低频振荡信号，其输出去调制 IC_2 产生的高频振荡信号，高频调幅脉冲经 VT_1 功率放大，变压器升压，最后由电容器耦合至照明线路。

接收指示电路：如图 18（b）所示，照明线路传来的警示信号，经 C_1、C_2、降压变压器 T（1:20）、限流电阻 R_1，限幅二极管 VD_1、VD_2、VD_3、VD_4、C_3 耦合至 IC_3 构成的锁相环识别电路，集成电路 567⑧脚输出调制的低频信号，经 VT_2 进一步放大，推动扬声器发声，实现报警。

19 振动传感控制电路

此种电路以振动传感器为核心，配接报警、指示、控制电路，可检测物体极其微弱的振动波，适合工业自动化控制及移位振动报警器。

传感器是一个功能块，内部由信号检测、放大整形、积分延时、电平转换等电路组成。传感器与被监视物体固定在一起，当物体被撞砸、牵动、吊起、翻倒时，传感器检测到这种变化，经内部处理，输出控制信号，以驱动后续的报警指示或其他控制电路。

IV380 是一种振动传感器模块，它的工作电压为 2.5 ~ 6V，静态电流≤50μA，输出方式为高电平，适宜环境温度为 30 ~ +70℃。其内部框图及简单应用线路如图 19 所示。

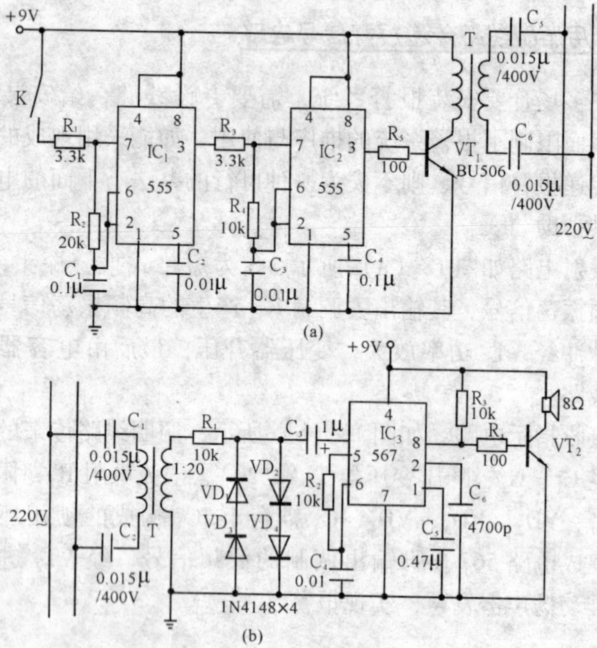

图 18　用照明线路传递报警信号电路

20 舞厅频闪灯电路

如图 20 所示，VD_2、VD_4、C_5、C_6、C_7、C_8 构成倍压整流电路，将市电交流 220V，升为 630V 左右的直流电压，作为点燃闪光灯的高压电源。双向触发二极管 DB3 以及可控硅 PH53，变压器 T 等，构成闪光管触发控制电路，调节可变电阻 R_P 的阻值，C_2 的充电时间发生变化，双向触发二极管的导通间隔跟着变化，经可控硅，变压器 T，闪光灯的激励时间发生变化，进而达到控制频闪灯闪光频率的目的。

IV380内部功能框图

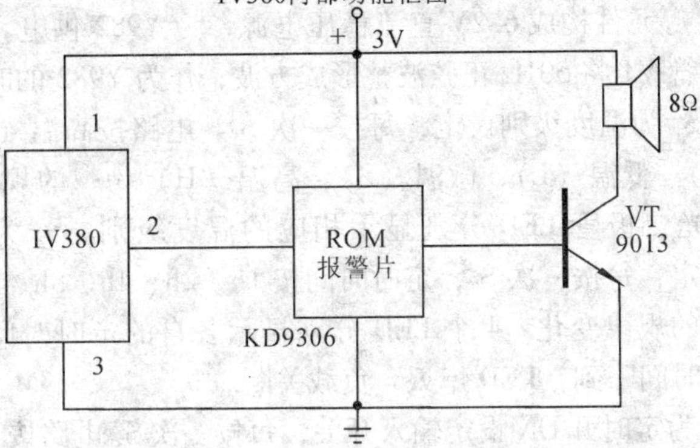

图 19 振动传感控制电路

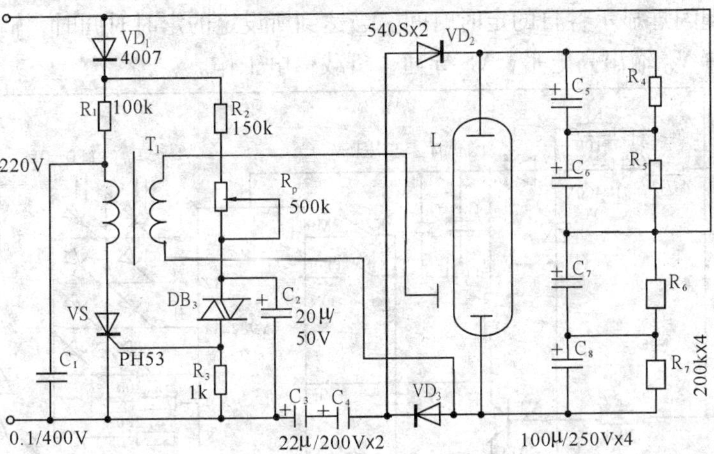

图 20 舞厅频闪灯电路

21 电加热器温控专用集成电路 Y 982

Y982 是一种 CMOS 型专用控制集成电路，它具有四挡温度设定，四挡定时时间的开和四挡定时时间的关，特别适用于电加热器的温度调节。

如图21是Y982集成电路在电热毯中的应用。VD_1、VD_2、C_1、C_2 等元件构成6.2V直流稳压电源，为Y982供电。R_3、R_4 和三极管VT将50Hz正弦波整形成方波，作为Y982的时基频率输入。S_1 为温度级别设定，每按一次 S_1，电路按高温（H）、中温（M）、低温（L）、微温（S），高温（H）……的规律变化，4个发光二极管LED分别显示相应的温度级别。S_2 为定时关OFF设定，每按一次 S_2，定时时间按1h、2h、4h、8h、不定时，1h……的规律变化。4个LED分别显示各自的定时时间。设定的定时时间一到，LED熄灭，负载关断。

S_3 为定时开ON设定输入开关，每按一次 S_3 电路按1h、2h、4h、8h、关，1h……规律变化。定时挡的4个LED分别以1s周期闪烁显示各自的定时时间。当达到所设定的定时时间时，输出端 V_O 输出高电平，VS导通，负载得电工作。

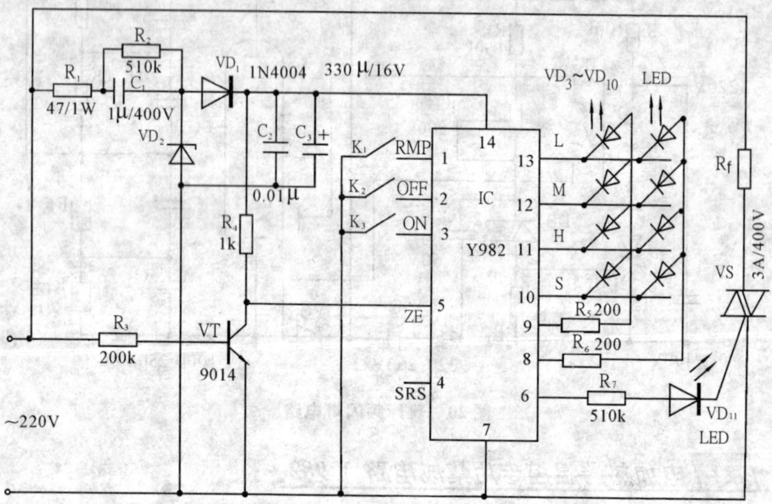

图21　电加热器温控专用集成电路Y982

VD_{11}显示电热毯加热时的状态，负载得电时 VD_{11}点亮，负载不得电时，VD_{11}熄灭。

22 可控硅三相交流开关电路

如图 22 所示是可控硅三相交流无触点开关线路，它可避免交流接触器作交流开关噪声大、耗电多的缺点。

K 为继电器触点。当继电器触点 K 闭合时，三相电路接通；K 断开时，三相电路被切断。

这种三相交流开关可用来控制三相异步电动机、三相电炉等。

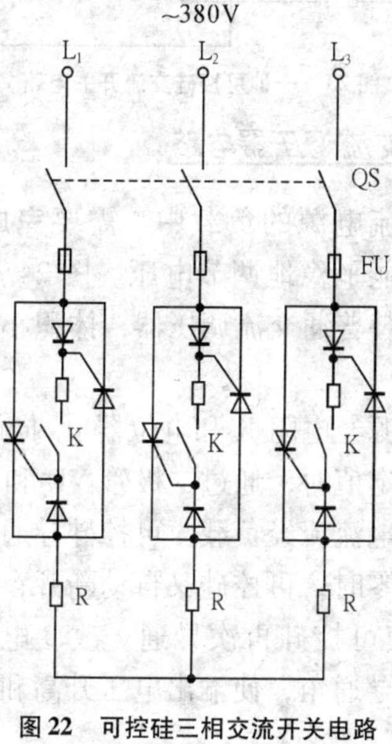

图 22　可控硅三相交流开关电路

23 一种可控硅交流开关电路

可控硅做电气设备的开关，用它的导通与截止来代替电气开关的闭合与断开操作，具有无接点跳动、机械噪音小、射频干扰小、不产生电弧、开关速度高和体积小等优点，特别适用于有易燃气体、易引起爆炸的危险场所。

如图 23 所示是一种简单的可控硅交流开关电路。当开关 S_2 闭合，可控硅导通；当开关 S_2 打开时，可控硅截止。线路中 R 一般选用数千欧。

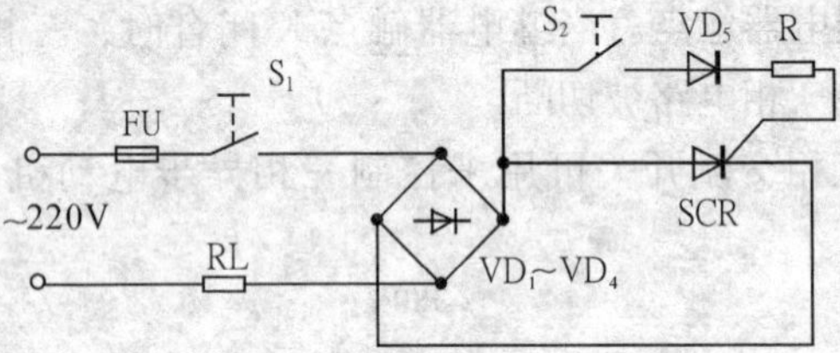

图 23　一种可控硅交流开关电路

24 简单可控硅交流调压器电路

在很多使用交流电源的负载中，需要完成调光、调温等功能，要求交流电源能平稳地调节电压。图 24 所示，是一种简单交流调压器，可代替普通交流调压器，体积小、质量轻、控制方便。

工作原理：电源经电阻 R 和电位器 R_P 向电容 C 充电，当电容上的电压达到一定值时，通过二极管 VD 和可控硅控制极，使可控硅触发导通，电流流经负载。可控硅导通后，触发电路被短接，在交流电压为零时，可控硅又自动断开，而后触发电路中电容 C 再次充电，使可控硅再次导通。改变电容的音量和 R_P 阻值，可增大或减小导通角，使输出电压升高和降低，从而起到调压之目的。

可控硅的反向电压由电源电压来定；电流参数由负载 RL 要求来定。

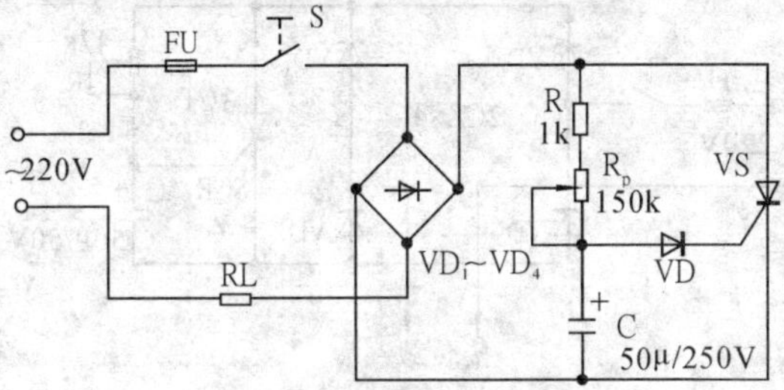

图 24　简单可控硅交流调压器电路

25 简易电子调压器电路之一

此调压器适用于调压范围不大而又对输出波要求不高的场合，见图 25。

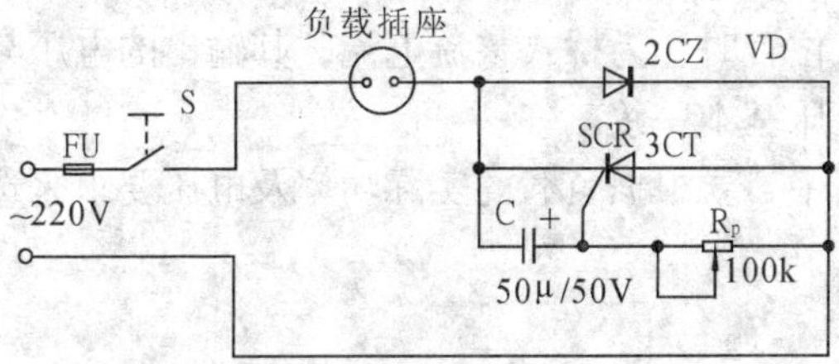

图 25　简易电子调压器电路之一

26 简易电子调压器电路之二

简易电子调压器不但能对家用电器的使用电压进行调整，并因此还可以取得一定的节电效果。例如，它可以调节台灯、地灯的亮度；控制电风扇、小鼓风机、手电钻的转速，并实现无级变速；还可调节电烙铁、电熨斗的温度。如图 26 所示，它由整流二极管、可控硅、电位器和电容器组成。整个电路应与外部完全绝缘。

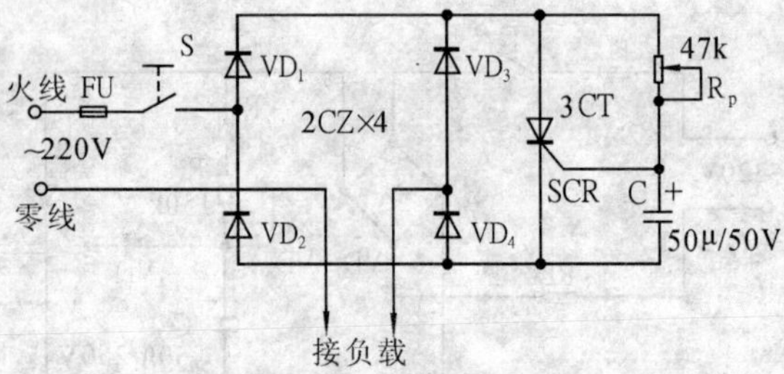

图 26 简易电子调压器电路之二

27 两用直流电源电路

如图 140 所示是一种可输出两种电压的直流电源，当开关拨到高压位置时，电路为倍压整流电路，电压相对提高一倍；当开关拨到低压位置时，为桥式整流电流，其输出的电压与变压器次级的交流电压基本一致。

在使用中，要根据负载的实际功率及电压要求来选用变压器和电容。

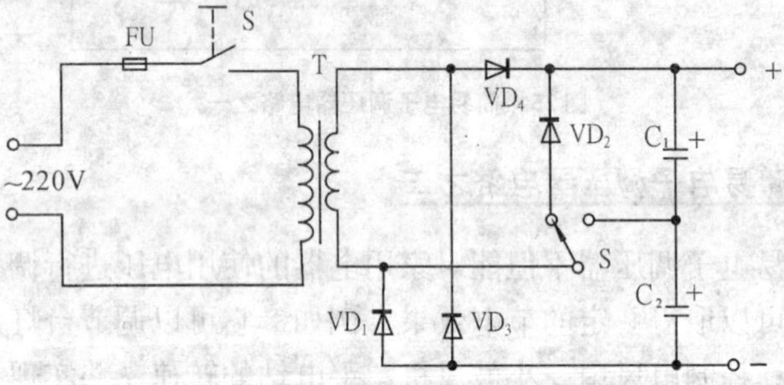

图 27 两用直流电源电路

28 输出为 2A 的直流稳压电源电路

如图 28 所示是一种输出平稳的 2A 直流稳压电源，应用于电视机中或其他电源电压为 12V、电流为 2A 的用电器上。线路

中 R_P 可调整输出电压。

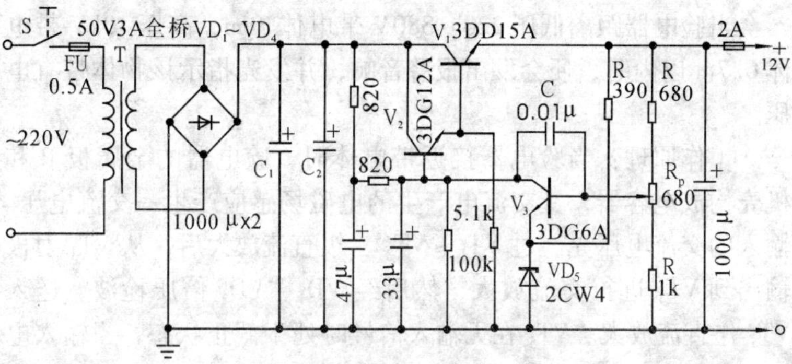

图 28　输出为 2A 的直流稳压电源电路

29 输出电压可调的稳压电源电路

如图 29 是一种输出电压可调的稳压电源。它的制作、调试都很简单。该稳压电路输出电压在 9～18V 连续可调，其最大输出电流为 150mA。

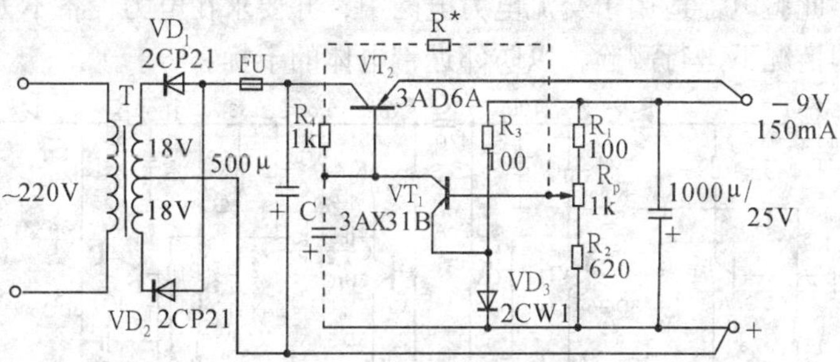

图 29　输出电压可调的稳压电源电路

30 电子验电器电路

如图 30 所示，是一种电子验电器线路，它无须直接接触带电导体就可验测有无电压存在，亦可代替高压验电笔，并且还可检测电缆电线断线故障。

当验电器距离低压 220 ~ 380V 带电体 3cm，高压 10kV 带电体 0.7m 以内时，便会发出报警音响，并发光指示该物体带有电压。

工作原理：当验电器接近带电体时，验电器的金属板 P 和机壳构成电容器，受交流电产生的电磁场感应产生一交流电压。输入的交流电压先经过 VT_1 ~ VT_3 三级直流放大后，从 VT_3 射极输出到 VT_4 进行交流放大，然后经 VD_1、VD_2 倍压检波，送入 VT_5 作直流放大。VT_5 在无输入信号时处于截止状态，当输入电压达到 1.3V 以上时才导通。VT_6、VT_7 组成互补压控振荡器，受 VT_5 触发工作，喇叭发出报警音响，发光二极管同时发光。

线路中 S_1 为电源开关。S_{2A} 为灵敏调节开关。当合上后，线圈 L 被短路，使验电器处于低灵敏度状态，以减少其他电源的干扰，S_{2B} 为 S_{2A} 的连动开关，当 S_{2A} 闭合后，S_{2B} 也同时闭合，可增强负反馈，降低灵敏度。

此验电器适用于交流电力电网中，并要求在电力设备不太拥挤的情况下进行测验，以防邻近带电体的干扰。

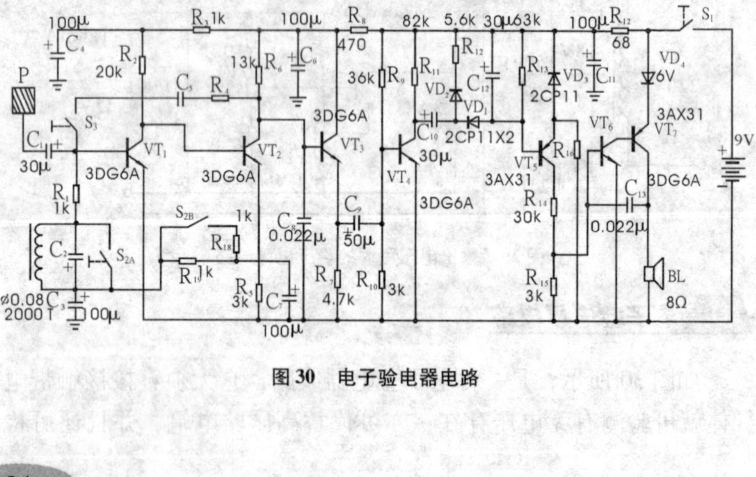

图 30　电子验电器电路

31 保险断路监视器电路

如图 31 所示是一种简易的保险监视器。当家用电器保险熔断后，发光二极管发亮，指示保险丝已断。线路中二极管 2CP11 为保护发光二极管所加。

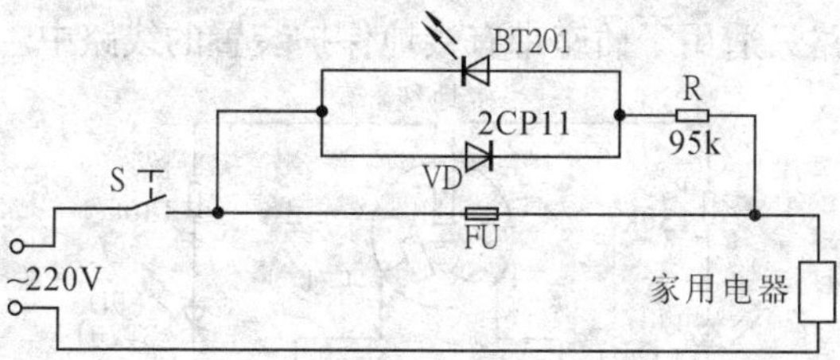

图 31 保险断路监视器电路

32 七功能单相插头显示器电路

如图 32 所示是一个具有七种功能的单相插头显示器，它可以测试单相插座内部接线是否正确，并能显示插座内部是否有安全可靠的接地保护措施，因此可作为家用电器插头的安全用电指示灯，又可做成专门检测插座接线的安全检测器。它有如下功能：当把插头插入插座时，若：

（1）插座内部接线正确：则所装绿色发光二极管 LED_1、LED_2 发亮，红色发光二极管 LED_3 不亮，证明用电安全正常。

（2）插座保安地线断线：则发光二极管 LED_1 亮，而 LED_3 不亮，证明用电安全正常。

（3）插座地线与相线相反：则发光二极管 LED_1 不亮，LED_2、LED_3 亮，证明使用家用电器很危险。

（4）插座零线断线：则发光二极管 LED_1、LED_3 不亮，LED_2 亮。

（5）零线与火线相反：则发光二极管 LED_1、LED_3 亮，

LED$_2$ 不亮。

（6）插座火线断线：则发光二极管 LED$_1$、LED$_2$、LED$_3$ 均不亮。

（7）插座保安接地线断并且家用电器外壳漏电：则发光二极管亮，说明非常危险应立即断开电源。

此线路只适用于插座带有接地保护装置的线路中。

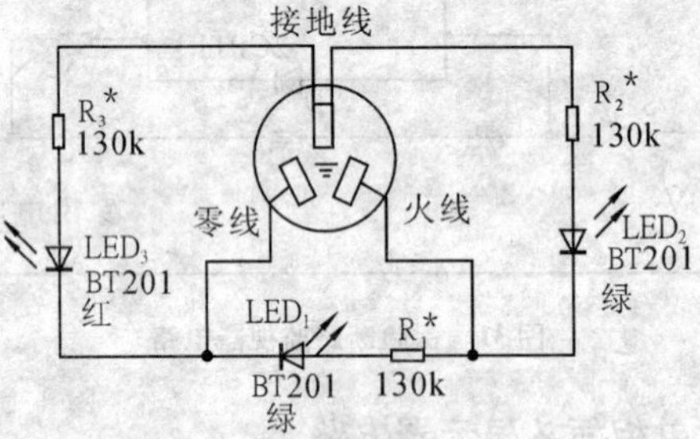

图 32　七功能单相插头显示器电路

33 CATV分支器电路

分支器是 CATV 有线电视系统末端的一个部件，家用电视机通过它和 CATV 有线电视系统连在一起，它的作用是把高频电视信号能量分出一部分给用户电视机，分支器又称定向耦合器。

分支器又分成一分支器，二分支器，三分支器，四分支器，其中一分支器又称串接器。简单来说，一分支器可以直接连接一台电视机，二分支器可以连接两台电视机，依次类推，三、四分支器同理。

有的用户本来有一个电视插座，想加一个二分支器接两台电视机，于是就买来一个二分支器接在原插座上，输出接两台电视机。这样连接效果往往不太好，这是因为原插座与 CATV 系统末端分支器直接相接，该分支器提供的信号能量恰好供一台电视机使用。我们又加一个分支器，而分支器的加入是有插入损耗的，同时原来供一台电视机使用的信号能量，现在分成了两部分，必然影响接收效果。解决的办法一是请 CATV 系统工作人员增加住户端口。二是利用原单一插座，增加一个简单的线放器和二分支器。

分支器电路简单，完全可以自制，这里给出一、二分支器的电路供维修和制作时参考。

图 33（a）为一分支器电路及元件参数，磁芯用 NXO—100 单孔磁环。

图 33（b）为二分支器电路及元件参数，磁芯用 NXO—100 单孔磁环。

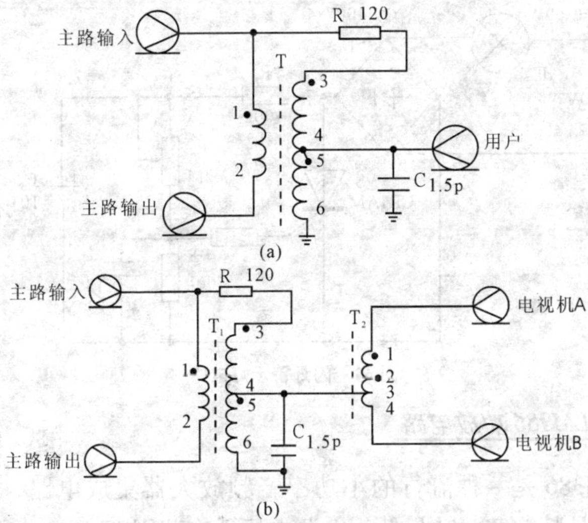

图 33　CATV 分支器电路

34 闪烁警示灯电路

该电路可使 220V 60W 的照明灯泡闪烁工作，可应用于施工场所的夜间闪光警示。

电路如图 34 所示。桥式整流电路将交流电转变为脉动直流电，经 R_1 对 C_2 直接充电，经 R_P 对 C_1 缓慢充电，当 C_1 的电压上升到一定程度时，可控硅 VS 导通，灯泡 HL 亮，同时 C_1 经 R_1 向 VS 放电，C_1 由 R_2 向 VS 的控制极放电，放电到一定程度，可控硅在脉动直流电过零时自动关断，灯泡熄灭。可控硅关断后其端电压上升，C_2、C_1 重新充电，VS 再次导通，重复上述过程，灯泡工作在一明一亮的闪烁状态。调整 R_P 可改变灯泡的亮度。

桥式整流用 1N4007 二极管，可控硅用 1A400V，R_P 用 2.2MΩ 电位器，其他元件如图中 34 所示。

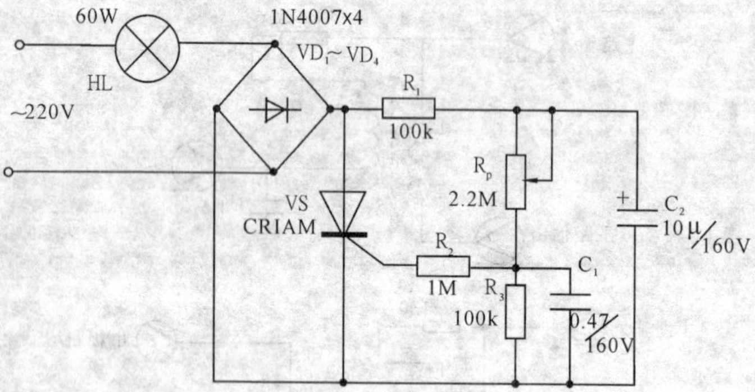

图 34　闪烁警示灯电路

35 LM386 功放电路

LM386 是一种流行的小功率音频放大器集成电路，它的突出优点是频响宽，功耗低，电源电压适应范围宽（4 ~ 16V），外接元件很少。下面的电路是它的简单应用，制作时甚至不用线路板，在管脚上直接焊上连接线即可。

OTL 电路如图 35（a）所示，BTL 电路如图 35（b）所示，它连一只电容也不要，最大输出功率达 3W 以上。

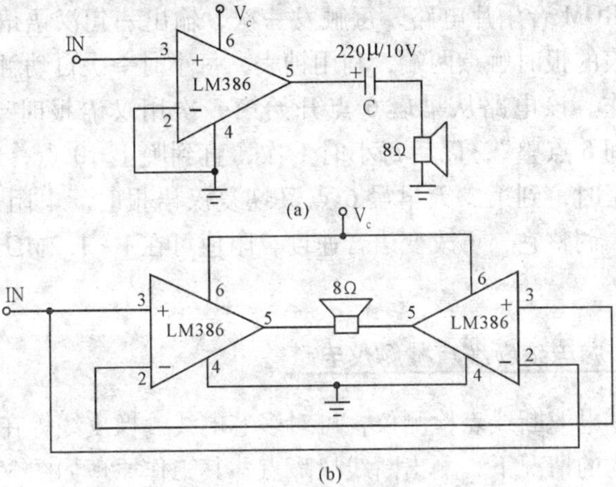

图 35　LM386 功放电路

36 汉语语言报时电路

如图 36 所示，该报时器采用 M208 语言报时集成电路。将它应用于座钟、闹钟、电子钟等可进行汉语语言报时，每小时报一次，深夜不报。电路简单有趣，有一定的实用价值。

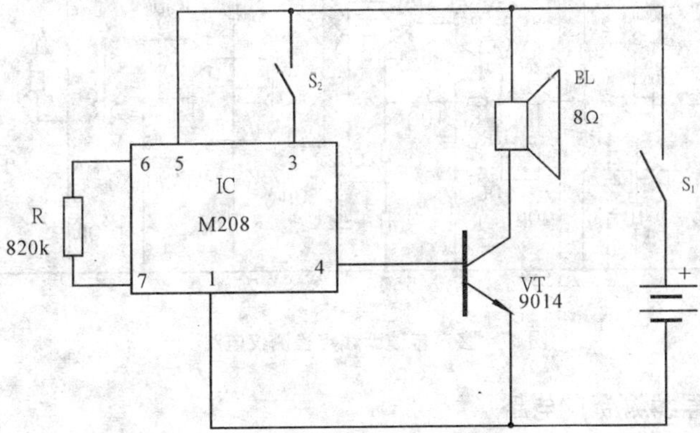

图 36　汉语语言报时电路

M208 为 ROM 型语言电路，其内部结构，工作原理类似于常见的 ROM 音乐片电路，每触发一次，输出一句汉语语音。S_2 接于钟表的报时触点两端，利用钟表，每小时一次自动触发语音电路工作。该电路从早晨 6 点开始第一次用汉语报时“叮咚，现在时间 6 点整”，以后每小时 1 次，直到晚上 10 点，10 点以后停止报时，到第二天早晨 6 点又恢复汉语报时。电阻 R 为振荡电阻，调整它，可改变语音速度，阻值可在 1～1.2MΩ 之间变化。

37 多芯电缆断线点检测仪电路

多芯电缆断线点检测仪，可对多芯电线、橡皮线等在不破坏内部结构的情况下，测出断线故障点。其工作原理如图 37 所示：虚线内为接收部分，后一部分为扩音放大部分。检测电线故障点时，把认为断线的那根电线接入 220V 的相线上。使探头（用铁皮剪成的圆圈制成）靠近被测线线皮上慢慢移动，这时扬声器里会有交流声。待移动到交流声中断时，则是电线的断点位置。

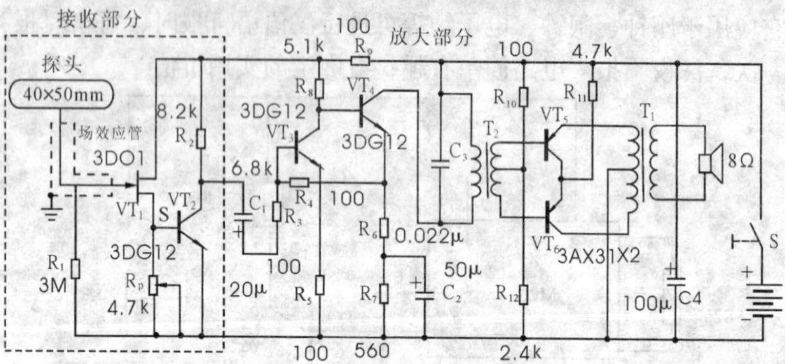

图 37　多芯电缆断线点检测仪电路

38 导线测断仪电路

导线测断仪分发射和接收二部分，如图 38 所示。左侧为发射部分，它采用无稳态开关电路，其振荡频率为109kHz。右侧为接收部分，采用三级阻容耦合放大电路，然后采用两个二极管作倍压检波，并由毫安表指示。

当测试绝缘导线线芯断点时，先将绝缘导线一端的线芯接在发送部分的输出端上，再将电线穿过测试环，并拉动电线，线芯中的信号通过电容耦合到测试环，经放大、整流，使毫安表动作。遇到断点时电表读数明显减小，即可找到断线点。

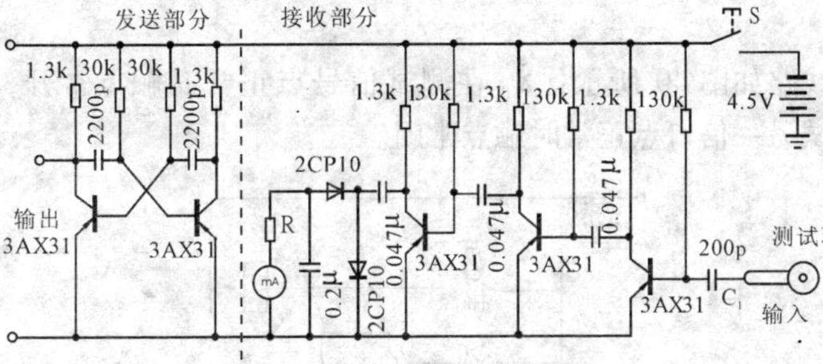

图38　导线测断仪电路

39 简易声光显示报警器电路

图39所示，是一个简易声光显示报警线路。可做门铃、水位报警、婴儿尿湿布报警以及温度报警和防盗报警等。

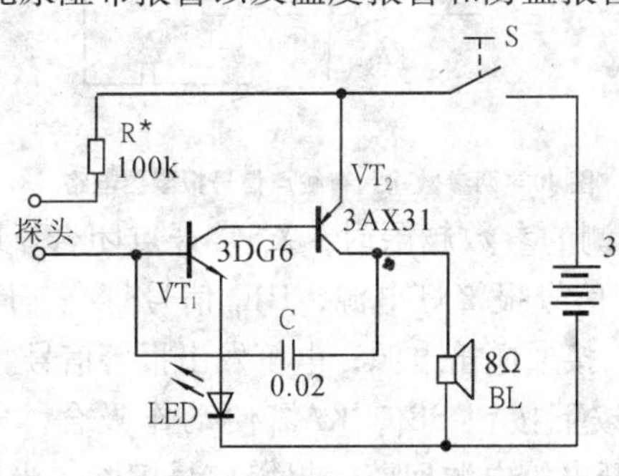

图39　简易声光显示报警器电路

当工作时，把开关S闭合上，两触点探头接触水面即可报警。若在门和窗的里面靠合页处安装一个探头，在不活动的门或窗框上安装另一个探头，使开门或开窗时探头触点接通，这样就可做防盗报警。

40 两参数输入有触点信号报警器电路

这里介绍一种生产上常用的两参数可同时输入的有触点报警器。

线路如图40所示：X_1 在测试信号点正常时触点常开，X_2 在测试另一信口点正常时触点常闭。

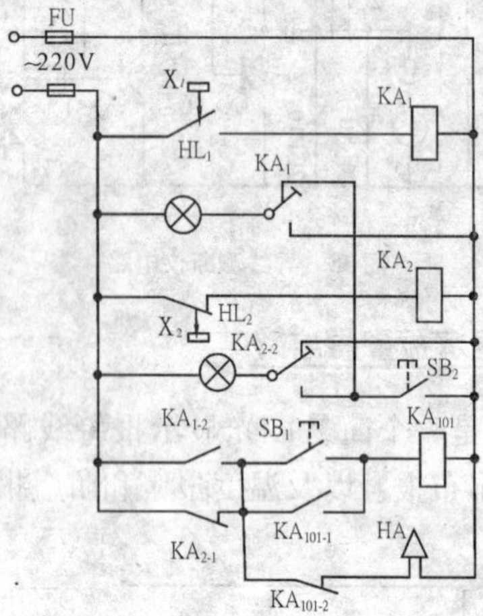

图40 两参数输入有触点信号报警器电路

当 X_1 所监测的参数越限时，X_1 常开点闭合，KA_1 便动作，KA_{1-1} 接通 HL_1 信号报警灯电源，HL_1 信号灯亮。同时使 KA_{1-2} 一组触点闭合，接通电笛电源，电笛发出报警信号。如果要解除报警信号，可按下按钮 SB_1，KA_{101} 便动作吸合，KA_{101-1} 自锁，KA_{101-2} 触点断开电笛电源回路，报警信号解除。当故障排除后，参数恢复正常，X_1 触点断开，线路恢复到初始状态。X_2 与 X_1 工作原理基本相同，不同之处是：因 X_2 在正常情况下为常闭点，故 KA_2 在正常情况下是吸合的，只是当故障发生时才释放。

线路中 SB_2 为信号灯测试开关。当按下 SB_2 按钮时，各信号灯均应明亮。线路中所采用的继电器或接触器的容量应根据具体工作要求来定；其线圈电压以及电笛线圈电压，都应和指示灯电压一致。

41 能区别瞬时故障的报警器电路

在生产过程中，常常会碰到参数短时间内越限的情况，虽然事后很快地恢复正常，但可能预示着更大的潜在危害。所以需要一种能区别瞬时故障的报警装置，以便可靠地监视生产情况，发现问题，及时采取措施，排除潜伏的故障点。

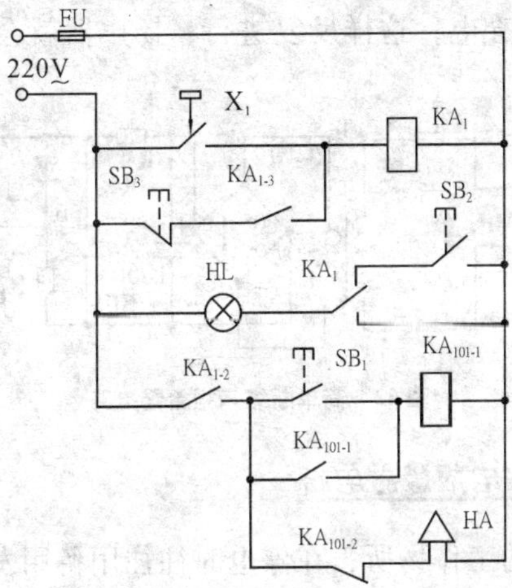

图 41　能区别瞬时故障的报警器电路

如图 41 所示的线路工作原理是：当某一监测参数越限，其相应继电器得电吸合（图中为 X_1），其常开触点闭合，KA_1 吸合，KA_{1-1}触点闭合，HL 报警信号灯发亮。同时，KA_{1-2}触点也闭合，电笛 HA 发声报警。当按下按钮 SB_1 后，如果是瞬时故障，便可解除电笛和灯光报警，否则电笛解除报警，但灯光继续指示故障存在。

42 简单断续声报警器电路

如图 42 所示，是一种简单报警器。当合上开关 S 时，扬声器可发出断续的报警信号，调节电位器 R_P 可改变声响频率。

它的工作原理如下：当通入电源，电容 C_2 充电，随着电容 C_2 上的电压升高，可控硅阳极电压升高，这个电压的一部分加在可控硅的控制极上。当阳极电压和控制极电压达到某一值时，可控硅导通，电容 C_2 通过可控硅及扬声器放电，发出报警声。待电容电压放电后，电压下降，可控硅截止，报警声停止。而后电容 C_2 又重新充电，这样反复进行，扬声器就会发出断续的报警声。

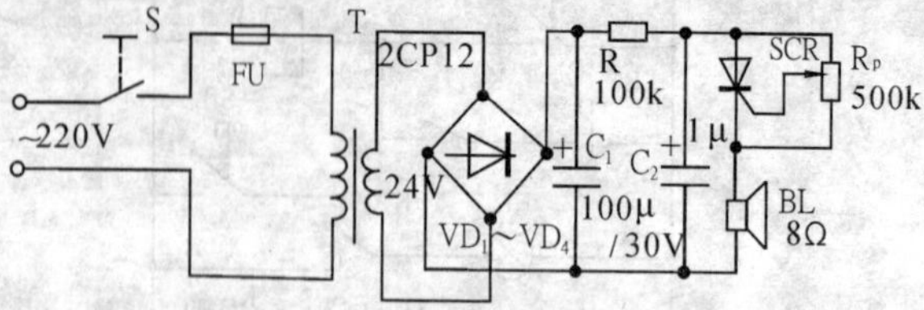

图 42 简单断续声报警器电路

43 停电、来电报警器电路

一些重要的工作场所，在停电时往往用备用发电机发电来满足用电需要，例如在电影院、宾馆等场所。而在电网恢复供电时，则希望能迅速停止备用发电机工作，以避免不必要的浪费。图 43 所示是一台简单的停电、来电报警器，可方便地告知停电、来电情况。

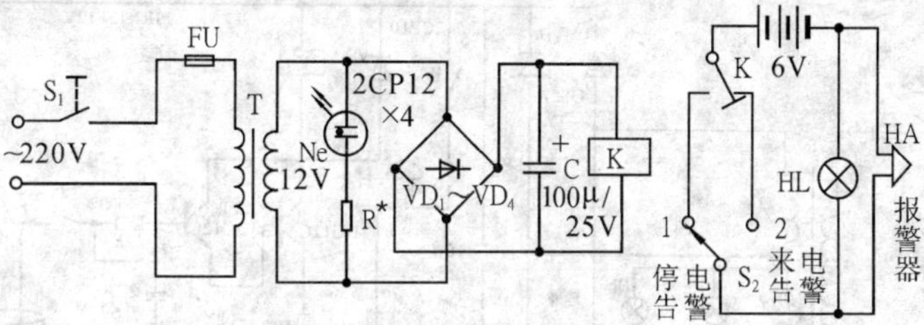

图43　停电、来电报警器电路

当电网正常供电时，氖管 Ne 通电发光，继电器 K 吸合，此时将开关 S_2 置于 1 位置，讯响器 HA 和灯泡 HL 不能得电报警。当电网失去电压时，K 释放，这时接通线路中讯响器电源线路，发出停电报警，使值班人员及时开动备用发电机，开机后把开关 S_2 拨到 2 位置，为来电报警做好准备。当来电时，报警器发出来电报警信号，告知工作人员电网来电，便可及时停止发电机，改为电网供电。同时将开关 S_2 置于 1 位置，报警信号停止，并为下次监测停电做好准备。

44 水满报警器电路

如图 44 所示是一水满报警线路。工作时将开关 S_2 闭合，当水箱里面的水位上升到规定的高度时，两个感应片通过水箱里面的水导通，使继电器 K 吸合，此时可通过电喇叭发出警报，安全绿灯熄灭，红灯发出亮光显示。整机可装入一个小塑料盒内，a、b 感应片应安装在水箱上口极限处，两片距 2cm。

45 停电报警器电路

有时，当电源因故停电时，需自动报警，以告知人们尽快排除故障。图 45 所示是一种停电报警器。当电源因故障停电后，接触器 KM 释放，KM 常闭点闭合，使电解电容 C_1 向声光报警电路放电，氖泡发光，扬声器发出报警信号，报警时间为 5 ~

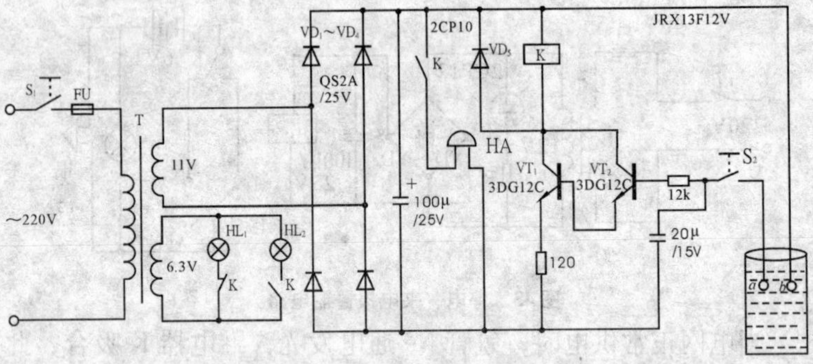

图 44　水满报警器电路

6min。

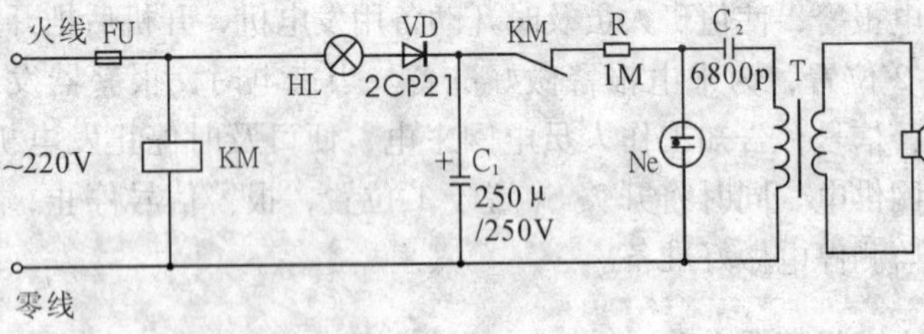

图 45　停电报警器电路

46 声光报警器电路

如图 46 所示是可间歇发出报警声光的报警器。可用于铁路道口作禁止通行警示。它是由三极管 VT_1、VT_2 组成无稳态电路。VT_2 不断导通截止，故继电器不断吸合释放。灯亮和电铃响，取决于 VT_2 的导通时间，灯灭，电铃停响取决于 VT_1 的导通时间。

47 简易强放发射机电路

本文提供的电路仅供参考和实验，如要使用的话，需征得当地无线电管理部门的批准。

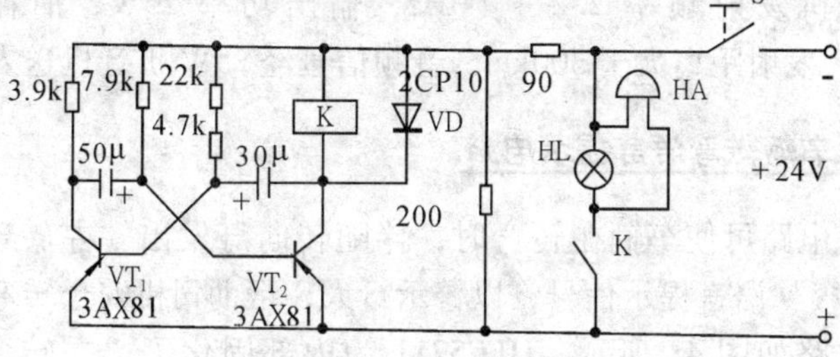

图 46　声光报警器电路

如图 47 所示，以电子管 FU—7 为核心组成混频，振荡电路，调幅信号经天线发射出去。

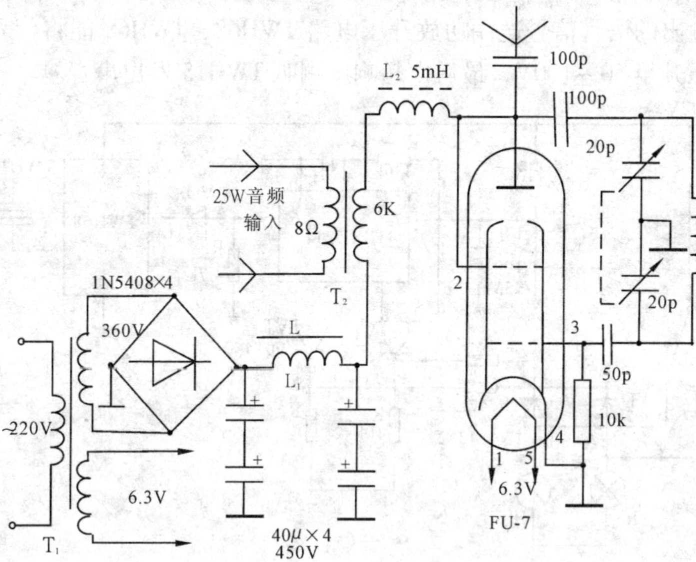

图 47　简易强放发射机电路

电源变压器功率大于 200W，T_2 用 30W 电子管收音机输出变压器，初级 8Ω，次级 6kΩ，云母电容耐压大于 600V，L_3 用电子管超外差式收音机中的 LT102S。天线水平或竖直设置。

该机发射频率 2.2 ~ 7MHz，输出功率 25W，消耗功率 100W，发射距离大于 300km，音频信号经 25W 扩音机送入。

48 车辆转弯语言提示电路

该电路可使车辆在转弯时，伴随转向灯发出“左转弯”和“右转弯”语言提示信号，以警示行人，帮助司机安全转弯。

电路如图 48 所示，HFC5211 为内部固化了“左转弯”和“右转弯”语言数据的语言集成电路，可通过控制触发端②③脚得到不同的输出。电路中 A、B 分别与车辆转向开关相连，通过 VT_1、VT_2 触发 HFC5211。R_2、C_2 为 HFC5211 的振荡元件。⑥脚输出的语言信号送往功放升压电路 TWH68，TWH68 能将信号电压升至 50 ~ 100V，最后由超响度喇叭 TWH15 发出声音。

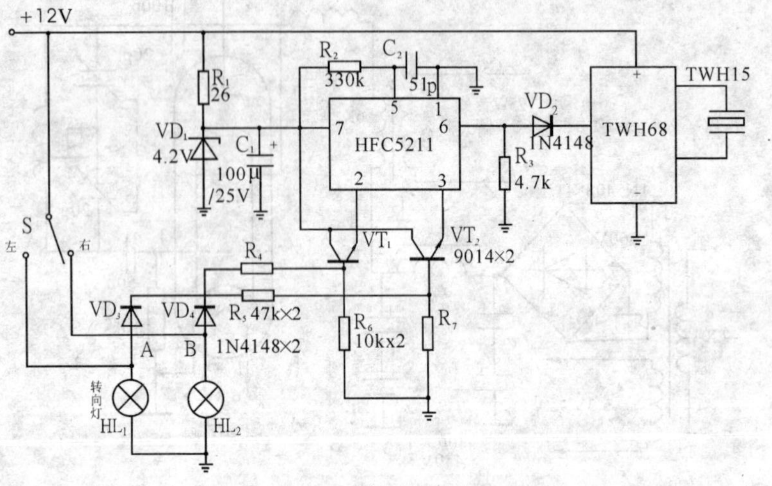

图 48 车辆转弯语言提示电路

49 发光式逻辑测试笔电路

图 49 所示是用发光二极管的显示，来判断被测电压正负、

高低电平的一种逻辑测试笔电路图。

当探针接触到的是低电平，也就是零电位时，VT_1 截止，VT_2 导通，V_2 有电流通过，发出黄色亮光，显示电路为“0”状态。当探针输入的是高电平时，VT_1 饱和导通，V_1 得电发出红色亮光，显示电路为“1”状态。当探针接触到负电平时，VT_3 导通，V_3 发出绿色亮光，显示电路为“-1”状态。当探针接触的是正脉冲信号时，红黄两管交替发光表明是正脉冲序列，绿黄两管交替发光表明是负脉冲序列。测试时，夹子应与被测电路的接地端接好。

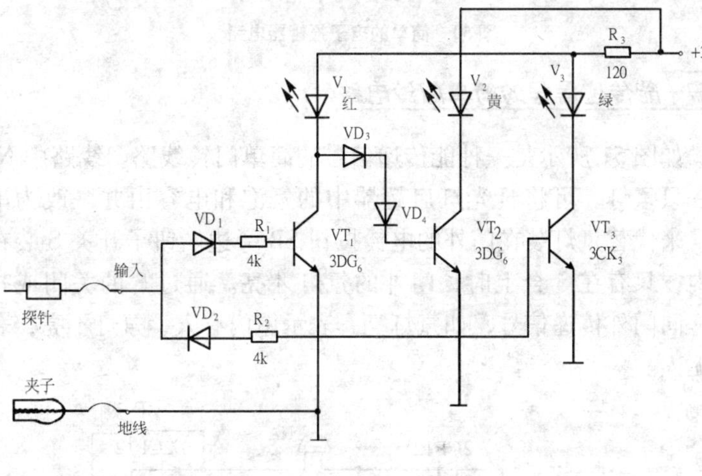

图 49　发光式逻辑测试笔电路

50 简单的电子报警器电路

如图 50 所示是一个简单的电子报警线路。在晶体管的基极和发射机之间接入一段直径为 0.1 ~ 0.2mm 的铜导线作为保护线，沿着被保护物体的边沿拉起来。这条保护线电阻不大，因此，可以认为晶体管的基极和发射极是直接相连的。当保护线未断时，晶体管截止，接在晶体管集电极的小型继电器不会动作。但是，如果被保护的物体位置移动将保护线拉断，则晶体管导通，继电器K吸合。由继电器触点接通的信号装置如电铃、电笛等，就会立即发出警报。

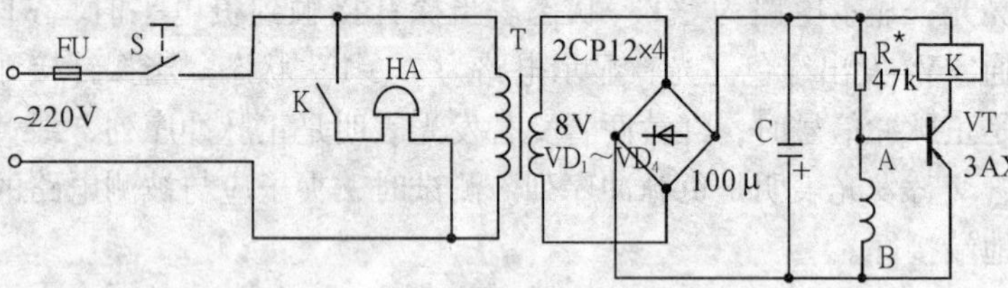

图50　简单的电子报警器电路

51 能传递信号的简单门铃电路

如图51所示是一种能传递信号的简单门铃线路。线路中Ne是一只氖灯，可将日光灯启辉器中的氖泡和电容由并联改为串联，来代替氖灯装在门外的电铃按钮SB旁边。钮子开关S装在房内，只有在S合上时，门外的氖灯才亮。通过S的关闭或打开，向门外传递信号，如氖灯亮，表示屋内有人，氖灯不亮，表示无人。

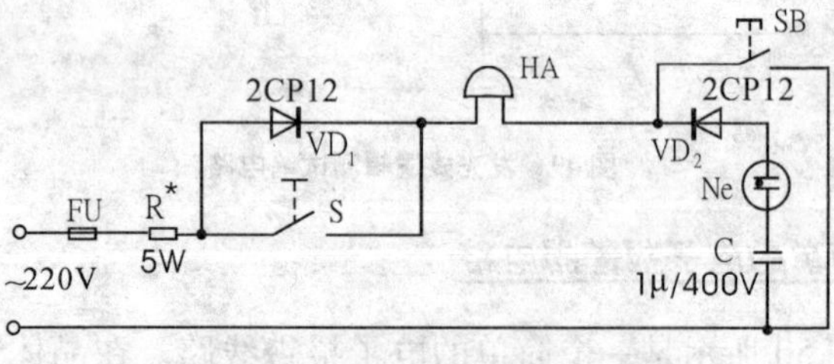

图51　能传递信号的简单门铃电路

52 简单实用的单线双向电铃电路

如图52是另一种单线双向电铃线路。它的工作原理是当按

下电铃按钮 SB_1 时，远方的讯响器通过 VD_1、VD_4 得电发出响声；当按下 SB_2 时，电源通过 VD_2、VD_3 使 HA_1 得电发出响声。HA_1 和 HA_2 用 701 型 12V 讯响器，取消外接信号灯，改接一只 51Ω 的电阻即可。

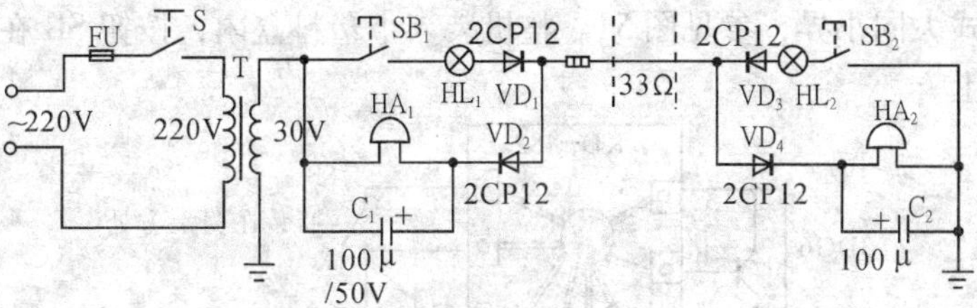

图 52　简单实用的单线双向电铃电路

53 单线远程控制双向电铃电路

单线远程控制双向电铃线路，如图 53 所示。当甲地按下双挡按钮 SB_1 时，电源火线经过 SB_1、单根外线并通过乙地的 SB_2 按钮的常闭点与乙地的零线形成回路，此时乙地电铃发出响声。由于在按下甲地按钮 SB_1 的同时，双挡按钮 SB_1 的常闭点断开，故本地（甲地）电铃不能得电发出响声。同样，当按下乙地的按钮 SB_2 时，只有甲地电铃得电发出响声，乙地（本地）电铃不发出响声。此电路只有一根外线，具有节约导线、线路简单等优点。安装时，甲地与乙地所接的火线应为电力系统中同一三相四线制的同相线。如一端为 L_1 另一端为 L_2 相，则当两端同时按

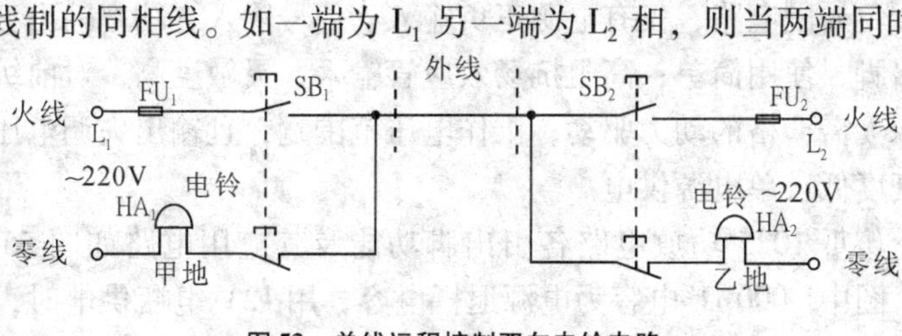

图 53　单线远程控制双向电铃电路

电铃时，将造成 L_1、L_2 两相短路。

54 用音乐集成电路做电子门铃电路

用音乐集成电路做家用电子门铃，体积小，美观价廉。接线方式大同小异，参见图 54。整机装入小塑料盒内，按钮 SB 在门框上方。

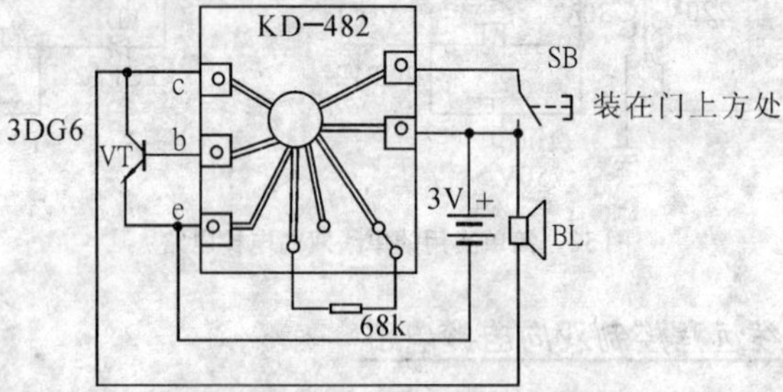

图 54　用音乐集成电路做电子门铃电路

55 25W傻瓜功放电路

这里给出的功放电路极其简单，应用时，外围不用一个元器件。12V 供电时，4Ω 扬声器上可得到 25W 的功率输出，是自制音响时的良好选择。

傻瓜功放型号为 1025，它是中山市达华电子厂生产的原傻瓜 175 功放的换代产品，有许多优点：相同电源下，输出功率大；免外围电路，仅有电源正负输入、信号输入、功率输出五根引出脚，使用简单；高阻抗场效应管输入，灵敏度高，对前级信号源无需严格的动力驱动；工作电压范围宽，且输出失调电压及失真度低；单电源供电。

傻瓜 1025 功放电路各引出脚功能及其应用电路如图 55 所示。图中1 000μF 电容为电源退耦电容，用 12V 电瓶供电时，加上该电容，用整流滤波供电，可不用该电容。工作时应该给功放

块安装 $100mm^2$ 以上的散热器。

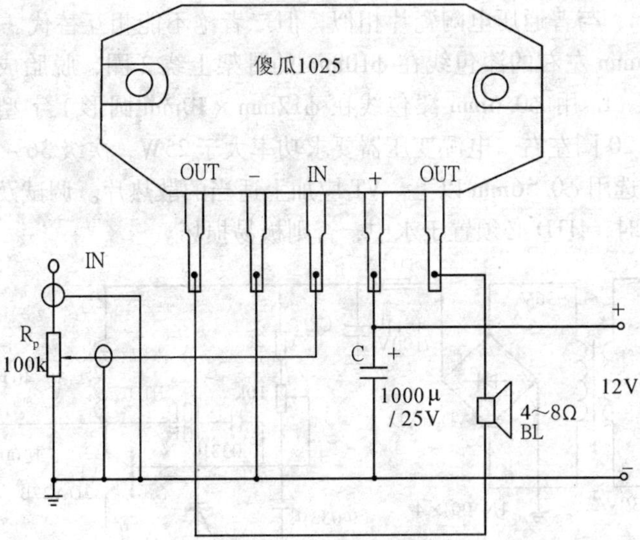

图 55　25W 傻瓜功放电路

56 电子喷泉电路

该电路使高频压电陶瓷片产生超声波，水在高频高压超声波的作用下产生空化效应，从而产生喷泉和水雾。

电子喷泉与盆景艺术相结合，可以产生喷云吐雾的“仙境”，同时利用它加湿空气，是干燥地区室内理想的加湿保健工具。

如图 56 为电子喷泉的电原理图，变压器降压，桥式整流得到脉动直流电，供给振荡电路。以 VT、HTD 为核心构成振荡电路，振荡频率为压电陶瓷片的谐振频率 1.65MHz，HTD 实为超声波换能器，工作时它置于水中，产生的超声波使水雾化。

制作时，对 VT 有特殊要求，BVceo > 150V，Vces < 3V，$f_T \geqslant 10MHz$，$I_{CM} = 5A$，$\beta > 25$，可采用 BU406D，3DA27B 等管。

HTD 是谐振频率为 1.65MHz 的专用压电陶瓷片，外径 20～30mm，与普通压电陶瓷片相似，但二者绝不能相互替代。L_2 用 φ0.6mm 左右的漆包线在 φ10mm 的骨架上绕 2 圈，脱胎成空芯线圈。L_1 用 φ0.6mm 漆包线在 φ12mm×10mm 圆形工字型磁芯上绕 20 圈左右。电源变压器要求功率大于 25W，次级 36～38V，绕线选用 φ0.56mm 以上。VT 应加上适当的散热片。调试及正常工作时，HTD 必须置于水中，否则极易损坏。

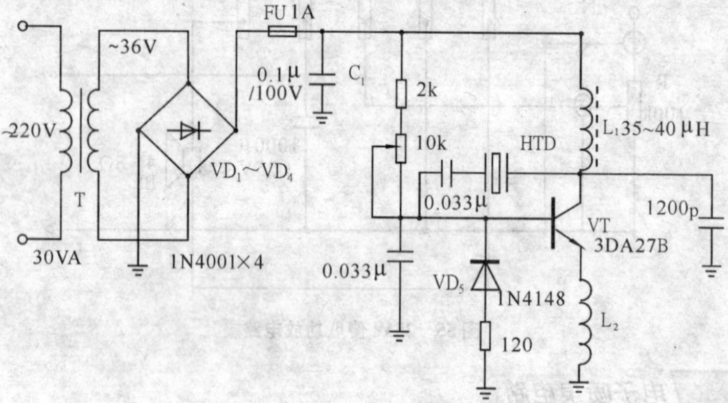

图 56　电子喷泉电路

57　倒车语言提示报警电路

该电路能够在汽车倒车时，发出“请注意，倒车！……”的语言提示报警声，帮助司机安全倒车。实践证明它是汽车不可缺少的附加功能之一。

如图 57 所示，S 电路电源开关，安装在司机旁边，倒车时合上它，电路即可工作。VD_1～VD_4 为电源极性转换电路，当 A、B 不分反正地接在汽车 12V 电源供电线路上时，都能保证 C 点为 +12V。IC_1 为 ROM 型语音片电路，它在通电时，能够连续输出“请注意，倒车!”的语言信号，R_2、C_2 为 IC_1 的振荡元件，R_1、VZ 为它供 3V 直流电，④脚输出的音频信号经耦合电容 C_4 送到功放电路 IC_2 的③脚，放大后由 LM386 的⑤脚输出，经输出耦合电容 C_6 由扬声器 BL 发出报警声音。

IC_1 的型号为 FHC5209，VZ 选用 3V 稳压管，扬声器也可用 4Ω、16Ω 的喇叭，其他元件如图中所注，无特殊要求。

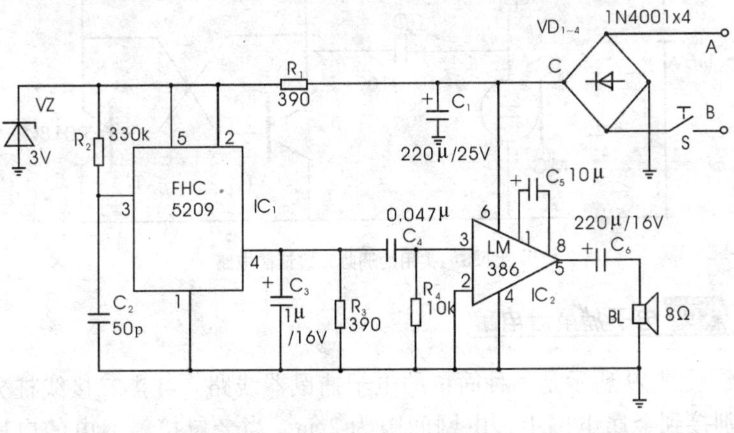

图 57　倒车语言提示报警电路

58 实用的调频无线话筒电路

该调频话筒比单管式的调制灵敏度约高一倍，无谐波，用 FM 调频收音机收听时只能在一个频率点上接收到它的信号。由于体积较小，可把它做成领夹式话筒。

电路如图 58 所示，三极管 VT_1，VT_2 及 L、C_2 构成音频多谐振荡器，完成音频信号的调频及射频信号的发射，改变 L 的匝数及 C_2 的容量可改变其发射频率。L_1 用 ϕ0.51mm 漆包线在铅笔上绕 5 圈脱胎而成，R_2 为 VT_1、VT_2 的偏置电阻，调整 R_2 使工作电流为 0.7mA 左右。天线用 60cm 长的软线，话筒用小型 MIC 电容话筒，三极管 VT_1、VT_2 用 9018。

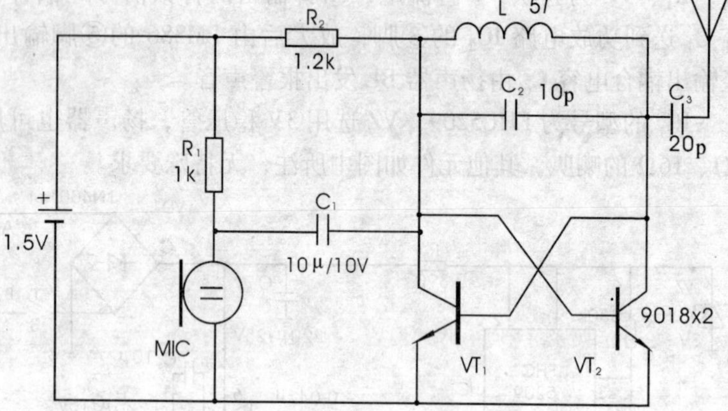

图 58 实用的调频无线话筒电路

59 电子捕鼠器电路

图 59 所示是一种简单的电子捕鼠器线路。红黑二接线柱分别接到金属电网上，电网间隙为 2cm。当老鼠接触通电的电网时，会被击倒，同时扬声器发出报警信号。此时便可断开电源把老鼠处死，达到灭鼠之目的。

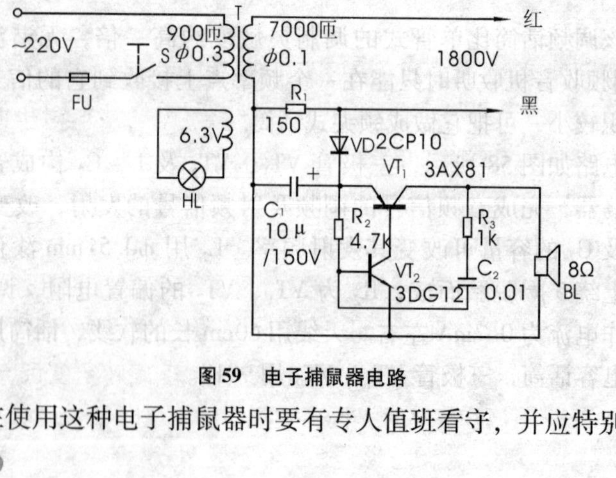

图 59 电子捕鼠器电路

在使用这种电子捕鼠器时要有专人值班看守，并应特别注意人身安全，必须设立栅栏，人接近时首先要断开电源。

60 BZN—5型电子灭蝇器电路

如图 60 所示是 BZN—5 型电子灭蝇器线路。220V 交流电经电容及二极管组成的 5 倍整流电路升压，输出 1 400V 的高压，接至电网上进行灭蝇。灭蝇时可在电网下边放些诱饵。用此灭蝇器时应特别注意人身安全。

此线路简单易行，可以自制，它每日耗电 <0.005kWh。电路中 $D_1 \sim D_5$ 反向电压为 800V，电流为 300mA；电容器耐压为 630V，电容为 0.47μF。

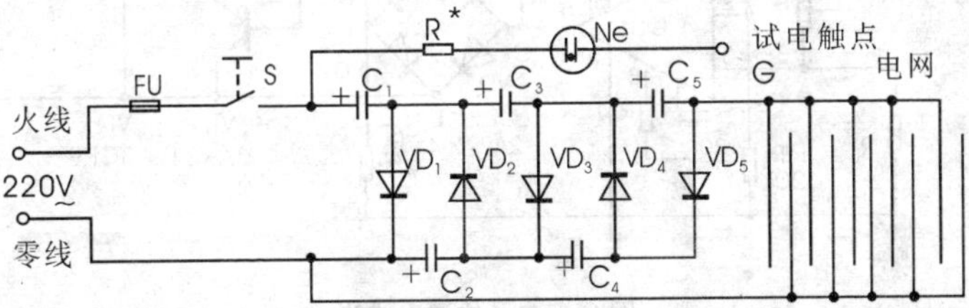

图 60　BZN—5 型电子灭蝇器电路

61 电子体温表线路

电子体温表的电路见图 61 所示。R 是热敏电阻，FC_3 是集成运算放大器，$VD_1 \sim VD_4$ 组成桥式整流电路，输出单向信号。VT_1、VT_2 等组成开关电路。

当热敏电阻 R 的阻值随所测物体的温度变化到一定阻值时，A、B 两点有差值信号输出，此信号经 FC_3 放大，$VD_1 \sim VD_4$ 整流后，加到 VT_1 的基极，VT_1 导通，VT_2 截止，小灯泡 HL 不亮；这时旋动电位器 R_{P2}，使 A、B 两点间无差值信号输出，则 VT_1 截止，VT_2 导通，小灯泡就亮。如果电位器 R_{P2} 旋转角度记以温度刻度，那么就可以在灯亮时，读出被测物体的温度了。

R 为负温度系数的金属壳热敏电阻，型号为 RRC—3J22，20℃时阻值为 10kΩ，若用玻璃壳的更理想（用正温度系数的热敏电阻也可以）。FC_3 用的是处理品中增益运算放大器。VT_1、VT_2 的漏电流要小于 100μA，β 要大于 30；小灯泡用电压为 2.5V 以下的。E_1 用 22.5V 仪表用积层电池，E_2 用一节 4 号电池。

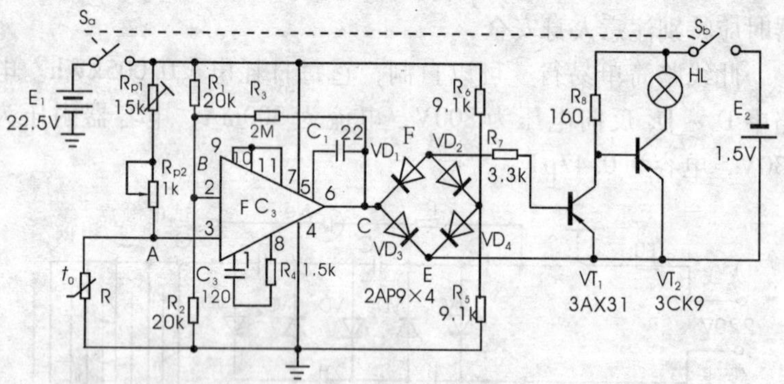

图 61　电子体温表线路

62 摩托车、拖拉机大灯稳压器电路

一些摩托车、农用拖拉机的照明大灯，直接接在车载发电机上，往往是油门大，灯亮，油门小灯暗，使用很不方便，同时还经常烧灯泡。为此一些新车加装了交流发电机稳压器，提高了照明灯的可靠性，给使用者带来了方便。下面是有关电路。

电路的工作原理是这样的：当磁电机的交流峰值电压低于 6V 时，稳压器电路不工作；当峰值电压高于 6V 时，正、负半周通过 R、G、VD_1、VD_2 触发双向可控硅导通，阻值较小的电阻 R 并接于磁电机输出端，由于磁电机的输出功率有限，R 的接入限制了输出电压的进一步上升，从而达到稳压的目的，使灯泡工作在额定电压以内，不致损坏灯泡，同时当车的速度在一定范围内变化时，灯泡均保持稳定的亮度，以利于夜晚行车安全。

实际制作时，要根据灯泡的额定电压选定稳压管的稳压值，同时灯泡功率较大时，R 的功率、SCR 允许通过的电流都应增大。

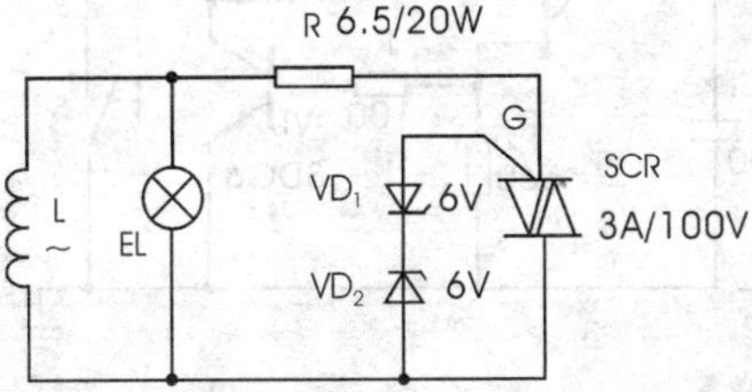

图 62　摩托车、拖拉机大灯稳压器

63 电子驱蚊器线路

随着仿声学的不断发展，人们逐渐揭示了蚊子的一些奥秘和特性。一般说来，雄蚊不咬人，怀卵的雌蚊叮人吸血。雌蚊怀卵期间不喜欢与雄蚊接触，听到雄蚊发出 21～23kHz 的超声波信号时，便立即飞起。据此，应用电子线路产生模仿雄蚊的超声波信号，从而达到驱蚊的目的。

超声波电子驱蚊器典型电路如图 63 所示。其中单结管 VT_1 是一个弛张振荡器，10kΩ 电位器 R_P 用来调节振荡频率；三极管 VT_2 工作的脉冲状态，起功率放大作用；二极管 VD 为续流二极管。

这种驱蚊器工作后，在距它 2m 左右的范围内有一定驱蚊防咬效果。尽管仍有蚊子在飞，甚至还会落在人身上，但一般不咬人，原因是喜欢叮人吸血的雌蚊已被驱，剩下的雄蚊子基本都不咬人。本机扬声器是个关键，应选用高频响应特性好的扬声器或高音扬声器，确保多辐射超声波功率，提高驱蚊效果。在当前条件下，采用耳机作电声换能器亦可。

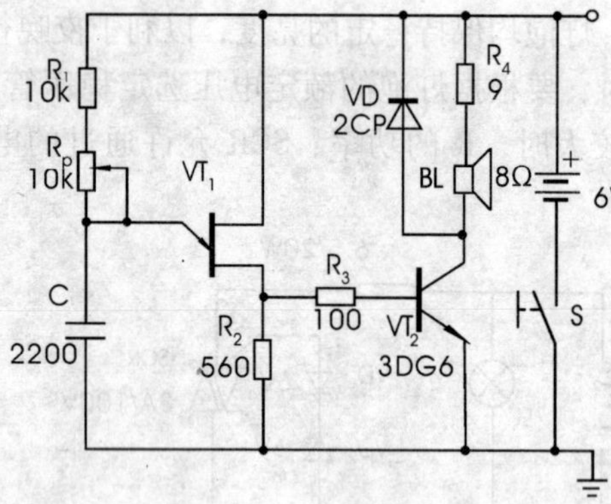

图 63　电子驱蚊器线路

64 养鱼缸保温器线路

在图 64 电路中。用 24 只 300Ω、0.5W 的电阻并联作为发热元件 R_1，埋在养鱼缸的铺底沙中，用 24V 灯泡接在加热器两端作通电指示。电阻和连接物用环氧树脂防水。T 是电源变压器。养鱼缸温度由热敏电阻 R_2 决定。本设备适用于 15kg 水的鱼缸。

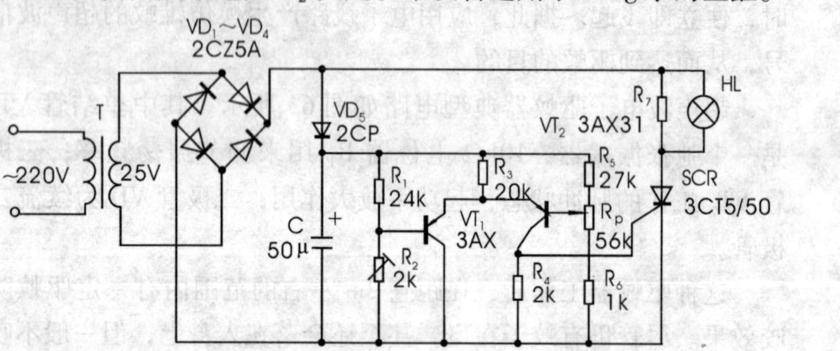

图 64　养鱼缸保温器线路

65 0～30V 连续可调稳压器电路

该电路以三端稳压器 W317 为核心，外加一个 -1.25V 稳压电路，在输入电压为40V时，输出电压可从0～37V连续可调。

电路如图65所示，元器件参数如图中所标注。A端接一负10V电源，VD选用1.25V稳压管。调整RP改变输出电压。

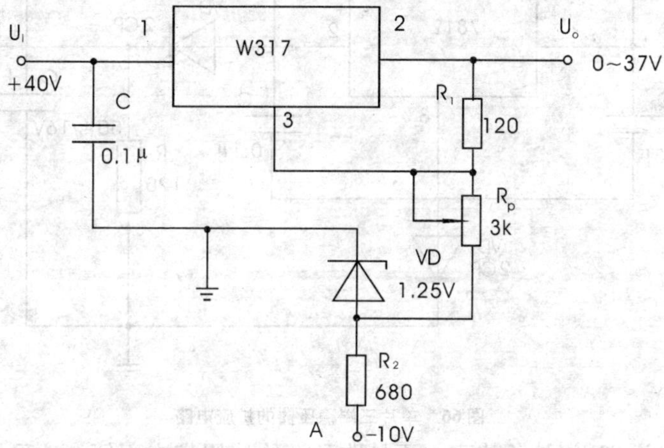

图65　0～30V连续可调稳压器电路

66 单片三端稳压器的扩流电路

这里介绍的电路是采用NPN大功率管3DD15来扩展7812稳压块的输出电流。其他系列的稳压块扩展时电路类似，只是电阻R要根据R＝12V/0.1A来取值。电阻R的接入是为了保证电路有良好的负载调整率。

如图66所示，电阻R给二极管VD_1提供了一个通路。使其始终有电流流过，VD_1的正向压降使三极管VT得到偏置电压而处于导通状态，扩展的电流由三极管的发射极输出。VD_2用来补偿三极管发射结的电压，使电路仍有12V的电压输出。

67 1.5V干电池代替9V叠层电池电路

一些仪表，比如数字万用表，多采用9V叠层电池供电。相

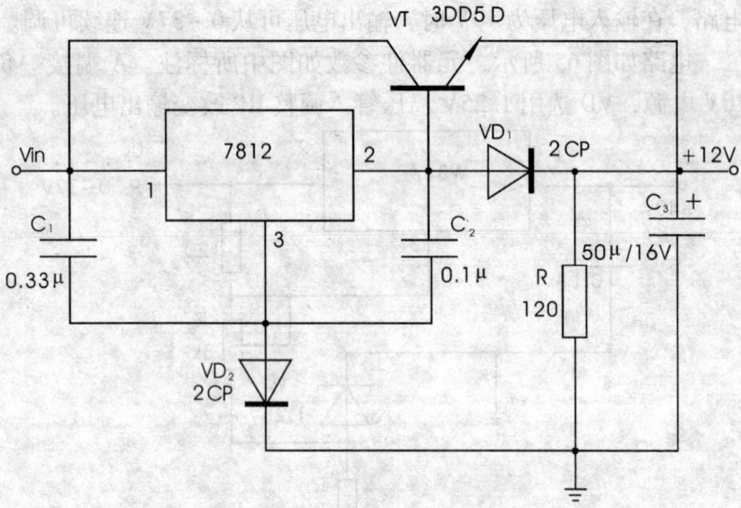

图 66 单片三端稳压器的扩流电路

对来说 9V 电池价格高，不易购到，给使用带来不便。这里给出的电路用一节 1.5V 干电池或一节 1.2V500mA 镍镉电池供电，用它完全可以取代 9V 叠层电池。

电路如图 67 所示，三极管 VT_1 与变压器相应绕组组成电感三点式振荡器，将干电池的直流电转换为交流电，经升压整流产生直流 9V 电压，供仪器仪表使用。电路中 VT_2 为自控管，当仪表的电源开关没有打开时，电路不工作。开关打开时，仪表内部的电路给 VT_2 提供了偏置通路，VT_2 饱和导通，VT_1 得到偏置电流，电路起振，L_2 两端得到一定幅度的交流电压，经 VD_1 及 VT_2 发射结的整流，仪表内电路的滤波，得到 9V 直流电压，供给仪表电路。

制作时，VT_1、VT_2 用 9015 三极管，VD_1 用 2AP9 二极管，VD_2 用 9V 稳压管。变压器 T 用口字型磁管（E3 型铁氧体磁芯改造），L_1 用 ϕ0.2mm 漆包线绕 25 匝，L_2 用 ϕ0.1mm 漆包线绕 350 匝。其他元件如图所示。

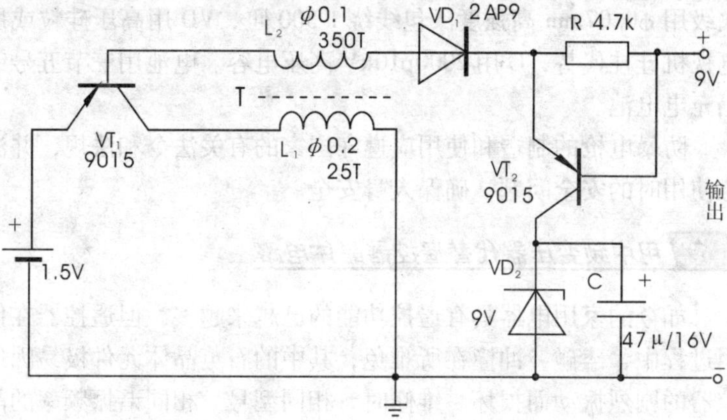

图 67　用干电池代替 9V 叠层电池电路

68 防暴电枪电路

如图 68 所示，三极管 VT 与变压器 T 的初级绕组 L_1、L_2 组成电感三点式振荡器，将电池的直流电转变为交流电，经 T 升压，VD 高压整流，C 滤波，在 A、B 两端得到直流高压。

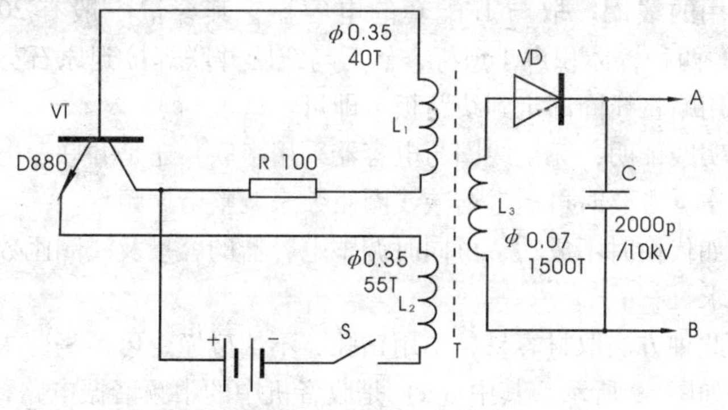

图 68　防暴电枪电路

电路中，三极管 VT 用 D880，变压器用铁氧体磁芯，初级 L_1 用 φ0.35mm 漆包线绕 45 匝，L_2 用 φ0.35mm 漆包线绕 55 匝，

次级用 ϕ0.07mm 高强度漆包线绕 1 500 匝，VD 用高压硅粒或用电视机硅柱代替，C 用 2000p10kV 高压电容。电池用三节五号镍镉充电电池。

防暴电枪的制造和使用应遵守国家的有关法令和法规，并注意使用时的安全问题，确保人身安全。

69 用中频变压器代替遥控器晶体电路

如今的家用电器具有遥控功能的已越来越多，但遥控器在使用过程中，磕碰、冲撞在所难免，其中的石英晶体元件极易因遥控器的剧烈振动而损坏。维修时，相同型号、相同谐振频率的晶体有时不易得到。下面的方法可解燃眉之急。

这里介绍用中波收音机中频变压器（俗称中周）代替彩电遥控器中的 455kHz 石英晶体的方法。因收音机中的中频频率为 465kHz，因而可用其中的 LC 谐振电路直接代替石英晶体。制作时，小心取出中频变压器中工字型磁芯和线圈，外壳、塑料骨架等不用，拆卸时注意保护好与电容器并联的绕组，因为它是我们要使用的线圈。取与 L 配套的电容器，其容量一般有 200pF，510pF 两种，体积愈小愈好，然后与线圈并联焊接到原石英晶体处，用蜡将线圈固定到线路板上即可。

实践证明，无论线圈与电容器采用串联，还是并联，电路都可工作。必要时可通过增减线圈匝数来调整谐振频率。

如代换时不成功，可同时调整电容器的容量及线圈匝数来满足要求。

此种方法取材容易，不用钻孔，不怕碰撞，可谓一劳永逸。

如图 69 所示，其中（a）是收音机中的中频谐振电路，（b）（c）是串并联代换电路，（d）是遥控器石英振荡电路。将坏的晶体去掉，代换电路接于 A、B 处即可。

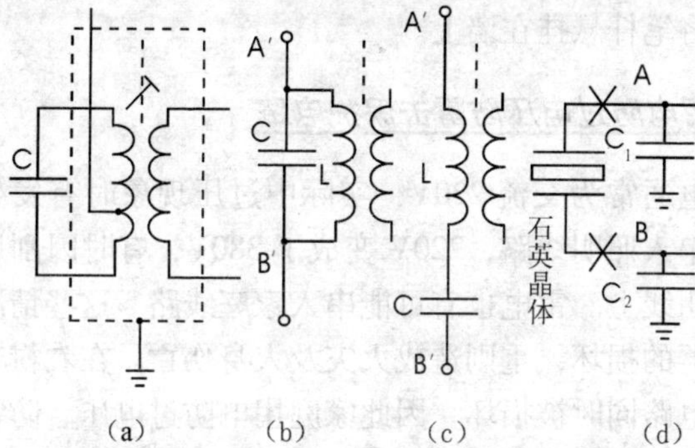

图 69　用中频变压器代替遥控器晶体电路

70 煤气炉点燃器电路

运用电容器限流的原理，将市电火线与地线瞬间接触放电，产生小火花来点燃煤气炉，这种办法安全又方便，使用效果良好。爱好者不妨试一试。

找一个 2μF/400V 油浸电容器，一支用净的圆珠笔以及数米长的导线，按图 70 连接。为了安全，最好在火线与电容器之间安装一个开关。另外，用导线将煤气炉灶铁架与大地连接（可以接在煤气管道或自来水管道上）注意必须保证接触良好。

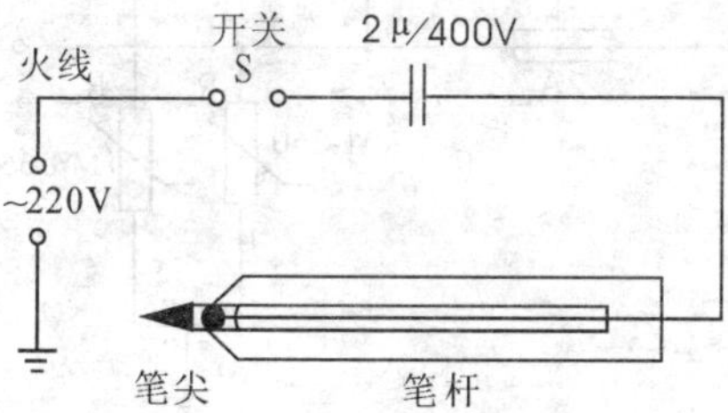

图 70　煤气炉点燃器电路

先打开电源开关，然后开启液化气的阀门，持笔杆在灶具的喷火处划动几下，放出的电火花会很快地点燃液化气。用毕后关掉电源，并将笔杆悬挂在墙上。

71 家庭用电防过电压防雷击保护电路

家庭用电通常为交流 220V，实际中过压现象时有发生。有时动力线路串入照明线路，220V 变成了 380V，有时因刮风高压线搭在了照明线上。雷电也有可能串入家庭线路。这些情况轻则造成家用电器的损坏，重则造成火灾及人身伤亡。在农村有时候整个村庄的电路同时被损坏。因此家庭用电防过电压、防雷击保护非常重要。

下面的电路对家庭安全用电，防止上述情况的发生有着重要作用。

电路如图 71 所示，该电路的关键元件是一种特殊电阻——压敏电阻，它能对峰值高于 360V 的交流、直流、脉冲电压呈泄流状态，从而使两端的峰值电压不超过 360V，进而使与此相并联的家用电器得到了保护。

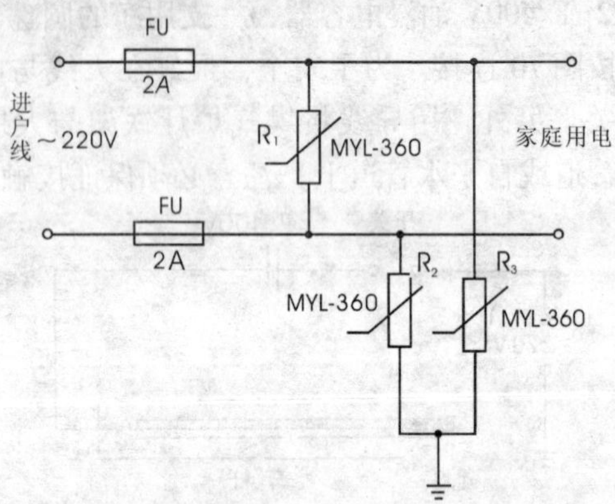

图 71　家庭用电防过电压防雷击保护电路

实际应用时，将电路接入进户线与家庭用电线路之间，地线要可靠接地。当电路起保护时，压敏电阻与保险丝往往同时烧毁，这时要同时更换。

简单应用时，可将压敏电阻直接并接在闸刀开关盒内，这时保险丝用 2A 为好，不宜太大。

72 婴儿尿布干湿检查器电路

婴儿的尿布要勤换，这是大家都知道的，但婴儿的小便次数频繁而又无规律，很难掌握。用图 72 所示电路安装一个尿布干湿检查器，使用简捷，灵敏度很高，效果甚佳。平时，将二根电极放在尿布中间，检查时，合上电源开关 S，若小电珠亮了，表示布已湿，反之未湿。

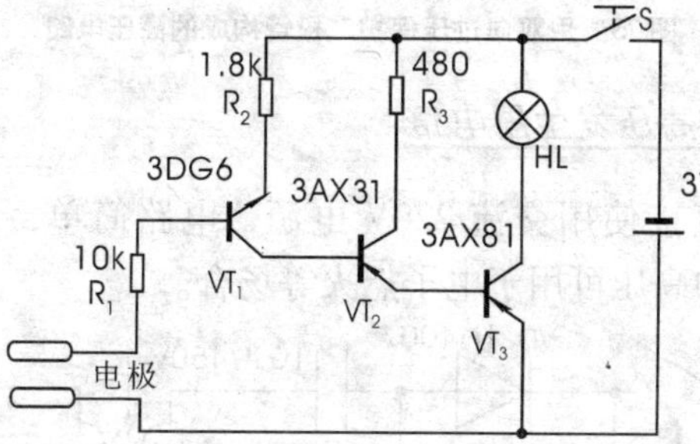

图 72　婴儿尿布干湿检查器电路

73 用双向过压保护二极管构成的高压电路

该电路以工作电压为 140V 的双向二极管为核心构成振荡电路，产生峰值很高的尖脉冲，经变压器进一步升压得到数万伏的高压。可用于产生空气负离子以及电篱笆等场合。

制作时，R 选用 500Ω ~ 1kΩ，采用 100W 以下电热丝的一段代用，不可用小功率电阻。C 用 0.5μF 600V 油浸电容。T 可用一体化行输出变压器代用，也可用 DQ130 型汽车点火线圈代用。双向二极管采用 BR210，需加散热片。调试时，调整 R 的大小，使 Vab 稍大于 BR210 的工作电压 140V 即可。

电路如图 73 所示。虚线内为一体化行输出变压器的一部分绕组。

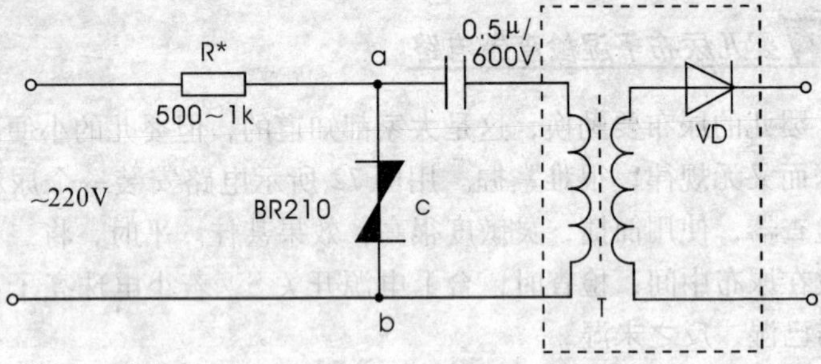

图 73　用双向过压保护二极管构成的高压电路

74 可控硅高压发生器电路

该电路直接使用交流 220V 电源，电路简单，工作稳定可靠。其产生的高压可用于电子点火等场合。

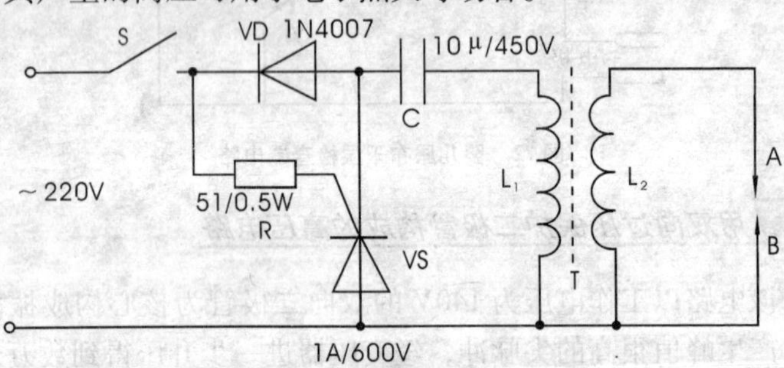

图 74　可控硅高压发生器电路

VS 选用 1A 600V 单向可控硅，二极管 VD 用 1N4007，R 用 68kΩ 0.5W 电阻，C 用 10μF 450V 纸介金属化电容器，变压器可用电视机一体化行输出变压器代替。变压器也可自制，自制时，初级用 ϕ0.55mm 漆包线绕 400 匝，次级用 ϕ0.12mm 漆包线绕5 000 匝，层间、绕组间要加强绝缘，磁芯可采用磁棒。A、B为放电极。

75 小型蓄电池充电机的制作

用50VA、次级电压36V的行灯变压器可改绕成抽头较多的电压挡位，再加一些电器元件便可制成一个小型充电机，如图75 所示。所用元件为：220V 电源插头一个，一段胶质线，一个钮子开关，一个2CZ5A 的整流二极管，一只单刀五掷换挡开关，另接一自带分流器的5A 电流表，即可按图所示线路连接，制成一个小型蓄电池充电机，整个机器可装在一个木盒内，电压表、开关装在盒上面。这种充电器线路简单，实用方便，适合摩托车蓄电池充电以及家用蓄电池。可调整 S_2 使电能保持在一定的范围内。

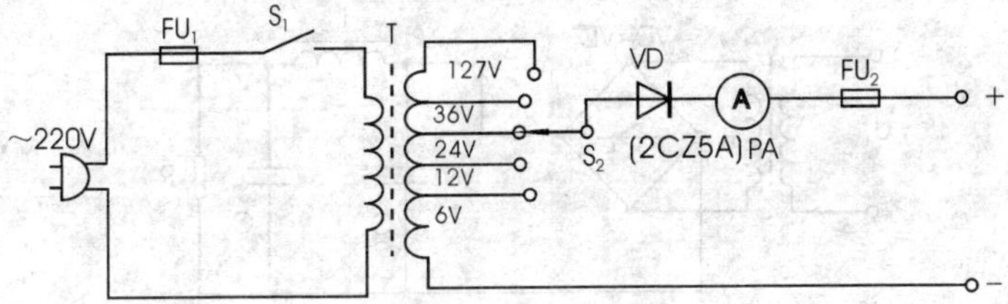

图 75　小型蓄电池充电机的制作

76 声音电平指示灯电路

目前生产的收录机，一般都装有发光二极管电平表。收录机工作时，随着输出功率的变化，发光二极管交替闪闪发光。

在电视机音频输出级也可以装一种简单的声音电平指示灯。

如图 76 所示。HL 可用一般微型指示灯，电解电容器用来改善收音机音质，用 20μF/10V 的普通产品即可。如果有音箱的话，在其面板上装上两三个不同颜色的指示灯，就会使你的音箱更加美观。

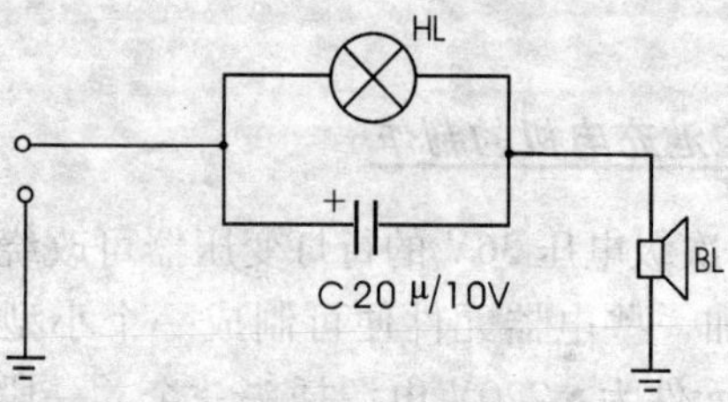

图 76　声音电平指示灯电路

77 桥式整流 π 型滤波线路

π 型滤波器，见图 77，两只电容 C_1、C_2 与电感 L 组成 π 型滤波电路，整流输出的脉动直流电先经 C_1 滤波，再经 L 和 C_2 滤波，因此滤波效果更加良好。它可用于充电及收音机电源上。

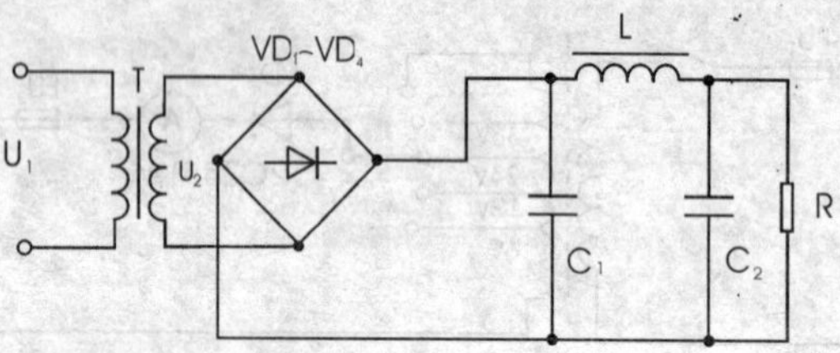

图 77　桥式整流 π 型滤波线路

78 自控"热得快"实用电路

该电路有如下特点：当水瓶中的水太少时，或在加热时从水中拔出加热件，能自动断电，以确保安全；当热水瓶中的水沸腾后能自动断电，断电后不会重复沸腾。

电路工作原理如图 78 所示，SB 为启动按钮开关，使用时，水位检测电极 A、B 与加热管一同置于注满水的暖瓶中，按一下 SB，变压器 T 初级经发热管降压有交流电通过，经升压，次级得到 12V 左右的交流电，经 VD_1、VD_2 整流及水位检测电极 A、B 之间的水电阻，在 C 上形成 10V 左右的直流电压，供给继电器动作之用，K 为动作电压为 8V 的小型继电器，与 SB 并联的为 K 的常开触点。LED 为工作指示灯，当继电器吸合时，LED 亮，同时触点 K 闭合，电热管 RL 得电加热。当 SB 松开时，继电器处于自保持状态，K 一直处在闭合状态，RL 保持加热，当瓶中的水沸腾时，由于剧烈的空化作用形成许多气泡，使 A、B 间瞬时断开，K 失电，K 断开，完成加热过程。此后，即使水降温，继电器也不会动作，加热管也不会再加热，除非再按一下启动按钮 SB。

当瓶中的水太少时，由于 A、B 间的电阻大或呈开路状态，即使按了 SB，由于继电器得不到工作电压，K 仍保持常开状态。松开 SB 后，RL 得不到工作电压而不能加热。

变压器 T 可用收音机音频输出变压器代替，根据加热管的功率不同，调整次级匝数，以得到 12V 左右的交流电，供继电器工作之用。

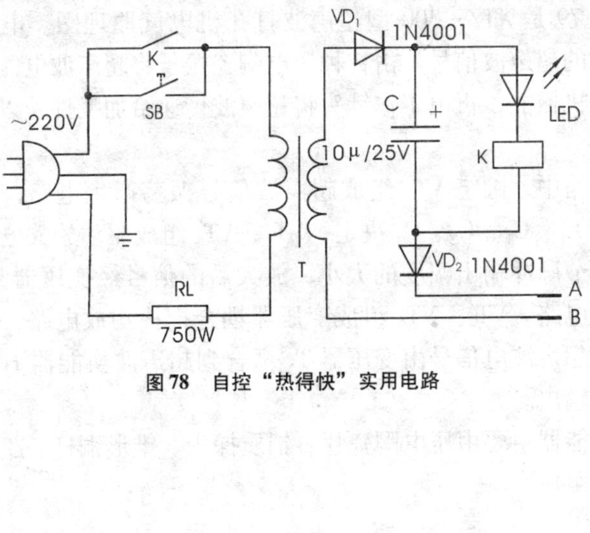

图 78　自控“热得快”实用电路

79 超声波打孔机电路

超声波打孔，具有效率高、成本低、不易损坏加工件的优点，是石材雕刻、珍珠加工等行业不可缺少的加工机械。

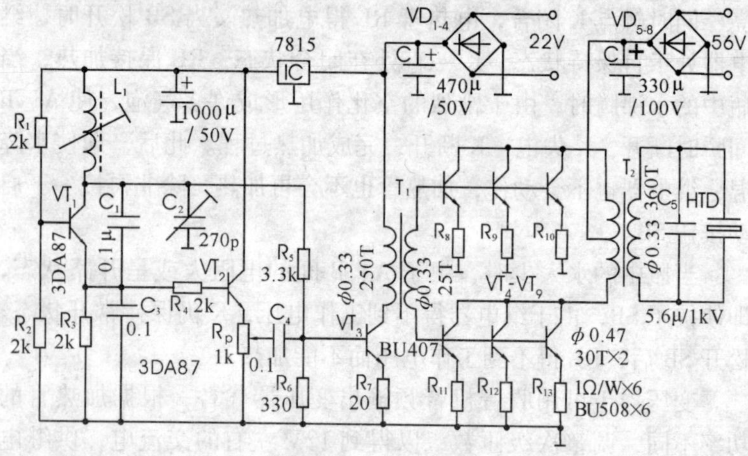

图 79 超声波打孔机电路

图 79 是 XTZ—300 型超声波打孔机电气原理图。电路产生大功率的超声波信号，由特种压电陶瓷振子将超声波电能转化为超声波机械能，再由工作针头将超声波传递给加工件，以实现工件打孔。

电路中，围绕 VT_1 组成超声波信号振荡产生电路，其振荡频率由 L_1、C_1、C_2、C_3 决定，VT_2、VT_3 组成驱动放大电路，R_P 用以调节脉冲输出幅度的大小，放大后的信号经变压器 T_1 耦合到功放电路。VT_4 ~ VT_9 组成变压器耦合推挽功放电路，经功率放大的超声波电信号由变压器 T_2 耦合到超声波换能器 HTD，实现能量输出。

换能器主要由压电陶瓷片、铝质探头、锥形铜杆、工作针头等部件组成。

L 用行振荡线圈，T_1 用巨型磁芯绕制，T_2 用小型磁缸绕制，功率管可选用 2SD850、2SD1403 等，要求 BVceo > 250V，I_{cm} > 75A，多管并联使用，同时应安装足够的散热片，并配接小型风扇，以利于长时间稳定工作。

80 用 555 时基集成电路构成的延时开关电路

555 时基集成电路是一种用途广泛的集成块，用它构成的定时器具有定时精度高，工作稳定可靠的特点。这里提供的电路，是把它用作延时开关，控制照明灯的延时工作，达到节电方便的目的。

电路如图 80 所示，工作原理如下：平时，因 VS 截止灯泡 EL 不亮。当 SB 按下时，经 C_5 降压，VD_2 整流，C_4 滤波，VD_3 稳压为定时电路提供 9V 直流电。C_2 通过 R_P 开始充电，开始时因 C_2 两端电压不能突变，IC②、⑥脚为低电平，③脚输出高电平，可控硅 VS 得到触发而导通，灯泡亮。当 SB 松开后，由 VS 为 9V 供电电路提供了通电回路，C_2 继续充电，②、⑥仍处低电平，③高电平，VS 有触发电平。此时电路处于互锁保持状态。随着 C_2 的充电，当其中充电电压上升到电源电压的三分之二时，电路翻转，IC③脚由高电平跳转为低电平，可控硅 VS 截止，灯泡熄灭。此后 C_2 因有电荷，而维持一定的端电压。为 IC 下一次的翻转造成了困难，VT 的接入恰好解决了这个问题。当再一次按下 SB 时，9V 直流电对 C_1 快速充电，充电电流使 VT 短暂饱和导通，将上一次电路工作时，C_2 上的电荷快速泄放掉，然后，VT 截止，C_2 又开始充电，IC②、⑥低电平，③高电平，VS 导通，灯泡亮，电路自锁，最后 C_2 又充电至三分之二电源电压，电路翻转，完成延时亮灯过程。

制作时，VT 选用 9014 三极管，VS 选用 1A/400V 双向可控硅，VD_3 选用 9V 稳压管，VD_1 选用 1N4148，VD_2 选用 1N4007

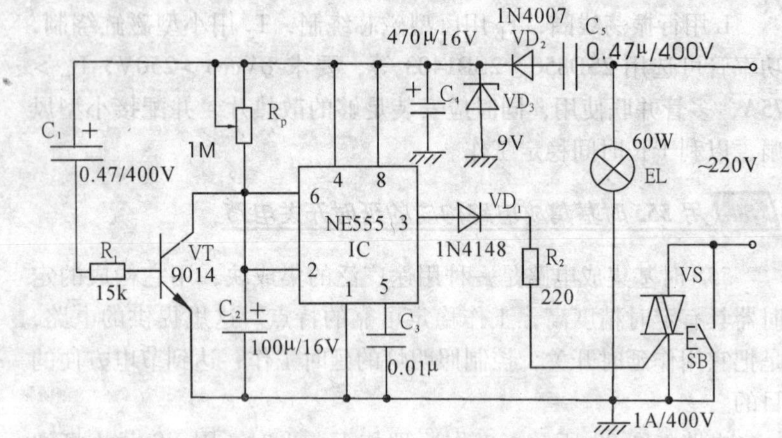

图 80　用 555 时基集成电路构成的延时开关电路

二极管，IC 用 NE555 集成块，C_2 选用 0.47μF/400V 无极性电容器。SB 选用按钮开关。其他元器件的选用如图所示，无特殊要求。

81　医用数字体温表电路

随着科技的进步，高科技产品给我们的生活带来了更多的便利。数字测温集成电路 BL0601 就是一种高科技产品，它采用 CMOS 工艺，内部集成7 000个元器件，用它制作的数字体温表有着传统水银体温表无法比拟的优点，是水银体温表的一种更新换代产品。

图 81 是 BL0601 构成的数字体温表电路，它采用 1.5V 电压供电，用热敏电阻 RG 探测人体电阻，用 3 位半液晶显示屏显示测温结果，用压电陶瓷片提醒报警。测量精度 ±0.1℃；测量范围 +32.0 ~ +43.0℃；分辨率 0.1℃。

配合测温电路还有如下功能：

(1) 报时功能：测温开始后，电路会在 1min、2min、3min

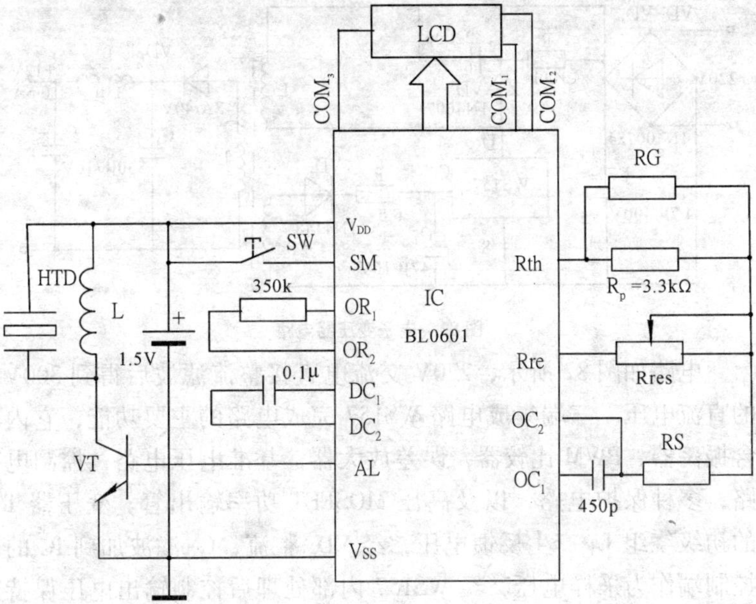

图 81　医用数字体温表电路

和 5min 时，发出报警声，提醒测量时间。

（2）最高温度保持功能：当体温表已不再接触被测者的身体时，最高温度将一直保持到电路断电。

（3）自动断电功能：电路开始工作后 10min 自动断电。

（4）开关操作：如在电路断电状态下按 SW 开关，则电路进入工作状态显示测量结果；如在电路通电状态按 SW 开关，电路复位，液晶屏无显示。

82 电子变压器电路

电子变压器以其体积小、质量轻、效率高、节电等优点被越来越多的人所接受。这里介绍的电子变压器电路，以三端新型稳压式开关电源控制器件为核心，电路简单可靠，装调容易。

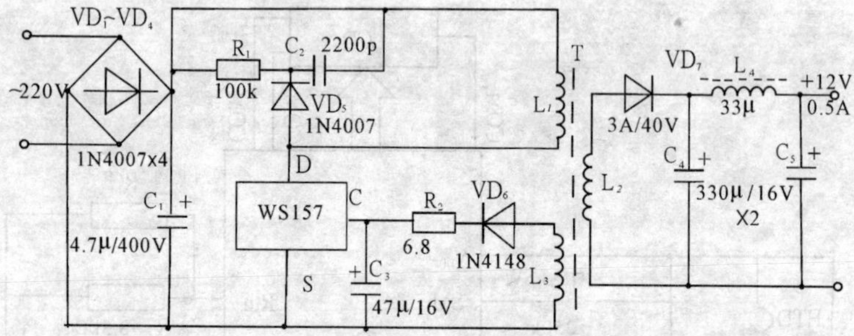

图 82　电子变压器电路

电路如图 82 所示，220V 交流电直接整流滤波后得到 300V 的直流电压。三端集成电路 WS157 完成电路的主要功能，它内含振荡器，PWM 比较器，误差放大器，基准电压电路，控制电路，多种保护电路，以及高压 MOSFET 功率输出管。变压器 T 的初级绕组 L_3 产生反馈电压，经 VD_6 整流，C_3 滤波加到 IC 的控制端作为采样电压，经 WS157 内部处理后控制输出电压保持相对稳定。R_1、C_2、VD_5 组成反峰钳位电路，可提高变换效率和降低 WS157 端的反向脉冲电压，以保护 WS157 不被击穿。变压器 T 起振荡、降压和隔离作用，次级绕组 L_2 输出方波电压经 VD_7、L_4、C_4、C_5 整流滤波，输出 12V 的直流电压。

83 燃气熄火报警电路

该电路工作时，用双金属片传感器检测炉口温度，一旦燃气熄火时，它就自动产生高压火花重新点燃燃气，并发出音乐报警声，很适合燃气灶、燃气热水器的点火及工作监控。

电路如图 83 所示，开关 S_1 与燃气开关联动，打开燃气的同时 S_1 闭合，音乐片电路得电工作，输出音频信号，音频信号一方面使 HTD 发出音乐声，另一方面经变压器 T 升压。升压后的交流音频信号经 VD_1 对 C_2 充电，经 R_1 对 C_3 充电，当 C_3 上的电压上升到一定程度时，双向触发二极管 VD_2 导通，可控硅 VS 导通，C_2 经 VS 对变压器 T_2 的初级绕组放电，在 T_2 的次级感应出 5～10kV 高压，由放电针放电，产生火花，点燃燃气。点燃后，双金属片受热，常闭触点断开，停止奏乐，放电亦停止。当燃气熄灭时，S_2 接通，电路会自动连续点火，并发出音乐报警。

制作时，T_1 用半导体收音机的输出变压器，初次级倒过来用，T_2 用电视机行输出变压器改制，磁芯不动，初级用 φ0.4mm 漆包线绕 15 匝，次级用高压包代替。

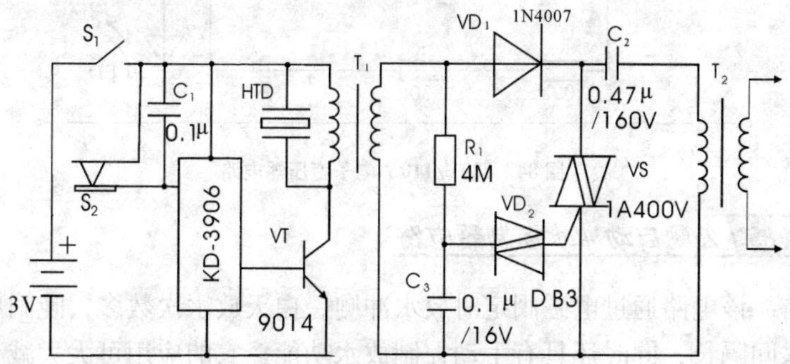

图 83　燃气熄火报警电路

84　220V/110V 电子变压器电路

一些进口电器，在我国使用，往往要附加一个降压变压器，将 220V 变为 110V 才能使用。变压器既笨重，又耗电，给使用带来很大不便。这里给出的电路不用变压器，而采用可控硅。它具有成本低，体积小，质量轻，省电等特点。本电路更适用于改制进口的日本原装空调。

电路如图 84 所示，实际上它是一个可控硅调压电路，只不过这里让它作 110V 定压输出，以满足进口电器的电源要求，如有可能可把它直接安装在电器内部，以使其适应 220V 的供电要求。

制作时，双向可控硅选用 3A400V，双向触发二极管选用 DB3，其他元件如图中所示。LED 用以指示电路工作状态，可省去不用，R_2 要作适当的调整，以保证输出电压为 110V。

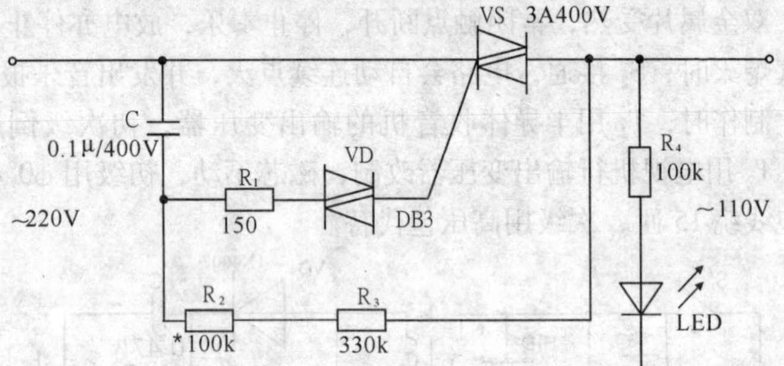

图 84　220V/110V 电子变压器电路

85 公厕自动冲水控制器电路

该电路通过电磁阀定时放水冲厕，白天放水次数多，晚间放水间隔长，同时还具有手动控制放水功能。它的应用可大大减少公厕用水的浪费现象。

电路如图 85 所示，变压器 T、VD_1 ~ VD_4、VD_5、C_1 组成 12V 供电电路，555 时基电路是控制的核心，它与周围元件构成占空比可自动调整的脉冲信号振荡器。当电源接通时，C_2 经 R_1、VD_6 充电，IC②脚为低电平，③脚为高电平，电磁阀得电，放水。C_2 充电时间为 10s，因而放水时间也为 10s 左右。C_2 充电结束，③脚为低电平，VS 截止。此后 C_2 经 VD_7、R_3、R_2 和 IC 内部放电管放电。白天有光照，电阻 R_2 阻值为 5kΩ，C_2 放电时间为 15min；夜间无光照时，R_2 为 5MΩ，C_2 放电时间为 1h。放电结束，IC③脚又变为高电平，VS 导通，YA 得电放水，这样周而复始，白天 15min 放水冲厕一次，晚上 1h 冲厕一次。从而达到节水的目的。

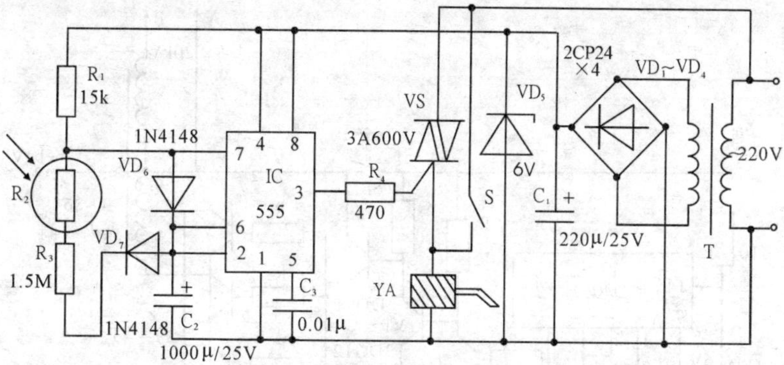

图 85　公厕自动冲水控制器

图中 S 为手控开关，用来手控放水冲厕。

IC 选用 NE555 时基电路，SCR 用 3A/600V 双向可控硅，R_2 选用 MG—43 型光敏电阻，亮阻为 5kΩ，暗阻为 5MΩ，其他元件如图中所示。

86 电子捕鱼器电路

该捕鱼器用 12V 蓄电池（俗称电瓶）供电，容量为 30Ah 时电池可使它连续工作 6 ~ 8h。使用时，电路输出 20kV 以上的脉冲，脉冲功率大于 100W。将高压输出两电极相距 0.5 ~ 1m 放入水中，按动 SB 即可将一定范围内的鱼电晕，鱼被电伤后漂上水面，用手网捕捞。停一段时间鱼又会苏醒过来，成为活鱼。

电路原理如图 86 所示，CD4069 六反相器集成电路与 R_2、R_P、C 构成基本振荡电路，产生一定频率的脉冲信号，调整 R_P 可调节输出脉冲的频率。VT_1、VT_2、VT_3 直接耦合作为推动激励电路。VT_4 ~ VT_7 四个大功率三极管并联使用，作为脉冲功率输出级，总工作电流为 3A 左右。自耦变压器 T 产生 20kV 以上的高压脉冲，脉冲功率 100W 左右，经放电极 A、B 输出。稳压管 VD 为集成电路提供 6V 的工作电压。

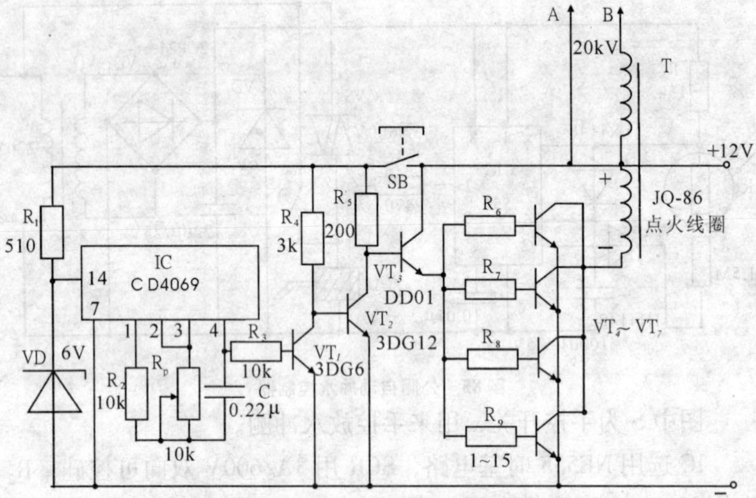

图86　电子捕鱼器电路

制作时，IC 用 CD4069 六反相器，VD 为 6V 稳压管，VT_1，VT_2、VT_3 Vceo > 50V，β > 60，VT_4 ~ VT_7，Vceo > 150V，当 IC = 2. 5A 时，β 值基本相同。自耦变压器 T 用 JQ—86 型汽车高能电子点火器代用。调整 R_P 使总电流为 3 ~ 4A。VT_4 ~ VT_7 应加足够面积的散热片，高压输出线应采用绝缘良好的专用高压线。其他元件的选择如图中所示。

使用时要注意自身安全，同时要注意保护水产资源。

87 水龙头自动洗手电路

该电路通过电磁阀自动控制自来水水龙头的出水，洗手时，手伸到水龙头的下方，水自动流出，手离开，水龙头自动停水。

电路如图 87 所示，变压器 T，VD_3 ~ VD_6 桥式整流，C_9 滤波，IC_2 稳压产生 +5V 直流电供给控制电路。VT_1、VT_2、R_1、C_1 组成 40kHz 振荡器，其输出驱动 LED_1 发出 40kHz 的红外线。洗手时，LED_1 发出的红外线经人手的反射，由光电管 VT_3 接收，

然后送往 IC_1 处理。IC_1 对 40kHz 的信号进行放大、滤波、检波、比较、整形等处理，由⑦输出低电平，经 R_7、VD_2 控制 VT_4 由截止变为导通，固体继电器 TAC018 受触发而导通，电磁阀得电，水龙头出水。洗手完毕，人手离开水龙头，光电管 VT_3 接收不到 LED_1 发射的40kHz红外线光，$IC_1$⑦脚输出高电平，VT_4 截止，TAC018 截止，电磁阀失电，水龙头断水，完成一次洗手过程。

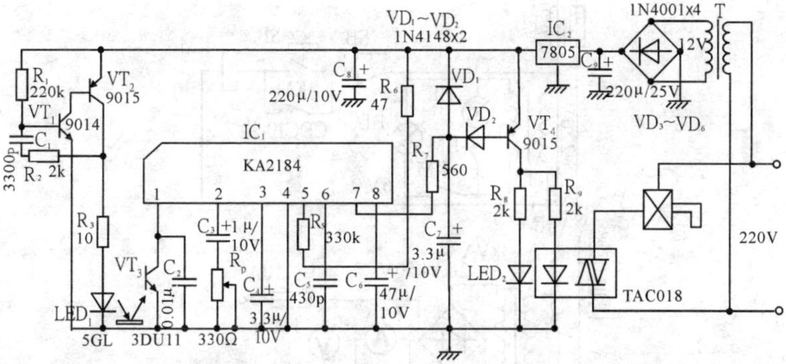

图 87　水龙头自动洗手电路

电路中 LED_1 选用 5GL 红外线发射管，VT_3 选用 3DU11 光电管，IC_1 采用 KA2184 红外线接收处理专用集成电路，固体继电器选用 TAC018，IC_2 采用 7805 三端稳压块，其他元器件如图中所示。

88 大型充电线路

大型充电线路，可提供较高的充电电流，如图 88 所示。使用的元件有：15A 闸刀开关一台，（RL）螺旋保险（15A）2 套，20A 接触器一台，3kVA 自耦调压器一台，3kVA、220V/6V 小型变压器一台，2CZ20A 整流二极管 4 个，75mV50A 分流器一块，50A 直流电流表一块，100V 直流电压表一块，RL_1—60A 保险 2

套，30A 保险芯 2 只。备齐主要元器件后，按线路原理图进行组装，注意内部连接点不得松动，整流二极管安装时要加装散热片，并将最终端正负极用接线架引出导线，用铁夹子接入蓄电池。整机可组装在一配电柜内，按钮以及调压器调节手柄装于面板上，以便操作。

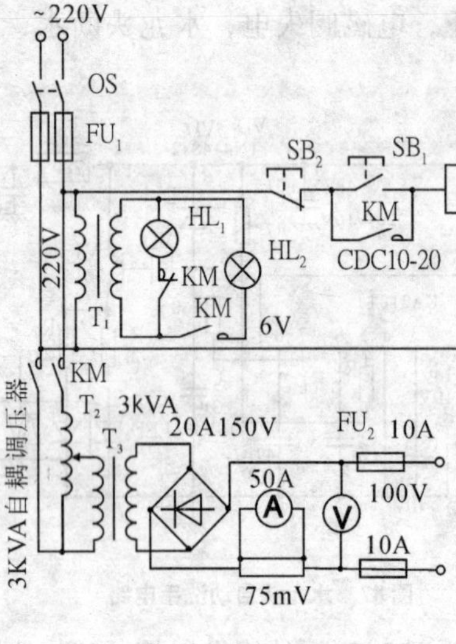

图 88　大型充电线路

使用中的注意事项为：

（1）将装好的充电机接在 220V 交流电源上，另将引出端正负极与蓄电池正负极相对应连接。

（2）在接通电源前，将调压器手柄调到 0V 位置，接通开关后，将调压器的电压调到与所充电的蓄电池的额定电压一致，并稍高一些，操作柜上的电压表指示不能超过 72V，电流表指示最大不能超过 30A。

（3）本装置应放在空气干燥、通风良好，湿度适宜的环境中。在充电工作时，注意变压器和整流二极管的温度不得超过100℃。

89 电子蜡烛电路

该电子蜡烛很有趣，使用时你可以像用普通蜡烛一样，用火柴将它点燃，也可以模仿吹蜡烛，用口把电子蜡烛吹灭，再点燃它又亮起来。

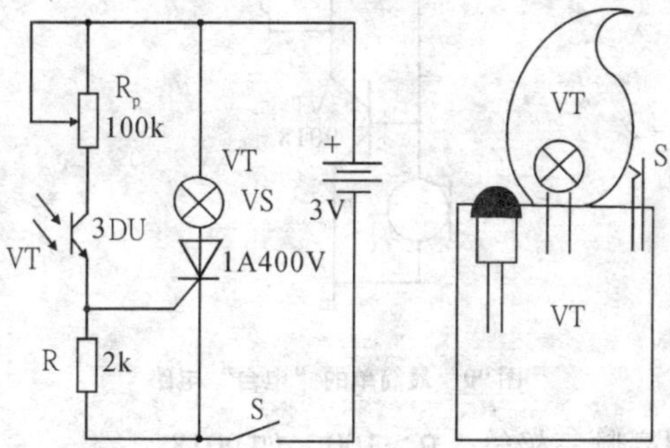

图 89　电子蜡烛电路

电路如图89所示，小灯泡发光模仿蜡烛火焰，光电管VT，微动开关均安装在小灯泡附近，用火柴点燃时，光照使光电管导通，可控硅VS得到触发而导通，灯泡HL亮，模拟蜡烛燃烧。用口吹气时，微动开关短暂断开，可控硅阴阳极失去供电自关断，灯熄后，即使S再闭合，根据可控硅的特性，VS也不会导通。当再一次用火柴点燃时，光电管再一次导通，VS导通，灯泡又亮。

小灯泡的外罩做成蜡烛火焰的形状，微动开关用薄铜片制作，要求用口吹气能把两个触片吹开，光电管安装在灯座附近。

90 最简单的“电台”电路

该电路相当于一个无线调频广播电台，对着它说话，30m处的调频收音机就能够收听到你的声音，也可以制作两个相同的电路以实现对讲机的功能，对于青少年培养兴趣，提高动手能力，增进无线电知识大有益处。

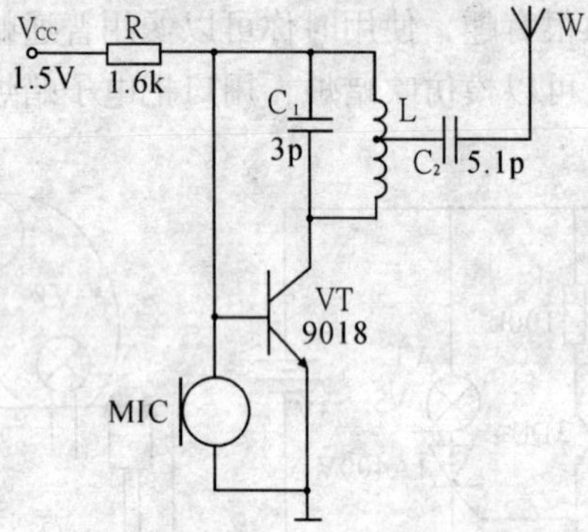

图 90　最简单的“电台”电路

VT：超高频三极管，β≥100，如 9018。

MIC：普通驻极体话筒。

L：用 ϕ1mm 的漆包线在圆铅笔上平绕 4 圈。

W：用 ϕ0. 8mm 长 20cm 的漆包线。

制作时，可以不用线路板，采取搭焊的方法，甚至可以焊在 5 号电池的正极帽上。

电池可采用各种 1. 5V 电池，为缩小体积，可采用电子表电池。

91 摩托车电压调节器电路

摩托车的磁电机在发动机的带动下能够发电，发电机线圈在旋转磁铁的作用下，做切割磁力线运动，产生电压供给大灯和尾灯，并给蓄电池充电，以供车辆的其他电路使用。但是发电线圈产生的电压随着发动机转速的升高而升高，当发动机转速达到 3 000 ~4 000r/min，发电产生的电压已超过大灯、尾灯的额定电压，极易烧毁灯泡。电压调节器就是在磁电机输出的电压上升到一定程度时，将发电线圈对地短路，从而限制磁电机输出电压的上升，以保护车灯。电压调节器电路一般由硅整流块、触发系统和保护系统组成。

如图 91 所示，是国产摩托车普遍使用的一种电压调节器。Y、P 接磁电机的发电线圈，R、G 给大灯、尾灯和蓄电池供电。当摩托车启动时，B 点和 Y、P 中的任意一点相接。发动机达到一定转速时，B 点电压使稳压管 VD_5 击穿，三极管 VT 得到偏置电流而导通，B 点电压经三极管加于分压电阻 R_1、R_2、R_3、R_4 上，经它们分压后，触发可控硅 VS_1，VS_2 导通，将 Y、P 接地，旁路一部分电流，由于磁电机的输出功率有限，因而限制了输出电压的升高。

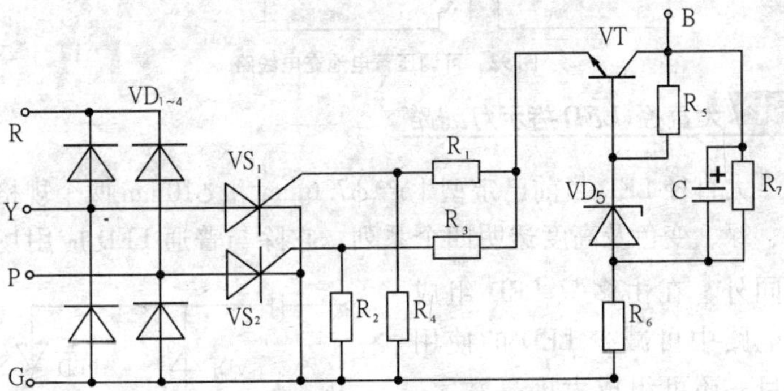

图 91　摩托车电压调节器电路

92 可调压蓄电池充电线路

如图所示是一种蓄电池充电线路，可供电压不同，容量不等的各类蓄电池充电，例如上面介绍的收看电视用蓄电池，备用照明用蓄电池，摩托车、拖拉机等机动车用蓄电池等。

图 92 是一种小型可调压蓄电池充电线路。图中的变压器 T 可用 50VA、次级电压 36V 的行灯变压器改绕，形成多抽头的多

电压绕组。其他一些元件还有：220V 电源插头一个，一段胶质线，一个钮子开关，一个 2CZ5A 整流二极管，一只单刀五掷换挡开关，自带分流器的 5A 电流表。按图 205 连接好线路，装在一个木盒内，即可供摩托车蓄电池等充电，充电时注意电流变化，在充电过程中根据蓄电池的输出电压，调节 S_2 开关，使电流保持在一定的范围内。

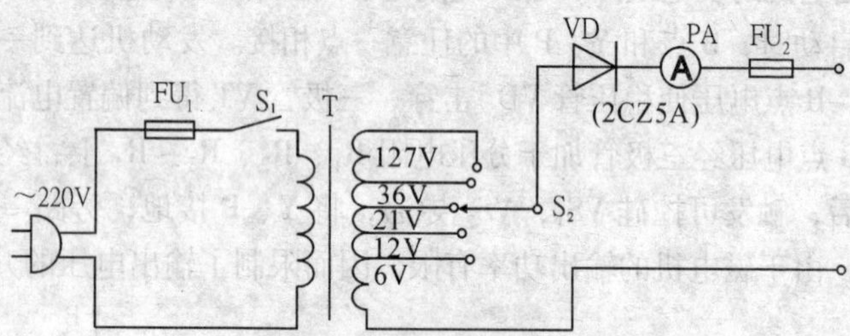

图 92　可调压蓄电池充电线路

93 大直径 LED 指示灯线路

大直径 LED 目前已定型生产 ϕ7. 6mm 和 ϕ10mm 两个规格的红、绿、变色及高度透明四个系列。它除与普通 LED 应用场合相同外，在由多只 LED 组成的电路中可减少 LED 的使用数目，还可组成大屏幕数字，图形显示屏。高亮度透明发光二极管是用来制作节能微光灯、袖珍手电筒的最好元件。大直径发光二极管取代钨丝灯泡指示灯具有功耗低等优点。

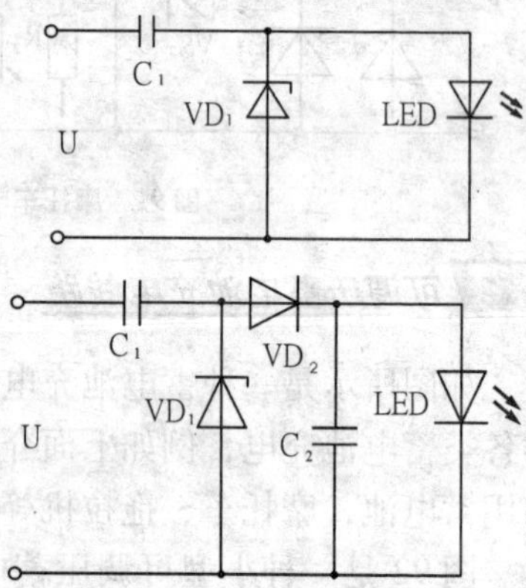

图 93　大直径 LED 指示灯线路

大直径 LED 节能指示灯的电路图如图 93 所示。该图是以 220V 交流供电时情况。

电容 C_1 起限流降压作用。C_1 的容量由公式 $C=1/(2\pi \cdot f \cdot x_c)$ 求出，电容容抗 x_C 由 $x_C=u/i$ 求出，式中 f 为 50Hz 交流电频率，u 为 LED 所加交流工作电压（单位为 V），i 为 LED 工作电流（单位为 A），C 的单位为 F。LED 信号指示灯，由稳压、整流、滤波电路组成，使 LED 指示灯不受电压波动影响及消除 25Hz 闪烁现象。稳压二极管击穿电压可选择 3～6V，工作电流 >50mA 的 2CW 型稳压二极管。电容 C_2 选用 100μF、25V 电解电容。电容应质量好耐压高。

94 节电延时开关线路

图 94 表示简易的节电延时开关电路图。平时，电容器 C 处于充足电的状态，其中无电流通过，因而单向晶闸管 VS 控制极无电流流过，VS 不导通，电灯 EL 不亮。当按一下 SB 后，C 通过 R_2 放电，然后松开 SB，则电流通过二极管 VD、电阻 R_1、VS 的控制极再向 C 充电。由于充电过程是在 VS 控制极回路进行的，所以 VS 导通，灯泡点亮，随着 C 的充电，VS 控制极电流逐渐减小，经过一段时间后，VS 截止，灯泡熄灭，完成了一个延时过程。

元器件选择：C 对延时起着主要的作用，故选用 2～10μF/450V 的漏电极小的电容器，漏电稍大会使其常亮，延时开关失效。VS 是根据负载情况选择的，这里选用 1A400V 的单向可控硅。VD 选用最高反向工作电压高于 400V、工作电流≥100mA 的二极管。其他元件如图所示，无特殊要求。如果不能关断，可以尝试在晶闸管的 G—K 极之间并联一个 200Ω 左右的电阻即可。

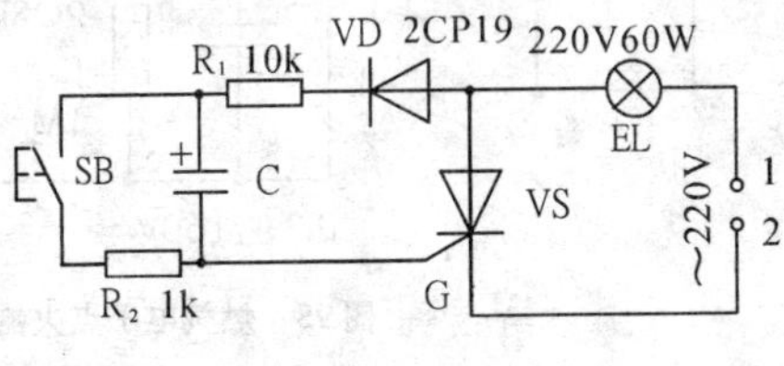

图 94 节电延时开关线路

制作与调试：将所有元件按图 94 所示焊装在自制的印制板上，然后装入一绝缘盒里，按钮 SB 装在盒盖上。从盒子侧面引出两根导线 1、2，用于连接市电用。

本开关调试时，主要是调节延时时间。由于延时时间的长短是由 R_1、C 和 VS 的参数决定的，所以对这些参数，除了选取适当值外，还应进行调整，使其得到不同的延时时间，最长可达 2min 左右。

本电路由于直接与市电连接，所以调试时要注意安全问题。

95 燃气电子点火器电路

该电路将 1.5V 干电池直流电压通过振荡器变成交流电压，再经升压、整流、超低频振荡器，脉冲升压变压器产生间隔约 0.5s 的 10kV 以上的脉冲电压。脉冲电压通过放电针放电，产生火花点燃燃气。

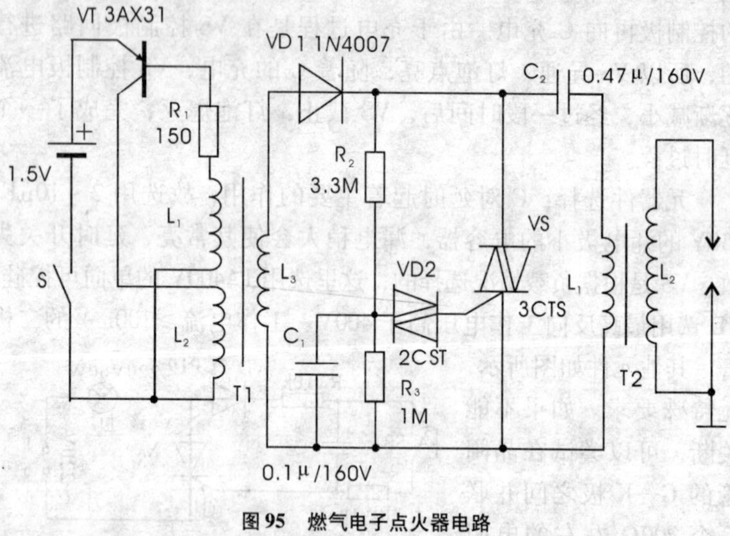

图 95　燃气电子点火器电路

电路如图 95 所示，VT、R_1 和变压器 T_1 的初级绕组 L_1、L_2

构成电感三点式振荡电路，R_1 是 VT 的基极偏置电阻。振荡产生的交流电压经 T_1 升压，在 L_3 上得到约 30V 的交流电压，经 VD_1，整流后对 C_2 充电，同时又经 R_2 对 C_1 充电；当 C_1 上的电压大于双向触发二极管 VD_2 的导通电压时，可控硅 VS 导通，C_2 上的电荷迅速通过 VS 及 T_2 的初级绕组 L_1 泄放，由于 L_1 的自感作用其两端产生很高的脉冲，同时经 T_2 的升压作用，L_2 上感应出 10kV 以上的脉冲电压，此高压由放电针放电产生点火火花。

96 单次脉冲放电型电子点火器电路

该点火器结构简单，轻巧耐用，经济实用，维修方便。

电路如图 96 所示，平时 S 接于 1 点，C 与电池并联，并充满电荷，端电压与电池电压相同，使用时，S 接于 2 点，C 直接向 T 的初级 L_1 放电，由于 L_1 的自感作用其两端产生大于电池电压的脉冲电压，经 T 升压，L_2 两端感应出 12 000V 的脉冲高压，再由放电针产生电火花。点火完毕 S 又接于 1 点，电压再一次对 C 充电，为下一次点火做准备。

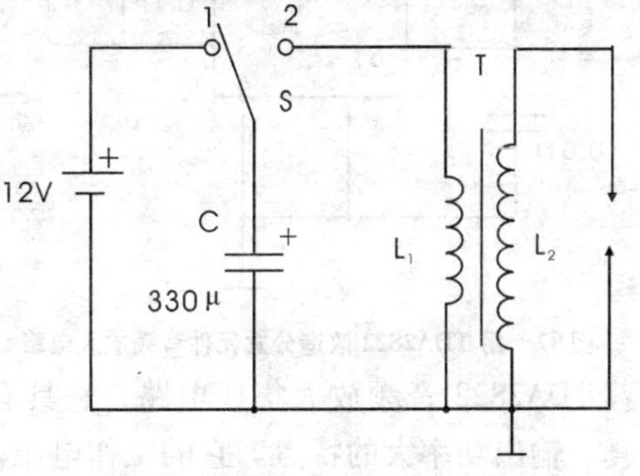

图 96　单次脉冲放电型电子点火器电路

电容器选用 CD11，耐压 16V，容量 330μF，漏电流小于 10μA。变压器 T 初级用 φ0.5mm 漆包线绕 5.5 圈，次级用

φ0.03mm 漆包线绕 5 500 圈，铁芯用 R_P280 × 35 的 E 型高硅矽钢片。电池用 EL—12 型小型电池，标称电压 12V，放电终止电压 7.2V。

97 用 TDA2822 改造分立元件音频放大电路

一些用变压器耦合的老式收音机，其音频放大电路修理起来很是麻烦，OTL方式的音频放大电路调试时更麻烦。遇到这种情况倒不如舍弃原电路，用单片音频放大集成电路代替原分立元件低放电路，其性能优于原电路。

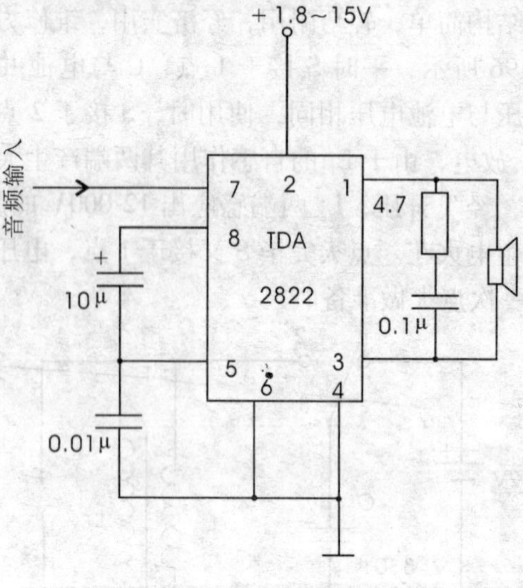

图 97　用 TDA2822 改造分立元件音频放大电路

这里推荐 TDA2822 音频放大集成电路，它具有低电压、低功耗、低失真、输出功率大的特点。它的工作电压范围为 1.8 ~ 15V，典型静态工作电流仅 6mA，若接成 BTL 方式，在 3V 时输出功率达 250mW 以上，6V 时达 1W。同时它体积小，管脚少，外围元件少，制作时若焊接巧妙可不用线路板，用搭焊的方式即可连接好电路。

TDA2822BTL 音频放大电路如图 97 所示。

98 用按钮控制的大型发光记分牌电路

一般记分显示都是采用数码管与数字管，控制部分则采用较复杂的电子线路。而数码管与数字管字型小，不适应大型场合的数字显示要求。图 98 所示是一个用按钮控制、灯泡显示的大型发光记分牌。

图 98（a）示出了数字 0 至 9 的显示方式，可见，每位数字分八段组成，其中 a、b、c、d、e、f、g 七段线条中，每个线条里面装有三只灯泡，h 段装有一只灯泡，灯泡外部加装模仿电子记分牌的透明外罩。

工作原理如图 98（b）所示。下面举例说明：例如，需要显示“1”，那么“1”是由 c、f 段组成，操作时，按下按钮 SB_1，继电器 K_1 得电吸合，松开 SB_1 后，K_1 自保点使 K_1 继续吸合。同时，继电器的常开点 K_1 也闭合，接通交流电源，使 VD_3、VD_{19}导通，通过 c、f 段中灯泡形成回路。灯泡发光显示“1”字。如果需要显示“9”字，应先按下 SB_{11}总的断电按钮，使 K_1 释放，然后再按下 SB_9 按钮，K_9 接通电源，使 VD_8、VD_{27}、VD_{23}、VD_{13}、VD_2、VD_{32}、VD_{19}、VD_9 二极管导通，a、b、c、d、f、g 段内灯泡发光，显示“9”字样。

此线路只画出一位显示数字情况，多位显示原理同上。继电器选用 JRX—13F 型，电压为 12V；按钮采用微型按钮；灯泡根据显示环境要求选用 15 ~ 60W；二极管 VD_1 ~ VD_{32}的电流参数要求应根据通过灯泡的电流大小来确定，耐压应大于 300V。

99 玩具电子鸟电路

该电路能够发出类似鸟叫的“啾、啾”声。电路如图 99 所

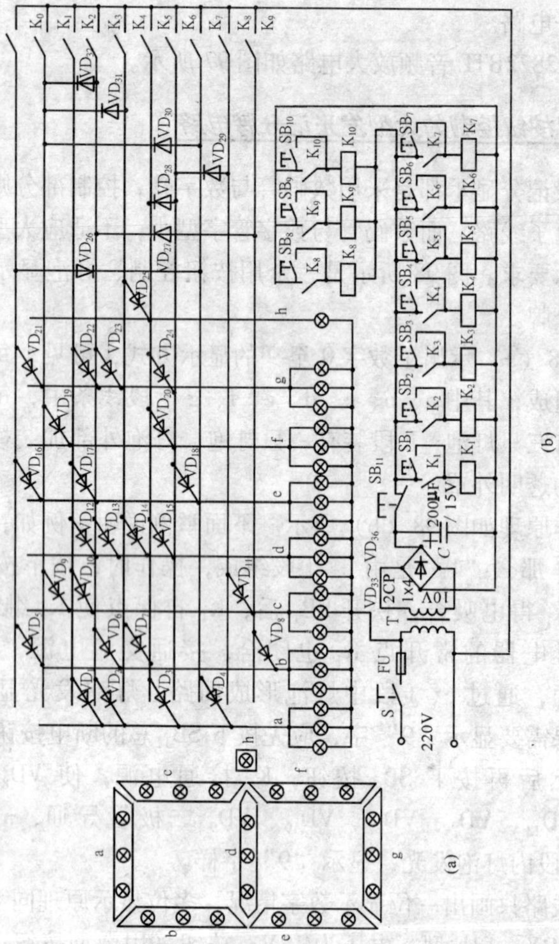

图 98　用按钮控制的大型发光记分牌电路

示，三极管 VT 与变压器 T 的初级绕组 L_1 及 C_1、C_2、R_1 构成电感三点式音频振荡器，产生约 1 200Hz 的音频信号，作鸟叫的基本音调。L_3、R_2、C_4 与三极管 VT 又构成 3～5Hz 的间歇振荡器，以调制 1 200Hz 的基本振荡，从而产生“啾啾”的断续鸟叫声。

改变 C_4 的容量，可以调整“啾啾”声的间隔时间，改变 C_1 可调整鸟叫的基本音调。

制作时，变压器用晶体管收音机的输出变压器代用，L_3 用输入变压器的初级绕组代替，其他元件无特殊要求。

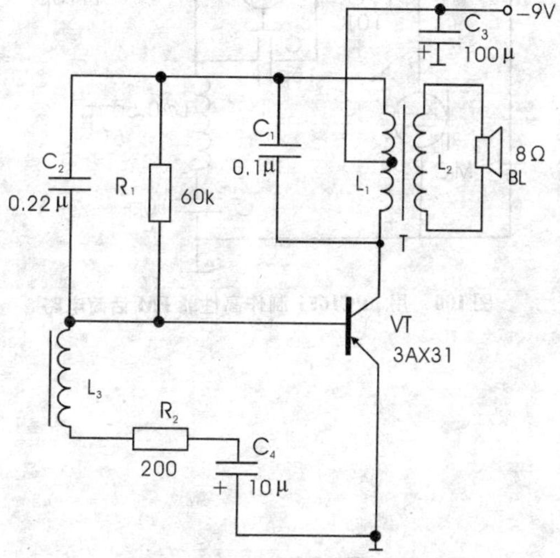

图 99　玩具电子鸟电路

100 用μPC1651制作高性能 FM话筒电路

μPC1651 是日本 NEC 公司生产的高频放大集成电路，它具有噪声低、频带宽、工作稳定、性能优良等特点。这里用它构成振荡器，制作高性能的 FM 调频话筒，用普通调频收音机即可收到它发射的信号。

电路如图 100 所示，L 用 ф0. 5mm 漆包线在 ф5mm 的骨架上绕 5 圈，脱胎成空芯线圈，天线用 50cm 长的软导线，话筒用小型 MIC 话筒。调整 L 的匝数，匝距可改变输出频率。

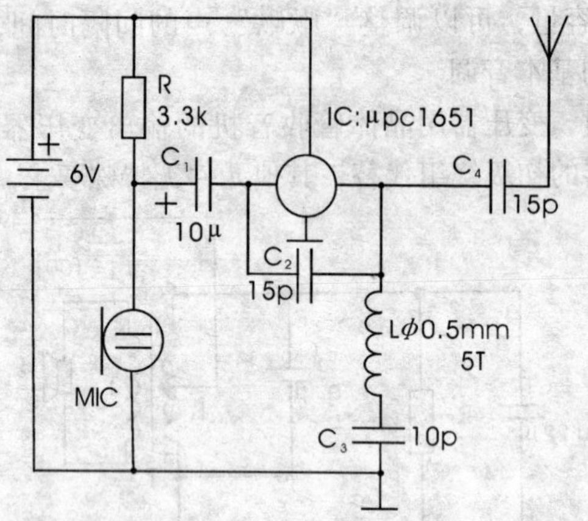

图 100　用 μPC1651 制作高性能 FM 话筒电路

二

自动控制线路

101 道路施工警示灯控制电路

该电路具有闪烁和光控两种功能，即天黑后能控制警示灯自动开启并工作在闪烁状态，天亮后又能将警示灯自动关闭。

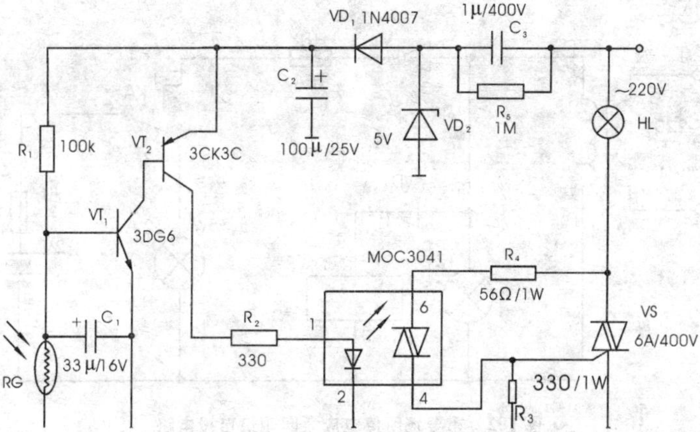

图 101　道路施工警示灯控制电路

电路如图 101 所示，C_3、R_5、VD_1、C_2、VD_2 构成 5V 电源电路。白天由于光照，光敏 RG 呈低阻，VT_1，VT_2 构成的低频振荡电路停振，灯泡 HL 不亮。晚上，无光照，RG 呈高阻，

VT_1、VT_2 产生低频振荡，脉冲信号经光电耦合，触发双向可控硅导通，从而使灯泡 HL 工作在闪烁状态。

制作时，光敏电阻要求，暗阻≥1MΩ，亮阻≤10KΩ，光电耦合器选用 MOC3041，双向可控硅用 6A400V，其他元器件依图中所标注。

102 重要场所停电应急照明灯自投电路

图 102 是一种简单的应急照明灯的原理图。当电力系统供电正常时，VD_2 单相半波整流，使继电器 KA 通电，常开触点 1、2 接通，VD_1 半波整流电路经熔断器 FU 向 12V 蓄电池充电待用。一旦交流供电停止，继电器断电释放，常闭触点 2、3 接通。12V15W 应急灯由 12V 蓄电池供电照明。待电力系统恢复供电后，继电器 KA 重新吸合，应急照明灯熄灭，蓄电池恢复充电待用状态。

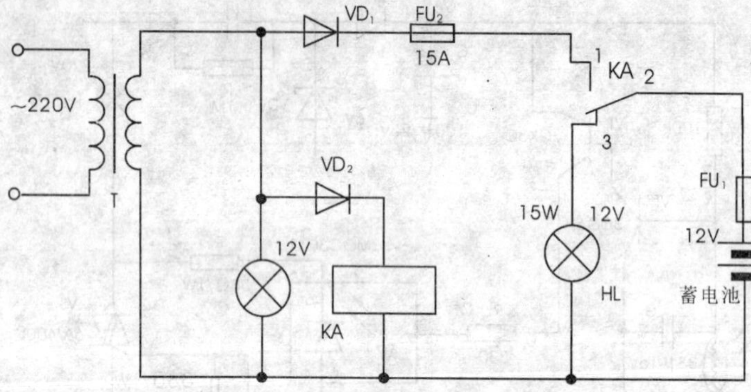

图 102　重要场所停电应急照明灯自投电路

103 单相照明双路互备自投供电电路

如图 103 是单相照明双路互备自投供电线路，当一路电源因故停时，备用电源能自动投入。图中 1S、2S 为小型开关，1KM、

2KM 为交流接触器。工作时，先合上开关 1S，交流接触器 1KM 吸合，由 1 号电源供电。然后合上开关 2S，因 1KM、2KM 互锁，此时 2KM 不会吸合，2 号电源处于备用状态。如果 1 号电源因故断电，交流接触器 1KM 释放，其常闭触头闭合，接通 2KM 线圈电路，2KM 吸合，2 号电源投入供电。也可以先合上开关 2S，后合上开关 1S，使 1 号电源为备用电源。

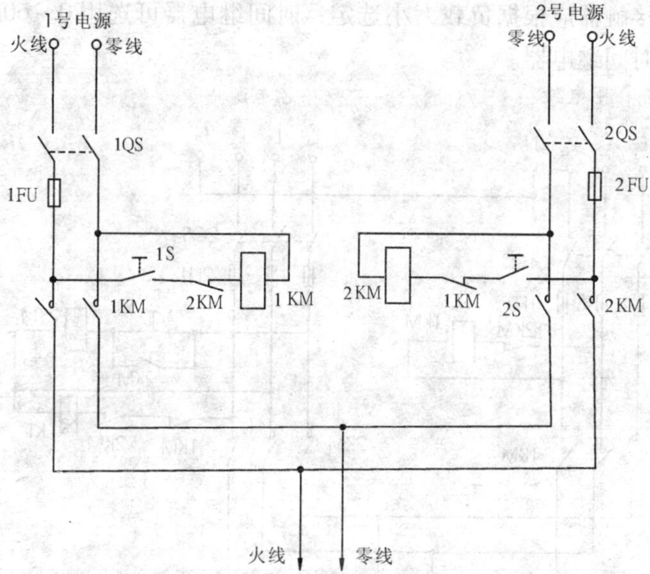

图 103　单相照明双路互备自投供电电路

104 双路三相电源自投装置电路之一

如图 104 所示是一双路三相电源自投线路。用电时可同时合上刀闸开关 1QS 和 2QS，1KM 得电吸合，同时，时间继电器 KT 也得电，但由于 1KM 的吸合，1KM 常闭触点又断开了 KT 时间继电器的电源，这时甲电源向负载供电。当甲电源因故停电时，1KM 接触器释放，这时 1KM 常闭点闭合，接通时间继电器 KT

线圈上的电源，时间继电器经延时数秒钟后，使 KT 延时常开点闭合，2KM 得电吸合，并自锁。由于 2KM 的吸合，其常闭点一方面断开延时继电器线圈电源，另一方面又断开 1KM 线圈的电源回路，使甲电源停止供电，保证乙电源进行正常供电。如果乙电源工作一段时间停电后，2KM 常闭点会自动接通线圈 1KM 的电源换为甲电源供电。

接触器应根据负载大小选定；时间继电器可选用 0～60s 的交流时间继电器。

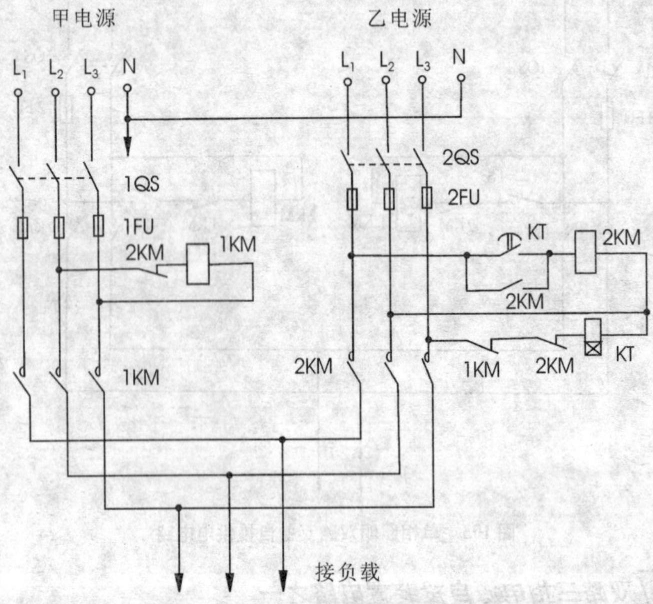

图 104　双路三相电源自投装置电路之一

105 双路三相电源自投装置电路之二

如图 105 所示，是一双路三相电源自投线路。工作时，可同时合上电源刀闸开关 QS_1 和 QS_2，与此同时，交流接触器 KM_1、

KM_3 同时得电吸合，KM_1 得电时闭合主触点给用电设备供电。

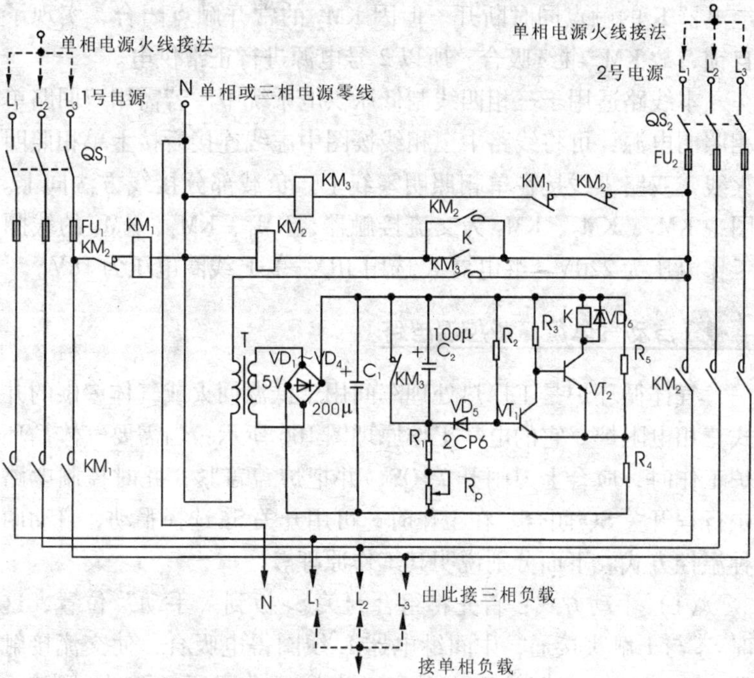

图 105　双路三相电源自投装置电路之二

而 KM_3 得电吸合时，接通晶体管延时导通电路。然而因 KM_1 的吸合，KM_1 的辅助常闭点又断开 KM_3 线圈电源，KM_3 又失电被释放，这时 1 号电源进行正常工作供电。在供电过程中，如果 1 号电源因故停电，交流接触器 KM_1 失电释放，KM_1 的辅助常闭点闭合，接通 KM_3，KM_3 得电吸合，其常开触点闭合，将延时电路接通，同时 KM_3 的常闭触点断开，C_2 通过 R_1 充电，延时开始。充电 1～2s 后，U_{A1} 开始低于 U_{B1}，则 VD_5 导通，VT_1 截止，VT_2 导通，继电器 K 通电吸合，接通 KM_2，使 KM_2 的主触点接通 2 号电源进行供电。在 KM_2 吸合后，KM_2 的辅助常闭点

又断开接触器 KM_3 的线圈电源，KM_3 释放切断晶体管延时电路，继电器 K 的触点同时断开。但因 KM_2 的常开触点闭合，实现了自锁，故 KM_2 继续吸合，所以 2 号电源进行正常供电。

本线路适用于三相四线制低压供电系统中。若需用双回路单相照明电源，可将线路中三相线按图中虚线连接后接上单相照明火线，双路零线接在单相照明零线上。负载部分接线方法同上。图中 KM_1、KM_2、KM_3 为交流接触器，KM_1、KM_2、KM_3 的线圈工作电压为 220V，继电器 K 选用 JRX—13F 线圈电压为 18V。

106 自动气体循环炉控温电路

气体循环炉是工厂热处理车间用于低温回火或气体渗碳的井式三相电阻炉。它的电气工作原理图 106 所示：当需要气体循环炉工作时，应合上刀闸开关 QS，并把炉盖盖紧，此时控制电路中行程开关 SQ 闭合。在工作时，可用开关 S_2 选择手动、自动两种温控方式。下面分别说明其工作原理。

（1）手动方式：首先将组合开关 S_2 扳到“手动”位置，这时 S_2 与 1 触头接通，中间继电器 K 线圈得电吸合，使交流接触器 KM_1 动作，电阻炉通电升温，当炉温升至所需要的温度时，把 S_2 扳到“0”位置，使 K 和 KM_1 线圈断电，电炉电源断开，不再升温。

（2）自动方式：将组合开关 S_2 扳到“自动”位置，这时 S_2 与 2 接通。由于电子电位差计测温仪表 T 在温度低于预定温度时，触头 T 呈闭合状态，使 K 继电器通电吸合，同时 KM_1 线圈通电，电炉通电升温；当炉温达到预定温度时，触头 T 自动分断，使 K 线圈断电，KM_1 断电，电炉停止升温。实现了自动控温。

风扇电动机由按钮 SB_1 直接控制启动自锁；SB_2 为其停止按钮。在实际工作中，根据需要可随时手动控制风扇启停。

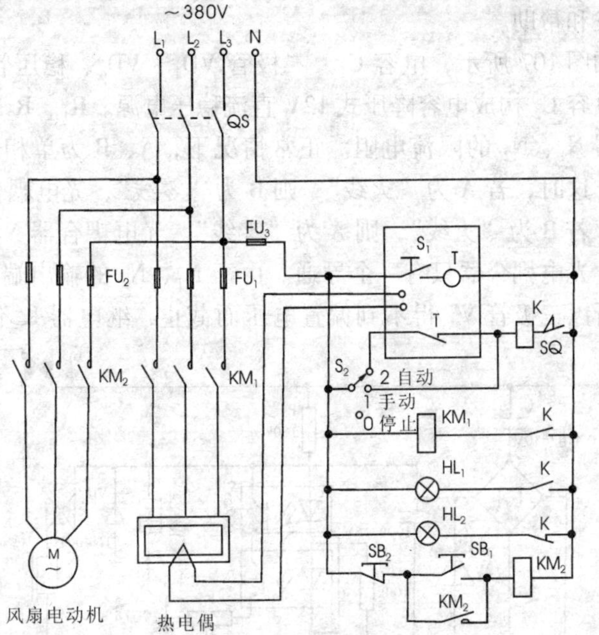

图 106　自动气体循环炉控温电路

图中 S_1 为仪表的电源开关，HL_1 和 HL_2 分别为电炉通电或断电指示灯。

107 单相电源零线断路报警保护电路

在三相四线制供电系统中，往往用其中的一相作为民用单相电源，其中的相线俗称“火线”。单相标准电压为 220V。实际中，单相电因变压器零线断路成为相，相输出的情况时有发生。这时单相电源线路中的两根线不再是火线和零线，它们都成了“火线”，两线之间的电压不再是 220V 而成为 380V。这种情况对居民的用电危害特别大，往往造成整幢楼、整个生活小区的电器损坏。因此，对上述情况的防范势在必行。下面的电路能给您以启发和帮助。

如图 107 所示，电容 C_1、二极管 VD_1 ~ VD_4、稳压管 VD_5、滤波电容 C_2 构成电容降压式 12V 直流稳压电源。R_1、R_2 是光电耦合器 N_1、N_2 的限流电阻。正常情况下，A、B 为单相电源输入线，这时，若 A 为“火线”，则 B 为“零线”，光电耦合器 N_1 导通；若 B 为“火线”，则 A 为“零线”。光电耦合器 N_2 导通。因此，光电耦合器只有一个导通。由于 N_1、N_2 的输出端是串联的，所以三极管 VT 得不到偏置电压而截止，继电器 K 不动作，

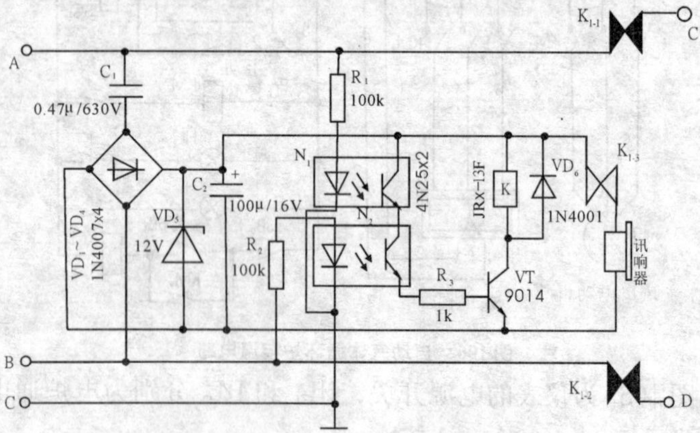

图 107 单相电源零线断路报警保护电路

其常闭触点 K_{1-1}、K_{1-2} 向家用电器正常供电，常开触点 K_{1-3} 保持常开，报警器不响。当线路异常时，A、B 均为“火线”，相对零线 C 均有 220V 的电压（A、B 之间的电压此时为 380V），此时，N_1、N_2 同时导通，三极管 VT 得到偏置电压，饱和导通，K 吸合，常闭触点 K_{1-1}、K_{1-2} 断开，中止对家用电器的供电，常开触点 K_{1-3} 闭合，讯响器报警，从而使后接电器得到保护。

元器件参数如图所示。使用时 A、B 接单相 220V 供电线路，B 要可靠接地，C、D 接入户线。

108 用电接点压力表做水位控制电路

用电接点压力表做水位控制，可有效地防止由于金属电极表面氧化引起的导电不良，使晶体管液位控制器失控。

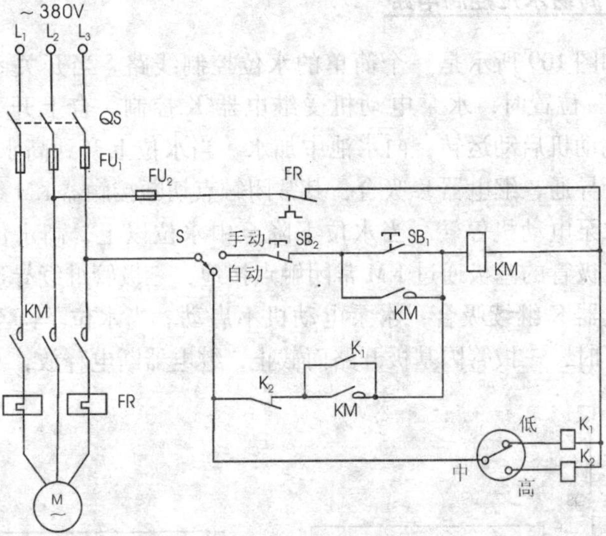

图 108　用电接点压力表做水位控制电路

如图 108 所示，将电接点压力表安装在水箱底部附近，把电接点压力表的三根引线引出，接入此线路中。当开关 S 拨到"自动"位置时，如果水箱里面液面处于下限时，电接点动触点接通 K_1 继电器线圈，继电器 K_1 吸合，接触器 KM 得电动作，电动机水泵运转，向水箱供水。当水位液面达到上限值时，电接点的动触点与 K_2 接通，K_2 吸合其常闭触点断开 KM 线圈回路，使电动机停转，停止注水。待水箱里面的水用完，下降到下限时，K_1 再次吸合，接通接触器 KM 线圈电源，使水泵重新运转抽水，这样反复进行下去，达到自控水位的目的。如需人工操作时，可将线路中开关 S 拨到"手动"位置，按下按钮 SB_1 可启动水泵电动机。按下按钮 SB_2 可使水泵停止向水箱供水。

线路中 K_1、K_2 继电器线圈电压为380V，也可使用CDC10—10 接触器代替使用。

109 简易水位控制电路

如图 109 所示是一个简单的水位控制线路。当开关 S 打在“自动”位置时，水泵电动机受继电器 K 控制。合上开关 QS，水泵电动机启动运转，向水池中加水。当水位上升到高水位时，三极管导通，继电器 K 吸合，其常闭触点切断接触器 KM 线圈通路，水泵电动机停转。当水位下降至中水位以上，高水位以下时，三极管的基极通过 KM 常闭触点接地，三极管继续导通，因此继电器 K 继续吸合，水泵电动机不启动。当水位下降至中水位以下时，三极管因基极开路而截止，继电器断电释放，水泵电

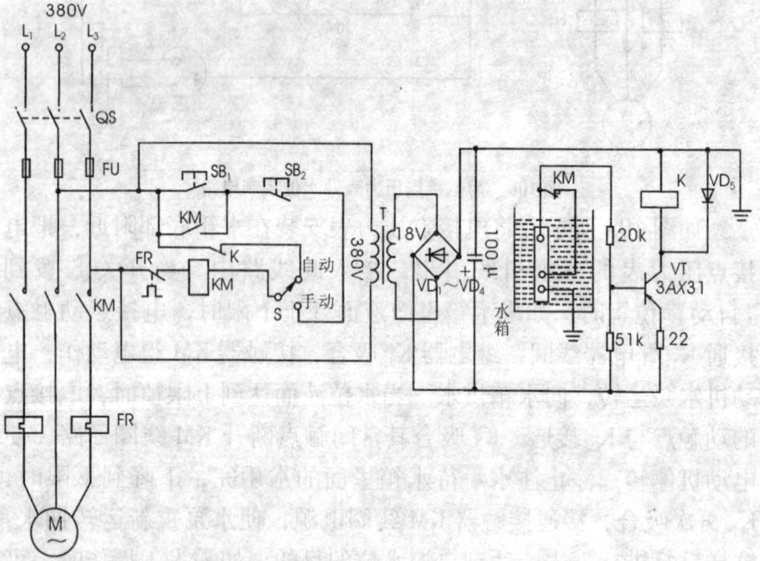

图 109　简易水位控制电路

动机又启动。将 S 打在“手动”位置时，可通过按钮 SB_1 控制水泵电动机启停。

110 新型液面报警电路

如图 110 所示，该报警电路以新型单片式液面报警控制集成电路 VG4620 为核心，电路简单，性能优异，可广泛应用于啤酒、酱食、化工等行业。电路中 A、B 为金属导体制成的传感器电极，工作时 VG4620 通过电极向液面发送信号，并检测返回的信号，根据信号的衰减量达到阈值，电路经一定的延时后将输出脉冲报警信号，这时 VG4620 内部的锁存器一直锁存于报警状态，直至电源切断。

VG4620 的主要参数为：典型工作电压 6V，工作电流

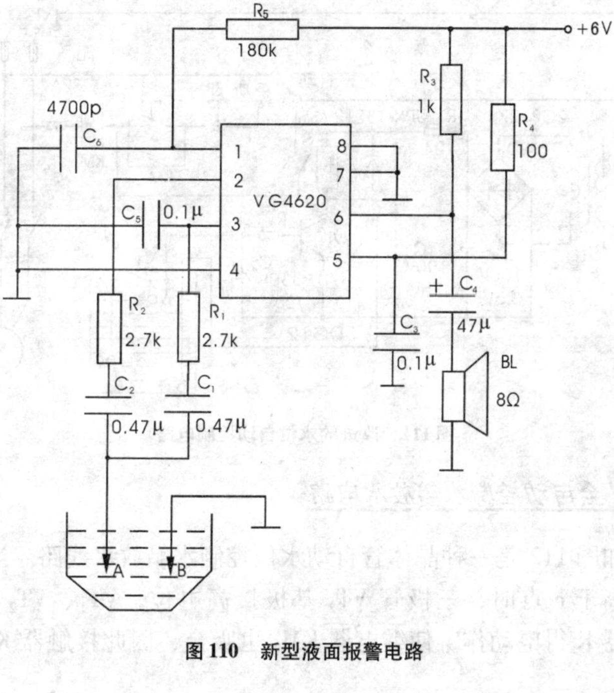

图 110　新型液面报警电路

200mA，传感器输入电压 6V，输出电流 500mA，最大耗散功率 0.8W，极限工作温度范围为 -155 ~ +150℃。

111 改进的水位自动控制电路

水位自动控制在实际应用中，因水箱里水面上下浮动，使接触电触点时通时断，造成接触器频繁吸合释放，很容易烧坏接触器触点。在一般的晶体管水位控制线路中，加一只电容 C_3，使三极管的导通或截止时间延迟，不使接触器马上动作，即可保护接触器触点。如图 111 是改进的水位控制线路（为水箱水满后向外自动抽水线路）。

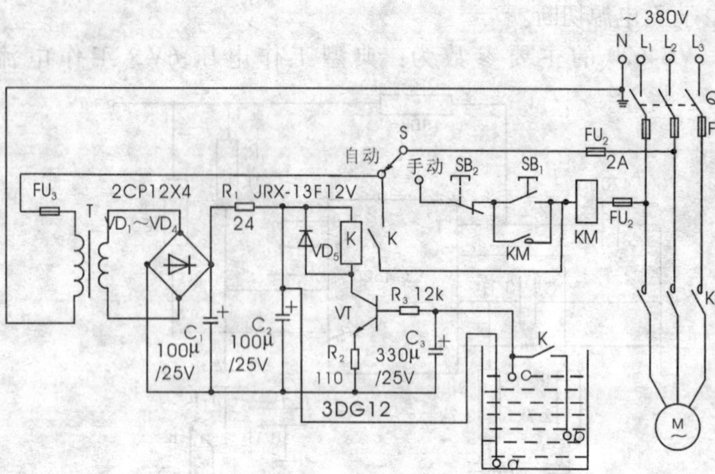

图 111 改进的水位自动控制电路

112 全自动控制水箱放水电路

如图 112 是一种晶体管自动水位控制水箱放水线路。当水箱水位高于 c 点时，三极管 VT_2 基极接高电位，VT_1、VT_2 导通，继电器 K 得电动作，使继电器 KM_2 也吸合，因此接触器 KM_1 吸

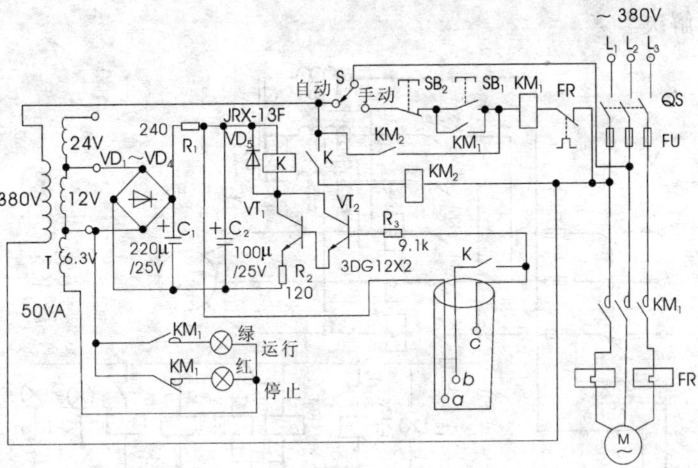

图 112　全自动控制水箱放水电路

合，电动机运行，带动水泵抽水。此时，水位虽下降至 c 点以下，但由于继电器 K 触点闭合，故仍能使 VT_1、VT_2 导通，水泵继续抽水。只有当水位下降到 b 点以下时，VT_1、VT_2 才截止，继电器 K 失电释放，致使水箱无水时停止向外抽水。当水箱水位上升到 c 点时，再重复上述过程。

变压器选用 50VA 行灯变压器，为保护继电器 K 触点不被烧坏，加了一个中间继电器。在使用中，如维修自动水位控制线路可把开关 S 拨到手动位置，这样可暂时用手动操作起到停电动机。

113 大型水塔自动控制供水电路

在自备大型水塔的单位，往往供水抽水泵电动机容量较大，一般均在 40 ~ 75kW。因此一般都采用人工看守水塔，并且应用降压配电柜来启动电动机。现市场上虽有晶体管自动水位控制器出售，但对大型水塔供水实现自动控制还有很多连接上的问题难以解决。

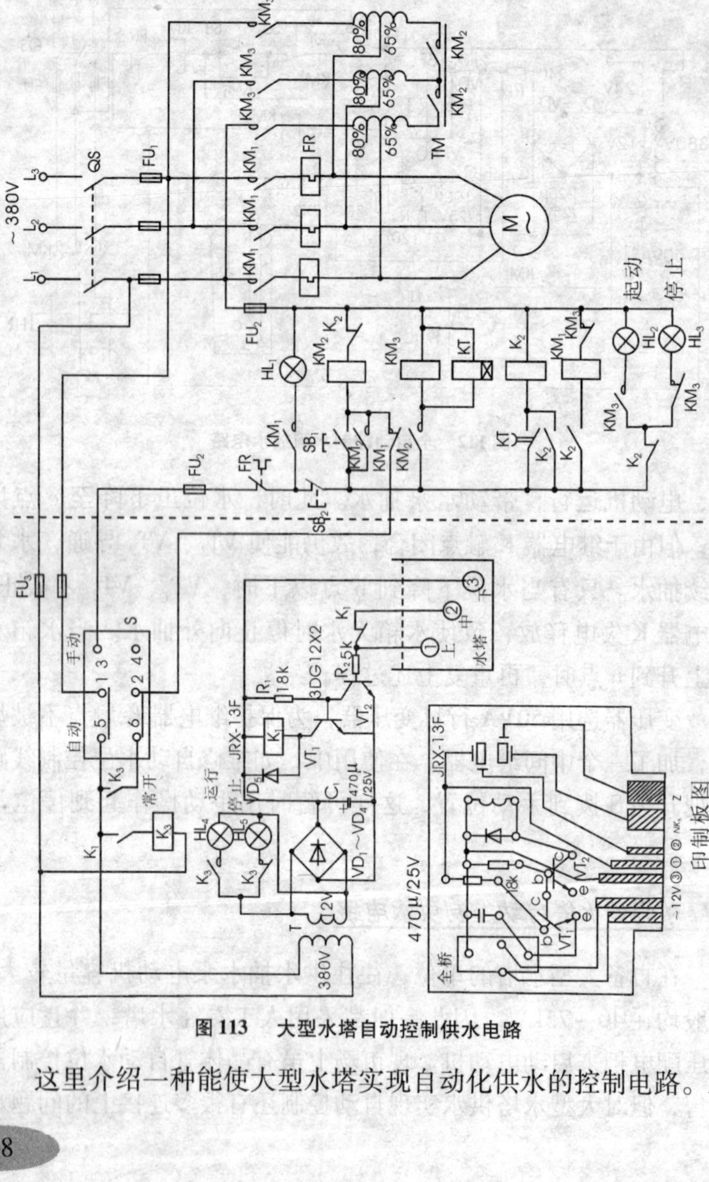

图 113　大型水塔自动控制供水电路

这里介绍一种能使大型水塔实现自动化供水的控制电路。工作原理是：当S拨到手动位置时，电动机配电柜进行正常的启动，待降压启动完毕后，自动投入运行。当开关S拨到自动位置时，水位自动控制器得电工作，此时如水塔水箱水位下降到最低水位时，VT_2 截止，VT_1 导通，这样使得继电器 K_1 吸合，中间继电器 K_3 也得电吸合，K_3 的常闭触点断开，而 K_3 的常开触点闭合，接通配电降压启动柜控制线圈回路，使 KM_2 吸合，电动机进行降压启动。降压启动完毕后KT动作，接通 K_2，其常闭触点断开，KM_1 失电，并使 KM_2 运行接触器得电吸合，电动机正常运行。待水箱里面的水满时，VT_2 导通，VT_1 截止，使 K_1 释放，断开电动机配电柜控制电源回路，从而使电动机停止运行。见图113所示。

114 砂轮机脚踏开关电路

如图114所示是一砂轮机脚踏开关接线线路。脚踏开关S装在砂轮机的旁边，当砂轮磨件时，只要工作人员踏上开关S，电磁开关线圈KM立即通电，电动机运转；当工作完毕后，工作人员离开砂轮，脚踏开关S自动开路，电磁开关断开，电动机停止工作。

115 齿轮车床空载自停电路

如图115所示是齿轮车床空载自停线路。当车床离合器置于停止位置时，限位开关SQ被打开，交流接触器KM的线圈立即断电，使电动机停止运行。这样便可实现空载自停。

116 电力变压器自动风冷电路

电力变压器在夏天连续运行时，自身温度会超过65℃，故需加风机进行降温，否则会烧坏电力变压器。图116所示是一种利用电接点温度计改制的电力变压器自动风冷装置线路。在高温

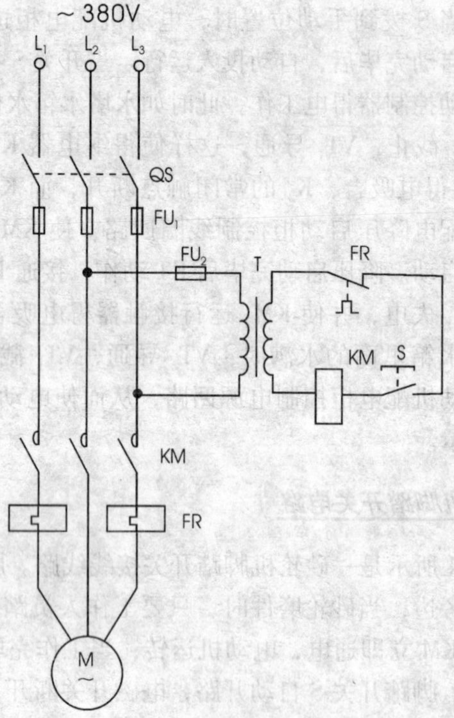

图 114　砂轮机脚踏开关电路

时启动吹风机；在低温时，则停止吹风机工作。T_1 为电接点温度计的上限触点，T_2 为下限触点。当变压器运行，温度升到上限值时，T_1 闭合，风扇启动；当变压器温度降为下限时，T_2 闭合，K 动作，使风扇停止工作。

117 车床空载自停电路

如图 117 所示是车床空载自停线路。图中 SQ 为限位开关，它受主轴操纵杠的控制。按下按钮 SB_1，车床电动机启动运转。这时车工可操作操纵杆进行操作，在车工工作时由连动杆使 SQ

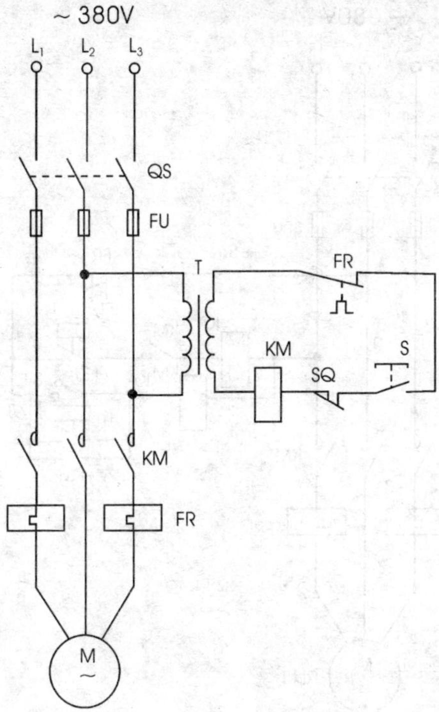

图 115　齿轮车床空载自停电路

断开，在加工停止时，车工控制操纵杆，打到空挡位置，连动杆便压下限位开关 SQ，此时时间继电器 KT 吸合，如果在 KT 延时的时间内，限位开关没有复位，则 KT 将延时切断 C 线圈电源，KM 断电释放。电动机停止。KT 延时的时间可根据车床操作要求来定。如果车工在车床操作时有较长一段时间不工作，即使启动了电动机，空载运行超过 KT 延时时间，也会自动停车，以节约用电。

118 简易温度控制电路

如图 118 所示是用电接点水银温度计构成的温度自动控制线

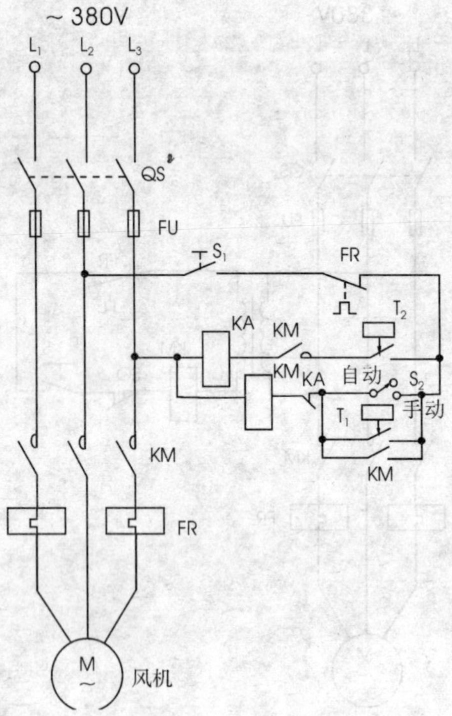

图116　电力变压器自动风冷电路

路。

工作原理：合上电源开关S，温度低于需要的温度时，电接点水银温度计的两个探针断开，三极管基极开路，因此处于截止状态，继电器不动作，它的常闭点接通KM的线圈回路，KM吸合，电热器开始加热。当温度升到需要值时，电接点水银温度计中的水银接点接通，使三极管接通，K吸合，KM接触器释放，此时电热器断开电源，停止加热。

119 用双向可控硅控制温度电路

在中温箱式电阻炉或是带变压器供电的电阻炉设备中大都采

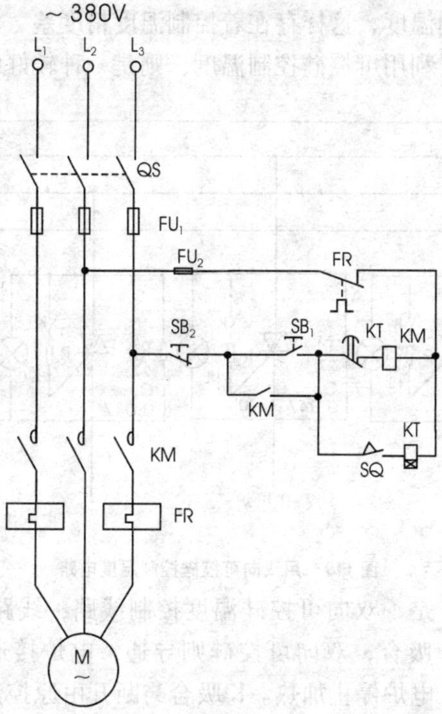

图 117　车床空载自停电路

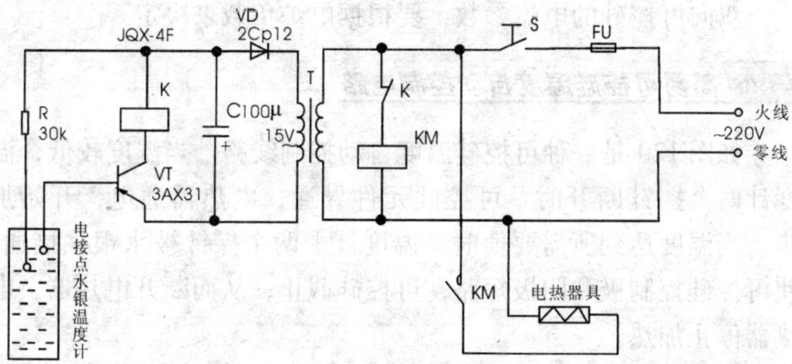

图 118　简易温度控制电路

用接触器控制温度，这样存在着控制温度精度差、耗电多、维修量大等缺点。利用可控硅控制温度，则是一种较好的方法。

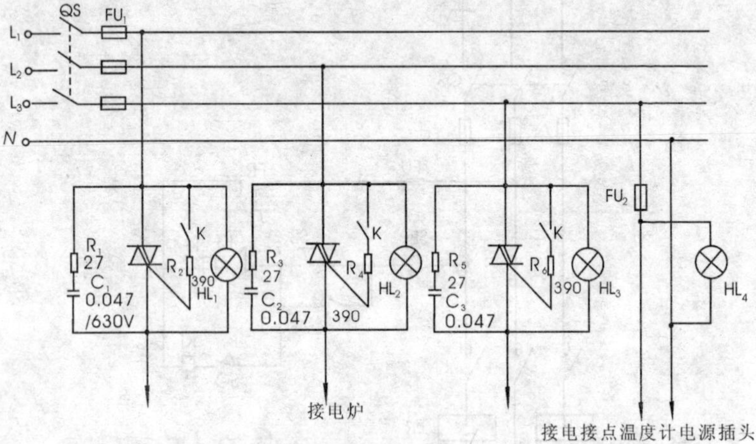

图 119　用双向可控硅控制温度电路

如图 119 是一双向可控硅温度控制线路，线路中的 K 为继电器触点，K 吸合，双向可控硅则导通，电炉接通三相电源加热，K 断开，电炉停止加热。K 吸合与断开由原控制柜上的电接点温度表控制。

双向可控硅的电流参数，要根据电炉负载来决定。

120 简易可控硅温度自动控制电路

如图 120 是一种可控硅温度自动控制线路。当温度较低，温度计两个探针断开时，可控硅元件导通，电热器通电，开始加热。当温度达到所需要值时，温度计上两个探针被水银柱接通，使可控硅控制极和阴极短路，可控硅截止，从而断开电热器，电热器停止加热。

线路中 R 阻值由调试来确定，一般使温度计两探针断开时，可控硅完全导通，在探针短接时，流过 R 上的电流以不太大为好。

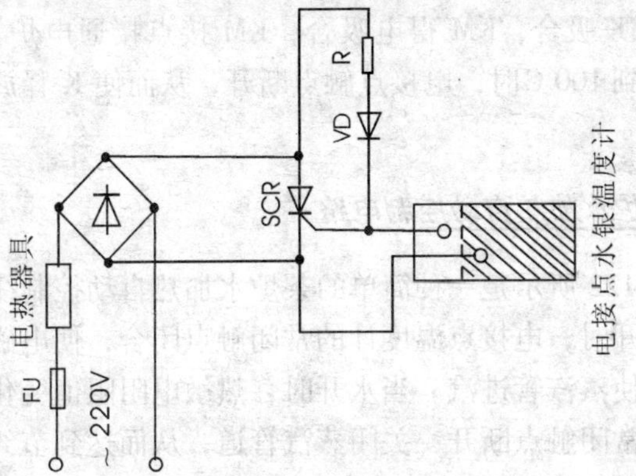

图 120　简易可控硅温度自动控制电路

121 简单的温度控制器电路

如图 121 是一种简单的温度控制线路，Q 为 WJZ（WJQ）系列电接点压力式温度计，电接点温度计放入水中。当水温不到

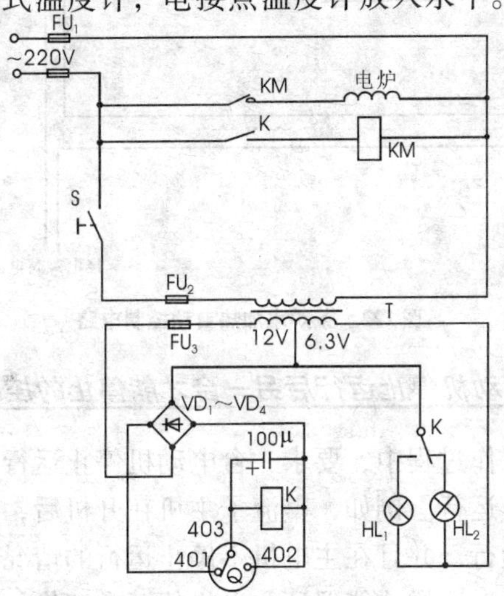

图 121　简单的温度控制器电路

100℃时，K 吸合，KM 得电吸合，KM 接点接通电炉进行加热；当水温达到 100℃时，电接点触点断开，从而使 K 释放，电炉停止加热。

122 茶炉水加热自动控制电路

如图 122 所示是一种简单的茶炉水加热自动控制线路。当水箱中水不开时，电接点温度计的常闭触点闭合，使电磁阀通电吸合，从而使蒸汽管进汽。当水开时，热敏电阻阻值变化，使电接点温度计常闭触点断开，关闭蒸汽管道，从而达到节约用汽，自动控制水开作用。

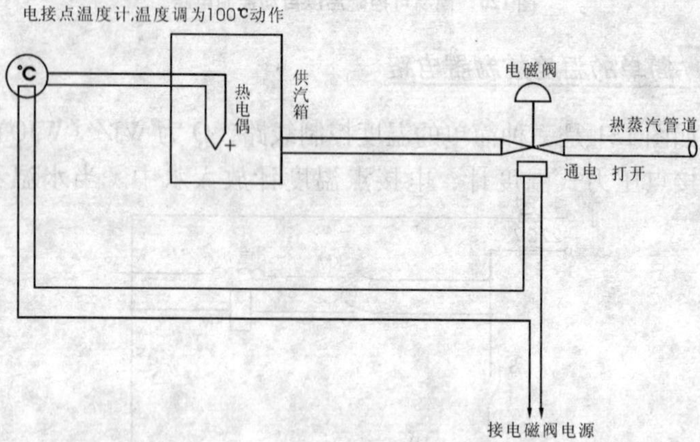

图 122 茶炉水加热自动控制电路

123 一台电动机停止运行后另一台才能停止的控制电路

在某些工作过程中，要求一台电动机停止运行后，另一台电动机才能停止运行。例如，整流子主机在开机后，送冷风机电动机也需启动运行，并且在主电机不停止运行的情况下，要求风机不能随时按停，这样才能保证主电机的正常工作。此线路就适用于这种主副电动机的控制要求，如图 123 所示。当按下 SB_1 按钮开关后，风机向主电动机送冷风，然后按下 SB_3，接触器 KM_2 吸合，主电动机运行。由于 KM_2 的吸合，KM_2 的常开触点自锁。这时即使误按操作按钮 TA_1，C_1 接触器也不会失电释放，风机也不会停送冷风。只有将主机停止后，C_2 失电，常开触点释放，按下 TA_1，风机才能停止。

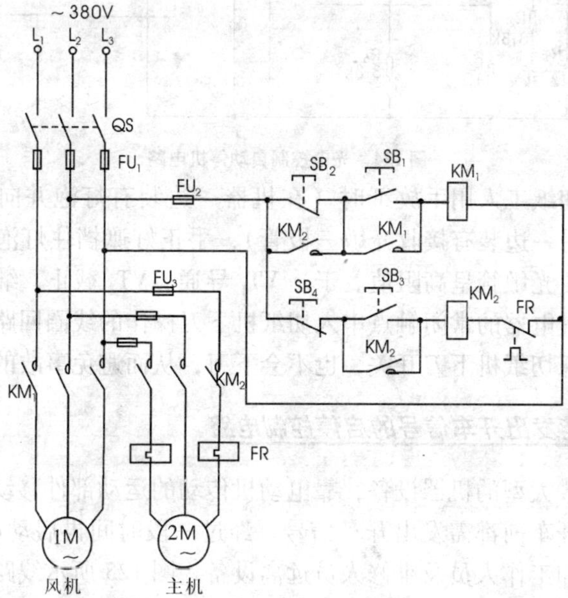

图 123　一台电动机停止运行后另一台才能停止的控制电路

124 光电控制自动停机电路

在印刷厂切纸时，往往是把很厚的纸用手放入切纸机内，这时如误用脚踩动切纸开关，切刀就会自动切纸，极易造成工伤。利用光电控制使工人正在操作时切纸机停机，可避免事故的发生。见图 124 所示。

其工作原理是：由 VT_1、VT_2 组成射极耦合双稳态触发电

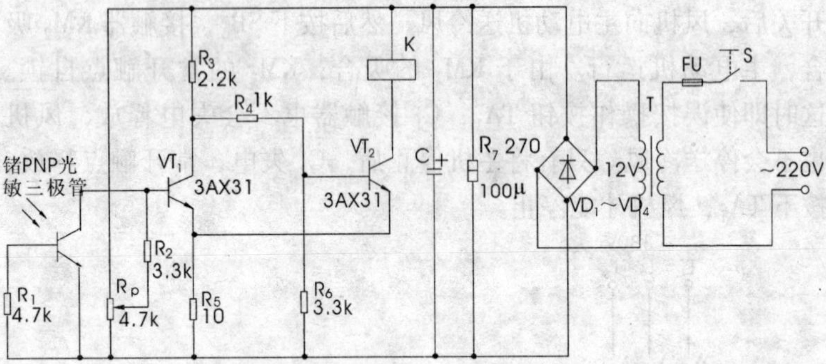

图 124　光电控制自动停机电路

路，当切纸工人用手放纸时（在机器一边装有灯泡并向另一边照射，另一边装有接收光敏三极管），手正好遮挡住灯泡照射的光线，使光敏管呈高阻值。于是 VT_1 导通，VT_2 截止，继电器释放，因继电器的常闭触点串入切纸机下刀操作的线圈回路，这时即使误踩切纸机下刀开关，也不会下刀，从而避免事故的发生。

125 能发出开车信号的启停控制电路

一些大型的机器设备，靠电动机传动的运动部件移动范围很大，故开车前都需发出开车信号，经过一段时间再启动电动机，以便告知工作人员及维修人员远离设备。图 125 所示线路可实现自动发开车信号功能。

需要开车时，按下 SB_1 开车按钮，接触器 KM_2 得电吸合，电铃和灯光均发出开车信号，此时时间继电器 KT 也同时得电，经过 1min 后（时间可根据需要调整），KT 常开触点闭合，接通 KM_1 并自锁，主电动机开始运转，同时由于 KM_1 的吸合，又断开了 KM_2，电铃和灯泡失电停止工作。

126 双路保险启动自投控制电路

三相交流电动机因启动电流很大，一般是电动机额定工作电

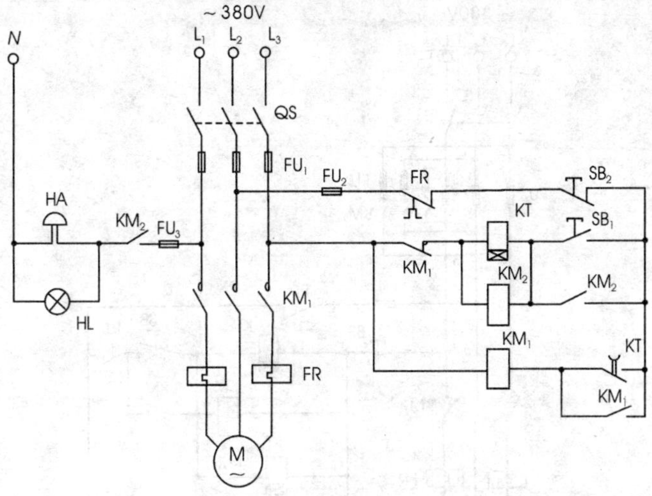

图 125　能发出开车信号的启停控制电路

流的 1.5 ~ 2.5 倍，故选用的保险丝的额定电流较大，这对保护电动机是很不利的。图 126 所示是一种双路保险启动自投控制线路。当电动机启动时，第二路启动保险装置与第一路运行保险装置并联工作。待电动机启动完毕，正常运行时，第二路启动保险装置自动退出。这样，电动机运行时的额定电流和所装设的执行运行保护功能的保险丝的额定电流一致，一旦发生过流或其他故障，能迅速熔断保险丝，安全保护电动机。

当启动电动机时，按下 SB_1 按钮，接触器 KM_2 得电，第二路启动保险装置与第一路运行保险装置并联工作。同时，时间继电器 KT_1 得电，经过零点几秒后（时间调到最小位置），使 KT_1 常开触点闭合，接通 KT_1，电动机正常运行。在 KM_2 得电时，时间继电器 KT_2 也同时得电，经过 1 ~ 33s 后（时间继电器 KM_2 调到电动机启动完毕，正常运行时）运作，使 KT_2 常闭触点断开，K_2 接触器释放，第二路启动保险装置退出，并且使时间继电器 KT_2、KT_2 断电。

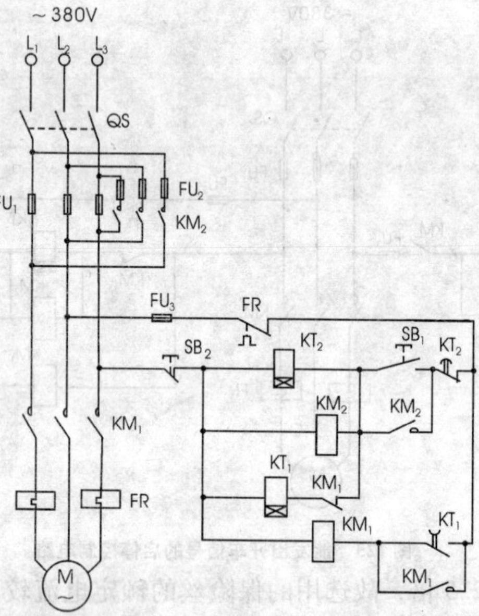

图 126　双路保险启动自投控制电路

在选择保险丝时，第一路运行保险丝的额定电流应等于电动机的额定电流。第二路启动保险丝的额定电流一般可选择和第一路同样大，如果是重负荷启动，则应酌情增大。

127 细丝报警电路

利用图 127 所示的电路，把非常细的金属丝张拉在门、窗两旁，或者张拉在需要警戒的过道两旁，当有人闯入警戒区时，不知不觉地弄断细金属线，触发 BG 和可控硅，将电源加到报警器使之报警。细金属丝可以用 0.1mm 粗的漆包线。此电路也可以作火情报警，其方法是用一根橡皮筋悬吊一木块，当失火时燃烧的热量使皮筋伸长，木块击断金属丝致使报警。

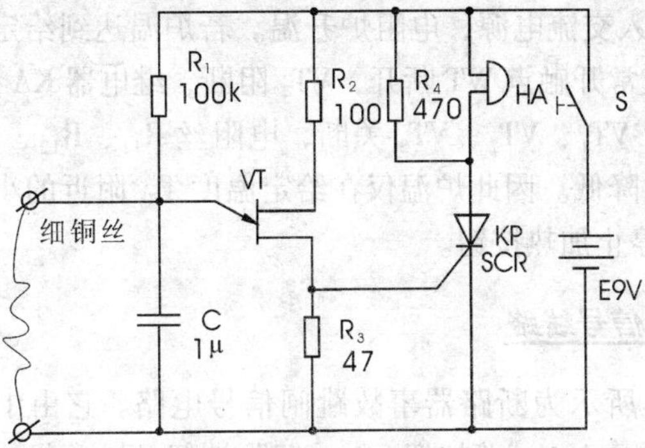

图 127　细丝报警电路

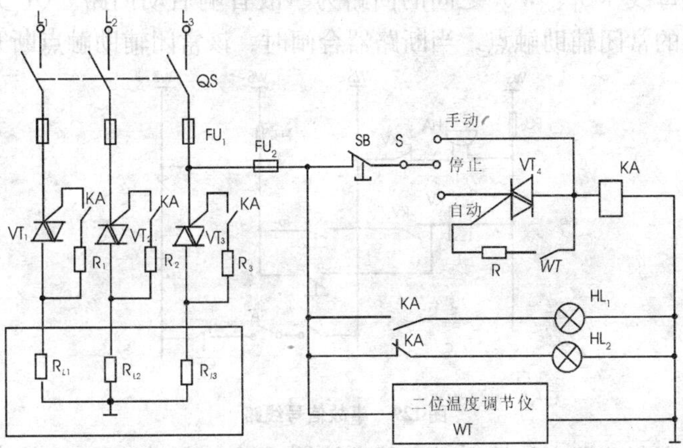

图 128　双向晶闸管作为开关的三相电炉电路

128 双向晶闸管作为开关的三相电炉电路

电路如图 128 所示，WT 为二位温度调节仪。当开关 S 扳到“自动”位置时，炉温就能自动保持在给定温度 $T_{设}$。若炉温低于给定温度 $T_{设}$，温度调节仪使其常开触点 WT 闭合，小双向晶闸管 VT_4 被触发导通，继电器 KA 得电吸合，使主电路中 VT_1、VT_2、VT_3 的触发电路接通，VT_1、VT_2、VT_3 导通，电阻丝 R_{L1}、

R_{L2}、R_{L3}接入交流电源，电阻炉升温。若炉温达到给定温度 $T_{设}$，温度调节仪常开触点 WT 断开，VT_4 阻断，继电器 KA 失电释放，双向晶闸管 VT_1、VT_2、VT_3 关断，电阻丝 R_{L1}、R_{L2}、R_{L3}与电源断开，炉温降低。因此炉温仅在给定温度 $T_{设}$ 附近的小范围内变动。SB 为停止加热按钮。

129 事故信号线路

图 129 所示为断路器事故跳闸信号电路。它由中间继电器 KV、蜂鸣器 HA、试验按钮 SB_1、解除按钮 SB_2 等组成。事故音响小母线 WS_1、WS_2 之间的回路为事故音响启动回路。QF 为断路器的常闭辅助触点，当断路器合闸时，该常闭辅助触点断开。

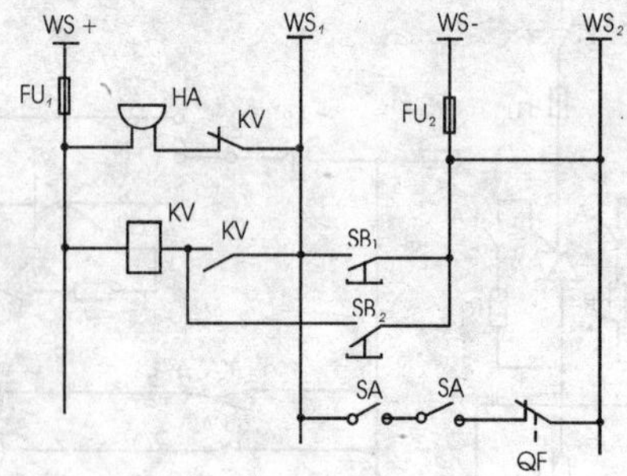

图 129　事故信号线路

当断路器事故掉闸时，其常闭辅助触点 QF 复原（即闭合）。蜂鸣器 HA 经 FU_1、中间继电器 KV 的动断触点，控制开关 SA 的两对触头，断路器辅助触点 QF、FU_2 构成闭合回路，发出事故音响信号。

值班人员听到后，按下音响解除按钮 SB_2，于是中间继电器 KV 通电（WS +→FU_1→KV 线圈→SB_2→FU_2→WS –）其常开动合触点闭合，经常开动合触点 KV，控制开关 SA 的两对触点，断路器 QF 的常闭辅助触点，FU_2 形成回路自锁。与此同时，中间继电器 KV 的常闭动断触点打开，蜂鸣器回路被切断，音响被解除。

SB_1 为音响试验按钮。按下 SB_1，蜂鸣器 HA 通电发出音响。蜂鸣器 HA 的通电回路为：FU_1→HA 中间继电器 KV 的常闭触点→SB_1→FU_2。SB_1 供平时试验音响回路用。

三

电工经验线路与保护线路

130 电动机接线盒内的接线方法

一般电动机每相绕组都有两个引出线头。一头叫做首端，而另一头叫做末端。第一相绕组的首端用 D_1 表示，末端用 D_4 表示；第二相绕组的首端和末端分别用 D_2 和 D_5 表示；第三相绕组的首端和末端分别用 D_3 和 D_6 表示。这六个引出线头引入接线盒的接线柱上，接线方法如图 130 所示。

131 双速异步电动机接线端子接线线路

双速异步电动机是采用改变极对数来改变转速的。图 131 中，三相绕组接成△形，三个连接点接出三个引出端 D_1、D_2、D_3，每相绕组的中点各接出一个出线端 D_4、D_5、D_6，共有 6 个出线端，改变这六个出线端与电源的连接方法可以得到两种不同的转速。要使电动机在低速工作，只需把三相电源接至电动机绕组△形连接顶点的出线端 D_1、D_2、D_3 上，其余三个出线端 D_4、D_5、D_6 空着不接，此时电动机定子绕组接成△形，磁极为 4 极，同步转速为 1 500r/min。要使电动机高速工作，把电动机绕组三个出线端 D_1、D_2、D_3 连接在一起，电源接到 D_4、D_5、D_6 三个出线端上，这时电动机绕组成为双 Y 接法，磁极为二极，同步

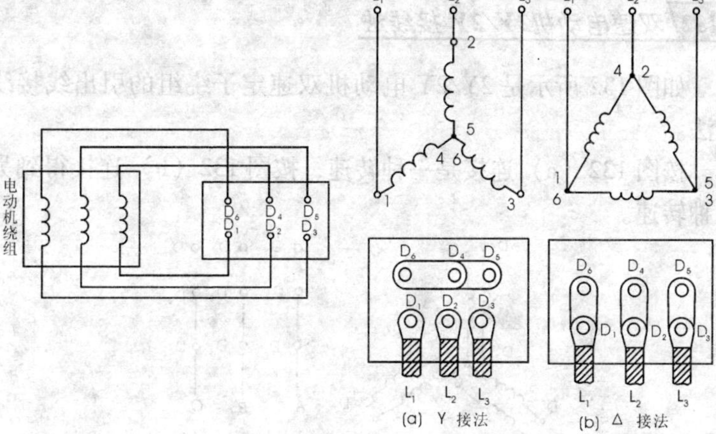

图 130　电动机接线盒内的接线方法

转速为3 000r/min。

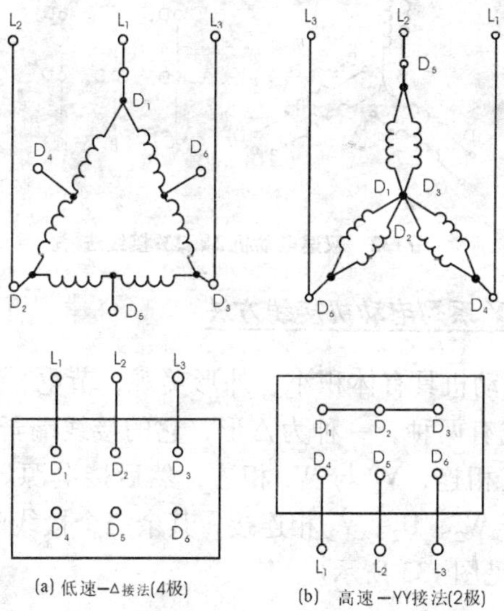

图 131　双速异步电动机接线端子接线线路

132 双速电动机2Y/2Y 接线法

如图 132 所示是 2Y/2Y 电动机双速定子绕组的引出线接线方法。

按图 132（a）连接是一种转速，按图 132（b）连接得到另一种转速。

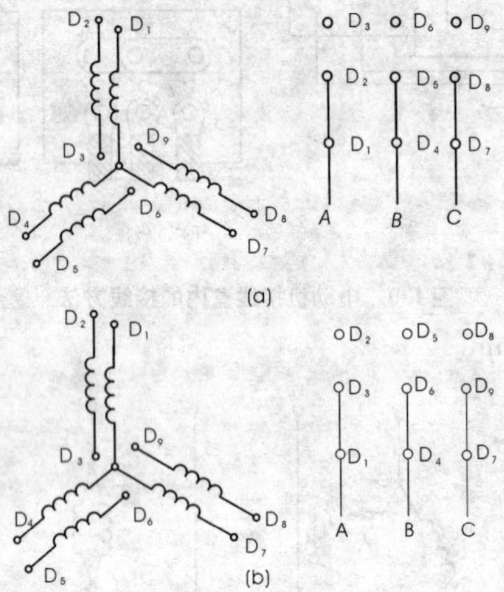

图 132 双速电动机 2Y/2Y 接线法

133 Y100LY 系列电动机接线方法

Y 系列电动机具有体积小、外形美观，节电、节能等优点。它的接线方式有两种，一种为△形，它的接线端子 W_2 与 U_1 相连，U_2 与 V_1 相连，V_2 与 W_1 相连，然后接电源。另一种为 Y 形，接线端子 W_2、U_2、V_2 相连接，其余三个接线端子 U_1、V_1、W_1 接电源。见图 133 所示。

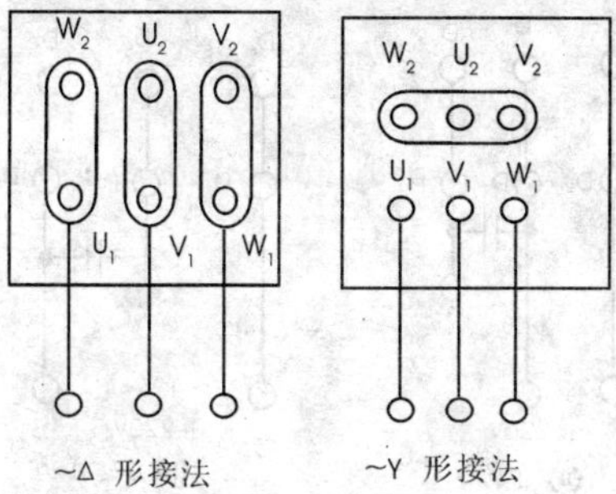

图 133　Y100LY 系列电动机接线方法

134 单相吹风机四个引出端子接线方法

有的单相吹风机引出四个接线端子，接线方法如图 134 所示：采用并联接法应接入 110V 交流电源，采用串联接法应接入 220V 交流电源。

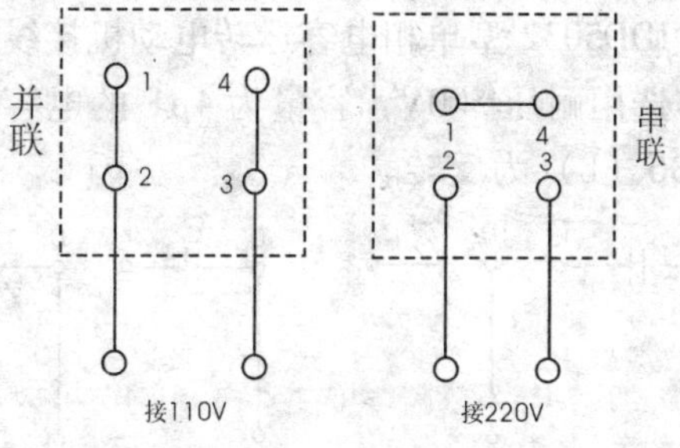

图 134　单相吹风机四个引出端子接线方法

135 JX07A—4 型单相电容运转电动机接线方法

图 135 是 JX07A—4 型单相电容运转电动机接线方法。电动机功率为 60W，用 220V50Hz 交流电源，电流为 0.5A。它的转速为 1 400r/min。电容选用耐压 500V，容量 8μF。图 135（a）为正转，图 135（b）为反转。

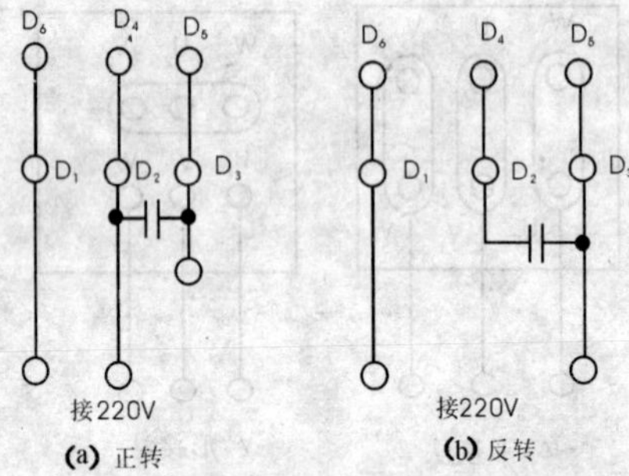

图 135　JX07A—4 型单相电容运转电动机接线方法

136 IDD5032 型单相电容运转电动机接线方法

单相电动机接线方法很多，如果不按要求接线，就会有烧坏电动机的可能。因此在接线时，一定要看清铭牌上注明的接线方法。

图 136 为 IDD5032 型单相电容运转电动机接线方法。其功率为 60W，电容选用耐压 500V、容量为 4μF 的电容。图 136（a）为正转，图 136（b）为反转。

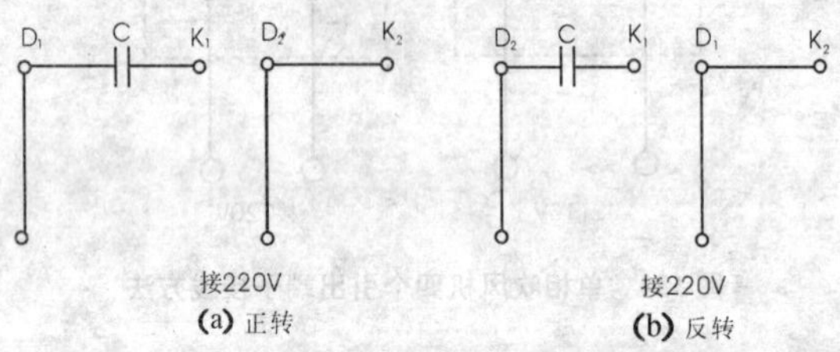

图 136　IDD5032 型单相电容运转电动机接线方法

137 三相吹风机六个引出端子接线方法

有部分三相吹风机引出六个接线端子，接线方法如图 137 所示：采用三角形接法应接入 220V 三相交流电源，采用星形接法应接入 380V 三相交流电源。一般 3″、$3\frac{1}{2}$″、4″、$4\frac{1}{2}$″的型号按此法接。其他吹风机接法应按其标牌上所标的接法连接。

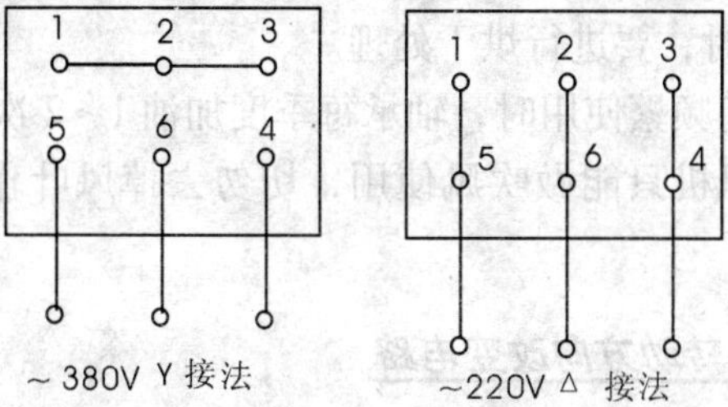

图 137 三相吹风机六个引出端子接线方法

138 CFG 型电动吹风机电路

电动吹风机适用于小型熔炼、铸造以及饭店、餐厅、茶室等炉灶鼓风，具有可以节约用煤、充分利用低质煤并提高燃烧温度等优点。它的外形及接线线路见图 138 所示。

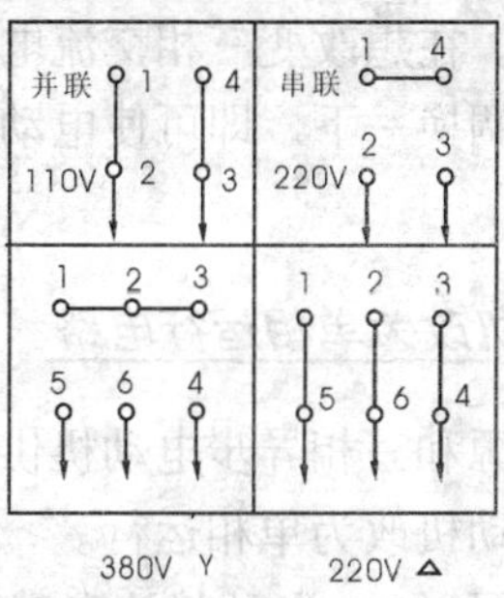

图 138 CFG 型电动吹风机电路

在使用、维护电动吹风机时，应注意以下问题：

（1）使用、存放或搬运时，应注意防潮、防尘、防剧震、防酸碱及一切腐蚀气体。露天使用电动吹风机时，需加防雨装置，安装使用的环境温度不宜超过 50℃，并应将吹风机外壳进行可靠的接零或接地保护，以保证人身及设备安全。

（2）对新安装和搁置时间较长的吹风机，使用前要先用500V的兆欧表进行检测线圈对外壳的绝缘情况，如果绝缘电阻低于0.5MΩ时，要进行烘干处理。

（3）长期频繁使用时，轴承每季度加油1~2次。

（4）吹风机只能做吹风使用，切勿去掉风叶作一般电动机使用。

139 电动机转动方向改变电路

由异步电动机的工作原理可知，电动机的转动方向是由转子的电磁转矩方向决定的，即电动机的转动方向是与电磁转矩方向一致的。而电磁转矩的方向又取决于定子旋转磁场的方向，即与旋转磁场的旋转方向一致，也就是说，电动机的转动方向是由定子旋转磁场的方向所决定的，两者的旋转方向相同。而旋转磁场的方向取决于通入定子三相绕组中的三相电源的相序。相序改变，旋转方向也改变。在想改变三相交流电动机方向时，只要把三相电源线任何两相调换一下，即可使电动机方向得到改变，方法如图139所示。

140 三相异步电动机改为单相运行电路

如果只有单相电源和三相异步电动机供使用，可采用并联电容方法使三相异步电动机改为单相运行。

如图140所示：图（a）为Y接法电动机连接方法；图（b）为△接法电动机连接方法。为了提高启动转矩，将启动电容C_2在启动时接入线路中，在启动完毕后退出。

工作电容容量的计算公式：

$$C_1 = 1\,950 I / U\cos\varphi \ (\mu F)$$

式中：I为电动机额定电流，U为单相电源电压，cosφ为电动机

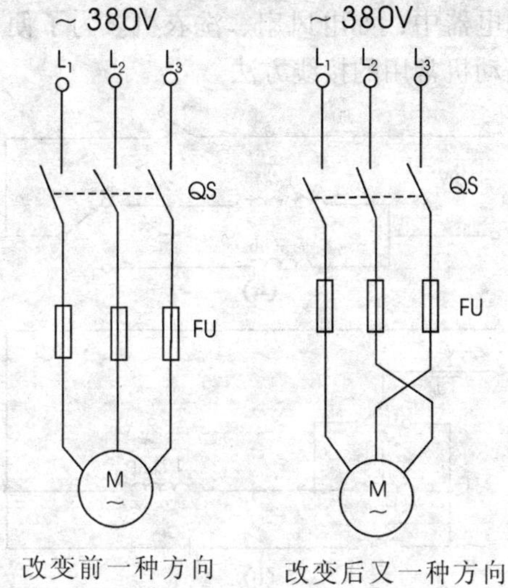

图 139　电动机转动方向改变电路

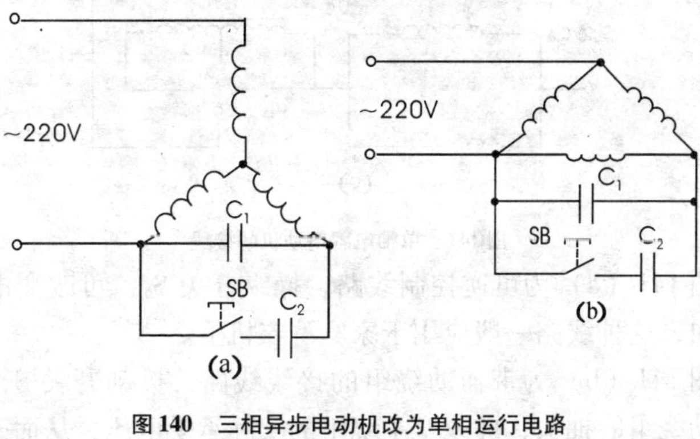

图 140　三相异步电动机改为单相运行电路

的功率因数。当计算出工作电容后，启动电容选用工作电容的 1 ~4 倍。

141 单相电容电动机的接线

单相电容电动机启动转矩大，启动电流小，功率因数高，广泛应用于家用电器中，如电风扇、洗衣机。为了便于维修安装，现介绍这种电动机常用的接线方法。

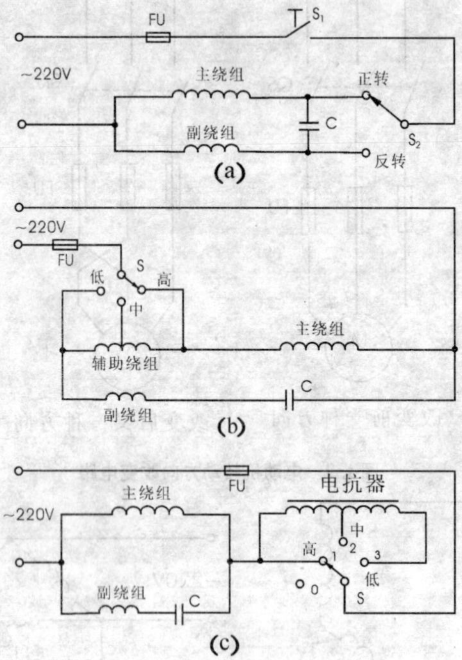

图 141　单相电容电动机的接线

图 141（a）为可逆控制线路，操纵开关 S_2，可改变电动机的转向，这种线路一般应用于家庭洗衣机上。

图 141（b）为带辅助绕组的接线线路，拨动开关 S，可改变辅助绕组的抽头，即改变主绕组的实际承受电压，从而改变电动机的转速，此接线方法常用于电风扇上。

图 141（c）为带电抗器调速的电容电动机接线线路。由于电抗器的串入，使其在线路中起到降压作用，调节电抗器绕组的串入量，即可改变转速。这种方法目前广泛应用在家用电风扇线路中。在起到电动机时一般先拨到“1”挡上，即为高挡，这时

电抗器不接入线路，使电动机在全压下启动，然后再拨 2 挡或任何挡来调节电动机转速。

142 一种三相异步电动机低速运行方法电路

有时由于工作的需要，如机床部位准确定位，需要电动机降低速度运行。如图 142 所示是一种三相异步电动机反接制动后并低速运行的接线线路，图中只画了主回路。KM_1 和 KM_3 为电动机正常运行接触器，KM_2 为电动机反接制动接触器。

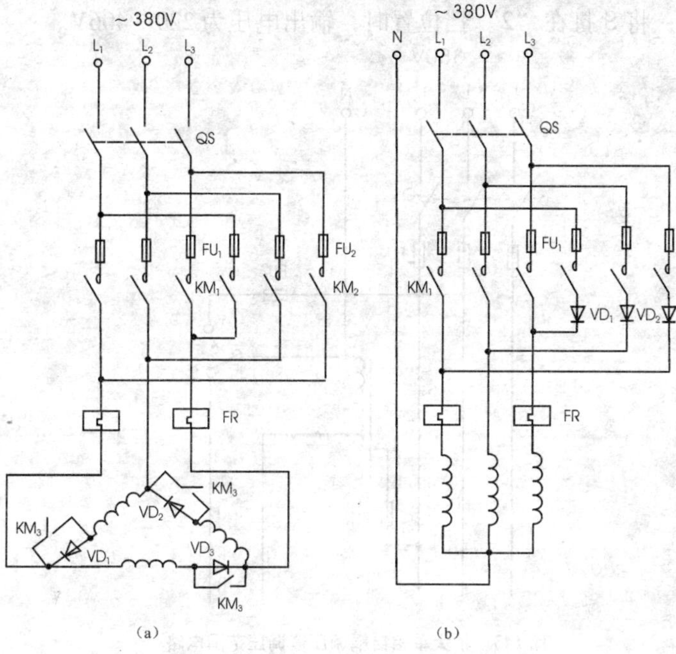

图 142　一种三相异步电动机低速运行方法电路

图 142（a）为△形接法的电动机反接制动低速运行线路。KM_1、KM_3 吸合，电动机正常工作，在制动时，KM_1、KM_3 释放；KM_2 接触器接通电源，这时电机线圈绕组中串联二极管，

电流中含直流成分，既有助于电动机制动，又能使电动机低速反转，在工作完毕时可切断 KM_2 的电源。图 142（b）为 Y 接法电动机的反接制动低速运行线路，工作原理同上。

143 扩大单相自耦调压器调压范围电路

一般的单相自耦调压器调压范围是 0～250V，但有时需要高于 250V 的可调电压，那么按图 143 接线，可以得到 0～406V 连续可调的输出电压。当 S 打在“1”挡位置时，输出电压为 0～250V；将 S 打在“2”挡位置时，输出电压为 220～406V。

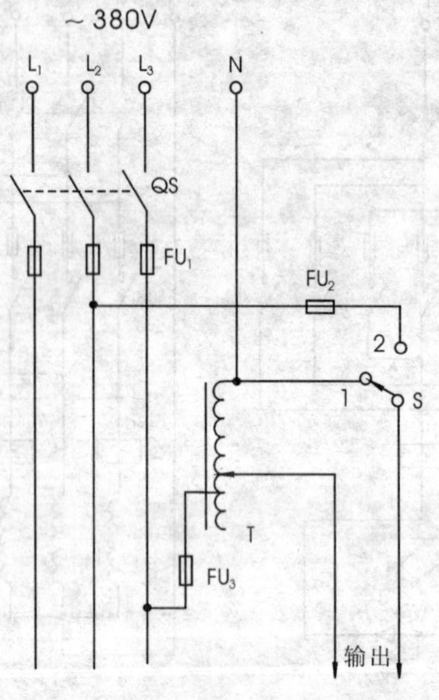

图 143　扩大单相自耦调压器调压范围电路

144 三相自耦调压器的接线

接触式自耦调压器是一种可调的自耦变压器，它可作为带负载无级平滑调节电压用的用电设备。三相自耦调压器的接线线路如图 144 所示。它是将三个单相自耦调压器叠装，电刷同轴转动，按星形接法连接。

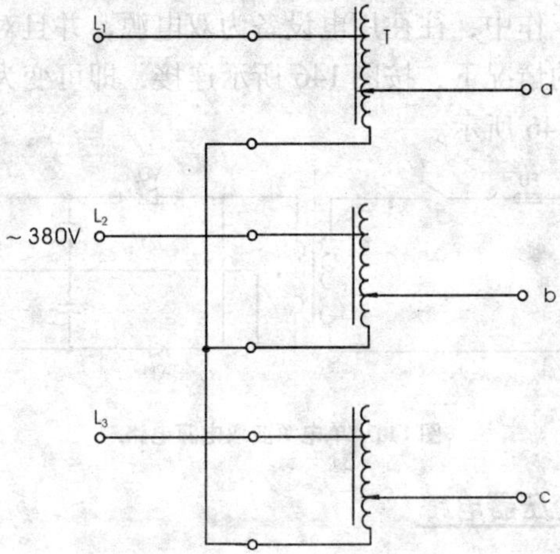

图 144　三相自耦调压器的接线

145 单相自耦调压器的接线

单相自耦调压器在工厂等应用极为广泛。其接线线路如图 145 所示。

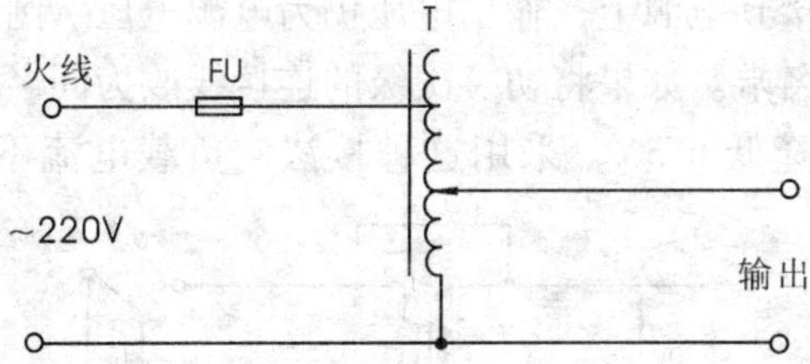

图 145　单相自耦调压器的接线

146 单电源变双电源电路

在实际工作中，往往用电设备为双电源，并且对称。在手头只有单电源的情况下，按图 146 所示连接，即可变为双对称电源使用，见图 146 所示。

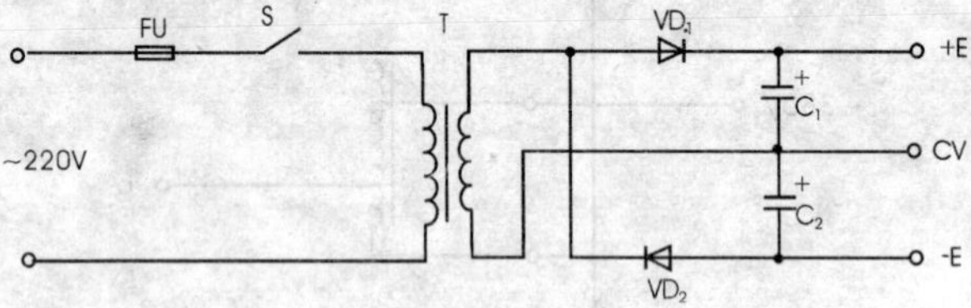

图 146　单电源变双电源电路

147 巧用变压器电路

有些地区的电压常低于 220V，而有些地区的电压则高于 220V，那么用现有的双线圈变压器接成自耦变压器来升高或降低电源电压，即可使额定电压为 220V 的用电器正常工作，如图 147 所示。当开关 S 打在升压位置时，变压器相当于一个自耦变压器，将电源电压升高 6.3V；如将开关 S 打在“正常”位置时，负载是直接接到电源上，输出电压仍为电源电压。图中的圆点表示绕组的同名端。如果将初、次级的连接线改为同名端相连，则输出电压将降低 6.3V。采用这种接法，负载电流不得大于初、

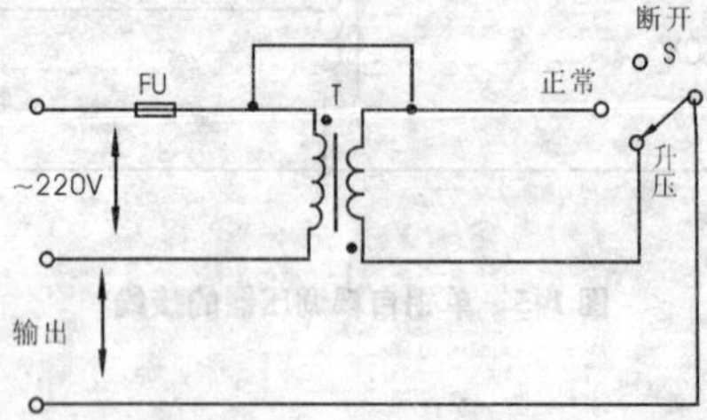

图 147　巧用变压器电路

次级的额定电流。网路电压如经常比220V低（或高）30~40V，可选用220/36V的变压器连接。

148 变压器“短路”干燥法电路

把变压器的一侧绕组“短路”，另一侧用自耦变压器施加电压，使变压器绕组内流过额定电流，依靠绕组铜损（I^2R）产生的热量来加热变压器，可达到干燥变压器的目的，如图148所示。本方法简便实用，干燥升温快。但需用自耦变压器容量也较大，一般比被干燥变压器的容量大10%以上。另外此法也容易产生局部过热，并且耗电量较大，所以，一般只适用于被干燥变压器容量不大的情况下。为了安全起见，一般都从变压器低压侧施加电压，而把高压侧短接。对三绕组变压器，只能把其中一个绕组接电源，另一个短路接地，而第三个绕组要开路。使用短路干燥法应注意观察短路侧的电流不能超过该侧的额定电流太多。

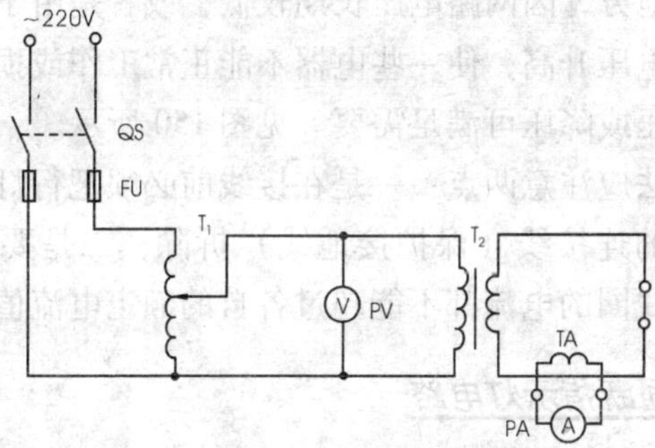

图148 变压器“短路”干燥法电路

149 用电焊机干燥电动机电路

如果电动机受潮，而体积又较大，很不容易拆除放在烘箱内干燥。可将电焊机低压电通入电动机三相绕组，用电流升温干燥电动机。此方法适用于干燥20~60kW的电动机，电焊机的容量应根据电动机容量而选用。通入电动机绕组线圈的电流可由电焊机来调节，但在烘干时应注意通入电动机电流不能超过电动机本身额定电流太多，并且注意观察电动机和电焊机温度不能升得过高。参见图 149。

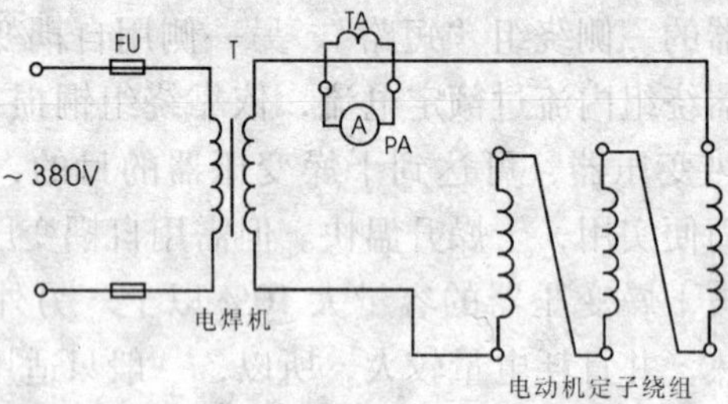

图 149　用电焊机干燥电动机电路

150 用行灯变压器升压或降压电路

在某些地方，因网路电压长期较低，或者是由于夜间用电量减少，网路电压升高，使一些电器不能正常工作或损坏，利用行灯变压器升压或降压可满足需要。见图 150 所示。

采用此法应注意两点：一是在接线前必须把行灯变压器次级一端与壳体的连接线（保护接地线）拆除；二是要注意行灯变压器的初次线圈的电流都不能超过各自的额定电流值。

151 电源通断指示灯电路

如图 151 所示，当电源开关 S 断开时，经 C 降压，R 限流，红色发光二极管 LED_1 亮，表示负载没有加电。当 S 闭合后，经 C、R 降压限流，LED_1（红）、LED_2（绿）同时亮，表示负载得电。VD_1、VD_2 的作用是防止 S 断开时，经负载 EL 的电压击穿 LED_1、LED_2，同时将火线与负载隔离开，以便于对负载的安全维修。

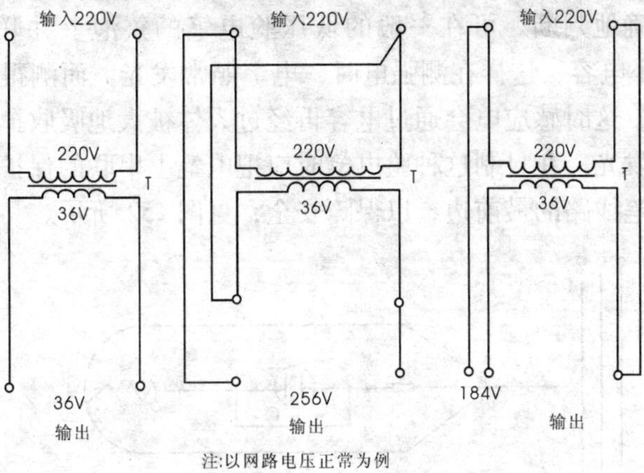

图 150　用行灯变压器升压或降压电路

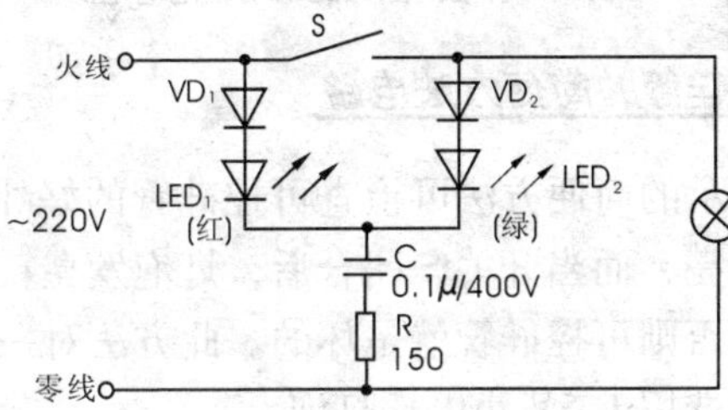

图 151　电源通断指示灯电路

制作时，C 用 0.1μF 400V 电容器，R 用 150Ω，1/8W 电阻，VD_1、VD_2 用 1N4007 二极管、LED_1 用红色发光二极管，LED_2 用绿色发光二极管。

152 自制一种能消除感应电的验电笔电路

在测验三相交流电时，如果带电的线路较长，这时，即使三相交流电缺一相电源时，用一般的验电笔测试，也很难判断出是哪根电线缺相（因为线路较长，会使并行的线与线之间产生的电容容量增大，使不带电的某一根电线产生感应电）。为了快速、准确地判断，可在一般的低压验电笔的氖泡上并联一只1 500pF小电容，这样在测强电时，电笔照常发光。而测得的是感应电时，这时感应电会通过电容再经过人体被大地吸收掉，所以电笔不发光。在自制这种验电笔时应把电笔上串联的保护电阻放在测电笔线路的最前边，以保障安全，见图152所示。

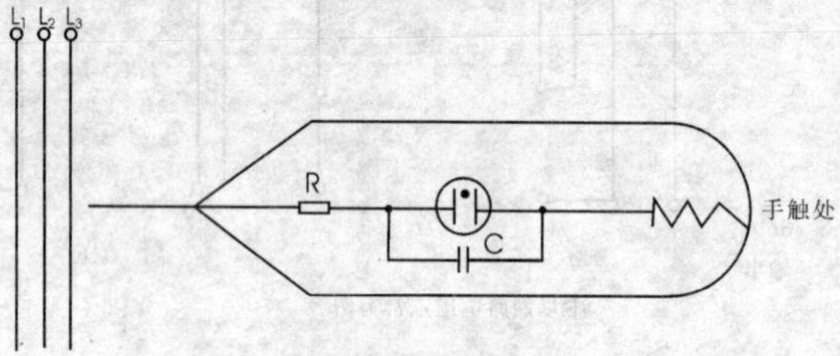

图152　自制一种能消除感应电的验电笔电路

153 检查可控硅管的简便方法电路

用图153所示的简便方法可检查可控硅管的好坏。当开关S断开时，灯泡不亮，而当开关S闭合后，灯泡发亮，说明可控硅管能导通工作，否则可控硅管就是坏的。此方法对一般可控硅管均能测试，灯泡选用1.5V小电珠灯泡。

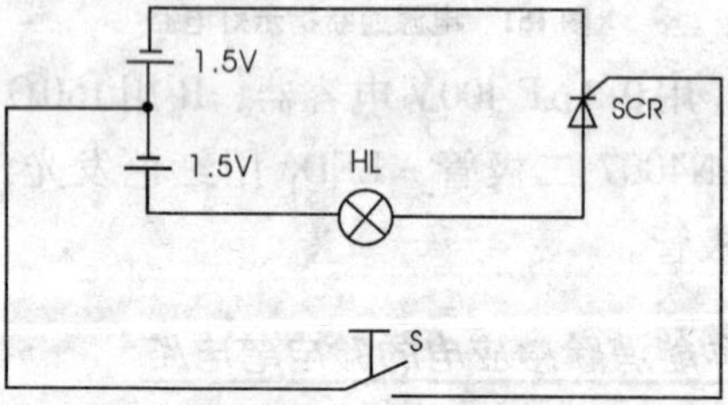

图153　检查可控硅管的简便方法电路

154 自制无火花固体继电器电路

固体继电器具有无噪声、无接触火花、灵敏度高、需要的输入信号小等优点，但其故障率却较高，损坏时因其为一体封装，无法拆修。这里给出用分立元件自制固体继电器的电路，供维修时应急。由于是分立元件，损坏时又可酌情修理。

该电路输入控制电压 3 ~ 6V，输出控制电压，直流 60V，输出控制电流 3A。电路原理图如图 154 所示，PC817 为光电耦合器，有信号输入时，经 R_1 降压限流，LED 发光，VT_1 电阻降低，其集电极电位下降，VT_2 截止，VT_3 饱和导通，控制电流经 VT_3 c－e极通过，达到控制负载的目的。光电耦合器、VD、VT_2、VT_3 及电阻选择如图所示。

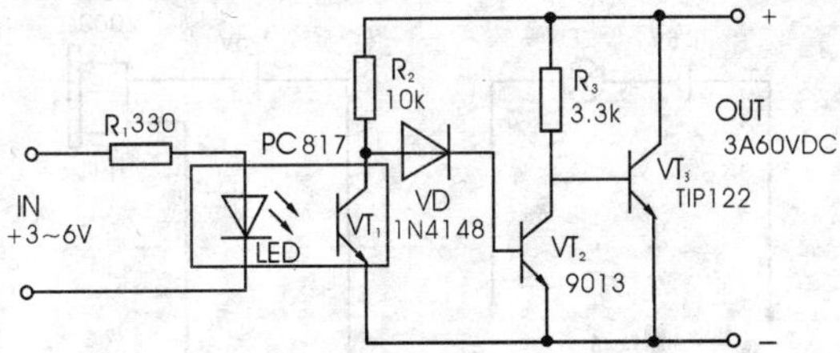

图 154　自制无火花固体继电器电路

155 一种简易测量导线通断方法的电路

如图 155 所示是一感应测电笔线路。它可方便地测出导线的断芯位置。

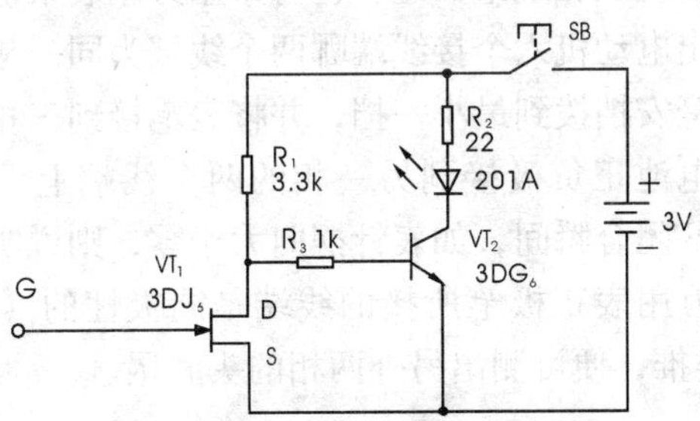

图 155　一种简易测量导线通断方法的电路

在用来测电线断芯位置时，在电线一端接上 220V 的电源火线，然后用感应测电笔的探头栅极靠近被测电线，并沿线移动。如果发光二极管在移动中突然熄灭，那么此处便是电线断芯位置。

156 用耳机、灯泡组成简易测线通断器电路

如图 156（a）、（b）是一种最简便的线路通断检测器。当测得导线通路时，灯泡会发光，耳机在通断时会发响；当线路断路时，耳机则不响，灯泡则不亮。

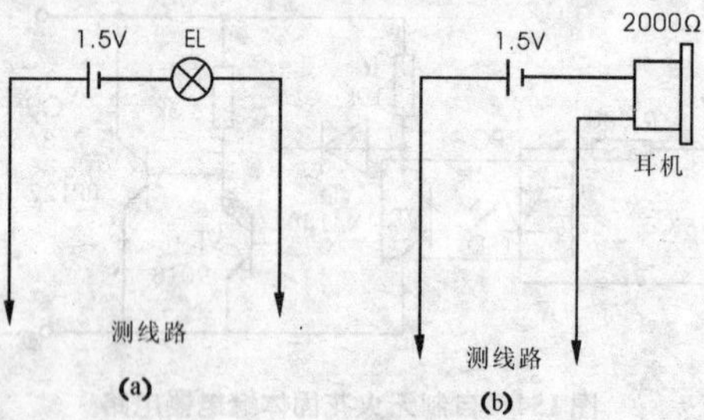

图 156　用耳机、灯泡组成简易测线通断器电路

157 用万用表测定电动机三相绕组头尾电路

确定电动机三相绕组头尾，也可采用万用表来确定。首先用万用表测量出电动机六个接线端哪两个线端为同一相，然后将万用表的直流毫安挡拨到最小一挡，并将表笔接到三相线圈的某一组两端，而电池正负极接到另一相的两个线端上。如图 157 所示，当开关 S 闭合瞬间，如表针摆向大于零，则说明电池负极所接的线端与万用表正极笔所接的线端是同极性的（均可认为是头）。依此类推，便可测出另外两相的头和尾。

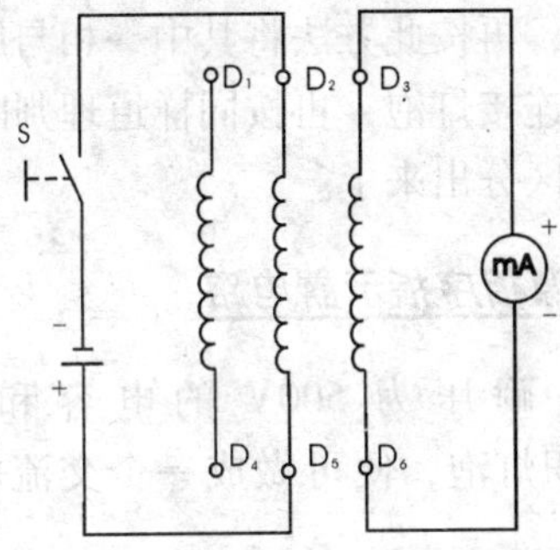

图 157　用万用表测定电动机三相绕组头尾电路

158 利用交流电源和灯泡检查电动机三相绕组头尾的电路

在电动机六根引出线标记无法确认时，我们可利用交流电源和灯泡检查电动机三相绕组的头尾端，以免将绕组接错。

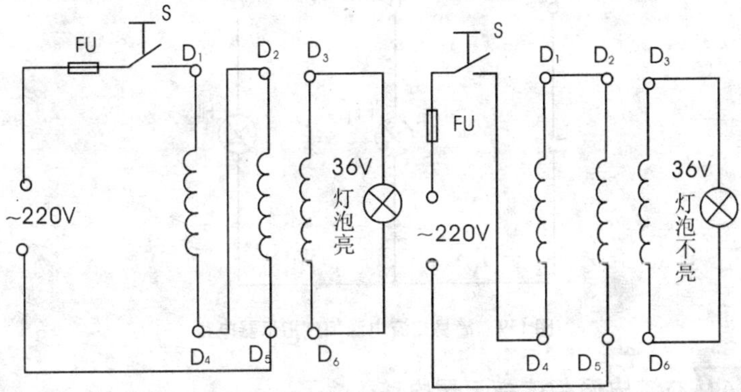

图 158　利用交流电源和灯泡检查电动机三相绕组头尾的电路

用交流电源和灯泡确定电动机三相绕组方法是：首先用 36V 低压灯作试灯，分出电动机每一相线圈的两个线端，然后将两相线圈串接后通入 220V 电源，剩下的一相线圈两端接一 36V 的灯泡线路通入电源后，灯泡发亮，说明所串联的两相是头尾相接；灯泡不亮，说明是头头相接，见图 158 所示。然后将测出的两相线圈头尾做一标记，再按此方法将其中一相与原来接灯泡的一相线圈串联，另一相连接灯泡，再按同样道理判断，电动机三相绕组的头尾就很容易区分出来了。

159 简易交流电源相序指示器电路

用一只 2μF，耐压为 500V 的电容和二只相等功率（220V60W）的白炽灯泡，便可做成一个交流电源相序指示器，见图 159 所示。

工作原理：由于电容移相，改变了其中一相的相位差，使作用到 HL_1 和 HL_2 上的相量电压不等，其规律是 L_2 相相量电压大于 L_3 相相量电压。故按图连接后，电容接电源 L_1 相，那么可知灯泡光线较强的一端是 L_2 相，光线弱的一端则为 L_3 相。

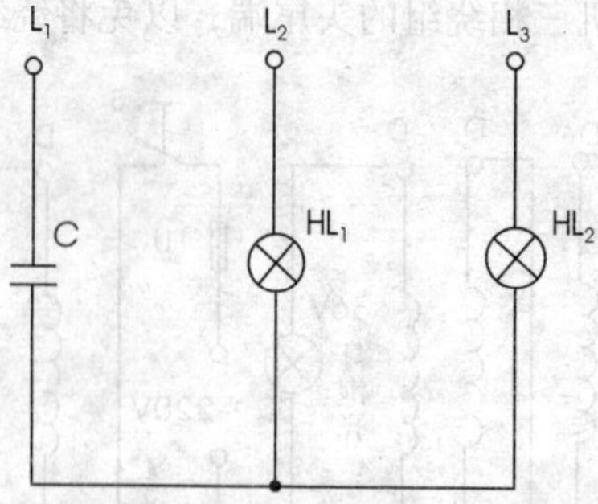

图 159 简易交流电源相序指示器电路

160 交流电源相序指示器电路

用电阻、电容、氖泡可组成一小型交流电源相序器，当电源按顺相序 L_1、L_2、L_3 接入时，氖灯就亮；逆相序 L_2、L_1、L_3 接入时则氖灯不亮。见图 160 所示。

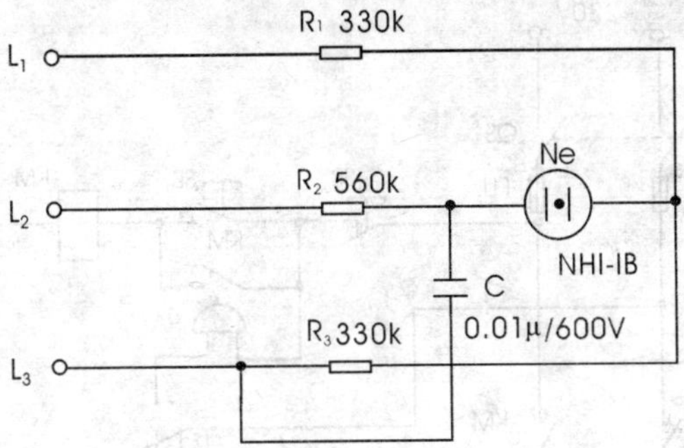

图 160　交流电源相序指示器电路

161 利用继电器制作限电器电路

热继电器多用于电动机过流保护，但在一些集体用电单位或用电场所也可作为限电器。

具体制作方法按图 161 连接，并把热继电器复位按钮螺丝旋出。选用热继电器的额定电流和用户总的额定电流一致。

162 用单线向控制室发信号电路

如图 162 线路可使甲乙两地都能向总控制室发联络信号。当甲地向总控制室发信号时，按下按钮 SB_1，控制室的电铃报警。同理，当乙地向总控制室发信号时按下 SB_2 即可。甲乙两地信号可用信号铃声的时间长短或次数区分。

163 用一根导线传递联络信号电路

在某些生产过程中，需要两地的生产人员能传递简单的信息，以协调工作。如图 163 所示是用一根导线传递联络信号线路。两地中各有一只双掷开关控制信号灯联络，信号灯分别装在两地，一地一个，当甲地向乙地发联络信号时，拨动开关 S_1，乙地的指示灯亮，待乙地完成甲地所指示的任务后，乙地可把开

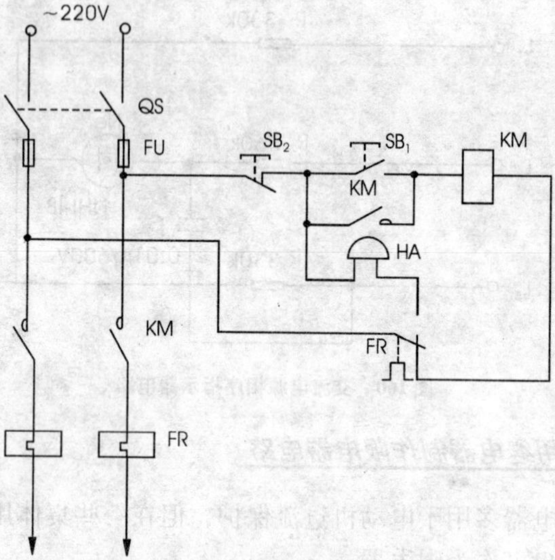

图 161 利用继电器制作限电器电路

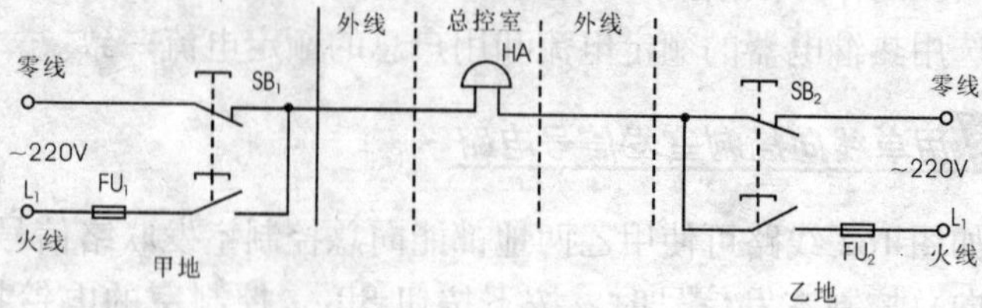

图 162 用单线向控制室发信号电路

关拨至联络位置，通知甲地工作已完成。

164 交流接触器低电压启动电路

当供电电压在交流接触器吸引线圈额定电压的 85% 以下时，启动接触器衔铁将跳动不止，不能可靠吸合。在交流接触器的控制回路中串联一个整流管，改为直流启动交流运行，就可以避免上述问题。交流接触器低电压启动线路如图 164 所示。按下按钮 SB_1，经二极管 VD 半波整流的直流电压加在交流接触器 KM 线

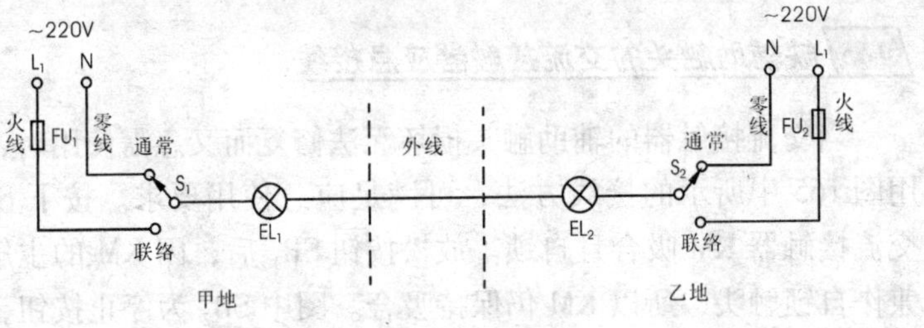

图 163　用一根导线传递联络信号电路

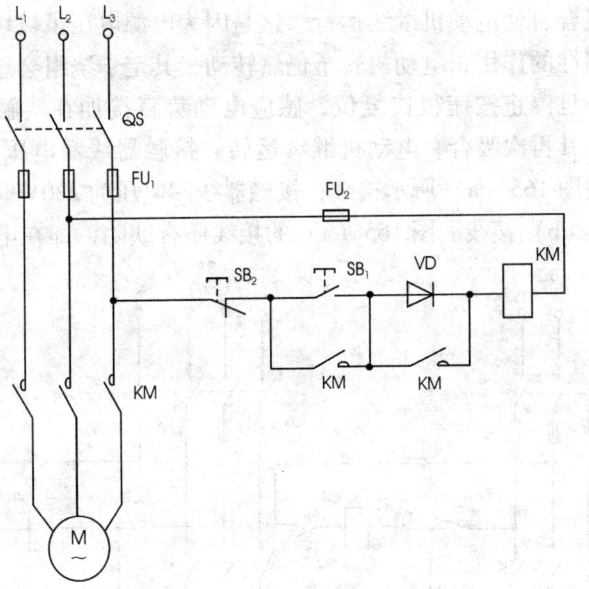

图 164　交流接触器低电压启动电路

圈上，KM 吸合。其辅助触头将二极管 VD 短接，交流接触器投入交流运行。

因为启动电流较大，所以这种线路只适用于操作不频繁的场合。线路中二极管 VD 耐压应选用大于 400V 的二极管，电流要根据交流接触器线圈电流而定。

165 缺辅助触头的交流接触器应急接线

当交流接触器的辅助触头损坏无法修复而又急需使用时，采用图 165 中所示的接线方法，可满足应急使用要求。按下 SB_1，交流接触器 KM 吸合且自锁。放松按钮 SB_1 后，因 KM 的主触头兼作自锁触头，所以 KM 仍保持吸合。图中 SB_2 为停止按钮，在停车时，按动 SB_2 的时间要长一点。否则，手松开按钮后，接触器又吸合，使电动机继续运行。这是因为电源电压虽被切断，但由于惯性的作用，电动机转子仍然转动，其定子绕组会感应电动势，一旦停止按钮很快复位，感应电动势直接加在接触器线圈上，使其再次吸合，电动机继续运转。接触器线圈电压为 380V 时可按图 165（a）所示接线；接触器线圈电压为 220V 时，可按图 165（b）接线。图 165（a）的接线还有缺陷，即在电动机停

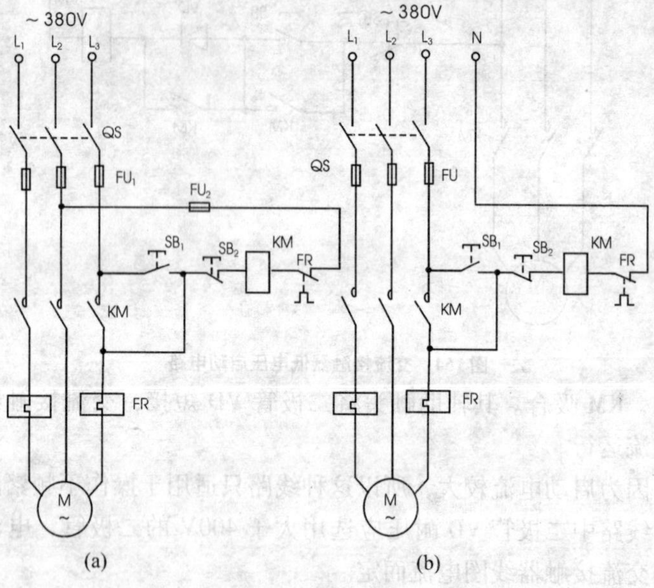

图 165　缺辅助触头的交流接触器应急接线

转时，其引出线及电动机带电，使维修不大安全。因此，这种线路只能在应急时采用，这一点应特别注意。

166 串联灯泡强励磁法电路

电磁铁直接接通电源后，由于线圈的自感作用，限制了电流的上升率，使电磁铁吸合缓慢。为了提高电磁铁的吸合速度，可采取强励磁方法。

如图 166 所示为串联灯泡式强励磁线路。白炽灯的热态电阻约为冷态电阻的 10 ~ 12 倍，可以利用白炽灯冷、热态电阻值变化的这一特性进行强励磁。电磁铁启动时，因冷态白炽灯电阻小，所以电磁铁线圈上分压大，被强励磁。启动完毕后，白炽灯被点亮，热态电阻增大，电磁铁线圈上分压小，转为正常励磁。

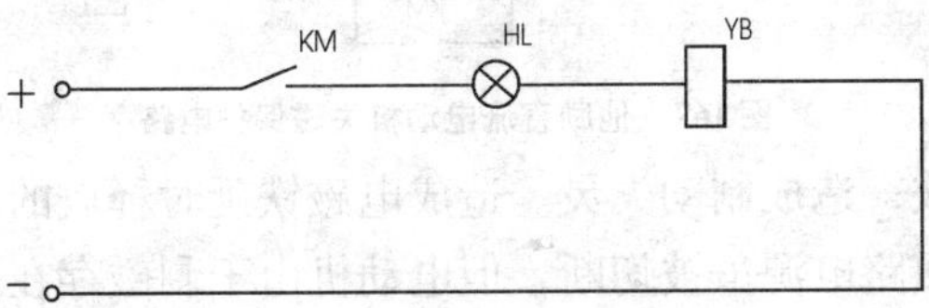

图 166　串联灯泡强励磁法电路

167 他励直流电动机失磁保护电路

他励直流电动机励磁电路如果断开，会引起电动机超速，产生严重不良后果，因此需要进行失磁保护。

在励磁电路中，串联一个欠电流继电器 KI，其常开触点接在控制电路中。当励磁电流消失或减小到设定值时，KI 释放，KI 常开触点断开，切断电动机电枢电源，使电动机停转，从而避免超速现象发生。见图 167 所示。

168 防止制动电磁铁延时释放电路

采用交流电磁铁制动的三相异步电动机，有时会因制动电磁

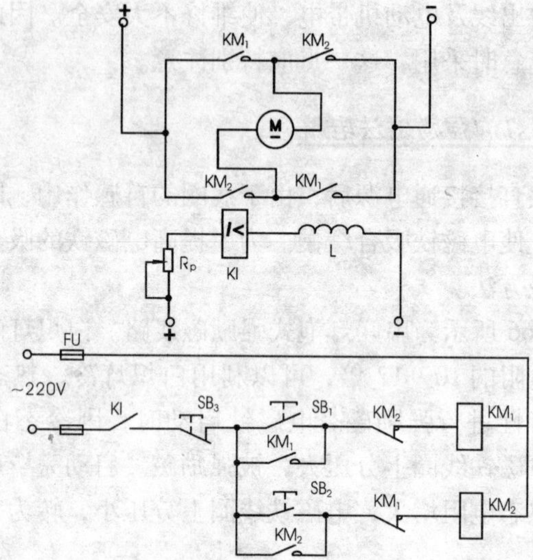

图 167　他励直流电动机失磁保护电路

铁延时释放，造成制动失灵。造成电磁铁延时释放的原因是因接触器的主回路电源虽被切断，但电动机由于剩磁存在，定子绕组产生感应电势加在交流电磁铁上，使电磁铁不会立即释放。解决方法很简单，只要在交流电磁铁线圈上串入一个交流接触器常开触点，使得断开电动机电源时，同时断开电磁铁与电动机绕组线圈，使电磁铁立即释放。参见图 168。

线路中 YB 为制动电磁铁，在通电后，制动解除，在断电后，YB 立即制动。

169 电力电容用于无功补偿电路

电力电容器用于提高电网的功率因数，是利用电容电抗来减少线路中由于电感电抗的存在所造成的电压损失，起到减少线路消耗，增加线路输送容量的作用。图 169（a）为高压电网上集中装在 10kV 母线侧电容器组的接线线路。它的优点是维护方

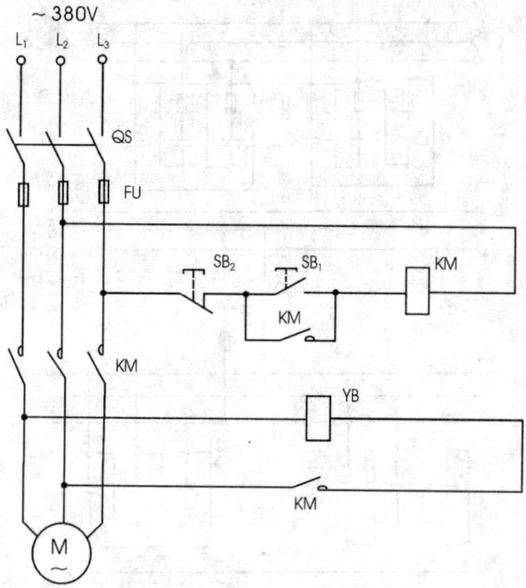

图 168　防止制动电磁铁延时释放电路

便，能减少主变压器及输电线路的无功负荷。图 169（b）为装在低压配电线路上的分组补偿电容器线路。其特点是能补偿配电网及配电变压器的无功损失，降低线损。但是安装较分散，轻负荷运行时电压过高不能及时退出电容器运行，对用电设备和电容器不利。

图 169（c）为装在电动机旁的分别补偿线路。其特点是可减少低压配电线路的导线截面积和配电变压器的容量，对于较大容量的电动机更为有利。

做无功补偿的电容容量要根据用电负荷计算。用电力电容补偿无功太多，会造成电容在电网上的补偿电压过高，用电设备烧坏；而补偿容量过小，又起不到很好的无功补偿作用。

170 消除火花放电电路

直流电磁铁、直流继电器在线圈断电时，因自感电动势存

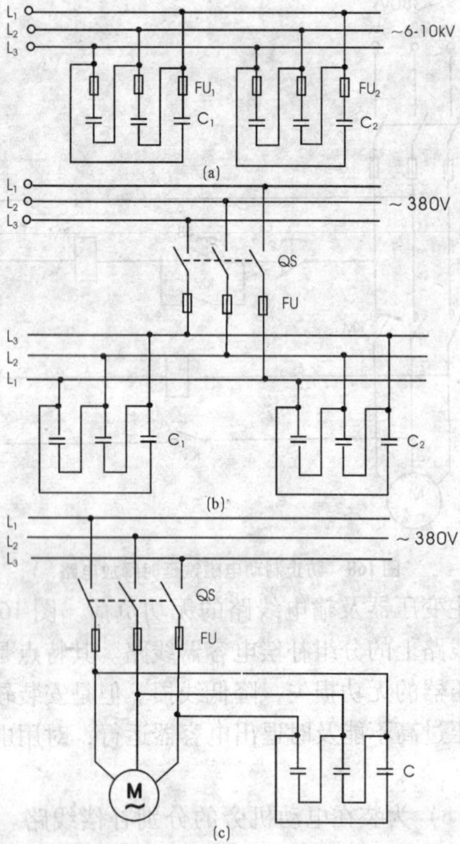

图 169　电力电容用于无功补偿电路

在，会产生很高的过电压，它会与电源电压一起加在接点的间隙上，形成火花放电，或被通入电路中，对线路中其他元器件造成破坏。

图 170（a）为接点上反并联电阻、电容消除间隙火花电路。电容参数主要靠试验确定，每安负载电流至少选用 1μF。调试时使接点上出现最大电压峰值不超过 300V，接点闭合时，电容向

接点放电出现的最大电流（$\frac{U}{R}$）不得超过触点的允许电流值，以此来选择电阻 R。

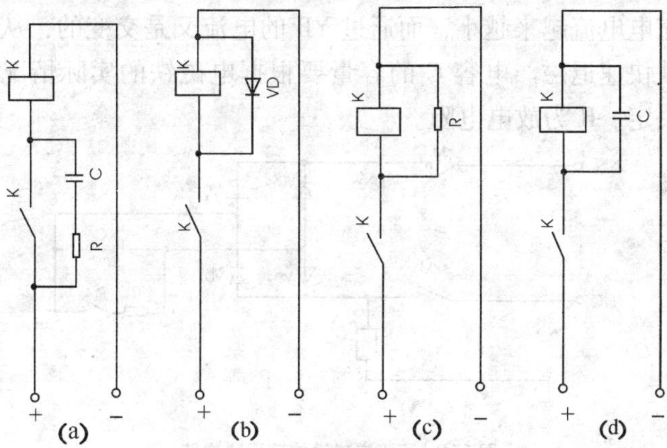

图 170　消除火花放电电路

图 170（b）为线圈上反并联二极管电路，二极管额定电流 I_e 由继电器线圈上的电压和继电器线圈上的电阻确定，运用欧姆定律，即 $I_e=\frac{U}{R}$（A）

图 170（c）为线圈上并联电阻方法，一般要求电阻 R 是线圈上的直流电阻的 3 倍。

图 170（d）为线圈并联电容消除火花电路，电容值越大，电磁铁反电动势越小，但电磁铁释放会变慢。电容容量要根据实际情况来试验选取。

171 直流电磁铁快速退磁电路

直流电磁铁停电后，因有剩磁存在，有时会造成不良后果。因此，必须设法消除剩磁。图 171 中，YB 是直流电磁铁线圈，KM 是控制 YB 启停的接触器触头。KM 吸合时，YB 通电励磁；

KM 复位时，YB 断直流电，并进行快速退磁。

快速退磁的工作原理是：直流电磁铁断电后，交流电源通过桥式整流和 YB 向电容 C 充电，随着电容 C 两端电压的不断升高，充电电流越来越小，而通过 YB 的电流又是交变的，从而使电磁铁快速退磁。电容 C 的容量要根据电磁铁的实际情况现场试验决定。R 为放电电阻。

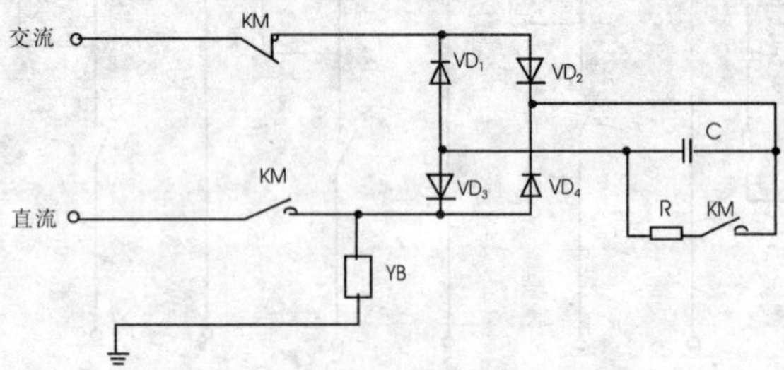

图 171　直流电磁铁快速退磁电路

172 实用多芯电缆对线器电路

该对线器电路有如下特点：

（1）取材容易，两只手电小电珠，干电池若干即可。

（2）具有通讯联络功能，当对上线时，双方的灯泡均亮，通知双方对线成功，应即时换线。此特点对两地联络不方便的场合特别有益。

（3）操作简便，容易掌握。

电路如图 172 所示，基准线可用电缆的屏蔽层，也可利用设备外壳都接地的特点，将外壳当作基准线，必要时用电缆中的已知线作基准线，电池选择以点亮灯泡即可。

操作时，甲方先将测棒与任意一个线头相接，并编上 1 号，等待灯泡 HL 甲点亮。乙方用测棒逐个触碰线头，当灯泡 HL 乙亮时，乙将线头编上 1 号，至此 1 号线对线成功。当乙方的灯泡

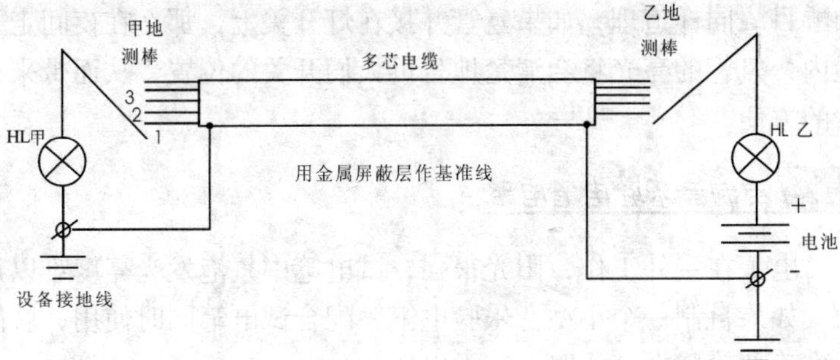

图 172　实用多芯电缆对线器电路

HL 乙亮时，甲方的灯泡 HL 甲也同时亮，甲方得到信息，对线成功，于是将测棒移向另一个线头，并编上号，等待灯泡再一次点亮。乙方测出第一个线头以后，依次触碰其余的线头，等灯泡再一次亮时，编上 2 号，2 号线对线成功。照此方法，依次类推，即可确定余下的电缆。

173 保险丝熔断指示电路

保险丝烧断后，可用图 173（a）所示电路迅速显示出来。原理是一旦保险丝烧毁，电压就会通过限流电阻 R 加在氖管两端，使其启辉。如按图 173（b）装接，氖管能发出闪烁光，更

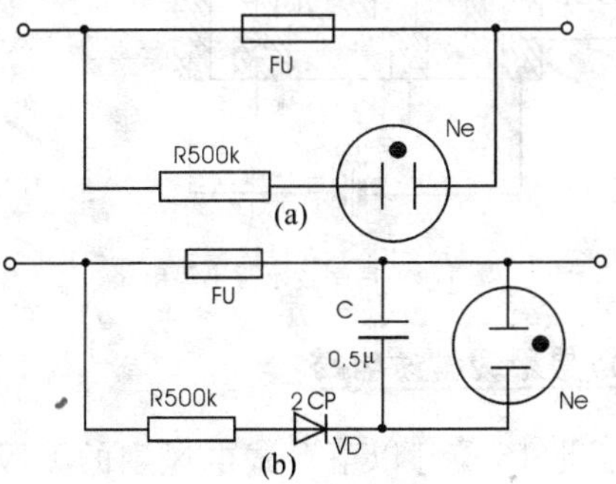

图 173　保险丝熔断指示电路

加醒目。同样道理，如果氖管并接在灯开关上，那么在夜间走入屋内，氖管的亮光将会清楚地告诉人们开关的位置，从而带来很大的方便。

174 自制音乐验电笔电路

电工在室外工作，阳光很强，试电笔中氖泡发光亮度难以辨认，如果自制一个小型音乐验电笔，配合试电笔同时使用，就能更准确地确定电气线路上有无电压。

自制音乐验电笔的电路如图 174 所示。音乐集成电路可选用 KD—482 型。整个电路可装在塑料绝缘盒内，把探头引出，陶瓷蜂鸣片的盒盖上应钻上发音孔。装好后应先在带电的设备上做实验。如探头接触带电体后会放出乐曲，说明此验电笔已能工作。此外，这种音乐验电笔还带有自检功能，当按下微动开关 SB 后，音乐验电笔便能发出声音，说明内部电路工作正常。

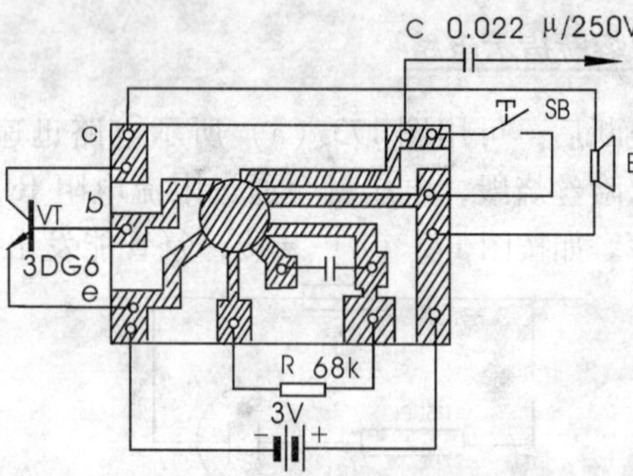

图 174 自制音乐验电笔电路

175 电风扇简易无级调速电路

图 175 所示是 16 英寸以下台式电风扇的无级调速器电原理图。它实际上是一个可控硅调速电路。电路的工作原理是：电网

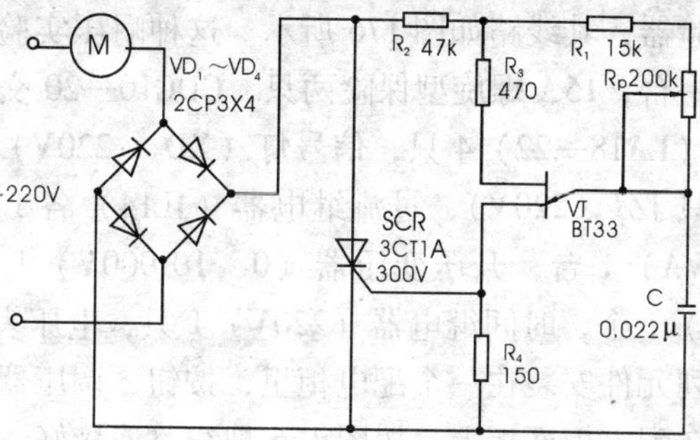

图 175　电风扇简易无级调速电路

电压经 $VD_1 \sim VD_4$ 整流后在可控硅 SCR 的阳极和阴极之间，这是一个正弦脉动直流电压，此电压经 R_2 降去一部分供给触发电路。触发电路是由单结晶体管 VT，电阻 R_1、R_2、R_3、R_4，电位器 R_P 和电容 C 组成的弛张振荡器。在电网电压的每半个周期内，电容 C 被充电，当充电电压达到 VT 的峰点电压时，VT 导通，电容上的电压经过 VT 和 R_4 放电压在 R_4 上，形成一个正向尖脉冲去触发可控硅 SCR，使其导通。这样就有电流流过可控硅以及电风扇马达的绕组 M。SCR 导通其阳极与阴极之间的电压降很小，使触发电路不能工作。电网电压过零点时，SCR 截止。等到下一个半周时，电容 C 重新充电，重复上述过程。

调节电位器 R_P 可以改变电容 C 的充电速度，进而改变每半周期内可控硅导通角的大小，这样就控制电风扇马达输入电压的大小，也就控制了风扇的转速，由于电位器是连续可调的，因而风扇的转速也是连续变化的。此电路亦可用于灯光亮度调节。

176 耐压实验器线路

有时，在重绕变压器、电动机、互感器或其他电气设备后，对设备的绝缘耐压要求很高，用兆欧表往往不能满足要求，需要经过耐压实验，以保证安全进行。下面介绍利用极少的元件，自装耐压实验器，其线路如图 176 所示。这种耐压实验线路有 10A 闸刀开关一台，15A 螺旋型保险两只，CDC10—20 交流接触器一台，按钮（LA18—22）4 只，信号灯（XD_7、220V）3 只，中间继电器 1 只 JZ7（220V），过流继电器（JL14）各 1 只，自耦调压器（1kVA）1 台，升压变压器（0 ~ 10 000V）1 台，小型电铃（220V）1 个，时间继电器（220V）1 只，电压表 1 块。

把上列元件安装在一个配电柜里，按钮、调压器的手柄及电压表安装在配电柜面板上，按图 176 把线路连接好，即成为一台耐压实验器。

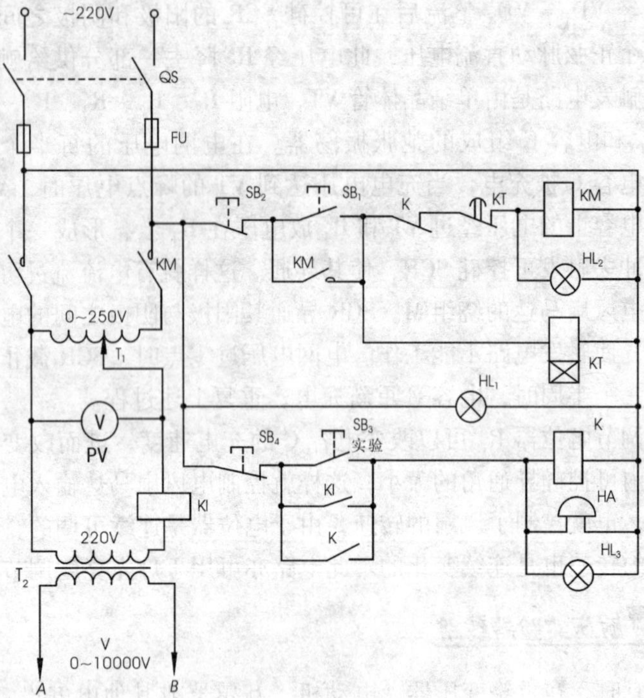

图 176　耐压实验器线路

使用中应注意以下事项：

（1）在打耐压前，要先按下实验按钮进行检测，观察是否报警以及主回路是否能断开主电源，动作可靠时方可使用。

（2）电压表的读数要与升压变压器配套，按变比计量，达到220V即为10 000V，那么表针达到110V时，实际打耐压为5 000V。

（3）自制的耐压器高压端，引出的两根导线要有足够的绝缘层，以防高压击穿。

（4）在打耐压时，要使设备与其他物体隔离，并在通入电源前，人员离打耐压地方要保持一定的安全距离，以确保安全，严防触电。

（5）打耐压高低，要根据电气设备的需要，切勿把耐压打得过高，以免击穿正常运行的设备。

177 停电自动计时器线路

在工作中有时需要一种能准确记录停电时间的装置，市场上没有这种产品出售，可按以下方法自制一个停电自动计时器。

选择一只质量较好的带日历电子石英挂钟，再准备一只线圈吸持电压为220V的小型交流中间继电器。将电子钟的电池负端用绝缘片隔离开，从电池负端与电池盒负端引出两根线接在继电

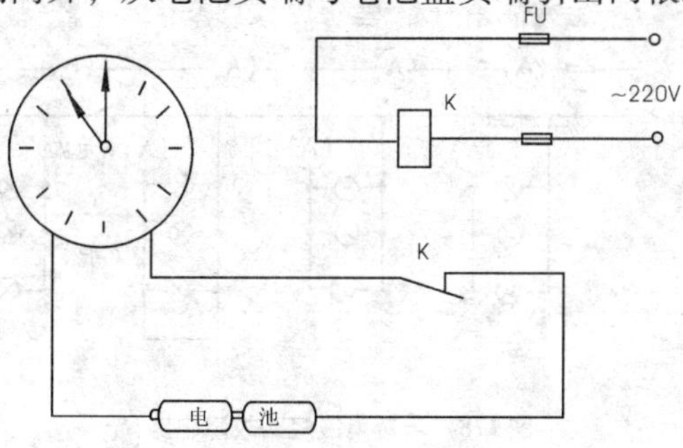

图177 停电自动计时器线路

器的常闭触点上，再把继电器接到 220V 的电源上，如图 177 所示。

当电源有电压输出时，中间继电器吸合其常闭触点断开，石英钟表针不走。电源停电时，中间继电器失电释放，常闭触点闭合，从而接通了石英钟的工作电源，开始记录停电时间直到电源恢复供电，石英钟即停止计时。

178 巧查电线短路故障电路

低压线路上发生了短路故障，如果线路较长，线路上的灯泡和其他负载又较多，故障点又不明显时，查找故障点是非常困难的。这时，可用一只2 000W 的电炉，代替保险丝，或接在保险丝刚接出的线路中，接上保险丝，接通电源，由于线路中有短接点，电源电压几乎全部降到 2 000W 电炉丝两端，从短路点到负载这段线路上便有电流流过，线路其他部分却无电流通过，可用钳形电流表小挡位去测量线路中的各处电流，测量时可分段测量，如果测出无电流，说明故障点在测量点到电炉丝的线路上，如果测得有电流则说明故障点还在中间位置的后面线路上，如图 178 所示。这样继续向后查找，逐步缩小测量范围，当测得电流在有与无的分界点时，便可顺利地找出故障点了。

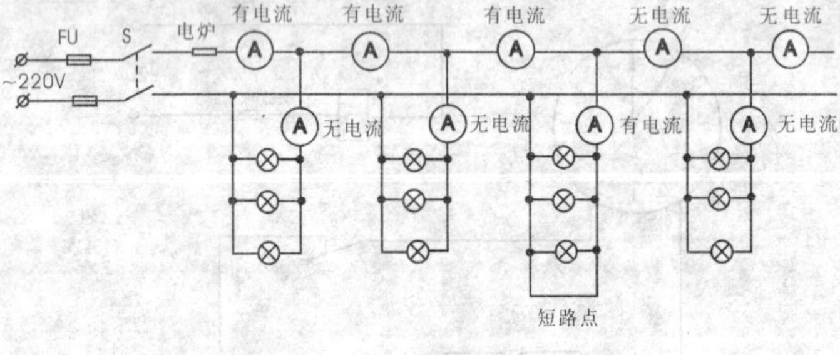

图 178　巧查电线短路故障电路

按此法可查找线路较长且分支线路较多的地段。其优点是在不分段断开电线、不破坏线路的整体时，即可快捷准确地确定故障点。对于线路较长的架空线路查找尤为优越。但在使用此法中要把正常的负载开关断开，再查找故障点。

179 给接触器线圈或保险丝加装监视灯线路

用一个100kΩ1/8W的碳膜电阻串联一个发光二极管，并接到接触器线圈两端或保险丝两端做工作监视器，当接触器工作时，指示灯亮，当接触器释放时指示灯灭，或当保险丝动作熔断时，指示灯亮，指示保险已断，连接方法如图179所示。

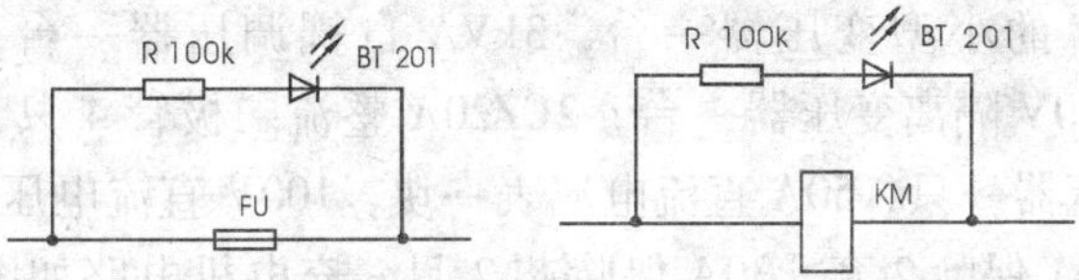

图179 给接触器线圈或保险丝加装监视灯线路

180 用耐压机查找电动机接地点线路

用耐压机查找电动机接地点，可直接观察到接地点的部位，如图180所示。当耐压机电压逐渐升高时，若绕组线圈有接地故障，线圈接地点便会起弧冒烟，只要仔细观察，就可找到接地点的具体位置。如果接地点在电动机槽内，根据打耐压所产生的“吱吱”声来判断接地点大概的部位，然后取出槽内的槽楔，重新打耐压，直至查出接地点的部位。

181 自制蓄电池充电机电路

蓄电池充电设备种类很多，有的用可控硅充电，有的带自动显示，但线路都较复杂，下面介绍一种线路简单，调节方便而效率较高的充电机，非常适用于各个行业或家庭的蓄电池充电。

这种充电机使用的元件有：15A闸刀开关1只，RL螺旋保

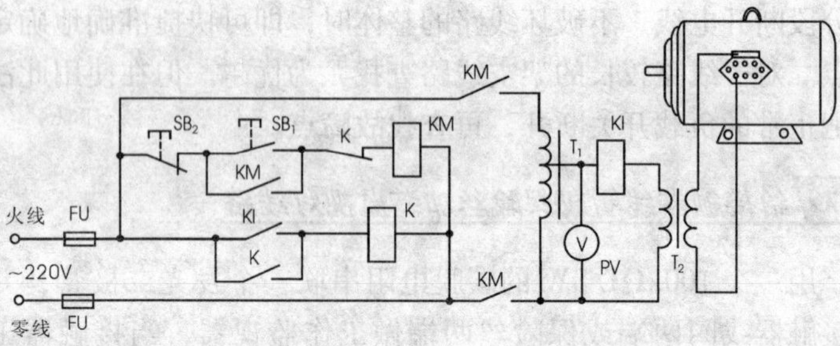

图 180　用耐压机查找电动机接地点线路

险（15A）2 套，20A 接触器 1 只，带指示灯的按钮 2 只，3VA，220V/6V 的小型变压器一台，3kVA 自耦调压器一台，3kVA、220V/220V 隔离变压器一台，2CZ20A 整流二极管 4 只，75mV、50A 分流器一只，50A 直流电流表一块，100V 直流电压表一块，RL_1—60A 保险 2 套，30A 保险芯 2 只。充电机电路如图 181 所示。

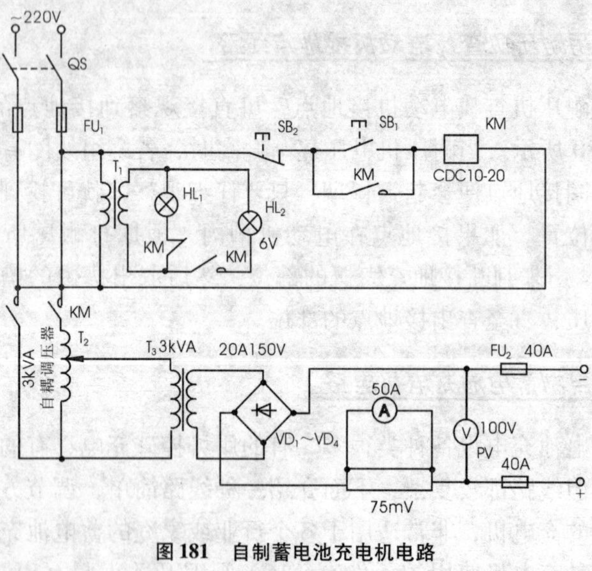

图 181　自制蓄电池充电机电路

备齐主要元器件后，按线路原理图进行组装，注意内部连接点不得松动，整流二极管安装时要加装散热片，并将最终端正负极用接线架引出导线，用铁夹子接入蓄电池。整机可组装在一配电柜内，按钮以及调压器调节手柄装于面板上，以便操作。

使用中的注意事项为：

（1）将装好的充电机接在 220V 交流电源上，另将引出端正负极与蓄电池正负极相对应连接。

（2）在接通电源前，将调压手柄调到 0V 位置，接通开关后，将调压器的电压调到与所充电的蓄电池的额定电压一致，并稍高一些，操作柜上的电压表指示不能超过 72V，电流表指示最大不能超过 30A。

（3）本装置应放在空气干燥、通风良好、湿度适宜的环境中。在充电工作时，注意变压器和整流二极管的温度不得超过 100℃。

182 自制电流发生器电路

电工人员有时需要对过流继电器、热继电器等做周期性过流或速断校验，要使用一个电流发生器。利用安全行灯变压器、调压器以及电流表，便可自制一台小型电流发生器。

图 182 所示是自制的电流发生器电路，它由开关、保险、调压器及安全行灯变压器、电流表等组成，按图中线路连接好，将 220V 电源电压通入调压器后，经调压，行灯变压器次级电流可从 0 调到 40A 左右，并连续可调，利用它可以满足一般的过流校验。

183 控制变压器接线柱线路

控制变压器是一种小型干式变压器，它适用于交流电源频率 50Hz，初级电压为 220V（或 380V），次级电压有 6.3V、12V、

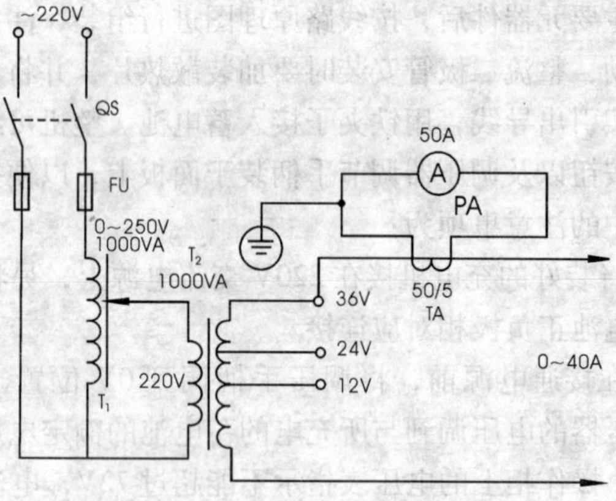

图 182　自制电流发生器电路

24V、36V、127V 等。它主要用于工矿企业中作安全局部照明电源、电气设备中的控制回路电源以及信号灯或指示灯电源。控制变压器如图 183 所示。

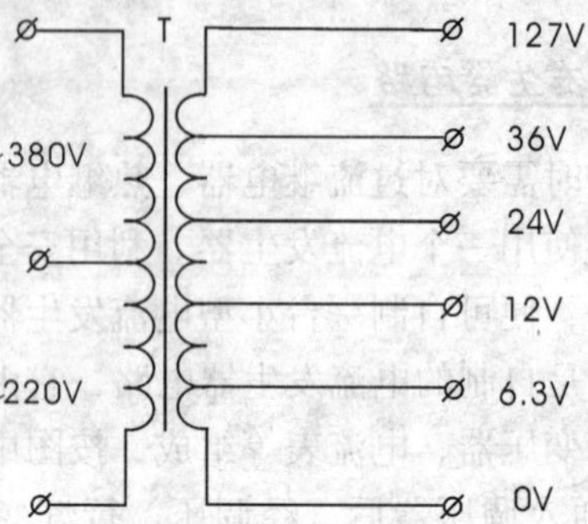

图 183　控制变压器接线柱线路

初学电工人员在使用、安装、维修控制变压器时应注意以下几点：

（1）控制变压器在接线前应看清变压器的接线端子：初级电压为 220V 时，应接到 220V 的电源线上，初级电压为 380V 时，应接在 380V 交流电源上。绝不允许把 380V 的电源线接入

220V 的接线端子上。

（2）控制变压器的次级电压接线柱要与所控制接入的负载电压相对应。如为指示灯，应接入 6.3V 电压；机床低压照明灯泡则要通入 36V 电压；如果是机床交流接触器线圈，需用 127V 交流电压，就要接在 127V 电压接线柱上。

（3）控制变压器应安装在干燥处，尽量避免震动，以免损伤内部结构。

（4）控制变压器在使用中应注意负载不允许短路，负载的总功率不能超过控制变压器的容量。

184 安全行灯变压器线路

在某些工作场所，如在金属容器中或潮湿的池子里工作，所用的照明不允许直接使用电压 220V 的灯具，必须将市电接入安全行灯变压器为 36V 以下的低电压进行照明，以保证工作中的安全。

安全行灯变压器是一种小型控制降压变压器，它可供低压灯泡作为电源。安全行灯变压器的线路如图 184 所示。它由铁壳、保险、指示灯、接线端子、小型变压器等组成。

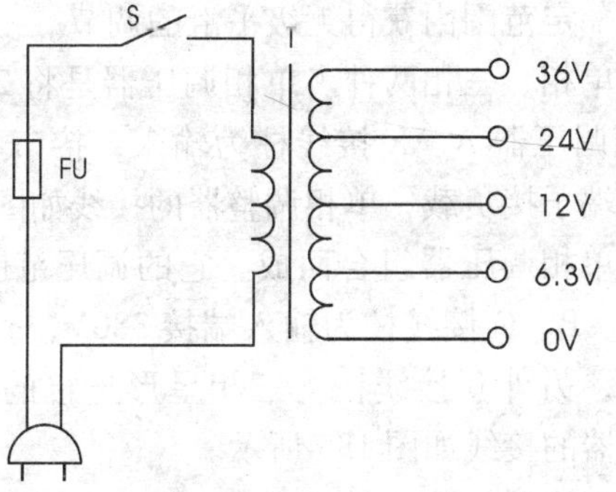

图 184　安全行灯变压器线路

使用行灯变压器时，要注意以下几点：

(1) 安全行灯变压器的金属铁壳在使用过程中要用导线进行接地，以保障安全。

(2) 安全行灯变压器在工作时，应远离危险潮湿的工作场所，只将低压行灯电线通入工作场所。

(3) 工作完毕后把安全行灯变压器电线拆除，放在通风干燥处保存。

185 220V TDGC、380V TSGC 接触调压器线路

接触调压器是一种电压比连续可调的自耦变压器，它适用于工业、农业等各个行业作调节电压的通用设备。它能带负载无级平滑地调节输出电压，具有结构简单、效率高、使用方便、性能可靠等优点，也是电工常常用的调压工具之一。可作为灯光控制、电热控制、转速控制等的电源。接触调压器外观见图 185 所示。

调压器由铁芯、线圈、电刷、铁架、刻度盘、手轮、外罩等组成。它的工作原理类似于一般自耦变压器，在转动手轮时，它借助于可移动的电刷在线圈磨光表面上的接触位置的改变，使负载电压能够在一定范围内获得无级平滑的调节。

调压器分单相、三相两种。单相调压器是将 220V 电压调到 0～25V，单相调压器 A、X 接线柱为输入，接市电 220V。a、x 接线柱为输出端子接负载，单相调整器的接线如图所示。三相调压器是由三只单相调压器组合而成。它的调压范围为 0～380V，三相调压器 A、B、C 接线柱为输入端接 380V，a、b、c 接线柱为输出端负载，另外 0 接线柱为三相星形连接的中性点，接零线。三相调压器的接线如图 185 所示。

在使用单相或三相调整器过程中，应注意以下几个问题。

(1) 新安装的调压器或长期不用的调压器，在运行前必须

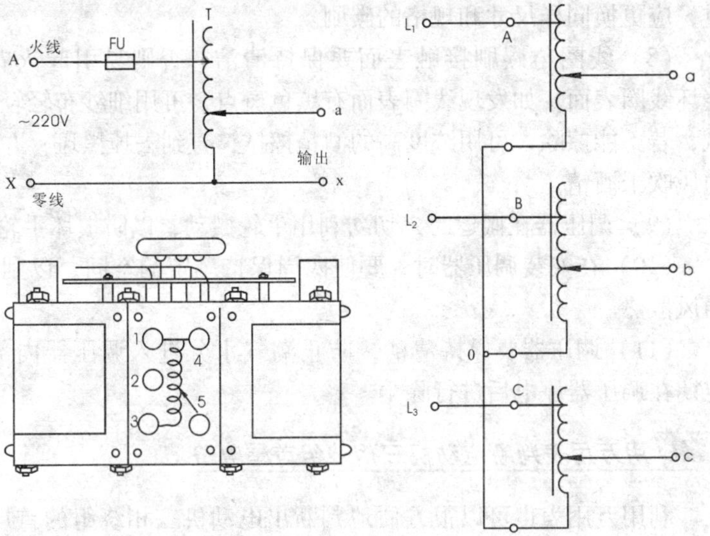

图 185　220V TDGC、380V TSGC 接触调压器线路

用兆欧表测量线圈对地绝缘电阻，其阻值不低于 0.5MΩ 方能通电使用，否则应进行烘干处理。烘干后应检查各个紧固件是否松动，如松动应紧固，然后用兆欧表再测绝缘电阻，达到要求，方能使用。

（2）电源电压应符合调压器铭牌上的额定输入电压值。

（3）调压器必须接地良好，以确保人身安全。

（4）使用调压器时，先将指针放在 0 位上，然后将负荷接在输出端，再把输入端接在与调压器输入电压相一致的电源上。调节输出电压时，要缓慢旋转手轮，调至所需电压。从 0 位调到最大值的时间不应少于 5s，否则易引起碳刷磨损产生火花。

（5）使用调压器时，应注意输出电流不能超过额定值，超载时间较长时，易损坏调压器。

（6）调压器不能并联使用。

（7）使用调压器应经常检查使用情况，如发现碳刷磨损严重，应更换同样尺寸和规格的碳刷。

（8）线圈与碳刷接触表面要保持清洁，否则易引起火花，烧坏线圈表面。如发现线圈表面有黑色斑点，可用细纱布轻轻擦拭，若不能擦除，可用浓度高的酒精擦拭，直到去掉黑斑，并应通风吹干酒精。

（9）调压器在搬运时，切勿利用手轮搬动，以防损坏手轮。

（10）在安装调压器时，要使四周保持一定的空间，以利于通风散热。

（11）调压器要保持清洁，防止潮气水分进入调压器内部，定期在调压器停电后进行除尘。

186 用万用表判断电动机三相绕组首尾电路

利用万用表也可以很方便地判断出电动机三相绕组的首尾。首先用万用表欧姆挡测量出电动机六个接线端哪两个接线端为同一相。然后，将万用表的直流毫安挡放到最小一挡，并将表笔接到三相线圈中某一相的两端，再将干电池正负极接到另一相的两个线端上，如图 186 所示。当开关 S 闭合瞬间，如果表针指示电流为正值，则把电池负极所接的线端与万用表正极表笔所接的线端定为同极性的（均可认定为首）。依次类推，便可方便地找出另外两相的首尾。

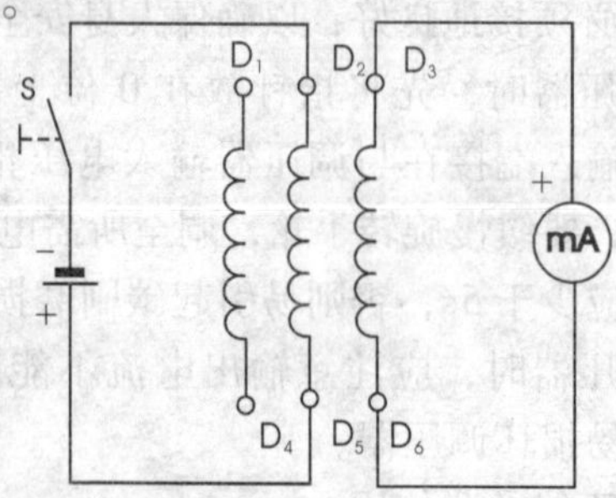

图 186　用万用表判断电动机三相绕组首尾电路

187 利用交流电源和灯泡判别电动机三相绕组首尾电路

三相电动机引出的六根接线头若分不清各相绕组的首尾，可以用下述简单方法来测试。

首先用36V低压灯做试灯，分出电动机每一相线圈的两个线端，然后将两相线圈串接后通入220V电源，剩下的一相线圈两端接一36V的灯泡，如果灯泡发亮，则说明串联的两相是首尾相接；灯泡不亮，说明是首首相接，如图187所示。这时，将测出的两相线圈首尾做一标记，再按此方法将其中一相与原来接灯泡的一相线圈串联，另一相连接灯泡，再按上述方法即可分辨出三相电动机绕组的首尾。

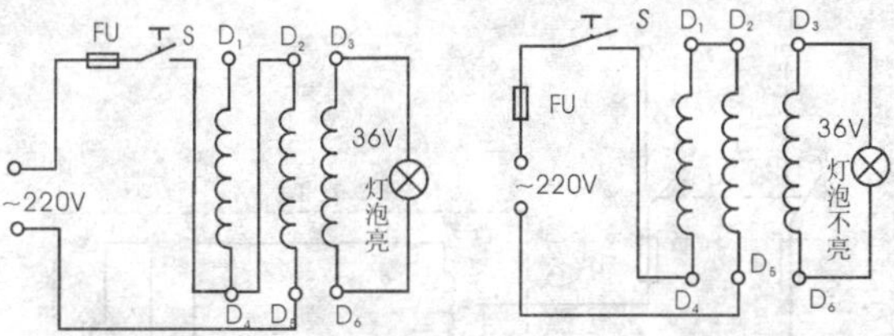

图187　利用交流电源和灯泡判别电动机三相绕组首尾电路

188 多功能电焊机电路

如图188所示为DW系列多功能电焊机电路，配用专用焊钳，即可进行铜管碳阻焊、金属板料点焊及其他金属件电阻焊。使用时，S置于S-1控制电路不起作用，220V直接由变压器T降压输出，S置于S-2时，由可控硅VS构成的调压电路工作。当C_1的充电电压高于双向触发二极管VD的导通电压时，双向可控硅VS得到触发而导通，交流电经VS加到变压器T的初级绕组，由T降压输出。调节R_P，C_1的充放电时间发生变化，进而可控硅VS的导通角发生变化，输出电压、输出功率也发生相应的变化，以适应不同焊接的需要。

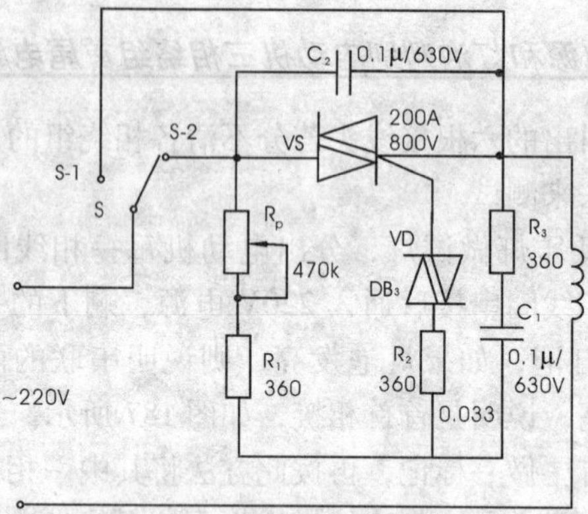

图 188　多功能电焊机电路

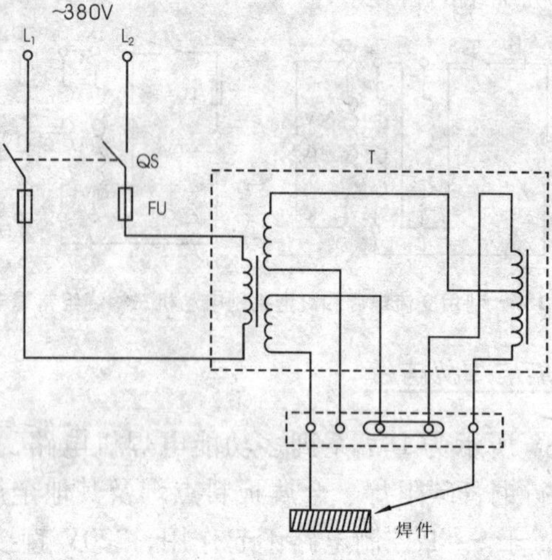

图 189　交流电焊机线路

189 交流电焊机线路

交流电焊机的一般接法如图 189 所示：当合上刀闸 QS 时，电焊机得电工作，当拉下刀闸 QS 时，电焊机停止工作，这种接线线路是电焊机常用且最简单的一种接线线路。

190 利用硅整流电镀电路

在电镀过程中，常常利用硅整流设备的调压电路进行工作，其工作原理如图 190 所示：当需进行工作时，按下按钮 SB_1，接触器 KM_1 线圈通电，主回路中触点闭合，线路输出直流电压。与此同时，KM_2 也得电动作，接通电扇，对硅整流以及调压器吹冷风降温。线路中 KI 为过流继电器。

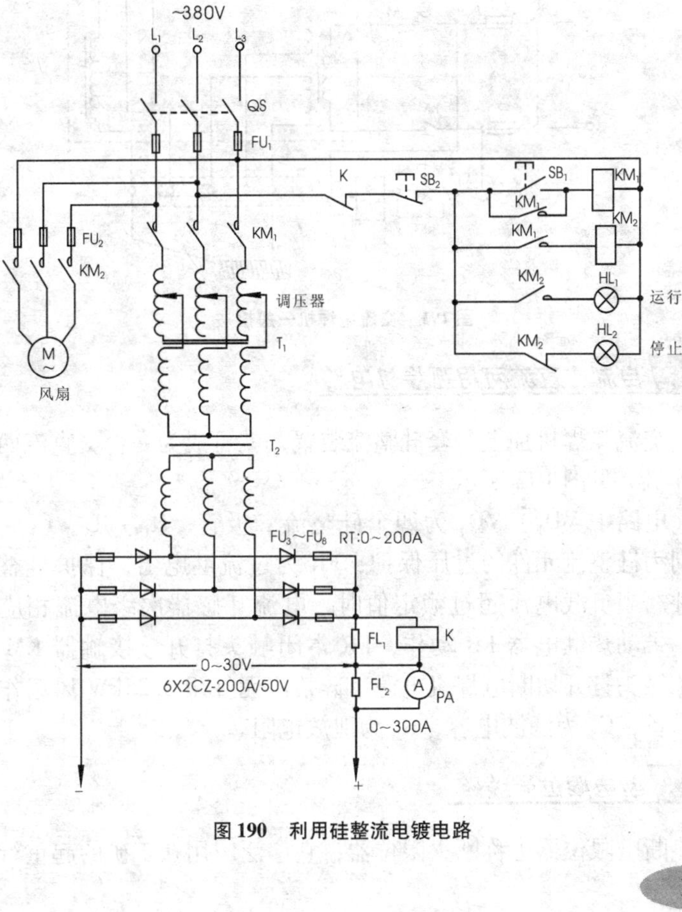

图 190 利用硅整流电镀电路

191 交流电焊机一般接法

交流电焊机一般接法如图 191 所示：当合上刀闸 QS 时，按下按钮 SB_1，接触器 KM 得电吸合，松开按钮 SB_1 时，KM 自保点自保，电焊机继续得电工作，当按下 SB_2 时，电焊机停止工作。

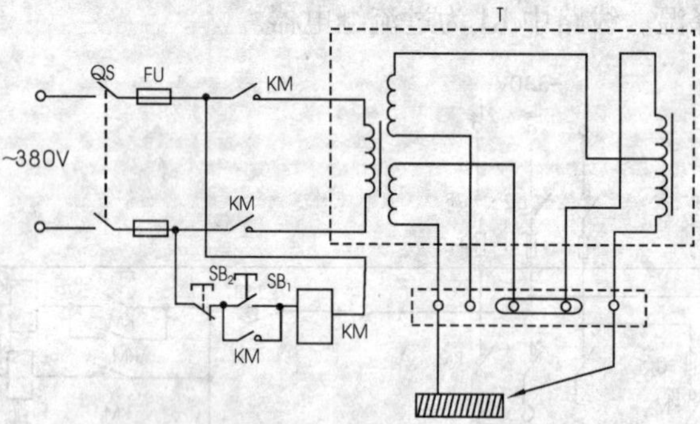

图 191　交流电焊机一般接法

192 自制交直流两用弧焊机电路

交流弧焊机加上一套硅整流装置，就可成为一台交直流两用弧焊机。见图 192 所示。

电路中 VD_1 ~ VD_4 为四个硅整流二极管；R_1 ~ R_4、C_1 ~ C_4 分别为硅整流元件的过压保护；FR 为过流继电器，保护硅整流元件。当负载电流超过额定值时，电流互感器次级电流相应增加，带动热继电器 FR 动作，FR 常闭触头打开，接触器 KM 释放，触头打开切断电焊机电源。硅整流元件用 0.25kW 风扇作冷风设备，C_5 为滤波电容，R_5 为泄放电阻。

193 断电限位器线路

断电限位器也称断火限位器，它广泛应用在工矿的起重行车

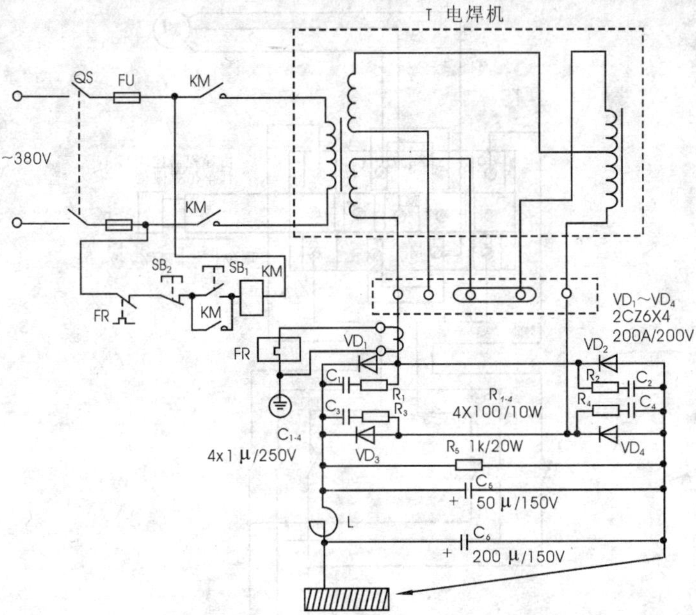

图 192　自制交直流两用弧焊机电路

上。在行车做上下升降时，限制最高位或最低位的极限。它能在万一接触器动静触点熔焊在一起时，也能起到保护限位作用。其线路如图 193 所示。

断电限位器的工作原理是上下行程超过限位行程后，由导程器连杆推动断电限位器控制杆，使它向前或向后移动，从而将通入断电限位器里的三相电源线断开两根，迫使电动机停转。

使用断电限位器应注意以下几点：

（1）接线时按照线路图连接进入的 5 根电源线，接好后，再把电动机负荷线接在断电限位器的接线端子上。

（2）在使用断电限位器前，要调整导程器的挡板，使行车的吊钩在上到最高位或最低位时都能正好撞击导程器动作（因挡板是固定在导程器连杆上的），从而使导程器在上限或下限极

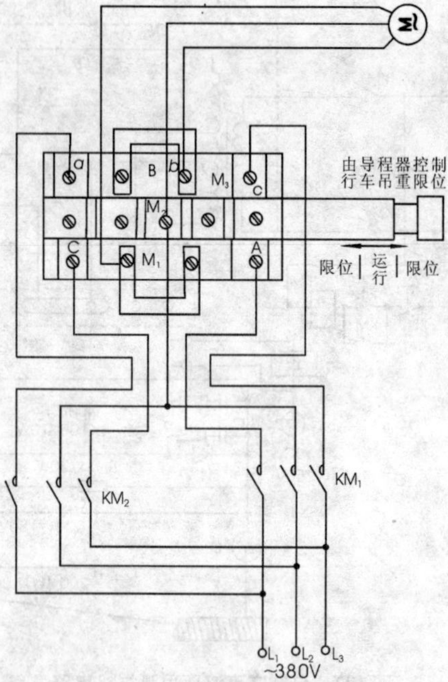

图 193　断电限位器线路

动作后，都能拉动或推动断电限位器连动杆，最后使断电限位器动作，断开电动机主电源。

（3）如果导程器在动作后电动机能够停转，但在换相后电动机却不能重新向反方向运转，说明断电限位器控制点接反，可任意换接一下电动机的三相电源线中的两根导线即可解决。

194 安全保安插座线路

在三眼插座上可以加装一个漏电指示和报警电路，当家中电器的外壳漏电时，可发出声光报警。这样可立即拔下电源插头进行修理，从而保证了安全用电。

保安插座电路如图 194 所示。当家中电器外壳漏电时，泄漏电流经 R 使氖炮发亮。同时经 C 降压及 VD 整流使振荡器振荡，压电陶瓷片 HLD 发出尖厉的报警声。

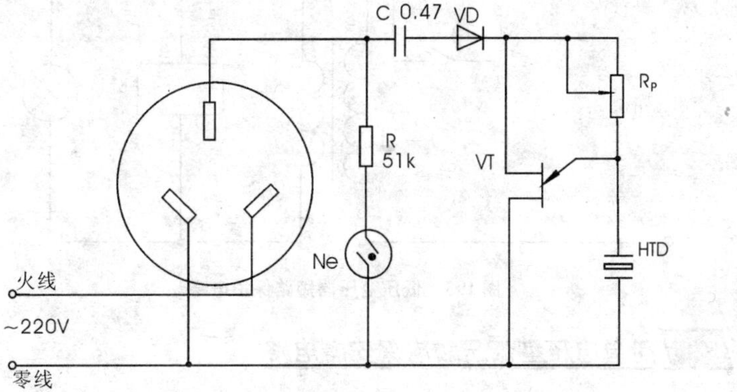

图 194 安全保安插座线路

电气部分可装在三眼插座板后，板上适当位置钻两个小孔，使氖泡和压电陶瓷片分别位于孔下。

该电路所用元件：C 选用 0.47μF400V，VD 选用 2CP19，Ne 氖泡启辉电压在 60V 左右，VT 选用 BT33C 型。为加大报警音量，压电陶瓷片可加助声腔。

195 低压变压器短路保护电路

目前，机床上的工作灯、行灯都采用低压变压器提供 36V 安全电压。由于灯具在使用中经常移动，常发生短路故障，造成熔断器熔断甚至烧坏变压器。如果使用 36V 小型中间继电器或 36V 交流接触器做变压器的通断开关，可避免烧坏变压器。

工作原理如图 195 所示：闭合 S 后，按下按钮 SB_1，变压器得电输出 36V 低电压，使得继电器或交流接触器 KM 吸合。放松按钮后，KM 自保点使 KM 保持吸合，继续给变压器接通电源。如果变压器次级发生短路故障，继电器线圈电压为零，此时 KM 便失电释放，将变压器电源断开，保护变压器不被破坏。

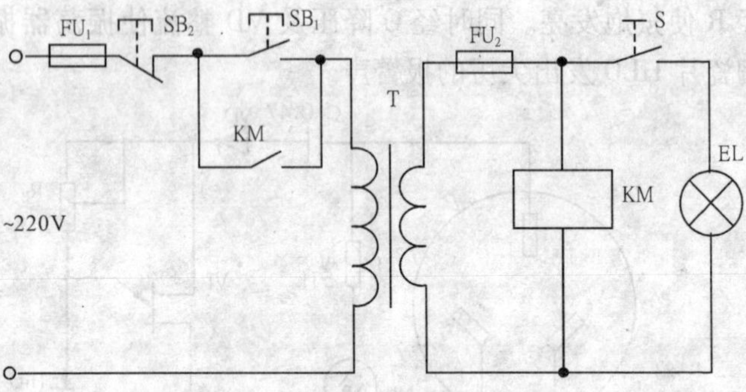

图 195　低压变压器短路保护电路

196 简单电压型低压触电保安器电路

简单电压型低压触电保安器如图 196 所示：当发生触电事故时，经人体、大地、桥式整流及灵敏继电器和变压器中性线成一闭合回路，有电流流过。当电流达到灵敏继电器的启动电流值时，继电器 KI 吸合，KI 常闭触点断开交流接触器线圈回路电源，使交流接触器失电，切断电源，人体得到安全保护。图中 SA 为模拟触电实验按钮。

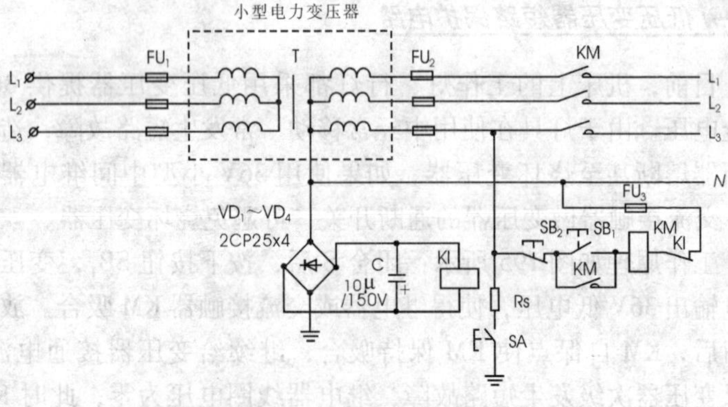

图 196　简单电压型低压触电保安器电路

197 电流型低压触电保安器电路

电流型触电保安器的工作原理如图 197 所示：当线路发生触电事故时，电流经零序电流互感器、人体、大地到中性点成一闭合回路。此时零序电流互感器的副线圈因一次电流不平衡而产生

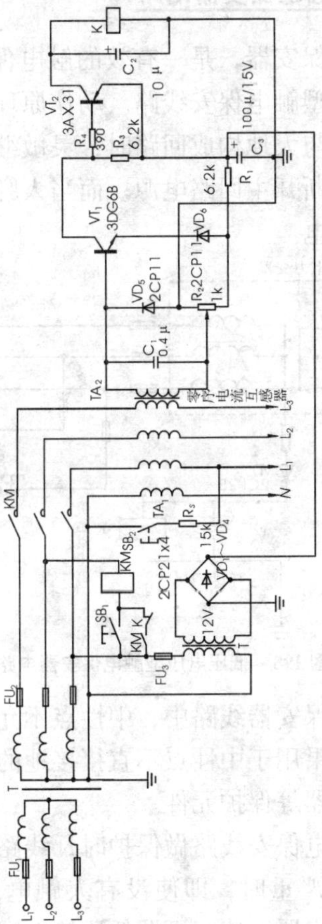

图 197　电流型低压触电保安器电路

电势和电流。这个电流经放大元件放大后，送往灵敏继电器的线圈，推动灵敏继电器动作吸合，把串联在交流接触器控制回路的常闭触点 K 打开，使交流接触器失压而切断电源，保证了人身的安全。图中 SB_2 为模拟触电实验按钮。

198 低压电压型触电保安器电路

安装低压触电保安器，是一有效的触电保安措施。如图 198 所示是一低压电压型触电保安线路。动作原理是：当人触及到线路中的某根火线，与大地构成回路时，灵敏继电器动作，使交流接触器线圈失电，断开主回路电源。而当人脱离了电源以后，线路便能手动恢复供电。

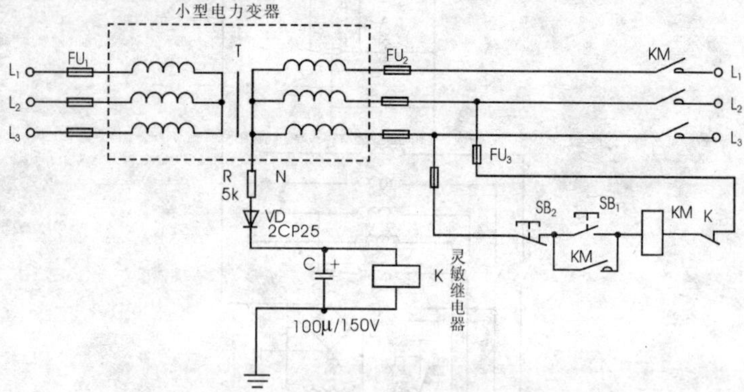

图 198　低压电压型触电保安器电路

在安装电压型保安器线路中，中性点不允许重复接地，设备也不允许接零。如果用于中性点不直接接地的电网中，则在中性点必须装低压避雷器等保护元件。

采用电压型触电保安线路做保护时，线路绝缘必须良好。它的缺点是线路漏电严重时，即使没有人触电，也将自动断开电源。另外，这种保安器能使变压器低压侧电网全部列入保护范围内，故动作时停电范围大，并且只适合于容量很小的电力变压器使用。

199 电流型漏电保护器电路

为了进一步提高农村安全用电的可靠性，在有条件的农村地区，可使用电流型漏电保护器。这种漏电保护装置适用于220V/380V 中性点直接接地的电力配电系统，尤其适合潜水泵、麦场照明、脱粒机的电动机以及手持电动工具等电器。它的工作原理如图 199 所示。在正常情况下，通过零序电流互感器一次侧电流为零时，二次侧感应电流也为零，无输出信号。当用电设备绝缘损坏发生漏电时，如果人接触带电部分，人体通过大地形成回路，电流互感器的二次侧将感应出信号来，当信号电流达到漏电动作电流值时，便会通过漏电脱扣器使开关迅速自动断开电源，起到漏电保护作用。这种电流型漏电保护器分为二极、三极、四极等规格。采用漏电保护器要经常检查漏电保护器在漏电时动作是否可靠。漏电保护器通常都安装有实验按钮，在电源回路中串接一个相似人体阻值的对地电阻，按下按钮电源便会从负载火线经按钮通过电阻回到零线，这时模拟人体触电，达到人体导通电

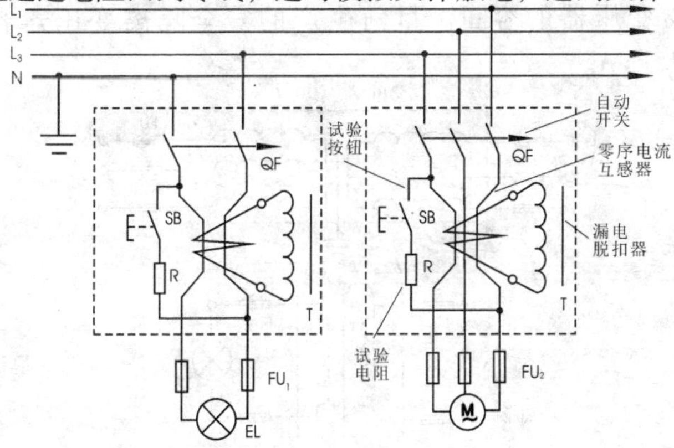

图 199　电流型漏电保护器电路

流后，继电器应能可靠动作，推动自动开关跳闸，断开供电电源。

200 安全隔离变压器电路

在农业生产中，往往要用手持移动工具，例如电剪刀、潜水泵、脱粒机等。但由于种种原因，可能造成这些用电设备漏电，手持工具一旦漏电，就会立即触及人体。为了防患于未然，在有条件的情况下，可采用功率较大的隔离变压器来解决这一问题。它的工作原理如图 200 所示。这个隔离变压器有一、二次线圈，它通过磁路使二次侧带电，而不直接与一次电源侧的中心点接地系统发生电的联系，因此具有良好的对地隔离电气性能。其工作原理是：当电气设备外壳漏电时，无论次级线圈的哪一端对电器外壳通路，都不会造成人身触电。这种变压器初、次级都装有熔丝保险，变压器的铁芯和金属外壳都对地进行可靠连接，起到屏蔽作用，具有抗干扰性能，用来作仪器、电动手动工具的安全电源非常可靠。变压器的电压可根据需要来选，一般规格有单相 220V/220V、220V/36V、380V/220V，三相 380V/380V、380V/220V、380V/36V。使用中要特别注意用电器的总容量要小于安全隔离变压器的容量。目前生产的安全隔离变压器容量为 0.1～15kVA。

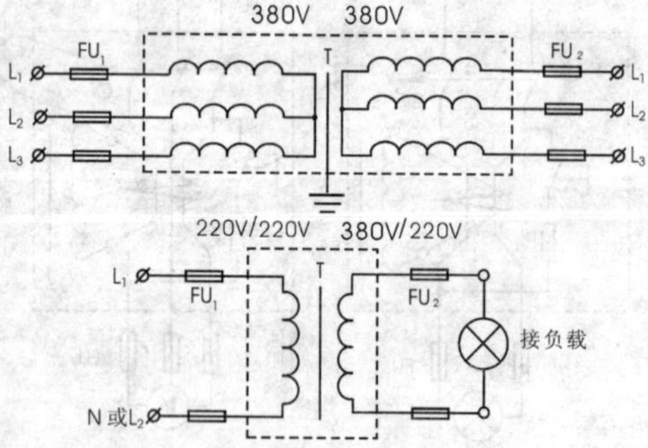

图 200　安全隔离变压器电路

201 用电器插座接零方法

在农村家庭接三眼安全插座时，应将电器插座的接地端接到三相四线制的零线上，以达到保护接零的目的。它可用于家用电器的保护上，如洗衣机、电冰箱等。因这些家用电器工作在潮湿的环境中，其金属外壳易发生漏电。但应用此方法需要把插座的接地端直接接到进户前的零线上。线路如图 201 所示。接插座时应注意“左零右火”，即零线接在插孔的左边而火线接在插孔的右边。

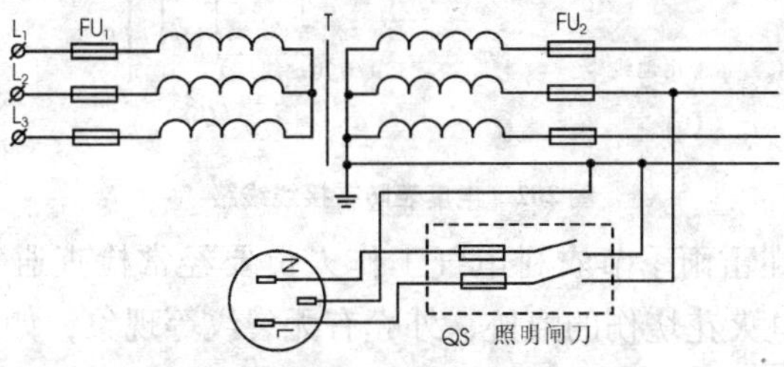

图 201　用电器插座接零方法

202 电度表防雷接线线路

一般避雷器应装在架空线进户内的低压进线外，对电度表和低压电器设备的避雷保护如图 202（a）所示。它是将每只避雷器的上桩头分别与进户后的电源线相连接，而下桩头则互相连接后接于避雷器地线上。对于火花间隙避雷器和氧化锌阀型避雷器，接线线路大致相同，也是一头与三相电源相连接，另一头连在一起接地，接线方法如图 202（b）所示。

使用避雷装置应注意的问题：

（1）在每年雷雨季节来到之前安装避雷器，安装完毕应检查接线是否正确可靠。避雷器须做一次预防试验，合格后方可投入使用。

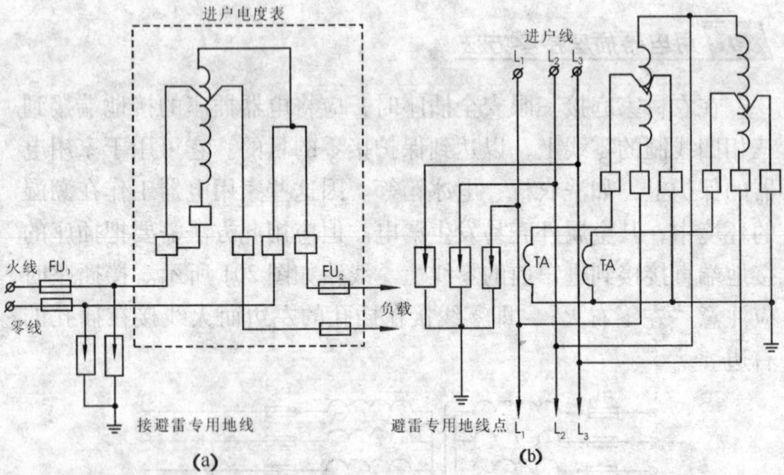

图 202　电度表防雷接线线路

（2）在雷雨季节农村电气工作人员要经常检查避雷器外部有无被雷电火花烧伤的痕迹，外壳有无裂纹等现象，如发现损坏要及时更换。

（3）避雷接地线在雷雨季节到来之前要进行测试，接地电阻应小于 4Ω。

（4）雷雨季节过后应使避雷器退出运行。

（5）农村避雷器接地线不可太长。在农村的山区，雷雨季节电气设备遭受的雷击机会很多，须在低压架空线路上加装避雷器，而加装后的避雷器接地线却不能太长，特别是在山坡上，因线路太长，土壤电阻增大，起不到避雷的效果。应使接地电阻小于 4Ω。

203 电动机用双闸式保护装置电路

电动机用双闸式保护装置是用两只闸刀开关控制电动机，如图 203 所示。启动时先合上启动闸刀开关，它的保险丝额定电流较大（按电动机额定电流1.5～2.5倍选择），因此在启动时保险丝不会熔断。当电动机进入正常运行后，再合上运行闸刀开关，拉开启动闸刀开关。运行闸刀开关上的保险丝的额定电流要选得小些，等于电动机的额定电流，所以在电动机正常运行的情况下，保险丝不会熔断。但在单相运行时，电流增加到电动机额定电流的1.73倍左右，这样大的电流可以使运行闸刀开关的保险丝熔断，断开电源，保护电动机不被烧毁。

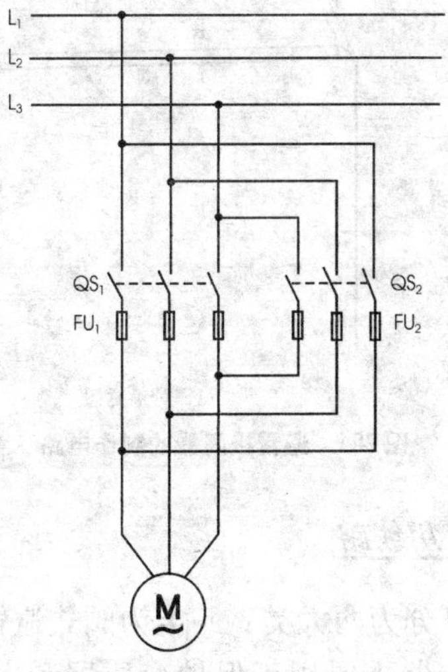

203　电动机用双闸式保护装置电路

204 避雷接闪器的制作电路

避雷装置的接闪器主要有避雷针和避雷带。接闪器要高出被保护的建筑物，它可直接与雷电流接触做为导体把雷电流引入大地。制作接闪器一般可选用圆钢，针长为1m，直径选用12mm，如果针长选用2m时，直径可选用16mm。较长的避雷针制作较困难时，可选用由细到粗的圆钢，分段进行焊接组成，并分三支叉，见图 204。烟囱顶上的避雷针，应选用直径大于 20mm 的圆钢。对较高的平楼房屋顶，除在中间安装较高的避雷针外，还应采用避雷带作接闪器，选用直径为 10mm 的圆钢在建筑物易受雷击的檐角、屋檐围起来，并每隔一定的间距做一次支撑，安装时应注意整齐美观，然后焊接引下线，再进行接地。

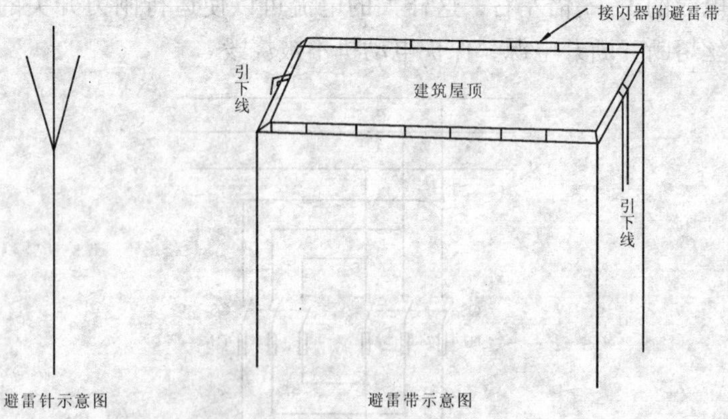

图 204　避雷接闪器的制作电路

205 避雷器的应用线路

避雷器目前可分为两大类：一类为阀式避雷器，一类为管式避雷器。阀式避雷器主要用于保护变压器和电气设备的安全运行，防止产生过电压。线路如图 205 所示。

206 羊角间隙避雷器、阀型避雷器电路

为了防止电气设备被雷电侵袭，就需采用避雷器做防护。羊角间隙避雷器（或称保护间隙避雷器）的工作原理是当过电压侵入时，羊角间隙放电，将雷电引入大地，从而保护电气设备不受损害，接线方法见图 206（a）。有的也利用阀型避雷器防止过电压，工作原理是当线路有过压发生时，火花间隙被击穿而放

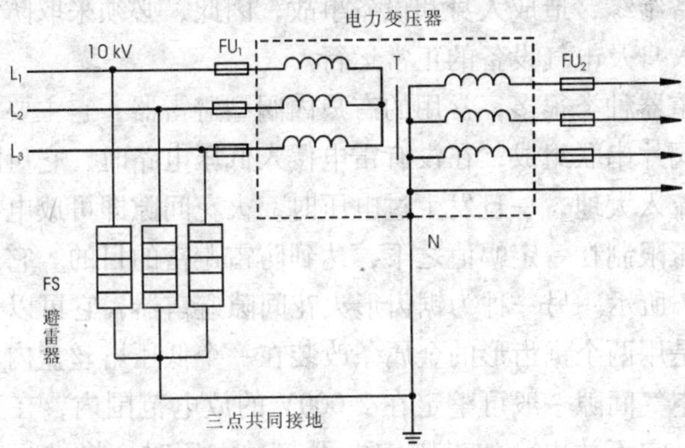

图 205　避雷器的应用线路

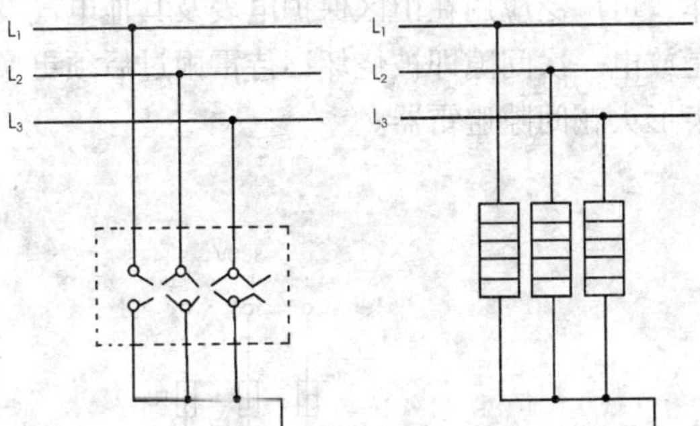

图 206　羊角间隙避雷器、阀型避雷器电路

电，阀片电阻下降，将雷电引入大地。线路见图 206（b）。

207 避雷器接线方法

为了防止电气设备遭受意外的雷电损害，在低压电气设备中须加装避雷器，特别是在农村由于架空线路较长，受到雷电危害的机会较多，如果雷电波冲击到电气设备上，往往会破坏正常的电气设备绝缘，造成人身和设备事故，因此，必须采取防雷措施以保障人身及电气设备的正常运行。

避雷器种类很多，常用的有户内阀型避雷器，它主要由火花间隙与阀片串联组成，在没有雷电侵入低压电路时，它可阻止线路电流流入大地，一旦发生过电压时，火花间隙即可放电，因此将过电压限制在一定幅值之下，达到防雷避雷的目的。它的外形见图 207 所示。另一种为锯齿形火花间隙避雷器，它可以自己制作，它是用两个锯齿形的金属条改装在一个低压熔丝盒内，见图所示；空气间隙一般可整定在 2 000V 的放电范围内，在正常的情况下，它不放电，如果因雷电引起过电压时，将进行火花放电，将雷电引入大地，从而保护了电气设备。这种避雷器成本低、易制作，可广泛应用在山区保护电表及其他电气设备上。但它的缺点是放电一次间隙即被烧坏，待雷雨过后须更换一只新安装好的锯齿形火花间隙避雷器。

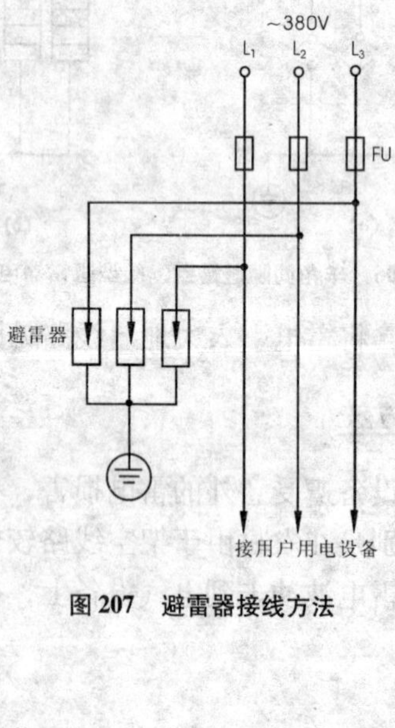

图 207　避雷器接线方法

208 接地体的安装电路

接地体应采用钢管、圆钢或扁钢制成。准备好材料后，应选择适当的地方进行敷设。一般要求接地体与建筑物的距离在 3m 左右，距人行道不应小于 2.5m。应选择潮湿、不经常有人在此活动的地方，一般要求垂直，接地体的深度在 2.5m 以上。垂直的人工安装接地体，最好安装三处，如图 208 所示。它们相互之间垂直距离应在 2.5～5m。敷设时，应加些盐水，以减小土壤与接地体所产生的接地电阻。对于岩石地区，接地体也可水平埋设，埋设深度应不小于 0.6m。埋设时，应在周围加些盐水。

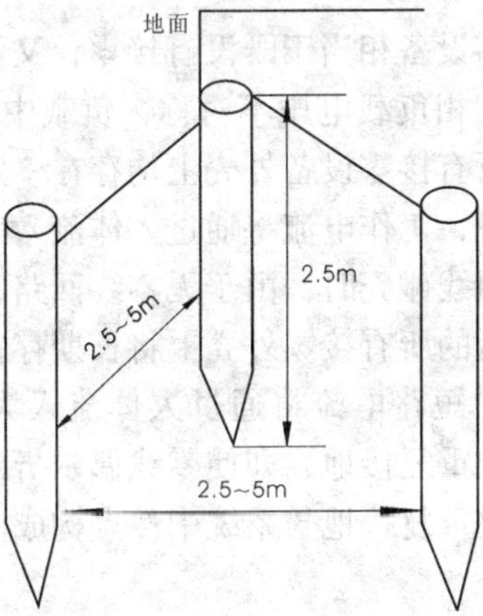

图 208　接地体的安装电路

209 重复接地保护线路

采用保安接零时，除系统的中性点接地外，还必须在零线上一处或多处进行接地，这称为重复接地，如图 209 所示。

在中性点直接接地的 220V/380V 三相四线制供电系统中，要求零线做重复接地。若不采取重复接地，在零线断开情况下，

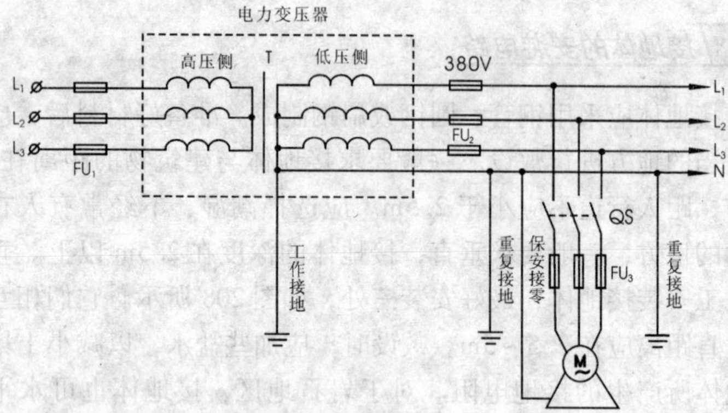

图 209　重复接地保护线路

断开点以后的接零设备相当于既没有接零，又没有接地。由于三相负载不平衡，三相负载电压不对称，负载中性点电压不为零，即断开点以后的所有接零设备外壳上均存在一定的危险电压；当人触及设备外壳时，工作电流将通过人体流入大地。若断开点以后的某设备发生相线碰壳时，由于无零线回路，保护电器不会动作，则断开点以后的所有接零外壳上将长期存在相电压值；当人触及设备外壳时，短路电流将通过人体流入大地，这是很危险的。在一处或多处重复接地，即使零线偶尔折断，发生相线碰壳时，短路电流通过重复接地与系统中性点构成回路，使保护电器动作。

210 电动机工作接地线路

把供电系统中某一点接地，例如在 220V/380V 三相四线制供电系统中，将配电变压器副边三相绕组末端接在一起，中性点接地，这种接地称作工作接地。如图 210 所示。

工作接地能保护系统的安全运行，稳定系统的电位。当系统发生单相接地故障时，能限制非故障相的电压升高，避免用电设备遭到损坏。

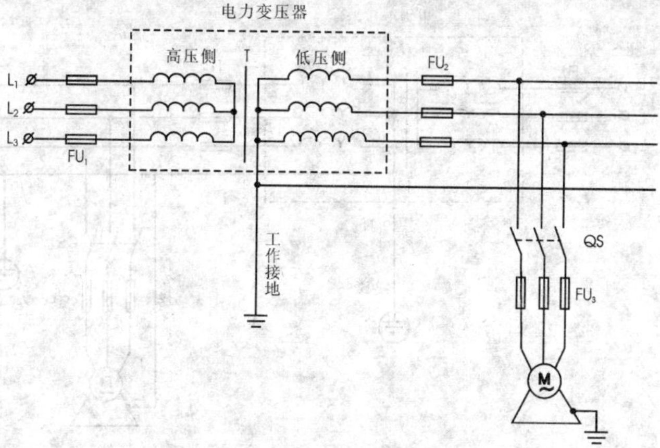

图 210　电动机工作接地线路

211 电动机保安接零电路

为了保证人身安全，将电动机的金属外壳与三相四线制的零线连接，称为保安接零。见图 211 所示。一旦电动机线圈绝缘被破坏，外壳发生漏电现象，则在相线、电动机金属外壳和中性线间产生短路，迅速熔断电动机的保险，把电源隔开，从而保护人身安全。

在应用此方法时，应注意在同一个三相四线制电网中，不允许一部分电气设备采用接零保护，而另一部分电气设备采用接地保护。

212 电动机保安接地电路

为了保证工作人员的安全，将电动机的金属外壳用导线接地，称保安接地。当电动机外壳漏电时，产生的大电流使电动机保险丝熔断，使人身安全得到保证。其接线如图 212 所示。

使用此方法做保安接地保护时，应使接地电阻小于 4Ω，且

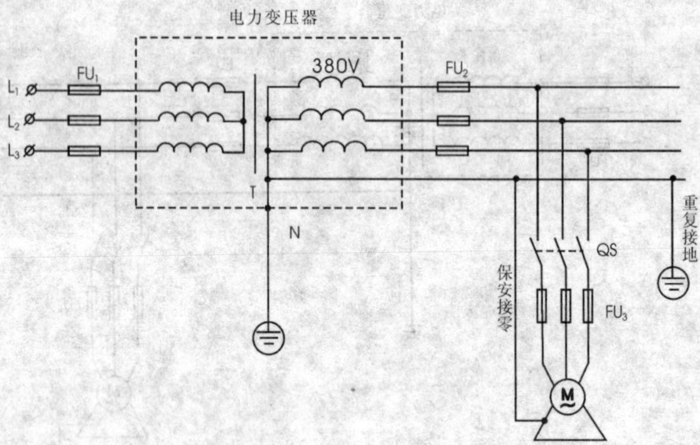

图 211　电动机保安接零电路

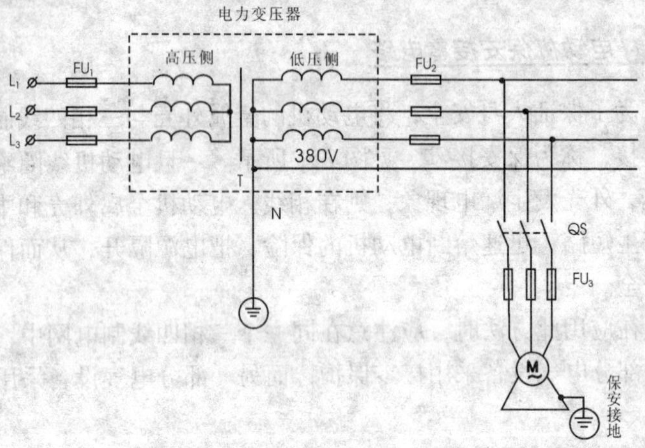

图 212　电动机保安接地电路

只能用于小功率的电动机。在应用中还要注意一点，那就是在同一电网电力系统中不允许一部分电气设备外壳采取接地保护，而另一部分电气设备外壳采用接零保护。

213 用电器插座接零电路

将用电器插座的接地端接到三相四线制的零线上，可达到保护接零之目的。它可用于家用电器的保护上，如洗衣机、电冰箱等，以防其金属外壳漏电。但应用此方法需要把插座的接地端直接接到进户前的零线上。见图 213 所示。

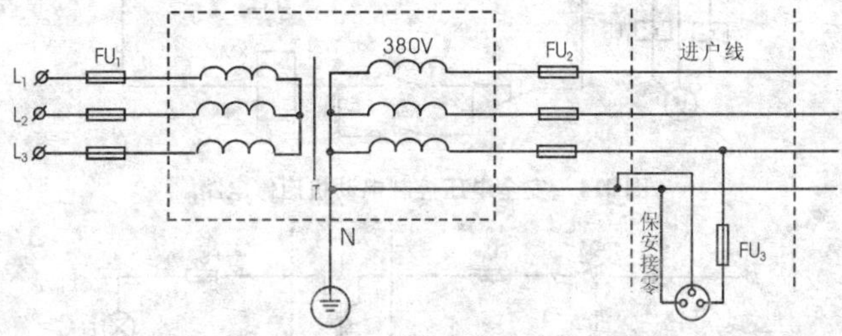

图 213　用电器插座接零电路

214 安全电压控制电动机启停电路

用安全电压控制电动机启停主要用于操作环境条件极差、潮湿易发生漏电的工作场所，保证人体在接触按钮时，即使按钮漏电，也不会造成触电危险。它采用一台行灯变压器为控制电路供电，并使交流接触器线圈的吸合电压选为 36V。其工作原理与常规的电动机启停线路完全一样。见图 214 所示。

215 安全低压变压器电路

如图 215 所示为安全低压变压器接线。为了避免触电事故，保障人身安全，一般在人经常触及到的地方采用低压变压器安全电压供电方式，如 12V、24V、36V 等。它常用于照明行灯和理发用具等用电器的供电。

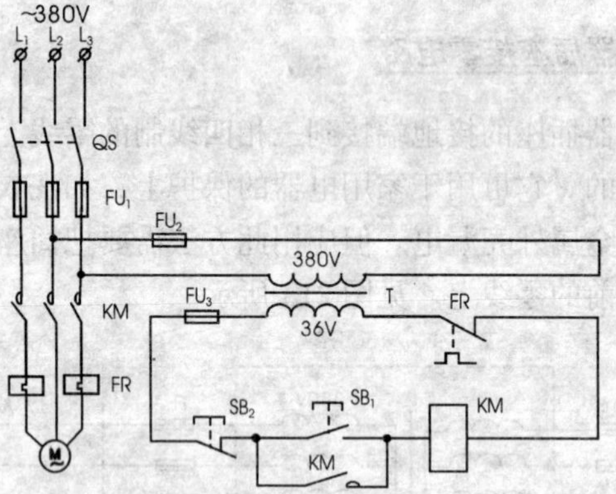

图 214　安全电压控制电动机启停电路

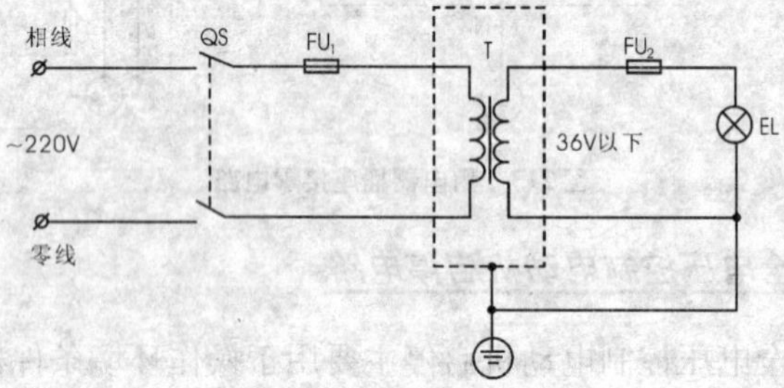

图 215　安全低压变压器电路

216 采用隔离变压器与负载连接电路

采用隔离变压器可以在局部范围内避免触电事故，如图 216 所示为 220V/220V 隔离变压器接负载线路。由于隔离后的线路和用电设备对地是绝缘的，故当人体接触一根带电导线时，也不会触电。但要防止人体接触两根带电导线，否则仍会有触电危险。

217 非接地系统电压漏电保护线路

如图 217 是非接地系统电压漏电保护线路。当按下启动按钮

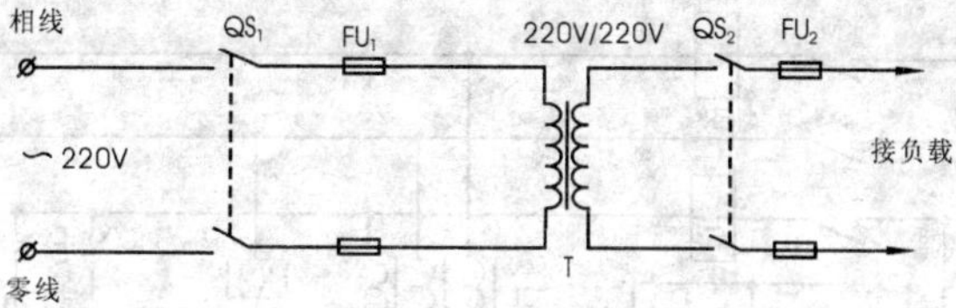

图 216 采用隔离变压器与负载连接电路

SB_1 时，接触器 KM 线圈得电并吸合，其主触头闭合，接通主电源。与此同时通过 KM 的辅助常开触点（此时已闭合），使继电器 K_2 线圈得电吸合，其常开触点闭合，使接触器 KM 自保。当出现触电、漏电故障时，继电器 K_2 线圈失电释放，其常开触点打开，接触器 KM 失电释放，切断主电源。

单相变压器 T 的二次侧有三个绕组，6.3V 绕组供给信号灯 HL_1、HL_2；两个 22V 绕组经整流、滤波后，分别供给漏电检测回路及中间环节。SB_2 为停止按钮。

在正常工作状态下，由于 R_P 上的信号电压低于稳压管 VD_9 的击穿电压，VT_1 处于截止状态，VT_2 处于饱和导通状态，继电器 K_2 吸合，K_1 释放，信号灯 HL_1 灭而 HL_2 亮，表示线路处于正常工作状态。由于各相对地绝缘电阻很高，高于整定值，直流检测回路电流很小，在电位器 R_P 上的压降很小，漏电保护器不动作。

当三相电源任一相漏电或有人触电时，出现中点电压，对地绝缘电阻 R_s 下降，使直流检测回路电流增大，该电流在电位器 R_P 上所产生的压降将增高，当其高于稳压管 VD_9 击穿电压所决定的门限电压时，VD_9 被击穿，使 VT_1 饱和导通，VT_2 由饱和导通翻转为截止状态，因此继电器 K_1 得电吸合而继电器 K_2 失电释放。由于 K_2 失电释放，K_2 的一个常开触点打开，使接触器 KM 线圈失电释放，KM 的三个主触头断开，切断主电源；K_2 的另一常开触点打开，使信号灯 HL_2 熄灭，表示电路存在漏电、触电

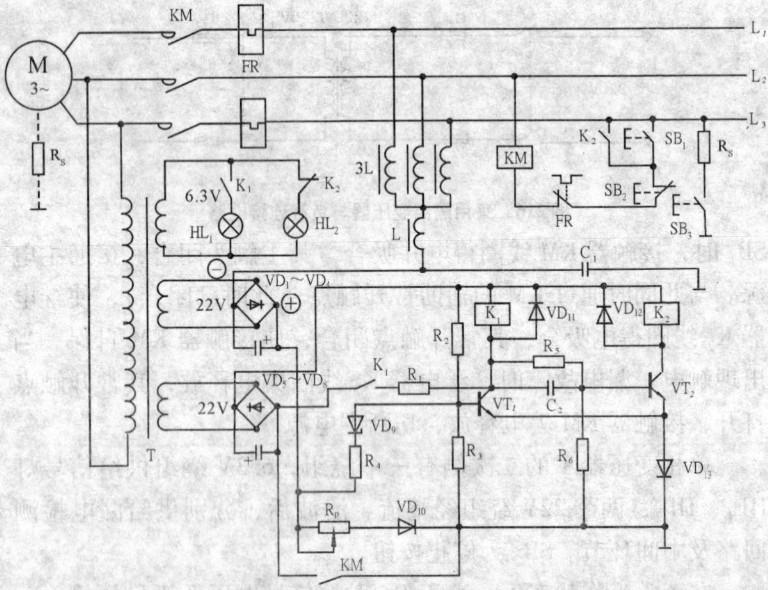

图 217 非接地系统电压漏电保护线路

事故。而 K_1 得电吸合，其一个常开触点闭合，使 K_1 自保，并使 VT_2 不能再饱和导通，因而保证运行的可靠性；K_1 的另一个常开触点闭合，使信号灯 HL_1 点亮。

在事故解除后，必须使接触器 KM 分断一次，使变压器 T 断电，继电器 K_1 复位，再按下常开按钮 SB_1，才能使系统重新投入正常运行。

人为测试装置由检试按钮 SB_3 和电阻 R'_s 组成。在漏电保护器投入运行前，按下 SB_3，使相线通过 R'_s 接地，人为产生一模拟电流，漏电保护器应正常工作。

四

电动机启动控制线路

218 单相、三相闸刀开关线路

闸刀开关主要用在照明电路、三相动力电路以及 7.5kW 以下电动机启动电路中，作为一种通断电装置，因在它的下面连接有熔断丝，它不但能起开关作用，而且还能起一定的短路保护作用。三相闸刀开关线路见图 218 所示。

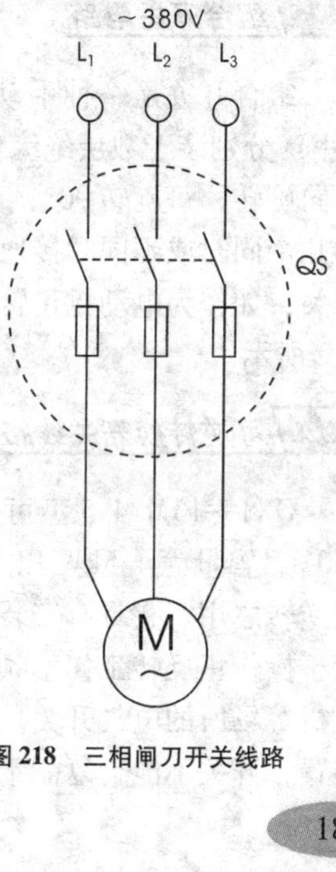

图 218　三相闸刀开关线路

闸刀分为单相和三相闸刀。闸刀有 5A、10A、15A、30A、100A 等多种规格。闸刀开关具有结构简单、维修方便、造价低廉等优点，应用十分广泛。但它的缺点是带电合闸拉闸的灭弧能力较差。在安装、维修和使用闸刀开关时要注意以下几个问题。

（1）闸刀应当竖直安装在绝缘板上，不应平装或倒装，应使刀柄在合闸时方向向上，并应安装在防潮、防尘、防震的地方。

（2）闸刀的额定电压应大于电路的额定电压，其额定电流应稍大于电路中的最大负载电流。如果用闸刀控制小型电动机，应选用闸刀的额定电流为电动机额定电流的3倍。

（3）带负荷操作闸刀时，人体应尽量远离闸刀，动作必须迅速，避免短路时产生的电弧灼伤人体。

（4）在带电操作闸刀时，必须使上下闸刀灭弧盖盖好并拧上固定螺丝，以增加它的灭弧能力。

（5）安装闸刀开关时，应使电源线从上接线端进入，通过闸刀、保险丝后，下接线端接负载。接好后要用手拉一下所有接过的电线，看是否压紧，如果不紧要重新紧固，以防接触电阻增大烧坏接线螺丝。

219 组合开关电路

组合开关是一种手动式转动开关，若干个动触头和静触头（片）分别装于数层绝缘件内，由转动手柄操作，手柄可向任意方向旋转，每旋转90°，动触片就接通或分断电路一次。也可以由几个同时或不同时接通或分断的动静片组合成各种系列的转换开关，如作为电动机正转或正反转直接启动。其外形及线路如图219所示。

220 可逆转换开关线路

QX1—13M/4.5型可逆转换开关适用于交流50Hz，电压为380V，容量为4.5kW以下的三相异步电动机作直接启动、停止及逆转之用。它具有安装方便、功能较全、成本较低的优点，适用于操作正反转工作不频繁的场所，尤其适用于升降机，电动起重机等场所的电气开关。但它所控制的电动机不具备任何的保护装置，开关不能自复需手动操作。

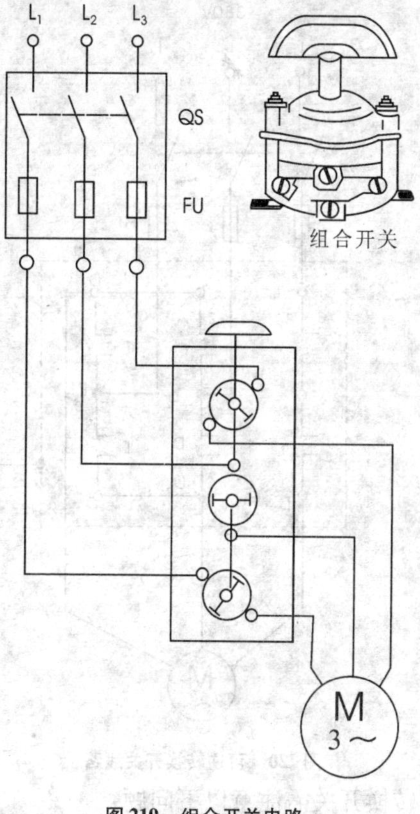

图 219　组合开关电路

QX1—13M/4.5 型可逆转换开关线路如图 220 所示。它的内部有六个动触头，分成两组，L_1、L_2、L_3 分别接三相电源，D_1、D_2 和 D_3 分别接电动机。可逆开关的手柄有三个位置：当手柄处于“停止”的位置时，开关的两组动触片都不与静触片接触，所以电路不通，电动机不转；当手柄拨到“正转”位置时，A、B、C、F 触点闭合，电动机接通电源，正向运转；当电动机需向反方向运转时，可把可逆转换开关手柄拨到“反转”位置上，这时 A、B、D、E 触片接通，电动机换向反转。

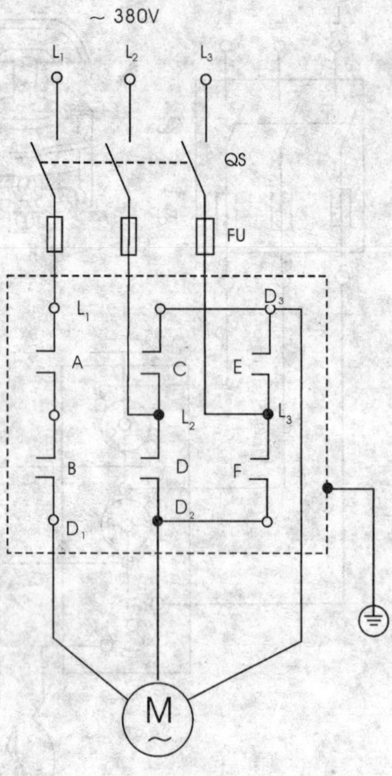

图 220　可逆转换开关线路

使用可逆转换开关需注意以下问题：

（1）可逆开关正常操作频率为 200 次/h，如果需提高操作频率，则应根据实际情况降低容量使用。

（2）可逆开关一般为水平或垂直安装，也可以倾斜安装，其倾斜度不得大于 30°，但不得倒装。

（3）可逆开关接线时，要按线路图连接，其连接线须用铜导线，截面应不小于 4mm²，接线螺丝必须拧紧。

（4）可逆开关必须装接地线，接地线截面积不应小于 4mm²，要用多股铜导线连接在接地螺钉上。

（5）在接线前要用干燥软布将开关上绝缘件的灰尘除去，特别是相邻两线间的灰尘一定要擦净。接线后，在切断电源的情况下，拨动手柄让其拨到正转或倒转位置上，检查触点的接触是否良好，只有接触良好，方能通电使用。

（6）可逆开关用6mm长螺钉穿过外壳底部四个孔在适当位置上加以固定。

（7）在操作可逆开关，使电动机处于正转状态时，如需反转，必须先将手柄拨至“停转”位置，然后再把手柄拨至“反转”位置。

（8）开关应串接三只合适的保险丝，以防负载及开关短路造成事故。

221 手动星—三角启动器线路

QX1系列星—三角启动器适用于交流50Hz，电压在500V以下，容量13kW以下的三相鼠笼式感应电动机的启动控制。电动机定子绕组为三角形接法时，可在启动时将定子绕组接成星形，待启动完毕后再将定子绕组转换为三角形运行。这种启动设备没有过载保护和短路保护，QX1—B型为开启式自动灭弧，不带灭弧罩，只适用于无负载或负载较轻的情况下启动电动机。它的接线方法见图221所示。

在使用QX1系列星—三角启动器时应注意以下几点。

（1）启动器的启动时间，用于13kW以下电动机时为11～15s，每次启动完毕到下一次启动的间歇时间不得小于2min。

（2）QX1系列星—三角启动器可以水平或垂直安装，但不得倒装。

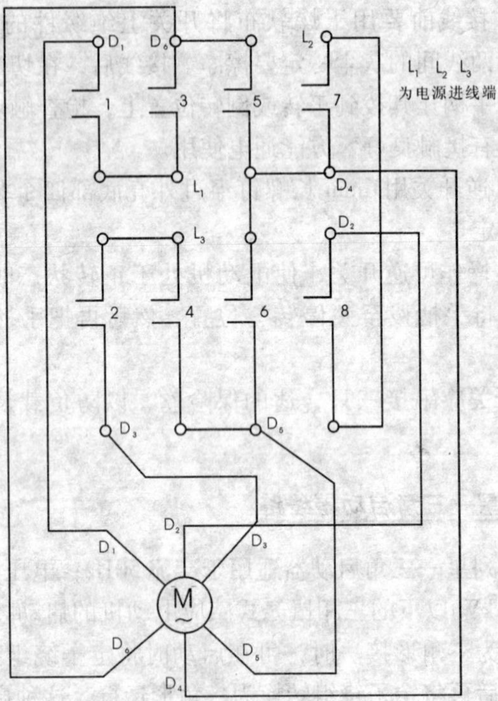

图 221　手动星—三角启动器线路

222 QZ73 系列综合启动器电路

QZ73 系列综合磁力启动器，可供 12.5kW 以下的 Y 系列、JO_2 系列小型电动机的启动、运行和停止，并可起到短路保护、过载保护作用，它的接线方法如图 222 所示。在应用 QZ73 系列综合启动器时要注意以下问题：

（1）启动器应垂直安装于直立的平面上，与垂直面之倾斜度不得超过 5°。

（2）安装启动器时，可用 4 个 M6 螺丝钉并加上垫圈及弹簧垫圈固定于墙面上。

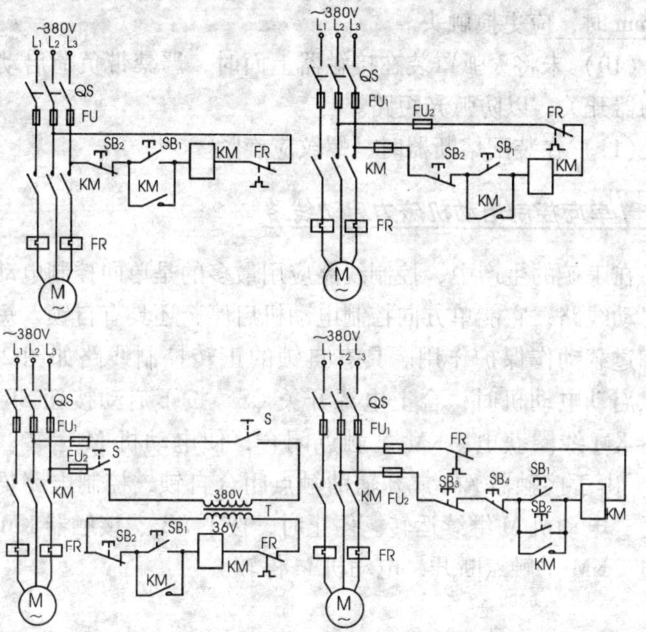

图 222　QZ73 系列综合启动器电路

（3）进线孔与电缆钢管之间应以螺母垫圈密封，防止尘埃侵入。

（4）热继电器出厂时均调整为自动复位，如需手动复位，可将热继电器里面的小触头螺钉左旋退出即可。

（5）启动器内凡采用瓦形垫圈的接线端子均可连接 1 根或 2 根导线，不必弯成圆圈形状，接线时不必取下瓦形垫圈。

（6）接好线时，应旋紧未接线的接线螺钉，防止失落。

（7）综合磁力启动器的金属外壳应接地，接地螺钉位于防护外壳下端，内外均可接地线。

（8）综合磁力启动器使用日久发出噪声，可用压缩空气或小毛刷将衔铁极面的灰尘清除干净。

（9）启动器内交流接触器银触头的弹簧压缩超程小于

0.5mm 时，应更换触头。

（10）未将灭弧罩装在接触器上面时，严禁带负荷启动综合启动器开关，以防弧光短路。

（11）在装配熔断器时，螺纹应旋紧。

223 单向控制电动机磁力启动线路

在工矿的生产中，控制线路应用最多的是单向控制电动机磁力启动线路，它能单方向控制电动机启停，还具有自锁、短路保护和过载动作保护作用。具有自锁的正转控制线路如图 223 所示。启动电动机时，合上电源开关 QS，按下启动按钮 SB_1，接触器 KM 线圈获电，KM 主触点闭合，使电动机 M 运转；松开 SB_1，由于接触器 KM 常开辅助触点闭合自锁，控制电路仍保持接通，电动机 M 继续运转。停止时，按下 SB_2，接触器 KM 线圈断电，KM 主触点断开，电动机 M 停转。

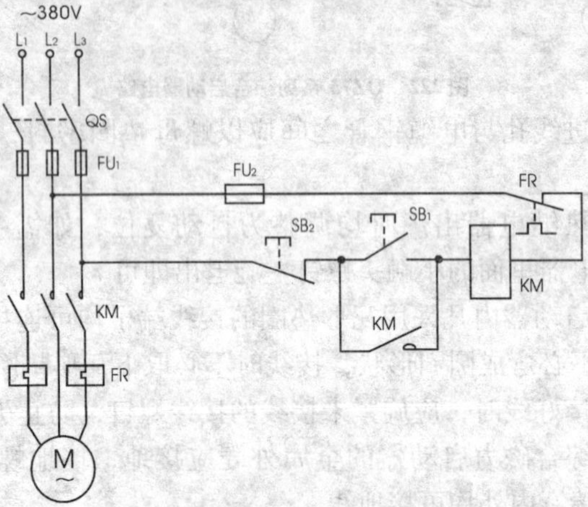

图 223　单向控制电动机磁力启动线路

具有自锁的正转控制线路的另一个重要特点是它具有欠压与失压（或零压）保护作用。当电动机过载时，主回路热继电器

FR 所通过的电流超过额定电流值，使 FR 内部发热，其内部双金属片弯曲，推动 FR 常闭触点断开，接触器 KM 的线圈断电释放，电动机便脱离电源停转，起到了过载保护作用。

224 用按钮点动控制电动机启停电路

在工业生产过程中，常会见到用按钮点动控制电动机启停。它多适用在快速行程以及地面操作行车等场合。控制线路如图 224 所示。当需要电动机工作时，按下按钮 SB，交流接触器 KM 线圈获电吸合，使三相交流电源通过接触器主触点与电动机接通，电动机便启动运行。当放松按钮 SB 时，由于接触器线圈断电，吸力消失，接触器便释放，电动机断电停止运行。

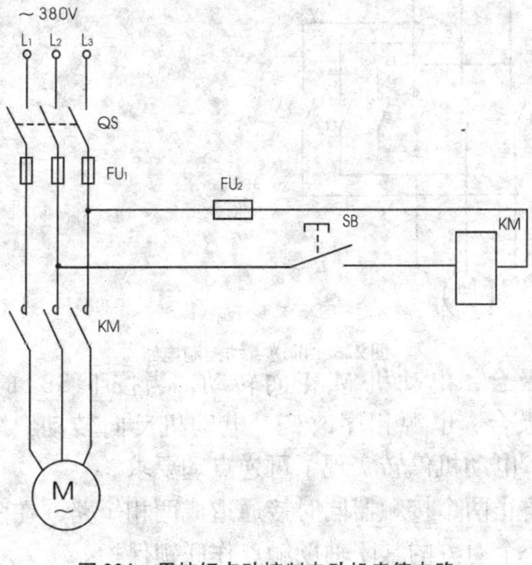

图 224 用按钮点动控制电动机启停电路

225 可逆点动控制电路

可逆点动控制线路如图 225 所示。当按下 SB_1 时，接触器

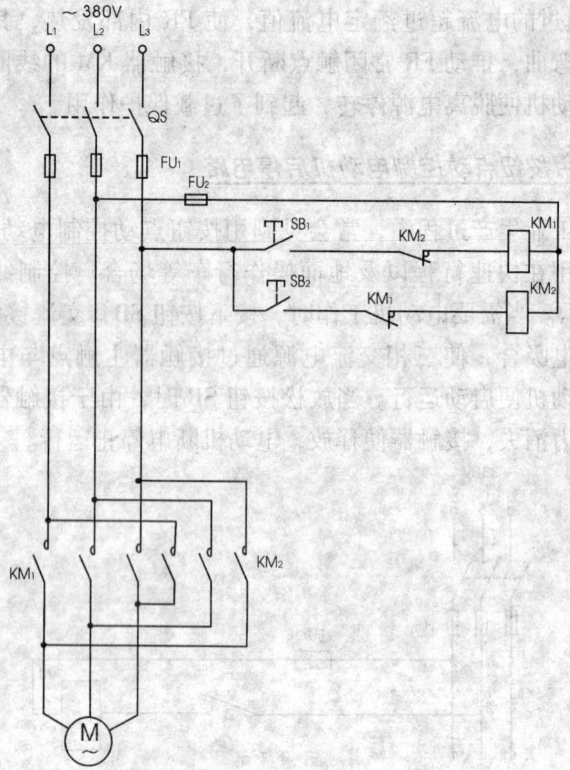

图 225　可逆点动控制电路

KM_1 得电吸合，电动机 M 正向转动，当按下 SB_2 时，接触器 KM_2 得电吸合，电源相序改变，电动机反向转动，当松开 SB_2 或 SB_1 时，电动机停转实现了可逆点动要求。

为了防止两个接触器同时接通造成两相短路，在两个线圈回路中各串一个对方的常闭辅助触点作联锁保护。

226 限位控制线路

限位控制线路如图 226 所示。图中 SQ_1 和 SQ_2 为限位开关，装在预定的位置上。

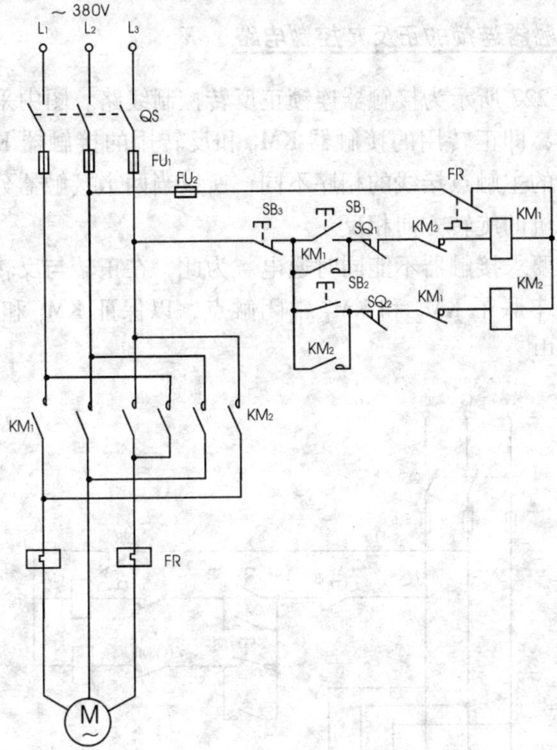

图 226 限位控制线路

当按下 SB_1 时，接触器 KM_1 线圈获电动作，电动机正转启动，运动部件向前运行，当运行到终端位置时，装在运动物体上的挡铁碰撞行程开关 SQ_1，使 SQ_1 的常闭触点断开，接触器 KM_1 线圈断电释放，电动机断电，运动部件停止运行。此时，即使再按 SB_1，接触器 KM_1 的线圈也不会获电，故保证了运动部件不会越过 SQ_1 所在的位置。当按下 SB_2 时，电动机反转，运动部件向后运动至挡铁碰撞行程开关 SQ_2 时，运动部件停止运动。如中间需停车，可按下停止按钮 SB_3。

227 接触器连锁的正反转控制电路

如图 227 所示为接触器连锁正反转控制线路。图中采用了两个接触器，即正转用的接触器 KM_1 和反转用的接触器 KM_2，由于接触器的主触点接线的相序不同，所以当两个接触器分别工作时，电动机的旋转方向相反。

线路要求接触器不能同时通电。为此，在正转与反转控制电路中分别串联了 KM_2 和 KM_1 常闭触点，以保证 KM_1 和 KM_2 不会同时通电。

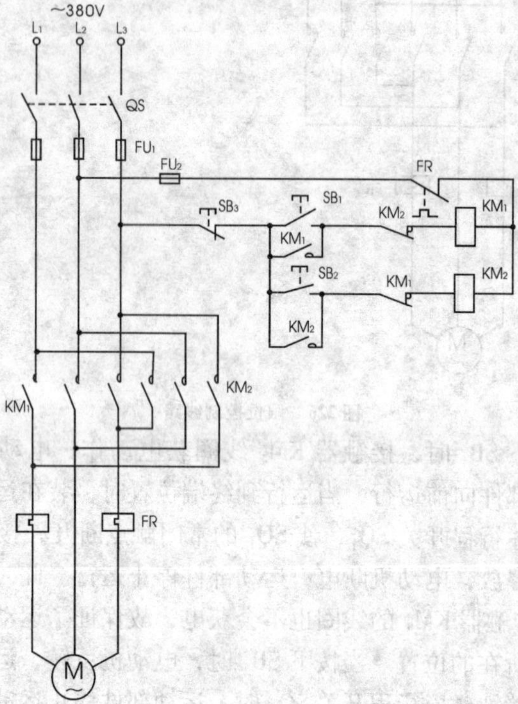

图 227　接触器连锁的正反转控制电路

228 按钮连锁正反转控制电路

如图 228 所示，采用了复合按钮，按钮互锁联结。当电动机做正向运行时，按下反转按钮 SB_2，首先是使接在正转控制线路中的 SB_2 的常闭触点断开，于是，正转接触器 KM_1 的线圈断电释放，触点全部复原，电动机断电但做惯性运行，紧接着 SB_2 的常开触点闭合，使反转接触器 KM_2 的线圈获电动作，电动机立即反转启动。这既保证了正反转接触器 KM_1 和 KM_2 不会同时通电，又可不按停止按钮而直接按反转按钮进行反转启动。同样，

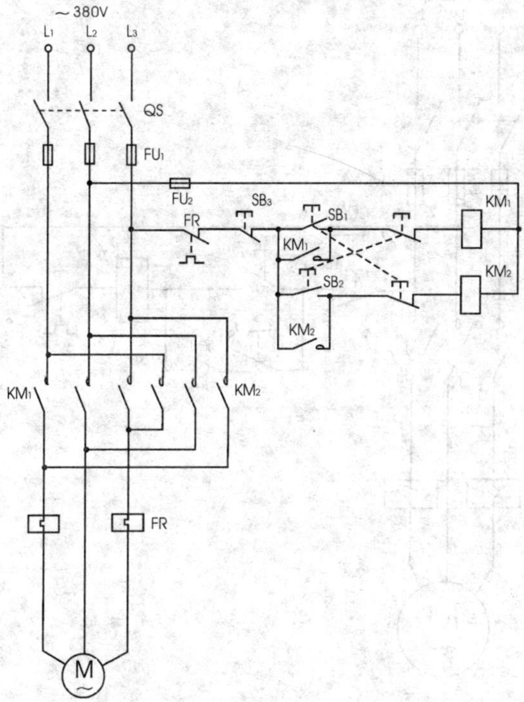

图 228　按钮连锁正反转控制电路

由反转运行转换成正转运行，也只需直接按正转按钮。

这种线路的优点是操作方便，缺点是如正转接触器主触点发生熔焊而分断不开时，直接按反转按钮进行换向，会产生短路事故。

229 利用转换开关改变运行方式电路

在线路中加一只转换开关，就能灵活地改变操作控制方式。图229中当S断开时，由SB_1按钮开关进行点动控制；当S开关闭合时，接通交流接触器的自锁触点KM，可由SB_1按钮进行正

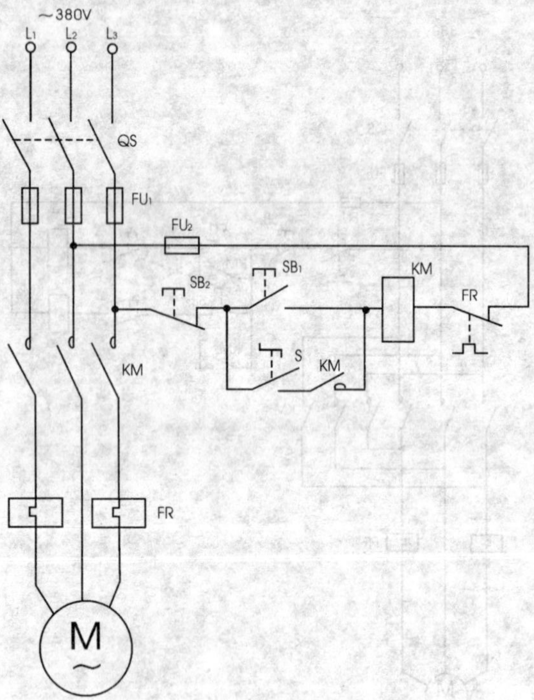

图229 利用转换开关改变运行方式电路

常的启停控制。

230 利用转换开关预选的正反转启停控制电路

大家知道，要使三相异步电动机反转，只需将引向电动机定子的三相电源线中的任意两根导线对调一下即可。图 230 所示线路是利用开关 S 先预选正反转，然后用单个按钮控制启停，主回路未画。

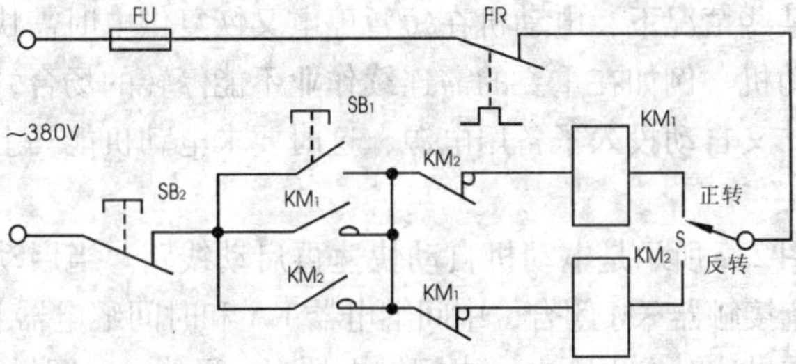

图 230　利用转换开关预选的正反转启停控制电路

231 低速脉动控制电路

电动机低速脉动控制线路一般用于机床变速、对刀等场合，它的接线方法如图 231 所示。当按下控制按钮 SB 时，交流接触器线圈得电吸合，电动机运行。当电动机转速上升到速度继电器

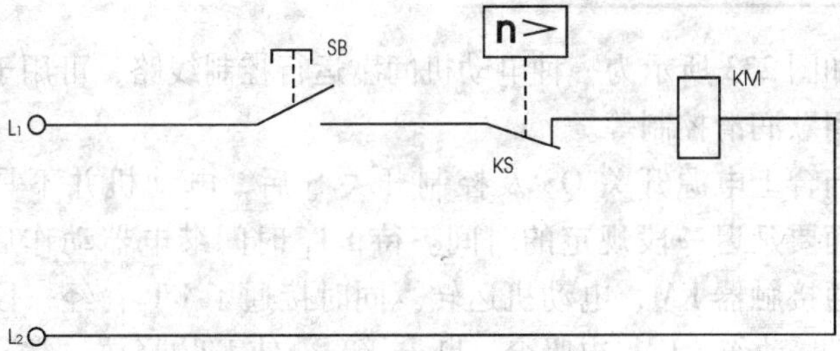

图 231　低速脉动控制电路

动作时，KS 常闭触点断开，接触器KM释放，电动机断电；当电动机速度下降到转速低于 100 转/min 时，速度继电器复位，KS 触点又重新闭合，使 KM 再次接通，电动机再次启动运行，这样重复上述动作，使电动机在低速脉动中转动（电动机主电路未画出）。

232 电动机自动快速再启动电路

在某些情况下，电动机在短暂停电又恢复供电时需快速自动启动电动机。例如在重要的需连续作业不能停转的场合，当线路断电后，又自动投入了备用电源，这时要求电动机能马上自动再启动。

如图 232 所示是电动机自动快速再启动线路。当启动电动机后，交流接触器 KM 闭合，中间继电器 KA 和时间继电器 KT 先后吸合。如果这时发生断电，中间继电器 KA 释放，时间继电器 KT 断电，其延时断开触点将延时断开。如果在触点 KT 未断开期间又恢复供电，由延时断开触点 KT、常闭触点 KA、SB_2 按钮及 FR 线路构成回路，使 KM 再次吸合，电动机立即再启动。

在正常停止时，要使按下停止按钮 SB_2 的时间超过 KT 延时时间，这样电动机就会在按钮 SB_2 松开时不再启动。

233 间歇运行控制电路之一

如图 233 所示为一种电动机间歇运行控制线路，可用于机床自动间歇润滑控制等。

当合上电源开关 QS 及控制开关 S 后，电动机并不马上启动，而要延迟一段规定的时间。待 KT_1 时间继电器动作后，电源接通接触器 KM，电动机运转。同时接通了 KT_2，经一段时间后，KT_2 动作，K 得电吸合，断开 KT_1，使 KT_1 释放，常开点断开，KM 断电，电动机停转。此时 KT_2 也失电动作，断开 K 的线

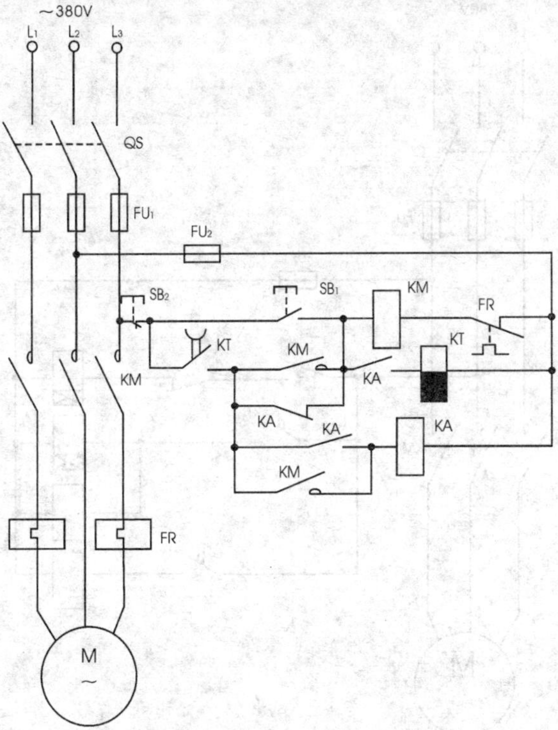

图 232　电动机自动快速再启动电路

圈回路，K 断电从而又接通了 KT_1 时间继电器电源，电动机运行一定时间后，自动停转至规定的时间，然后再启动。这样就周而复始地间歇运行下去。

234 间歇运行控制电路之二

在某些工作场合，电动机需要间歇运行，即在运行一段时间后，自动停止，然后再自动启动运行，这样反复进行。如图 234 所示就是一种电动机间歇运行控制线路。当合上开关 S 时，交流接触器 KM 和时间继电器 KT_1 得电吸合，电机启动运行。当运行

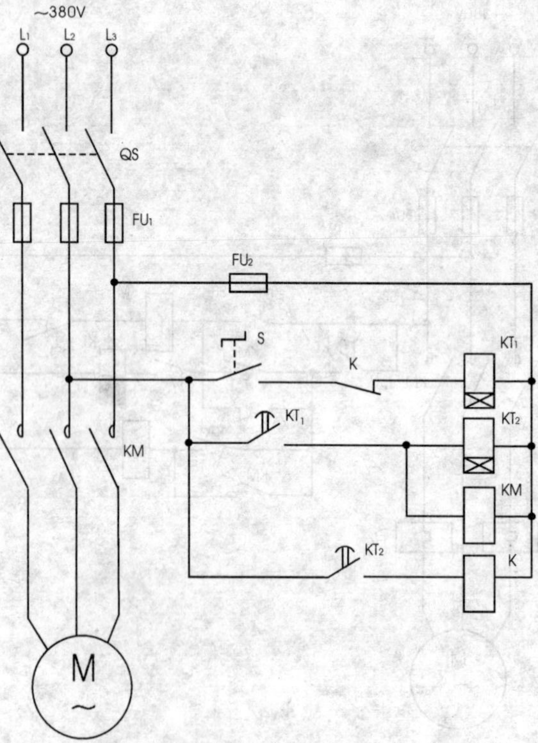

图 233　间歇运行控制电路之一

一段时间后，KT_1 延时闭合触点闭合，接通继电器 K 和时间继电器 KT_2 电路，K 常闭触点断开，电动机停止工作。当经过一段时间后 KT_2 延时断开触点断开，使 K 断电释放，K 的常闭触点闭合，再次接通 KM 线圈电路，电动机重新运行。重复上述动作，可以实现电动机的间歇运行。

235 防止相间短路的正反转控制线路之一

如图 235 所示，它多加了一个接触器 KM，当正反转换时，正转接触器 KM_1 断电后，接触器 KM 也随着断开，KM_1 和 KM

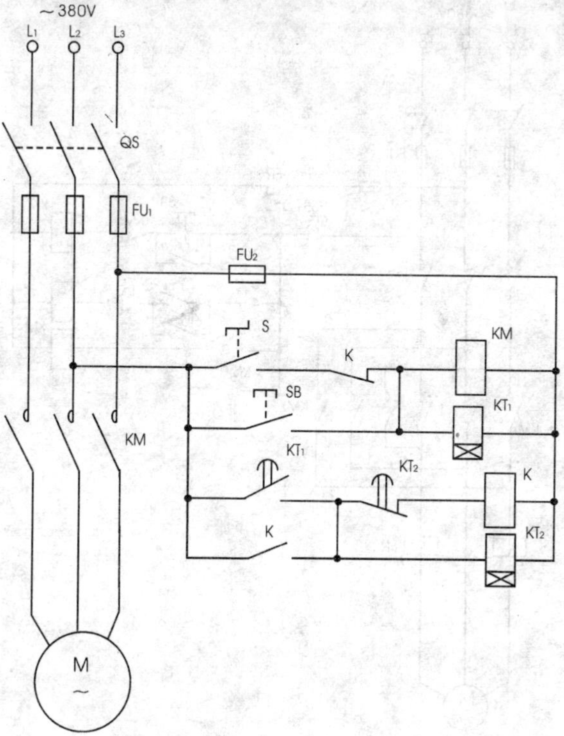

图 234　间歇运行控制电路之二

两个接触器组成四断点灭弧电路，可有效地熄灭电弧，防止相间短路。

236 防止相间短路的正反转控制线路之二

在电动机正反转换接时，常因电动机容量较大或操作不当等原因，触点产生较严重的起弧现象。如果尚未完全灭弧时，反转的交流接触器闭合，就会引起相间短路。如果在正反转启动线路中，加一个小型继电器 K，就可防止相间短路。如图 236 所示，它是将电弧联锁继电器 K 的常闭触点接入正反转接触器吸引线

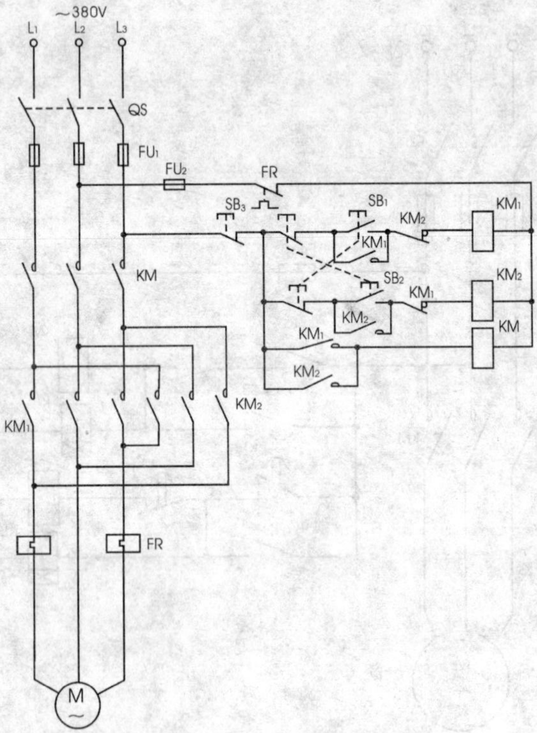

图 235　防止相间短路的正反转控制线路之一

圈供电电路内，如果电弧未熄灭，K 就吸合，常闭触点断开切断转换电路。从而保证只在电弧熄灭后，才能接通转换电路。

237 用电流继电器控制机械扳手电路

在自动控制中，有时需要根据线路中工作电流的大小来接通或分断某些线路。例如：龙门刨床的横梁由于工作需要，可在立柱上做上下移动，但在切削加工时则必须夹紧在立柱上。横梁的夹紧可由电动机拖动夹紧机构来实现。当夹紧力达到所要求的数值时，电动机的电流相应地增大到某一值，此时电动机必须停下

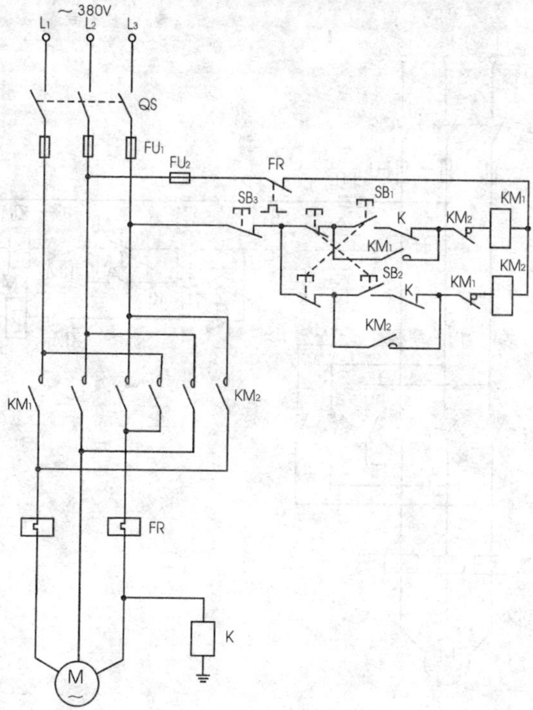

图 236　防止相间短路的正反转控制线路之二

来，否则电流和夹紧力过大，会使电动机及机件损坏。下面是一个用电流继电器控制机械扳手的线路。

工作原理如图 237 所示，按下按钮 SB_1，线圈 KM_1 通电，电动机正转，这时通过丝杆连动铁板向前推动，使放在工作台上的工作件慢慢被夹紧，当夹紧杆上紧后，电动机发生堵转，这时，电动机电流增大，电流继电器 KI 动作，它的常闭触点断开，使线圈 KM_1 断电，电动机停转，然后即可对工作件操作。当加工完毕需松开工件时，按下松开按钮 SB_2，线圈 KM_2 通电，电动机反转，松开工作件。

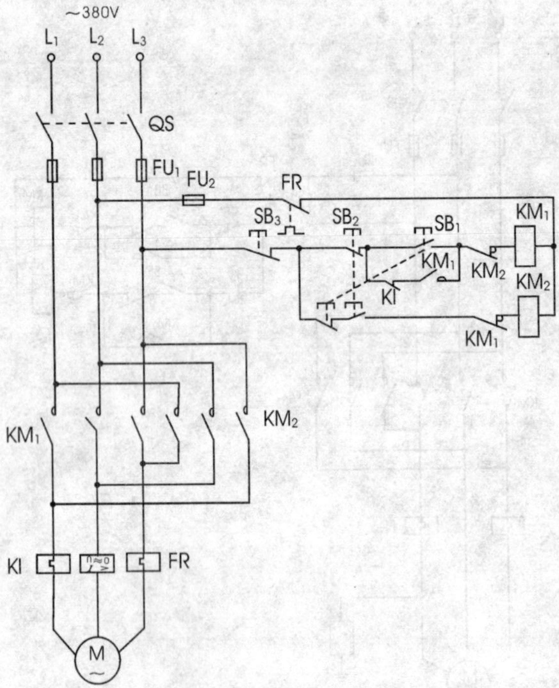

图 237　用电流继电器控制机械扳手电路

238 多台电动机同时启动控制电路

如图 238 所示为多台电动机同时启动控制线路。当按下启动按钮 SB_1 时，接触器 KM_1、KM_2 和 KM_3 同时吸合并自锁，因此三台电动机可同时启动。按下停止按钮 SB_2，KM_1、KM_2 和 KM_3 都断电释放，三台电动机同时停转（主回路未画）。图中 S_1、S_2 和 S_3 是双刀双掷钮子开关，作为选择控制元件。如拨动 S_1，使其常开触点闭合，常闭触点断开，这时按下按钮 SB_1，只能接通 KM_2、KM_3。这样，经 S_1、S_2、S_3 开关的选择，可以按要求来控制一台或多台电动机的启停。

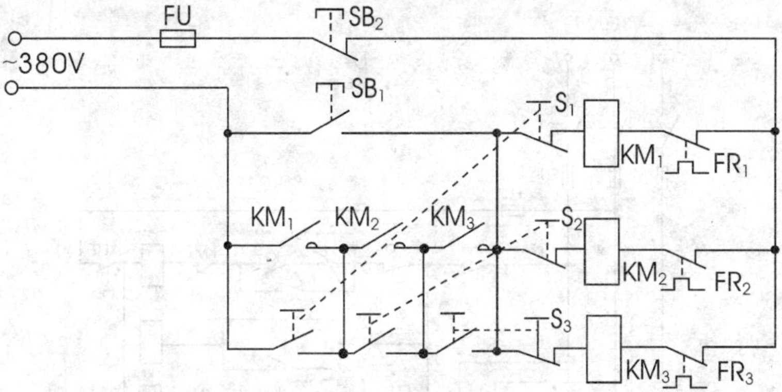

图 238　多台电动机同时启动控制电路

239 用电弧连锁继电器延长转换时间的正反转控制电路

如图 239 所示，按下正转按钮 SB_1 时，正转接触器 KM_1 获电动作，电动机正向转动，KM_1 常开辅助触点闭合，使电弧连锁继电器 K 获电动作，串联在 KM_1、KM_2 电路的 K 常闭触点断开，同时 K 常开触点闭合自锁；按下反转按钮 SB_2 时，首先断开 KM_1 控制电路，KM_1 失电释放。当主触点电弧完全熄灭后，电弧连锁继电器 K 释放，这时 K 常闭触点闭合，KM_2 获电动作，电动机反向转动。

这种电路能完全防止正反转换过程中的电弧短路，适用于转换时间小于灭弧时间的场合。电弧连锁继电器的线圈额定电压应与控制电压相同。

240 由三个接触器组成的正反转控制电路

如图 240 所示，按下正转按钮 SB_1 时，正转接触器 KM_1 吸合，KM_1 常开辅助触点闭合自锁，这时因为 SB_1 常闭触点是断开的，所以接触器 KM 不动作。放松 SB_1 后，接触器 KM 获电动作，电动机正向反转；反转时，按下反转按钮 SB_2，首先断开正转接触器 KM_1，

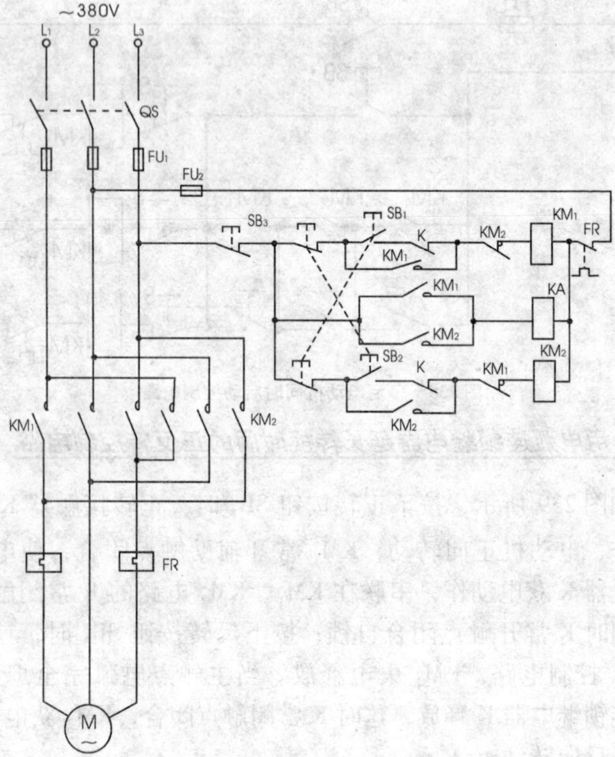

图 239　用电弧连锁继电器延长转换时间的正反转控制电路

接触器 KM 随之断开，这时两个接触器组成四断点灭弧电路实现灭弧，随后接通反转接触器 KM_2 电路，KM_2 常开辅助触点闭合自锁。松开 SB_2 后，接触器 KM 获电动作，电动机反向转动。

这种控制电路由于采用了四断点电路，能有效地熄灭电弧，防止电弧短路。

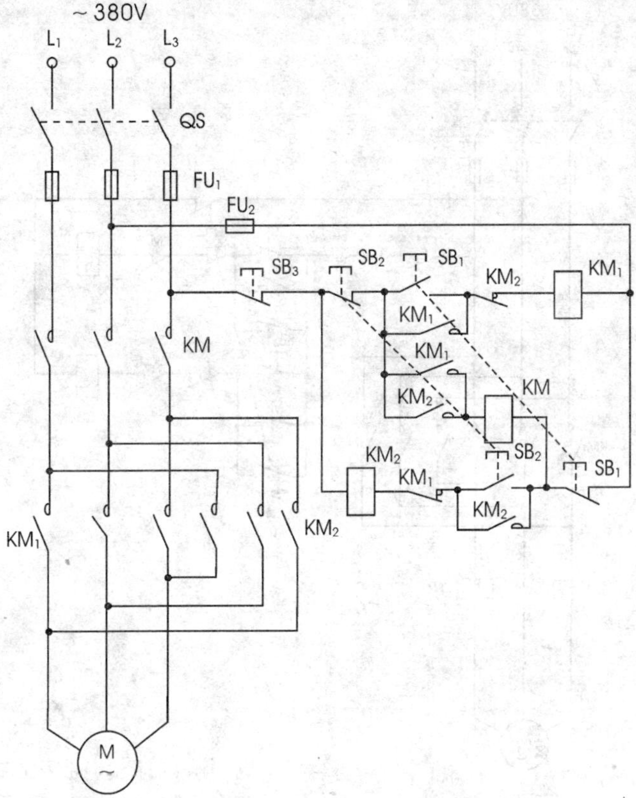

图 240　由三个接触器组成的正反转控制电路

241 自动循环控制电路

在有些生产机械中，要求工作台在一定距离内能自动循环移动，以便对工件连续加工。

如图 241 所示是工作台自动循环控制电路。按下 SB_1，接触器 KM_1 线圈获电动作，电动机启动正转，通过机械传动装置拖动工作台向左运动；当工作台上的挡铁碰撞行程开关 SQ_1 时，其常闭触点断开，接触器 KM_1 线圈断电释放，电动机断电；与此

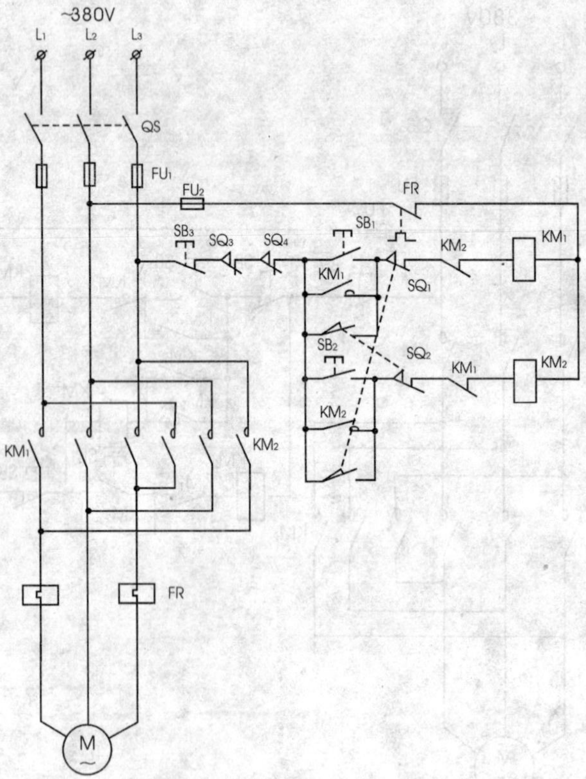

图 241　自动循环控制电路

同时 SQ_1 的常开触点闭合，接触器 KM_2 线圈获电动作并自锁，电动机反转，拖动工作台向右运动；这时行程开关复原。当工作台向右运动行至一定位置时，挡铁碰撞行程开关 SQ_2，使常闭触点断开，接触器 KM_2 线圈断电释放，电动机断电，同时 SQ_2 闭合，接通 KM_1 线圈电路，电动机又开始正转。这样往复循环直到工作完毕。按下停止按钮 SB_3，电动机停转，工作台停止运动。

另外，还有两个行程开关 SQ_3、SQ_4 安装在工作台循环运动的方向上，它们处于工作台正常的循环行程之外，起终端保护作用，以防 SQ_1、SQ_2 失效，造成事故。

242 可逆点动与启动混合控制电路

可逆点动与启动混合控制电路如图 242 所示，它具有可逆点动与可逆运转功能，并设有触点、按钮双重联锁机构，使用时操作方便，工作原理如图 242 所示。当按下点动按钮 SB_2 时，KM_1 线圈得电，电动机正转，同时按钮又断开了 KM_1 的自锁点，当松开 SB_2 按钮时，接触器 KM_1 失电断开，电动机停转。如需长期使电动机运行，可按下 SB_1 按钮。此时接触器 KM_1 得电吸合，

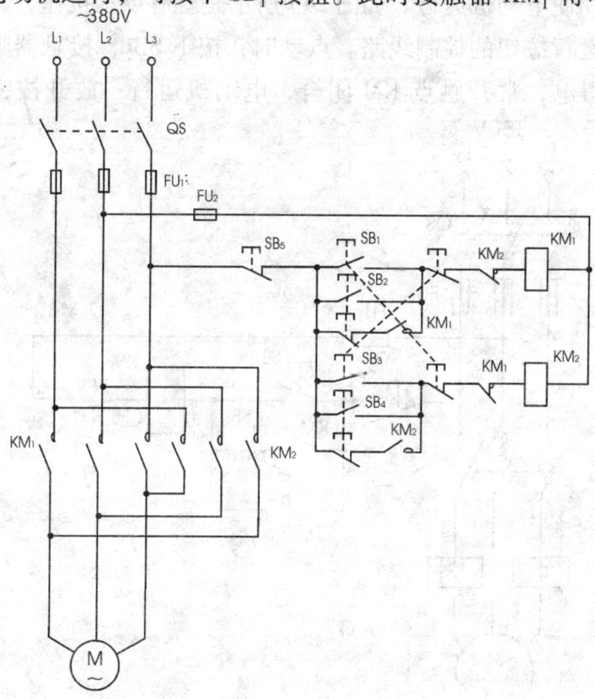

图 242　可逆点动与启动混合控制电路

KM_1 自锁点自锁，松开 SB_1 按钮后电动机继续运转。在按下按钮 SB_1 时，按钮 SB_1 的另一组常闭触点断开，这时即使按下 SB_3 反转按钮，KM_2 也不会得电吸合，从而组成按钮联锁机构。另外，KM_1 的一组常闭触点串联于 KM_2 线圈回路中，接触器 KM_2 的一组常闭触点又串联于 KM_1 的线圈回路中，从而组成接触器联锁机构。

243 既能点动又能长期工作的控制电路

在实际生产工作中，有时需要人来点动操作电动机，有时也需要长期使电动机运行。如图 243 所示是既有点动按钮，又有正常长期运行按钮的控制线路。点动时，按下 SB_2，接触器吸引线圈 KM 得电，常开触点 KM 闭合，电动机运行；放开按钮开关

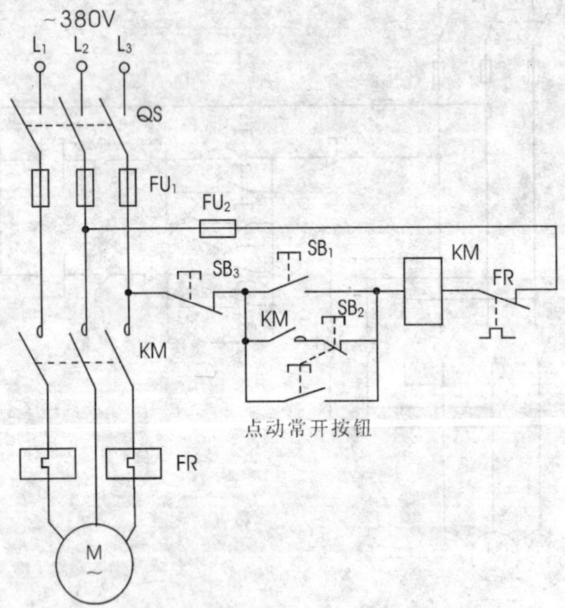

图 243　既能点动又能长期工作的控制电路

时，由于在点动接通接触器的同时，又断开了接触器的自锁常开触点 KM，所以在 SB_2 按钮松开后电动机停转。那么当按长期工作按钮开关 SB_1 时，KM 得电吸合，而 KM 自锁点便自锁，故可以长期吸合运行。应用这种线路有时会因接触器出现故障使其释放时间大于点动按钮的恢复时间，造成点动控制失效。SB_3 是电动机停止按钮，线路中 FR 为热继电器。

244 安全电压控制电动机启停电路

在乡镇企业的潮湿场所采用安全电压控制电动机启停线路应用十分广泛，主要用于操作环境条件极差，潮湿、易发生漏电的工作场所，保证人体在接触按钮时，即使按钮漏电也不会造成触电危险。它采用一台行灯变压器为控制电路供电，交流接触器线

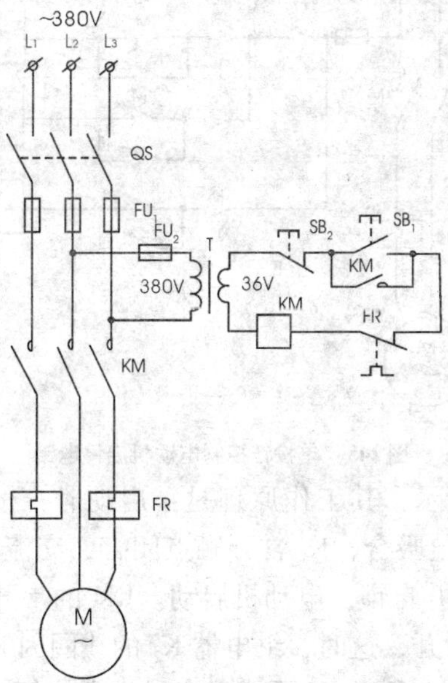

图 244　安全电压控制电动机启停电路

圈的吸合电压也为36V。其工作原理也与常规的电动机启停线路完全一样，如图244所示。

245 单按钮控制电动机启停电路

常规电动机启动与停止需用两个按钮，在多点控制时，则须按钮引线较多。利用一个按钮多点远程控制电动机的启停，则可简化控制线路。

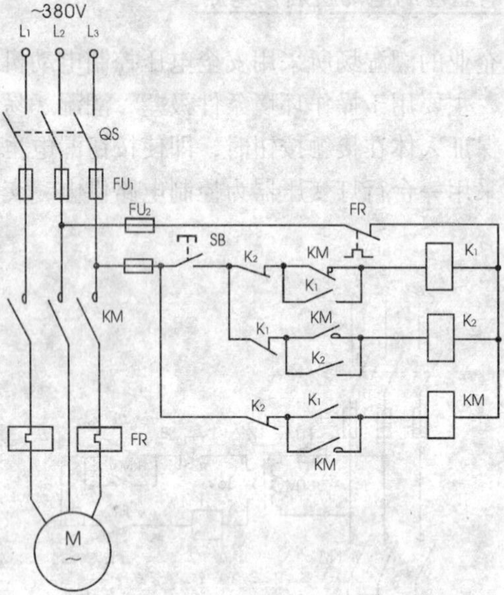

图245　单按钮控制电动机启停电路

如图245所示，其工作原理是：启动时，按下按钮SB，继电器K_1线圈得电吸合，K_1常开触点闭合，交流接触器KM线圈通电，KM吸合并自锁，电动机启动。KM的常开辅助触头闭合，常闭辅助触头断开，这时，继电器K_2的线圈因K_1的常闭触点已断开而不能通电，所以K_2不能吸合。松开按钮SB，因KM已自锁，所以交流接触器KM仍吸合，电动机继续运转。但这时因

SB 放松而断电释放，其常闭触点复位，为接通 K_2 做好准备。

第二次按下按钮 SB，这时继电器 K_1 线圈通路被 KM 常闭触头切断，所以 K_1 不会吸合，而 K_2 线圈通电吸合。K_2 吸合后，其常闭触点断开，切断 KM 线圈电源，KM 断电释放，电动机停转。

246 电动机多点控制电路

由于生产实际需要，要求在两个或两个以上地点都能对电动机进行控制，常称多点控制。那么只要按图 246 所示方法连接，即可在两个或多个地方操作。常开按钮并联连接在线路中。图中 SB_4、SB_1 为第一地点控制按钮，SB_5、SB_2 为第二地点控制按钮，SB_6、SB_3 为第三地点控制按钮。图 246 所示可实现在三个地点控制电动机。

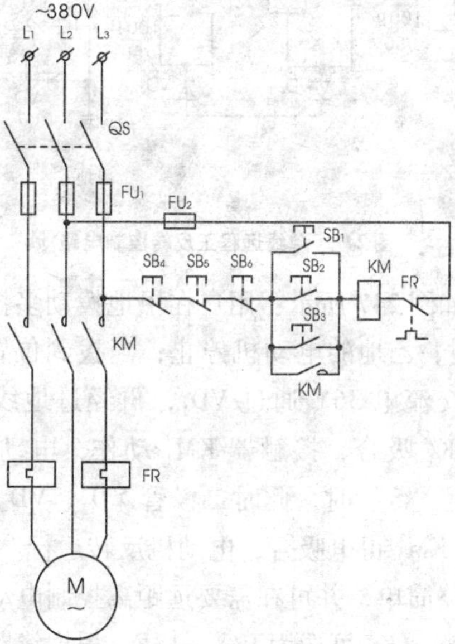

图 246　电动机多点控制电路

247 单线远程正反转控制电路

在某些情况下，需要在离电动机较远的场所控制电动机的启停或正反转运行。按图 247 架设一根导线，就可完成电机启停和正反转的控制过程。

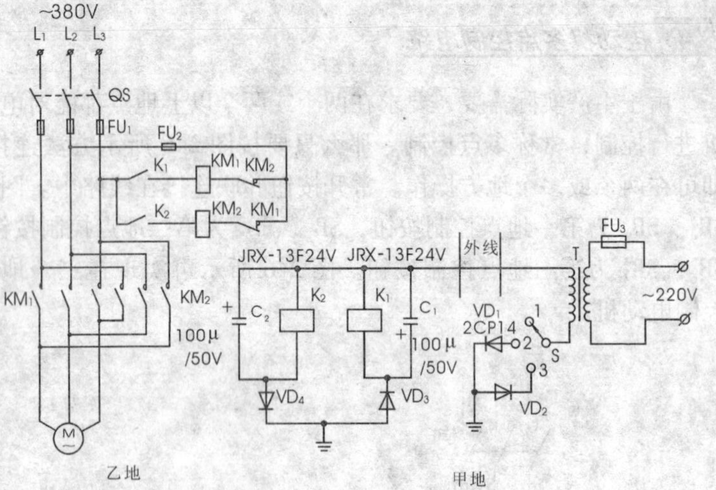

图 247　单线远程正反转控制电路

工作原理如图 247 所示：用户在甲地拨动多挡开关 S，当拨到位置“1”时，乙地的电动机停止；当拨到位置“2”时，乙地的电动机因交流电 36V 通过 VD_1，再经过地线、大地使 VD_3 导通，继电器 K_1 吸合，接触器 KM_1 动作，电动机开始正转运行；当拨到位置“3”时，此时二极管 VD_2、VD_4 导通，继电器 K_2 吸合，这时 KM_2 得电吸合，电动机反转运行。

此电路线路简单，并可在需要远距离控制电动机时节约大量导线。继电器 K_1、K_2 可选用 JRX—13F，根据线路长短，降压多少，可选用继电器线圈电压 12V 或 24V。

248 单线远程启停控制电路

一般用两个按钮控制一台电动机的启动和停止，需要三根导线来连接按钮。如果用一根导线能够实现远地控制电动机的启动和停止，可节约大量导线。

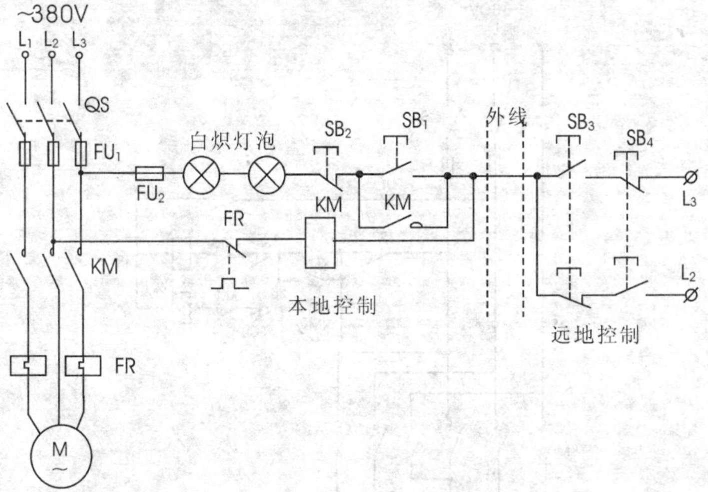

图 248　单线远程启停控制电路

如图 248 所示，是一种单线远程控制电动机启停线路。本地控制按钮按一般常规控制线路连接，只是在本地停止按钮前串联两只灯泡。当启动电动机时，按下远程控制按钮 SB_3，远地的 L_3 相电源给交流接触器 KM 线圈供电，KM 吸合，电动机启动运转，放松按钮 SB_3，本地 L_3 相电源通过两只灯泡继续给交流接触器 KM 供电。远地停车时，按下按钮 SB_4，KM 线圈两端都为 L_2 电源，同相时，KM 释放，电动机停止运行。

在正常运行时 KM 线圈与两只为 220V 的电灯泡串联，灯泡功率可根据接触器的规格型号来确定。经过实验，CDC10—40 型的交流接触器，可用功率分别为 60W 的两只灯泡串联，即能使 40A 的交流接触器可靠吸合。如果是大于 40A 的交流接触器应适当增大电灯泡功率。在正常工作时两只灯泡不亮，在远地按下 SB_4 停车按钮时，灯泡会瞬间亮一下，这也可作为停车指示灯。

此线路应接在同一个三相四线制电力系统中。安装时要注意电源相序。

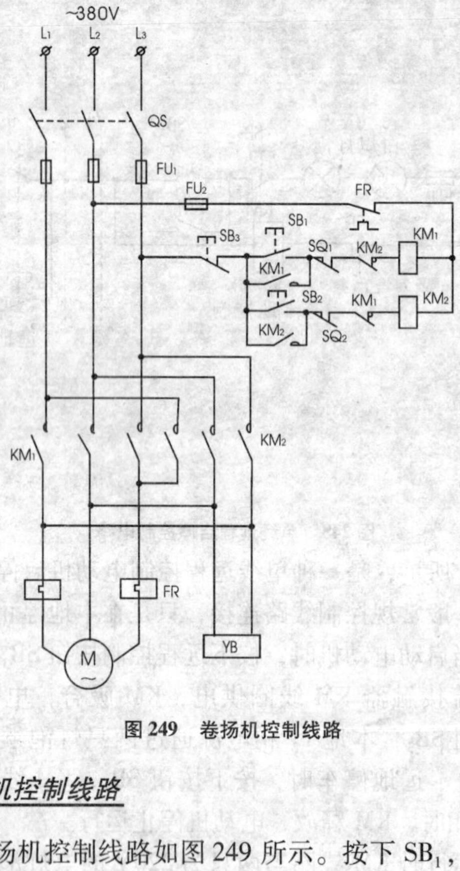

图 249　卷扬机控制线路

249 卷扬机控制线路

一种卷扬机控制线路如图 249 所示。按下 SB_1，接触器 KM_1 线圈得电动作，电动机正转，卷扬机向上运行；当运行到终端位置时，装在运动物体上的挡铁碰撞行程开关 SQ_1，使 SQ_1 的常闭触点断开，接触器 KM_1 线圈断电释放，电动机断电，运动部件停止运行。此时，即使再按 SB_1，接触器 KM_1 的线圈也不会获电，故保证了卷扬机不会越过 SQ_1 所在的位置。当按下 SB_2 时，电动机反转，卷扬机向下运动至挡铁碰撞行程开关 SQ_2 时，卷扬机停止工作。中间需停车，可按下停止按钮 SB_3。

250 两台电动机连锁控制线路之一

控制原理如图 250 所示。按下电动机 1M 的启动按钮 SB_1，使接触器 KM_1 线圈通电，这时 KM_1 主触点闭合，1M 启动。同时接触器 KM_1 的常开连锁触点也都闭合。串接在电动机 2M 控制线路中的 KM_1 接触器常开连锁触点闭合后，为电动机 2M 做好了启动准备。如误动作先按下 SB_3，因接触器 KM_1 常开连锁点开路，接触器 KM_2 不通电，电动机 2M 不能启动。

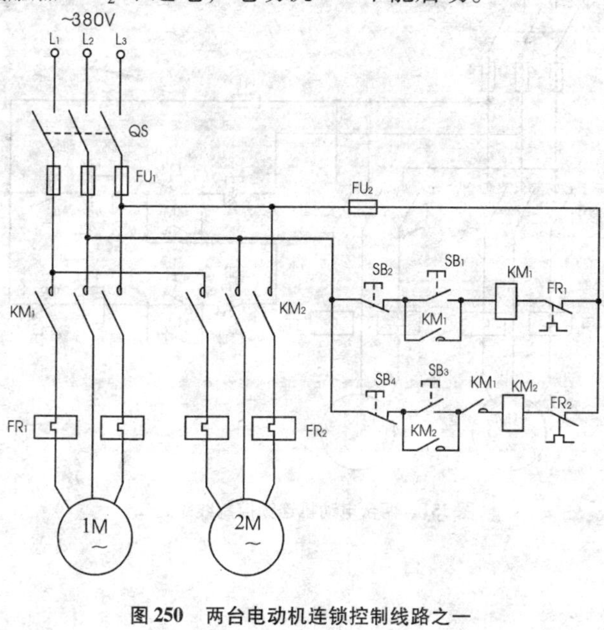

图 250　两台电动机连锁控制线路之一

251 两台电动机连锁控制线路之二

在装有多台电动机的生产机械上，因各电动机所起的作用不同，有时必须按一定的顺序启动，方能保证工作安全。例如，在车床的主轴工作之前，必须先启动油泵电动机，使润滑系统有足够的润滑油以后，方能启动主轴电动机。

图 251 中 1M 为油泵电动机，2M 为主轴电动机。当按下启动按钮 SB_1 时，线圈 KM_1 通电，主触点及自锁触点 KM_1 闭合，电动机 1M 启动。当 1M 启动后，2M 才有可能启动。

如果在 1M 启动以前，误按下按钮 SB_3，2M 也不能启动。

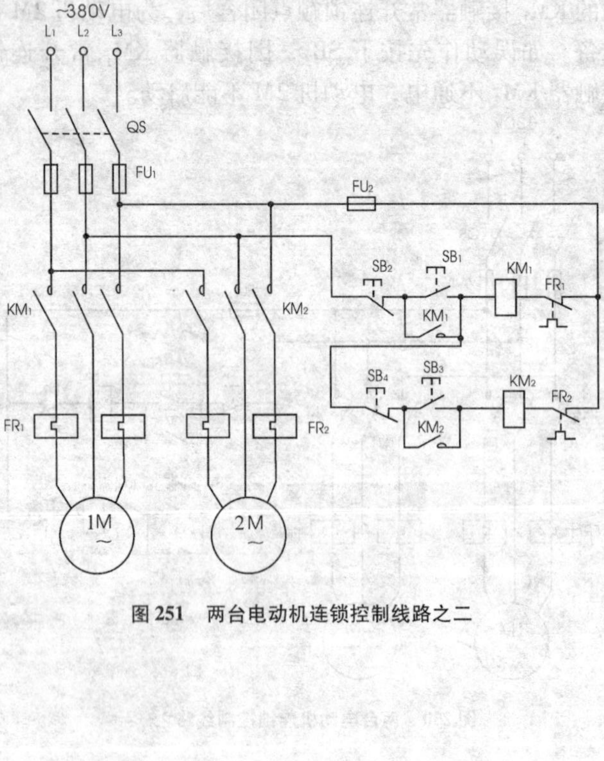

图 251　两台电动机连锁控制线路之二

252 双速电动机用三个接触器的变速控制电路

见图252所示，按下低速按钮SB_1，低速接触器KM_1获电动作，其常开辅助触点闭合自锁，电动机定子绕组接成三角形低速运转。变速时，按下高速按钮SB_2，SB_2常闭触点断开使KM_1失电释放，同时SB_2常开触点闭合，高速接触器KM_2获电动作，其常开辅助触点闭合后，KM_2才获电动作，以避免KM_2闭合时电流很大，使KM_2触点烧坏。

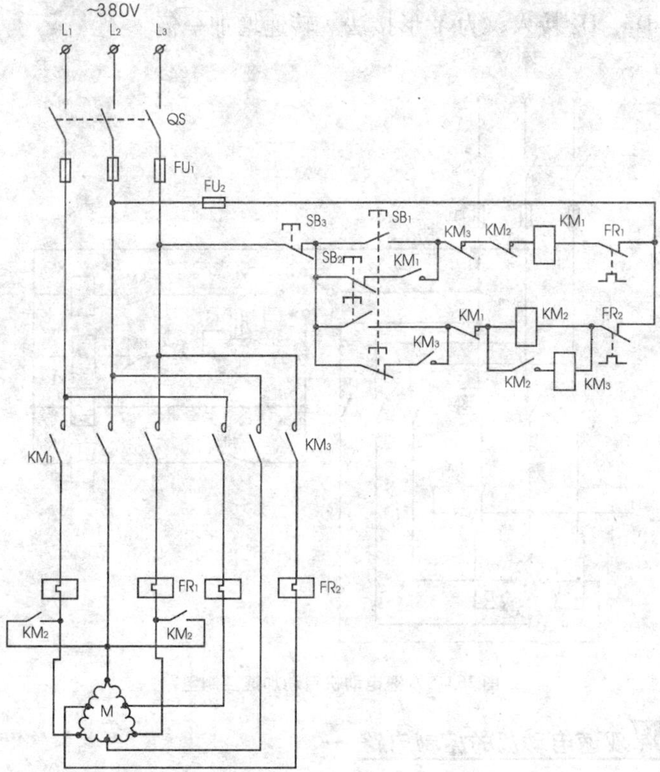

图252 双速电动机用三个接触器的变速控制电路

253 双速电动机自动加速控制电路

双速电动机自动加速控制线路工作原理如图 253 所示。当速度选择开关 S 放在中间位置时，电动机不加电处于停止状态；当将 S 旋到“Ⅰ”位置时，接触器 KM 动作，电动机按△接法与电源连接，三相电源由 D_1、D_2、D_3 三个接点接入。当开关旋到“Ⅱ”位置时，电动机则先低速转动，经过时间继电器 KT 延时后自动切换到高速。这时接触器 KM_1、KM_2 动作，三相电源从 D_4、D_5、D_6 接入，为 Y 形接法。转速增加一倍。

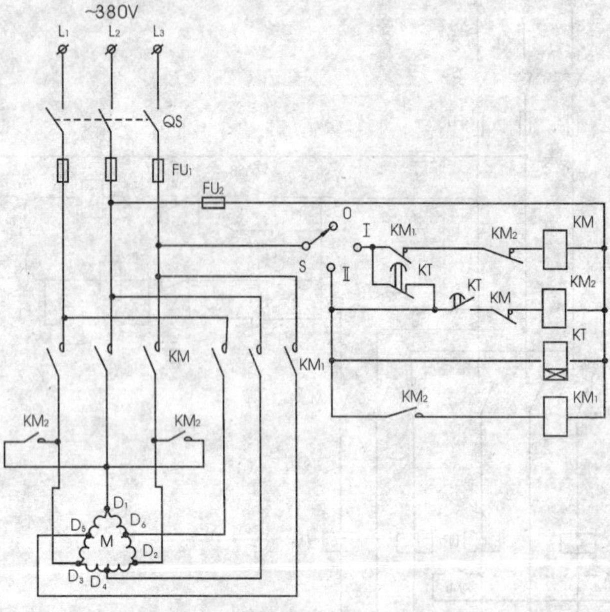

图 253 双速电动机自动加速控制电路

254 双速电动机的控制电路

某些生产机械常采用双速电动机来工作，以扩大调速范围，例如车床等。

如图 254 所示是双速电动机定子绕组的接线方法和双速电动机的控制线路。

工作原理如下：按下低速启动按钮 SB_1，低速接触器线圈 KM_1 通电，电动机低速运转。此时电动机的绕组作△连接，见图 254（b）。如需换为高速运转，可按下高速启动按钮 SB_2，于是线圈 KM_1 断电，高速接触器线圈 KM_2 和 KM_3 接通，电动机高速运转。此时电动机绕组作 Y 并联，见图 254（c）。

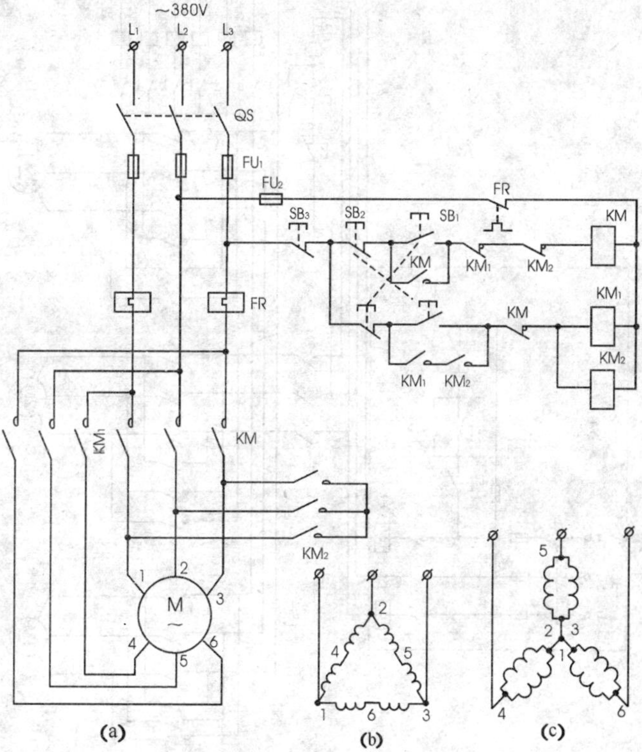

图 254　双速电动机的控制电路

255 用八挡按钮操作的行车控制电路

在一些工厂里，行车是起吊重物的重要工具之一。图 255 画出了一般行车用八挡按钮操作控制线路。其中总开、总停为一般

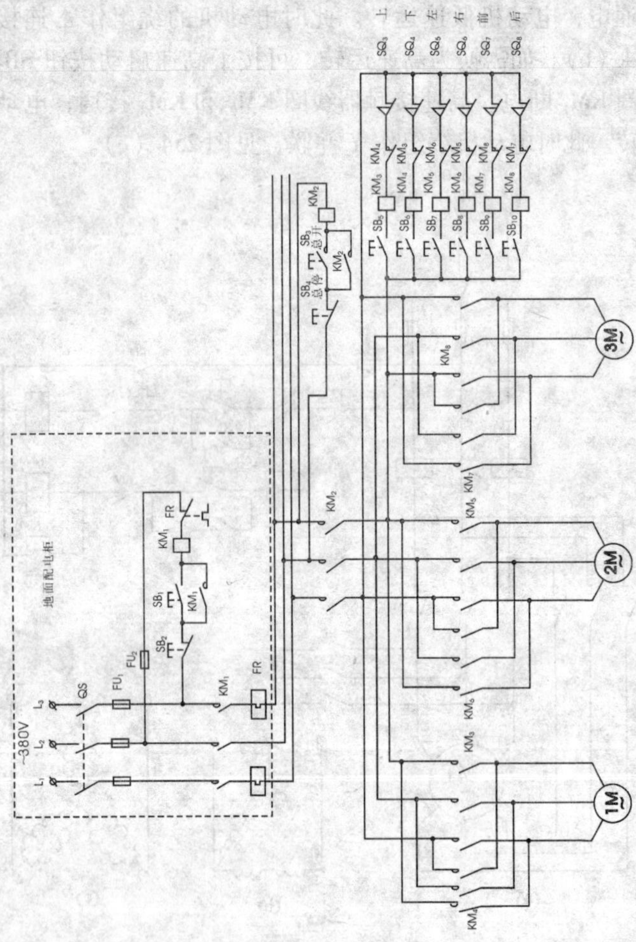

图 255　用八挡按钮操作的行车控制电路

交流接触器连接方法，图中上、下、左、右、前、后控制线路为点动，对应的交流接触器为 KM_3、KM_4、KM_5、KM_6、KM_7、KM_8，并且线路中附加有限位开关以及换相互锁线路。

256 电瓶铲车电气控制电路

电瓶铲车是车站、码头、仓库及一般工厂中常用的一种堆垛和搬运工具。

图 256 为一吨电瓶铲车电气控制电路。GB 为蓄电池串联组成的 30V 直流电源。电动机 M_1 为行驶电动机，是双速串励电动机，通过一套齿轮传动机构，驱动铲车前进或后退行驶。电动机 M_2 也是串励电动机，用于拖动高压油泵，将高压油液输送到液压系统，以操纵货叉的升降。

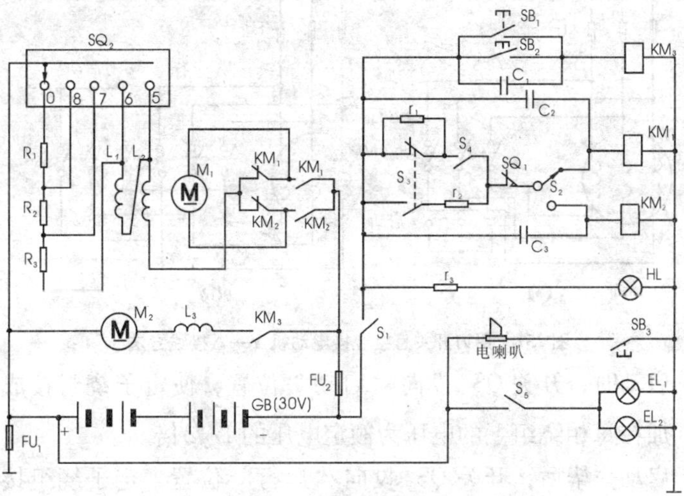

图 256　电瓶铲车电气控制电路

S_1 为电锁开关，S_2 为方向开关，SQ_1 为脚踏开关，SQ_2 为速度控制器踏板。

铲车启动和调速时将电锁开关 S_1 闭合，此时电源指示灯 HL

亮，表示电源已接入电路，做好供电准备。

将方向开关 S_2 的手柄扳到需要的方向，即铲车前进或后退的位置。松开手刹车的手柄，并放开脚刹车，使脚踏开关 SQ_1 复位而闭合，然后轻踏速度控制器踏板 SQ_2，使其动触点与静触点"0"相接触，使控制开关 S_3 闭合。

257 用刀开关直接变换电动机 Y—△接线方法

如图 257（a）所示是直接用三刀双掷开关控制的电动机星形启动、三角形运行的接线方式。

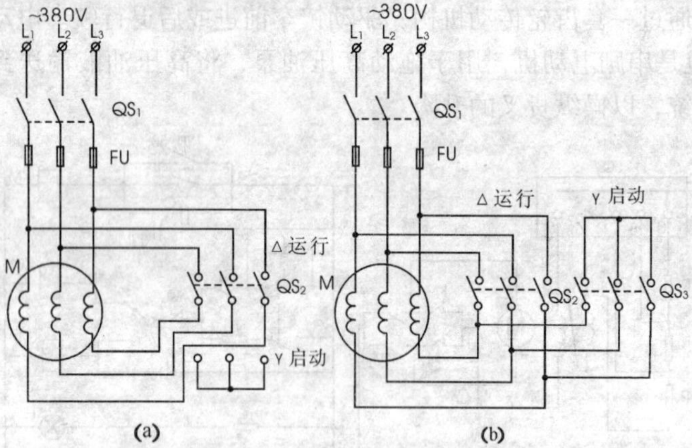

图 257　用刀开关直接变换电动机 Y—△接线方法

启动时，开关 QS_2 投向"启动"位置，使定子绕组接成星形，加在每相绕组上的电压为额定电压的 $1/\sqrt{3}$ 倍。

启动完毕后，开关 QS_2 投向"运行"位置，定子绕组接成三角形，每相绕组承受额定电压，电动机正常运行。

图 257（b）是利用两个刀闸开关完成星形启动三角形运行的。当启动时合上启动刀闸 QS_3，待启动完毕后拉下启动刀闸 QS_3，然后再合上运行刀闸 QS_2。

258 一种JZT电磁调速控制器电路

电磁调速电动机采用滑差离合器和一般异步电动机结合，在规定的调速范围内，能实现均匀连续无级调速。这里介绍一种JZT型电磁调速控制器。工作原理如下：

调速是通过离合器来实现的。在励磁线圈未通电流时，电枢虽然在转动，但输出轴不可能跟随电枢转动。当励磁线圈通过电流时，由于电磁作用电枢被磁极所吸引，磁极转子跟随电枢而旋转。改变励磁线圈电流，便可改变磁极转子跟随电枢转速的差距。此电磁调速控制线路，就是利用可控硅输出电流的大小改变励磁线圈电流来实现调速的。

电磁调速控制线路由可控硅主回路、给定线路、触发线路、测速负反馈线路组成。

主回路采用可控硅半波整流电路。由于励磁线圈是一个电感性负载，为了使电流连续通过励磁线圈，在励磁线圈前并联了续流二极管。FU熔断器用来对整个线路进行短路保护；用压敏电阻 R_V 进行交流电压侧浪涌电压保护；用阻容吸收回路 C_1、R_1 进行元件侧过电压保护；给定电路是由27V交流电压经二极管整流、滤波、稳压加到定电位器 R_{P2} 两端。测速负反馈电路是由测速发电机三极电压经二极管整流、滤波加到反馈电位器 R_{P1} 两端，此直流电压随调速电机的转速变化而成线性变化，作为速度反馈信号。它的极性与给定信号电压相反，它增大则使两信号比较后的输出信号电压减小。触发电路是由单结晶体管BT—33F组成。当 C_2 充电电压达到一定值时，单结晶体管e—G_1 间的电阻突然变小，C_2 就通过e—b_1 放电，形成脉冲电流。C_2 放电后，e—b_1 间又成高阻态，这时脉冲变压器 T_2 原边有脉冲电流流过，副边则得到相应系列脉冲电压，使可控硅触发导通。但由于给定电压和测速负反馈电压进行比较后的控制信号加在单结晶体管

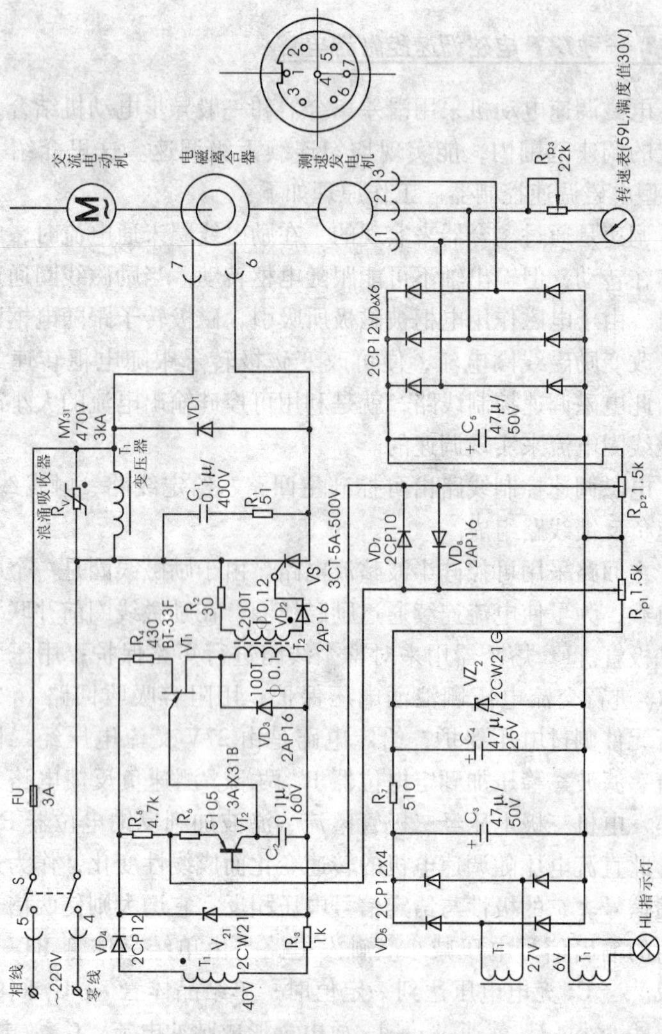

图 258　一种 JZT 电磁调速控制器

VT_2 上，所以三极管的内阻将随控制信号改变。而内阻改变又导致 C_2 充放电电流大小的改变，使电容 C_2 充放电时间随之改变。

这样单结晶体管产生的触发脉冲能根据控制信号进行自动移相，从而改变可控硅的导通角来实现控制电动机转速的目的。

注意事项：在使用此控制器进行调速时，应使电动机的负载端带上大于10%的负载，否则会失控。另外在工作后切断电动机380V电源时，也应同时断开控制器的电源。

调试说明：此控制器最大直流输出电压大于80V，最大输出电流为5A，控制电动机的功率为0.6～30kW。在调试中，如发现转速有周期性振荡问题可将励磁线圈两根接线（6、7）调换一下。调R_{P2}于任意一个位置，用机械转速表查是否与调速器中转速表指示一致。不一致时可调R_{P3}。顺时针方向调R_{P2}旋钮至最大输出，调反馈电位器R_{P1}使转速为1 230r/min左右为宜。这样调整后，使操作调速旋钮在“0”位时，负载停转，在顺时针调到最大位置时，负载转速不超过1 230r/min，即可使用。

线路及接线方法见图258所示。

259 简易他激直流电动机接线线路

直流电动机一般是由三相交流或两相交流电，经可控硅整流变为直流电作为它的电源，再通过控制可控硅导通角的大小，控制输出电压的大小，来达到调速的目的。但这种电路较为复杂。下面介绍一种直流电动机用调压器进行调整输出电压，再经过二极管整流供给直流电动机来进行调速，非常实用。图259所示是调压器与二极管组成的直流电动机调速控制线路，这种线路简单，工作可靠，能达到无级调速的目的，它适用于单台直流电动机调速或是多台直流电动机调速。它的工作原理是：合上刀闸QS时，电源接通控制线路，为启动电动机做好了准备。当使用电动机时，按下开关SB_1按钮，交流接触器KM线圈得电吸合，三相调压器输入端接通三相交流电源，这时用手调整三相调压器，三相调压器即开始输出三相交流电压，从0V上升，这时经

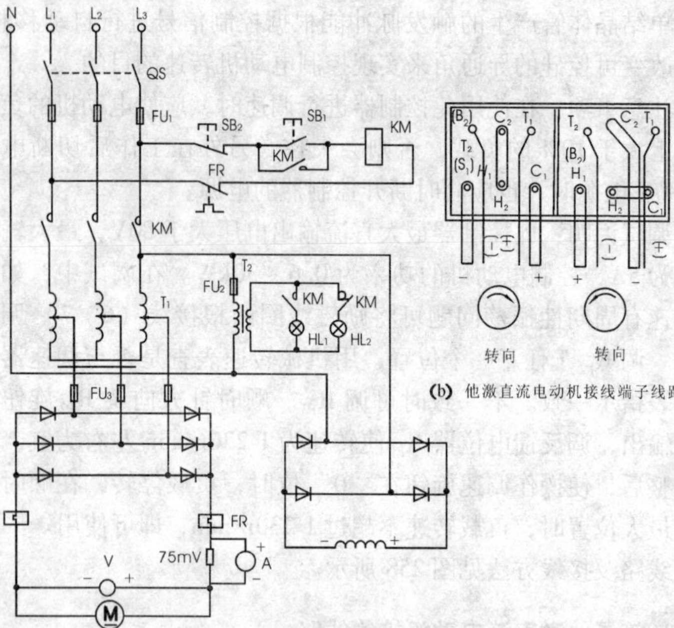

(a)

(b) 他激直流电动机接线端子线路

图 259　简易他激直流电动机接线线路

6 个整流二极管，把交流电压整流成直流电压供直流电动机电枢用电源，另外线路中还有热继电器过流保护，在电枢主回路中串接了 75mV 的分流器，直流电流表的量程可根据电动机的额定电流大小来选定，在电枢的两端线路中还装有直流电压表，供操作人员操作电动机时参考。直流电动机的激磁线圈电压是经单相 220V 交流电源由 4 个二极管整流供给，只要 KM 接通交流调压器，激磁电压立即接通激磁线圈。

260 串激直流电动机刀开关可逆控制电路

如图 260 为串激直流电动机刀开关可逆控制线路。图中 S 为双刀双掷开关，通过 S 可改变电枢绕组的电流方向，从而在接通直流电源后改变电动机的方向。切换刀开关 S 时，电动机激磁绕组的电流方向始终不变。这种线路可用在电瓶车上等。

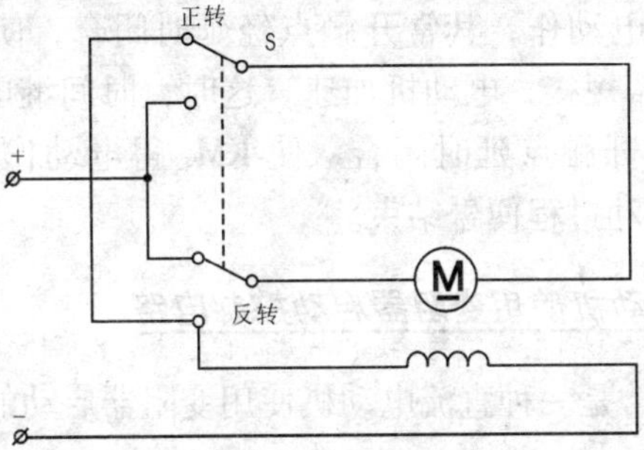

图 260　串激直流电动机刀开关可逆控制电路

261 按时间原则控制直流电动机启动电路

如图 261 是一种按时间原则控制的直流电动机启动线路。

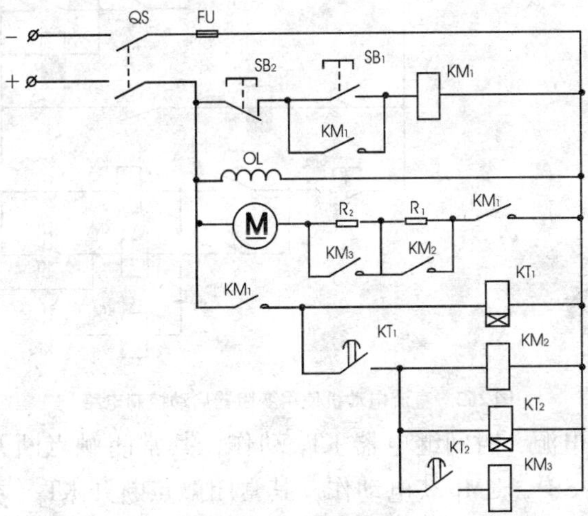

图 261　按时间原则控制直流电动机启动电路

闭合 QS，按下启动按钮 SB_1，接触器 KM_1 得电动作，其常开触点闭合，使电动机电枢回路串入电阻启动。而时间继电器 KT_1 也同时得电动作，其常开触点经延时闭合，使 KM_2 得电动作，从而将 R_1 短接，电动机加速。这时，时间继电器 KT_2 也获电动作，其常开触点延时闭合，使 KM_3 得电动作，又将 R_2 短接。这样，启动过程便告结束。

262 直流电动机使用变阻器启动控制电路

如图 262，是一种直流电动机使用变阻器启动的控制线路。

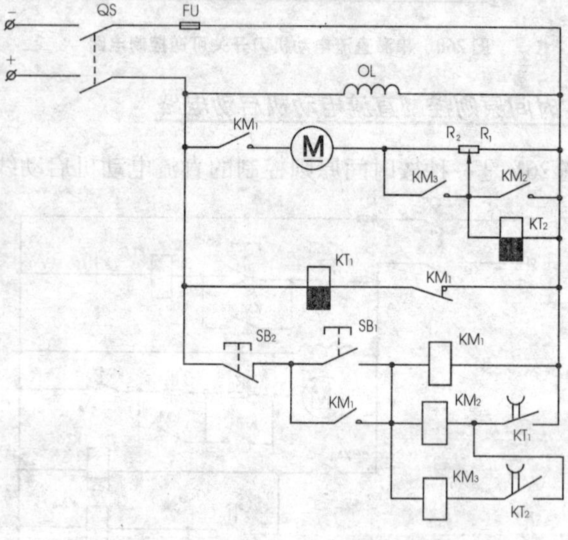

图 262　直流电动机使用变阻器启动控制电路

接通电源，时间继电器 KT_1 动作，其常闭触点断开。按下启动按钮 SB_1，KM_1 获电动作，其常闭触点断开 KT_1 线圈回路，电动机电枢回路串入全部启动电阻启动。电枢电流在 R_1 上产生的压降使时间继电器 KT_2 动作，其常闭触点断开 KM_3 线圈回路。这样经延时，首先 KT_1 延时闭合的常闭触点闭合，KM_2 获电动作，把 R_1 及 KT_2 线圈回路短接，电动机只串入 R_2 部分，速度提高。又经延时后，KT_2 延时闭合的常闭触点闭合，KM_3 获电动作，把 R_2 也短接，电动机电枢在额定电压下工作，启动过程结束。

263 直流电动机正反转控制电路

对于要求频繁进行正反转运行的直流电动机，常采用改变电枢电流方向的方式来改变电动机的转向。其控制电路如图 263 所示。

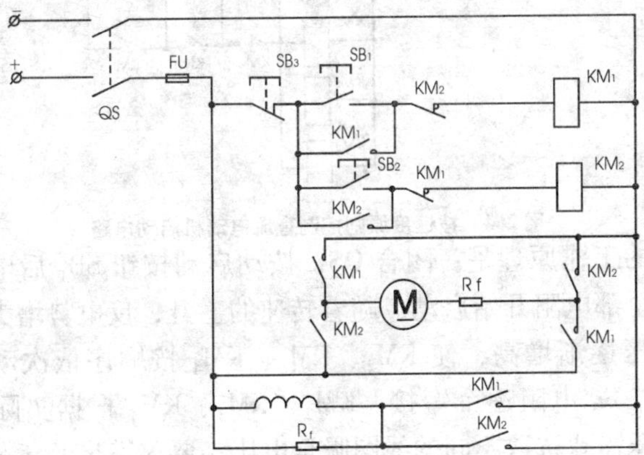

图 263　直流电动机正反转控制电路

按下正转按钮 SB_1，正转接触器 KM_1 获电动作，其辅助触点动作：一方面常开触点闭合自锁，接通正转控制电路，另一方面，常闭触点释放，断开反转控制电路，电动机正向转动；反转时，先按下停止按钮 SB_3，电动机断电，再按反转按钮 SB_2，反转接触器 KM_2 获电动作，经类似过程，电动机反向转动。

为了避免过电压损坏电动机，在激磁电路中接有放电电阻 R_f，其阻值一般为激磁绕组阻值的 5 ~ 8 倍。

264 按速度原则控制直流电动机启动电路

如图 264 所示，是按速度原则控制直流电动机启动线路。

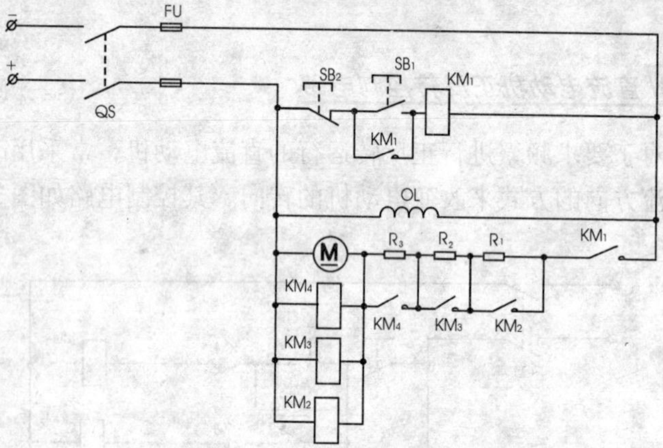

图 264　按速度原则控制直流电动机启动电路

它的工作原理是：闭合 QS，按动启动按钮 SB_1 后电动机电枢串入全部电阻开始启动。随着转速的上升，反电势增大，电枢两端电压逐渐增高，使 KM_2、KM_3、KM_4 按顺序依次动作，把 R_1、R_2、R_3 电阻逐个短接。KM_2、KM_3、KM_4 根据实际直流电动机电压需要选取不同的线圈吸合电压，要求满足 $U_{KM_2} < U_{KM_3} < U_{KM_4}$。当所有电阻被切除后，电动机就从启动过程过渡到正常运转过程。

265 按电流原则控制直流电动机启动电路

如图 265 所示：闭合 QS，按下启动按钮 SB_1，接触器 KM_1 获电动作，其常开触点闭合，电动机电枢回路串入电阻 R 启动。同时，KM_2 动作，其常闭触点断开。当电动机转速升高使电枢电流下降，KM_2 释放，其常闭触点闭合，KM_3 获电动作，其常开触点闭合，把电阻 R 短接，电动机在额定电压下正常运转。

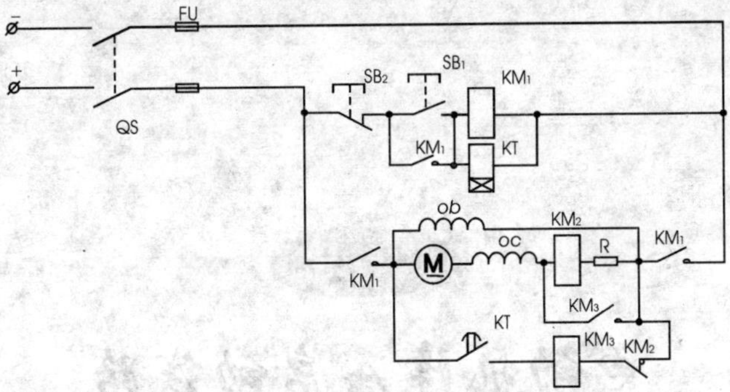

图 265　按电流原则控制直流电动机启动

采用延时继电器 KT 是为了防止启动开始时，电阻 R 被 KM_3 短接。

五

电动机降压启动线路

266 自耦减压启动电路

自耦减压启动是鼠笼式感应电动机启动方法之一。它具有结构紧凑，不受电动机绕组接线方式限制的优点，还可按容许的启动电流和所需的启动转矩选用不同的变压器电压抽头，故适用于容量较大的电动机。

工作原理如图 266 所示：启动电动机时，将刀柄推向启动位置，此时三相交流电源通过自耦变压器与电动机相连接。待启动完毕后，把刀柄打向运行位置切除自耦变压器，使电动机直接接到三相电源上，电动机正常运转。此时吸合线圈 KV 得电吸合，通过连锁机构保持刀柄在运行位置。停转时，按下 SB 按钮即可。

自耦变压器副边设有多个抽头，可输出不同的电压。一般自耦变压器副边电压是原边的 40%、65%、80% 等，可根据启动转矩需要选用。

267 手动控制Y—△降压启动电路

星形—三角形降压启动特点是方法简便、经济，启动电流是直接启动时的 1/3，故只使用于电动机在空载或轻载情况下启动。

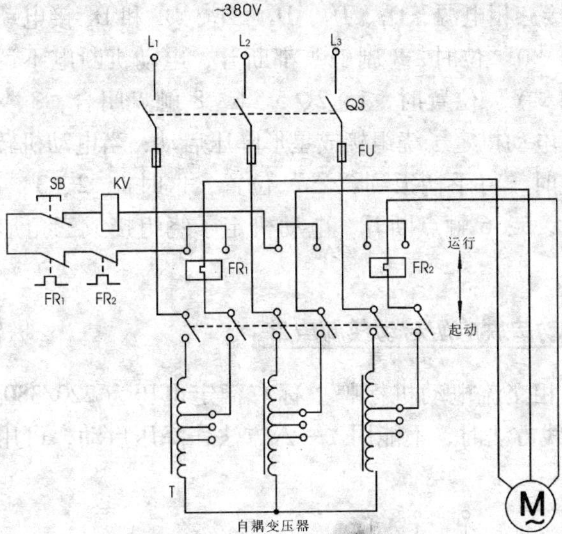

图 266　自耦减压启动电路

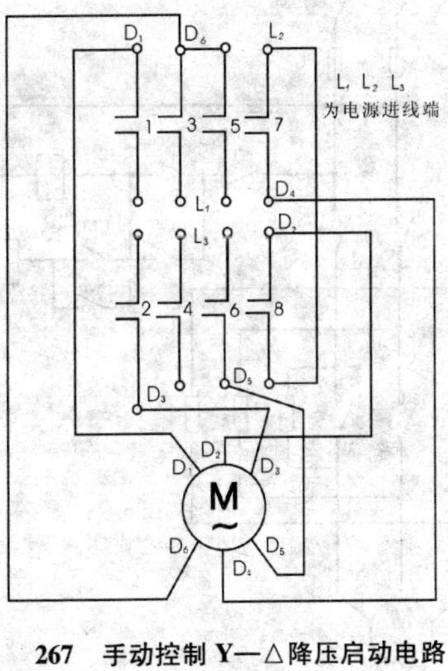

267　手动控制 Y—△降压启动电路

如图 267 所示为 OX_1 型手动 Y—△启动器接线图。图中 L_1、

L_2 和 L_3 接三相电源，D_1、D_2、D_3、D_4、D_5 和 D_6 接电动机。当手柄扳到“0”位时，8 副触头都断开，电动机断电不运转；当手柄扳到“Y”位置时，1、2、5、6、8 触点闭合，3、4、7 触点断开，电动机定子绕组接成星形降压启动；当电动机转速上升到一定值时，将手柄扳到“△”位置，这时 1、2、3、4、7、8 触点接通，5、6 触点断开，电动机定子绕组接成三角形正常运行。

268 手动串联电阻启动控制电路

当三相交流电动机标牌上标有额定电压为 220/380V（△/Y）的接线方法时，不能用 Y—△方法作降压启动，可用这种串

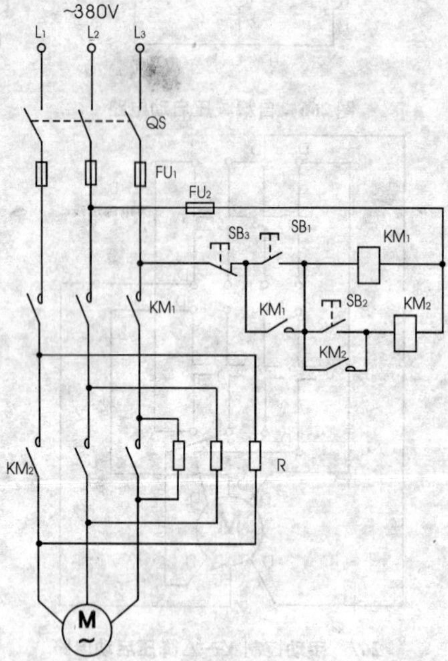

图 268　手动串联电阻启动控制电路

联电阻或电抗器方法启动。

工作原理如图 268 所示：当启动电动机时，按下开关按钮 SB_1，电动机串联电阻启动。待电动机转速达到额定转速后，再按下 SB_2，电动机电源改为全压供电，使电动机正常运行。

269 定子绕组串联电阻启动控制电路

电动机启动时，在电动机定子绕组中串联电阻，电阻上产生电压降，达到安全启动的目的。

定子绕组串联电阻启动控制线路如图 269 所示：当启动电动机时，按下按钮 SB_1，接触器线圈 KM_1 得电吸合，使电动机串入电阻降压启动。这时时间继电器 KT 线圈也得电，KT 常开触点经过延时

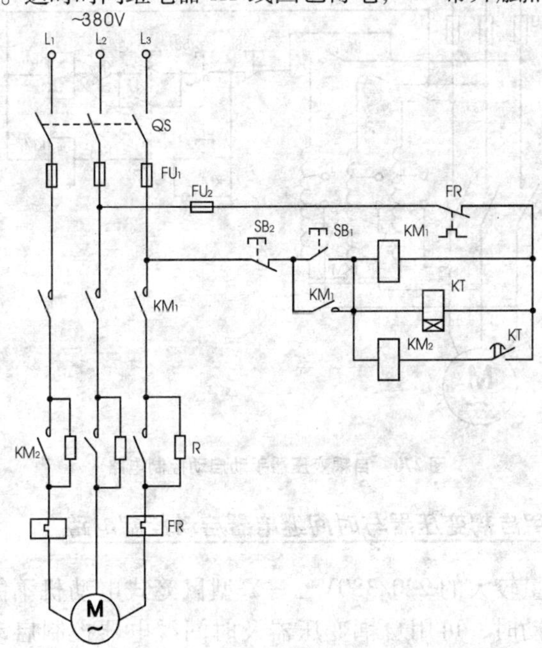

图 269　定子绕组串联电阻启动控制电路

后闭合，使 KM_2 线圈得电吸合。KM_2 主触点闭合短接启动电阻，使电动机在全电压下运行。停机时，按下停机按钮 SB_2 即可。

270 自耦变压器手动启动控制电路

自耦变压器手动启动控制线路如图 270 所示，当启动电动机时，按下 SB_1 按钮，这时 KM_1 接触器得电吸合，电动机通过自耦变压器启动。待电动机启动完毕以后，按一下 SB_2 按钮，电动机即可变为正常全压运行。

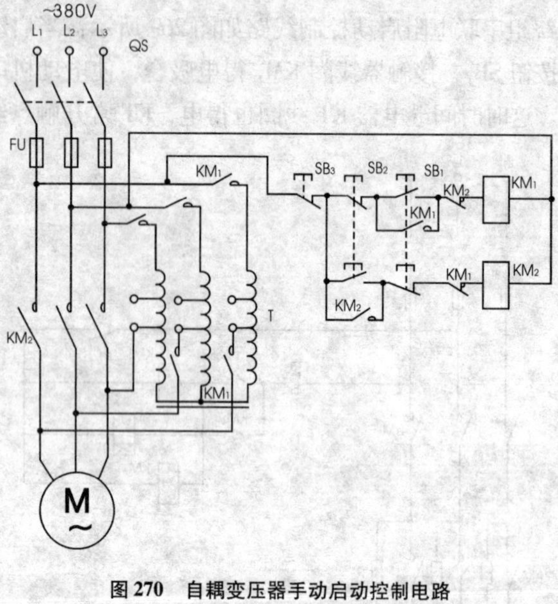

图 270　自耦变压器手动启动控制电路

271 采用自耦变压器与时间继电器启动控制电路

对容量较大的 220/380V △—Y 型鼠笼式电动机不能用 Y—△方法启动时，可用自耦变压器及时间继电器控制启动。见图 271。只要按下操作按钮 SB_1，KM_1 吸合，进行降压启动，经一段时间，电动机达到额定转速后，时间继电器 KT 动作，KM_1 失电，KM_2 得电，电动机在全压下正常运转。按下 SB_3 停止按钮，电动机便失电停转。

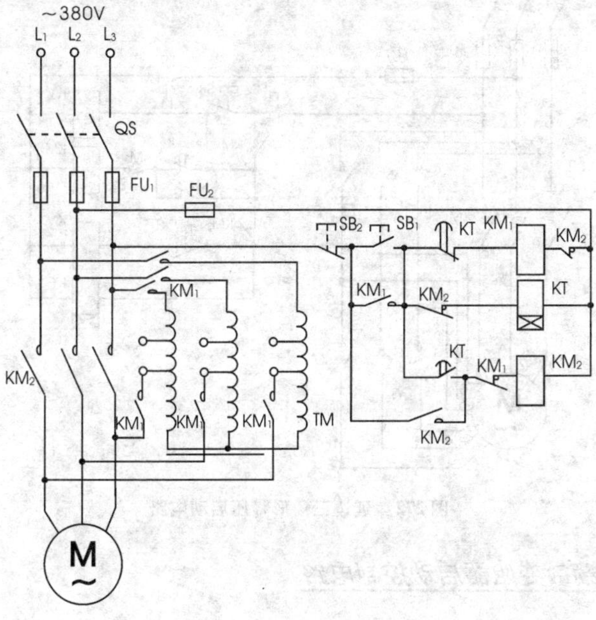

图 271　采用自耦变压器与时间继电器启动控制电路

272 延边三角形降压启动电路

如图 272 所示，按下启动按钮 SB_1，KM_1 获电动作，其常开辅助触点闭合自锁，电动机绕组接成延边三角形降压启动。KT 达到整定时间后，延时断开的常闭触点断开，使 KM_3 失电释放，KM_3 常闭辅助触点闭合。同时，KT 延时闭合的常开触点闭合，KM_2 获电动作，其常开辅助触点闭合自锁，电动机绕组由延边三角形转换为三角形接法，启动过程结束。这种接法适用于要求启动转矩较大的场合。

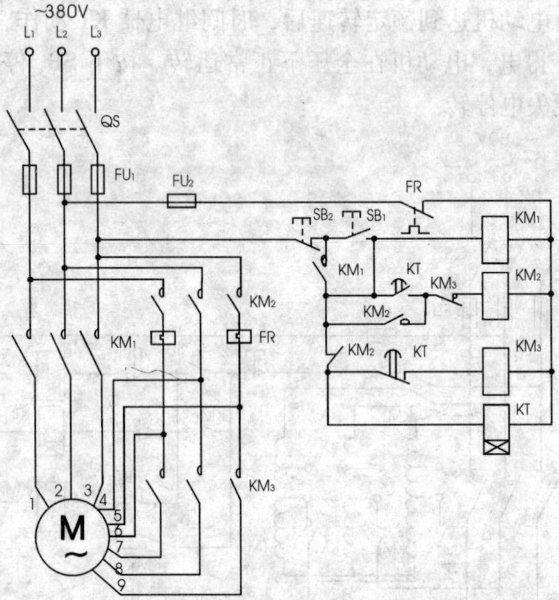

图 272　延边三角形降压启动电路

273 频敏变阻器启动控制电路

绕线式异步电动机应用频敏变阻器的启动控制电路如图 273 所示。它是利用频敏变阻器的阻抗随着转子电流频率的变化而显著变化的特点来实现的。

启动时按下启动按钮 SB_1，KM_1 获电动作，其常开辅助触点闭合自锁，电动机转子电路串入频敏变阻器启动。当时间继电器 KT 达到整定时间后，其延时闭合的常开触点闭合，中间继电器 KA 获电动作，其常开触点闭合，KM_2 获电动作，常闭触点断开，使时间继电器 KT 断电，同时常开触点闭合，将频敏变阻器短接，启动过程结束。

KA 的作用是：在启动时，由其常闭触点将热继电器的发热元件短接，以免因启动时间过长造成热继电器误动作。启动结束后，KA 动作把热继电器投入运行。

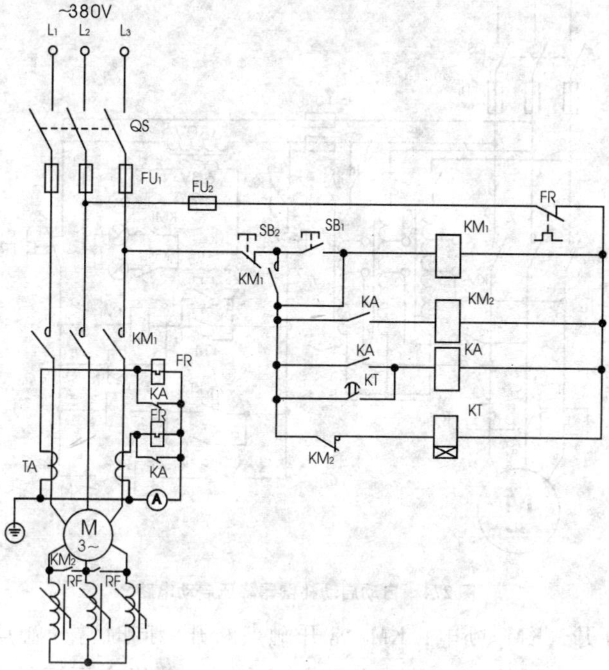

图 273　频敏变阻器启动控制电路

274 自动启动补偿器降压启动电路

在需要自动控制启动的场合，常采用 XJ01 型自动启动补偿器，主要由自耦变压器、交流接触器、中间继电器、时间继电器和控制按钮等组成。

XJ01 型自动启动补偿器工作原理如图 274 所示：接通电源，灯Ⅰ亮，按下启动按钮 SB_1，KM_1 线圈得电，KM_1 主触点闭合，电动机降压启动。KM_1 闭合自锁，灯Ⅱ亮。KM_1 常闭触点断开，灯Ⅰ灭，KT 得电，其常开触头延时闭合，K 线圈获电，常闭触

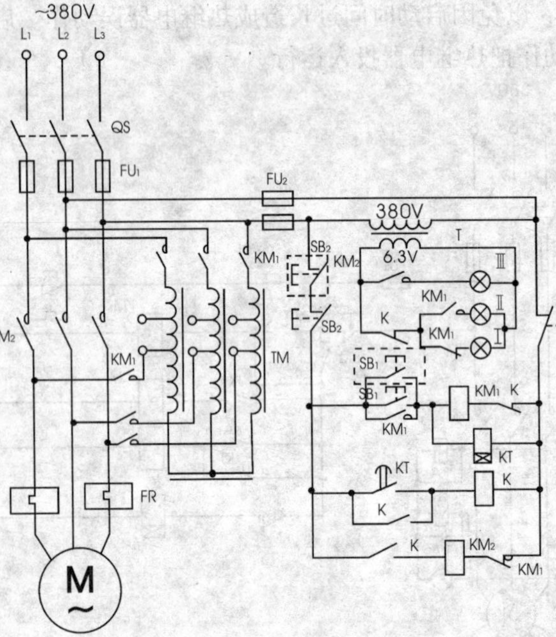

图 274　自动启动补偿器降压启动电路

点 K 断开，KM_1 断电，KM_1 常开触点断开。同时常开触点 K 闭合，KM_2 线圈得电，KM_2 主触点闭合，电动机全压运行，其常开触点 KM_2 闭合，灯Ⅲ亮。

275 用三个接触器实现Y—△降压启动控制电路

用三个接触器的 Y—△降压启动控制电路如图 275 所示。按下启动按钮 SB_1，KM_1、KT、KM_3 获电动作，电动机绕组接成星形接法降压启动。时间继电器达到整定延时时间后，延时闭合的常开触点闭合，延时断开的常闭触点断开，KM_3 失电释放，这时 KM_3 常闭辅助触点闭合，使 KM_2 获电动作，电动机绕组由星形接法转换成三角形接法，启动过程结束。

这种控制电路适用于 13～55kW 的三角形接法的电动机。

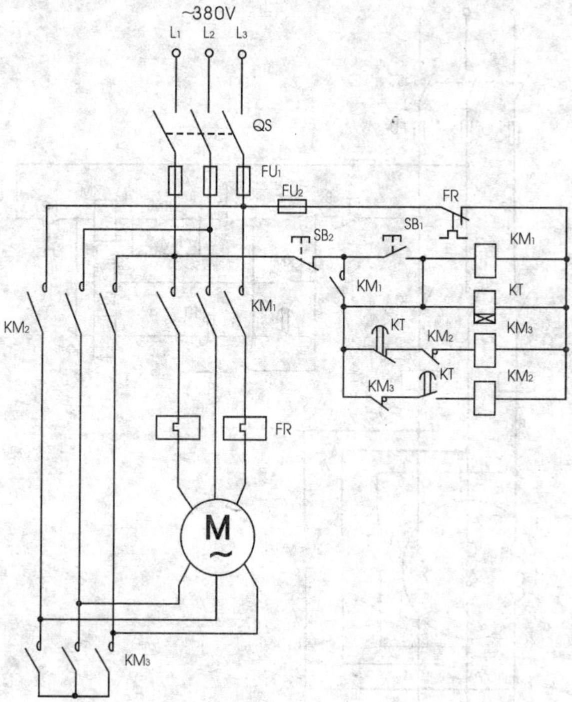

图 275　用三个接触器实现 Y—△降压启动控制电路

276 用两个接触器实现 Y—△降压启动控制电路

图 276 是用两个接触器的 Y—△降压启动控制线路。

按下启动按钮 SB_1，KM_1、KT 获电动作，KM_1 常开辅助触点闭合自锁，电动机绕组接成星形接法降压启动。经过一段时间，KT 延时断开的常闭触点断开，KM_1 失电释放，其常闭辅助触点闭合。同时 KT 延时闭合的常开触点闭合，KM_2 获电动作，其常闭触点打开，将星形接线断开，同时其常开触点闭合，使 KM_1 得电动作，闭合其主回路常开接点，电动机由星形接法转换为三角形接法。

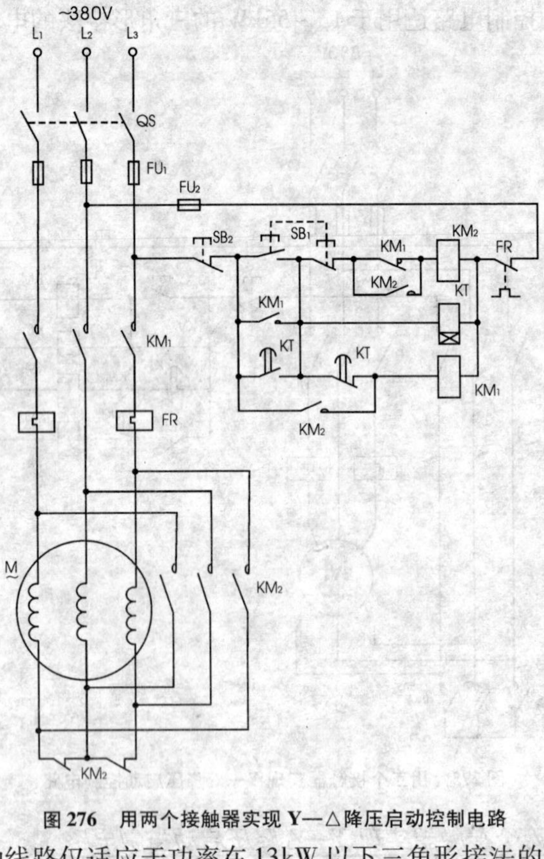

图 276　用两个接触器实现 Y—△降压启动控制电路

这种线路仅适应于功率在 13kW 以下三角形接法的小容量电动机。否则由于 KM_2 接触器常闭辅助触点接在主电路中，容量小，很易烧损。

277 采用补偿器的启动控制电路

工作原理如图 277 所示。按下启动按钮 SB_1，接触器 KM_1、时间继电器 KT 得电，KM_1 常开触点闭合自锁。接触器 KM_1 主触点闭合，使补偿器投入电动机降压启动回路，电动机开始启动。时间继电器 KT 按整定时间延时，电动机达到运转速度后，其常闭触点打开，使接触器 KM_1 失电，主触点打开，补偿器脱离，同时常闭触点闭合。另外，时间继电器 KT 常开触点也接通，这时接触器 KM_2 得电，其常开触点闭合自锁。KM_2 常闭触点打开，时间继电器 KT 失电，接触器 KM_2 主触点闭合，电动机投入正常运转。

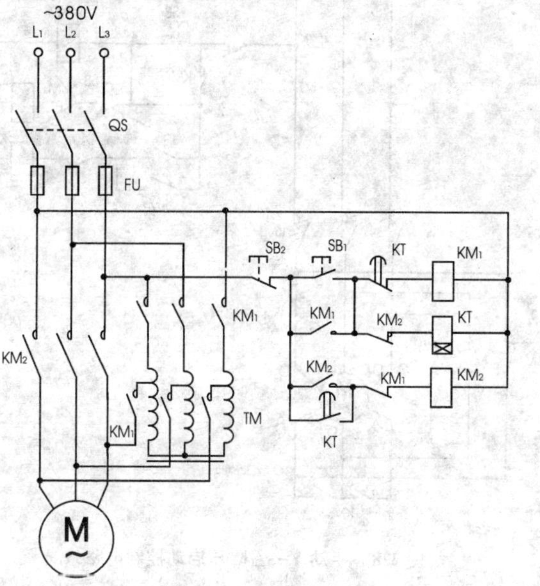

图 277　采用补偿器的启动控制电路

278 手动Y—△降压启动控制电路

如图 278 所示，按下启动按钮 SB_1 时，KM_1 得电，其常开触点闭合，KM_3 得电，常闭触点断开，常闭触点闭合，电动机绕组接成星形接法降压启动。当转速达到（或接近）额定转速时，按下 SB_2 按钮，使 KM_3 失电释放，KM_2 得电吸合，电动机由星形接法转换成三角形接法。

这种控制电路适用于 13～55kW 的三角形接法的电动机。

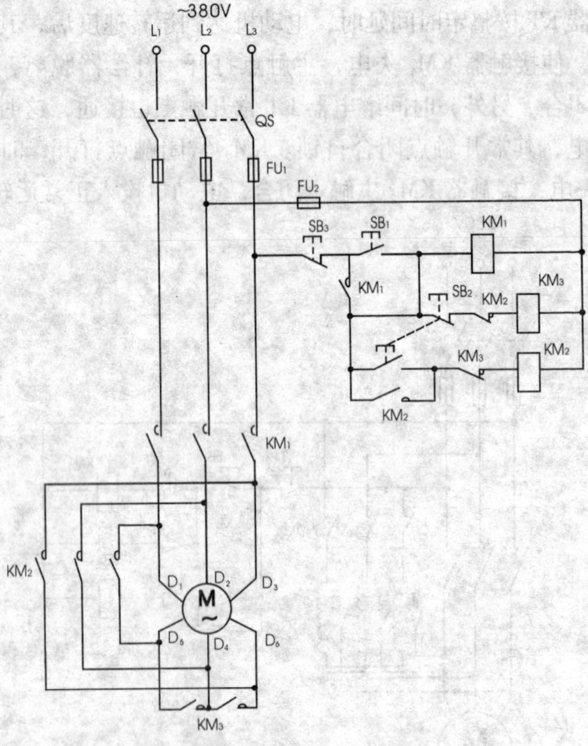

图 278　手动 Y—△降压启动控制电路

279 鼠笼式电动机 Y—△换接启动控制电路

如图 279 所示，在启动电动机时，先合上开关 QS，按下按钮 SB_1，接触器 KM_1 得电吸合，接触器自锁。星形启动接触器线圈 KM_2 和时间继电器线圈 KT 保持通电，常开主触点 KM_2 接通，电动机接成 Y 形启动。同时常闭辅助触点 KM_2 分断，接三角形运行接触器线圈 KM_3 断路。待时间继电器延时到一定时间后（时间继电器可由电动机的容量和启动时负载的情况来调整），时间继电器 KT 的常闭延时分断和常开延时闭合的触点分别动作，使 KM_2 断

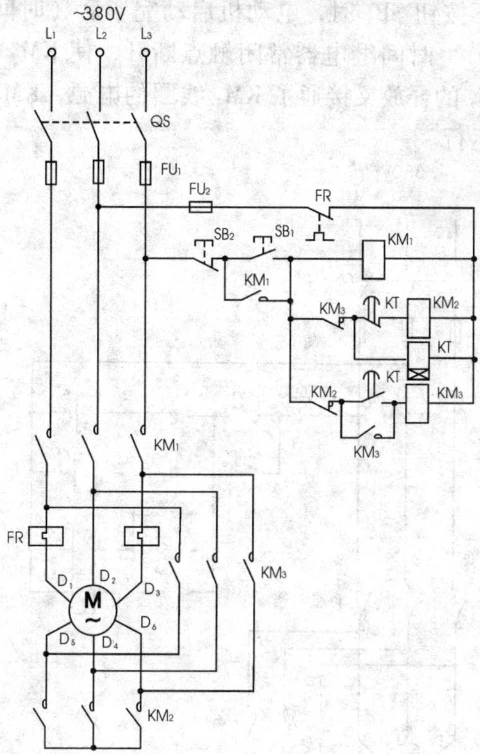

图 279　鼠笼式电动机 Y—△换接启动控制电路

电，线圈 KM_3 通电，并使其触点自锁，使电动机接成△运行。同时常闭辅助触点 KM_3 断开，使线圈 KT 和 KM_2 断电。

图 279 中热继电器 FR 与电动机二相绕组串联，其整定电流应为电动机相电流的额定值，在△接法的电动机中，热继电器按上述方法连接，较为可靠。

280 用时间继电器自动转换Y—△启动控制电路

用时间继电器自动转换 Y—△启动电动机控制线路如图 280

所示。当按下按钮 SB_1 时，电动机启动完毕后（时间继电器一般控制在 30s），时间继电器常闭触点断开，使 KM_2 失电释放，同时由于 KM_2 的释放又接通了 KM_3 线圈的电源，KM_3 吸合，电动机改为△运行。

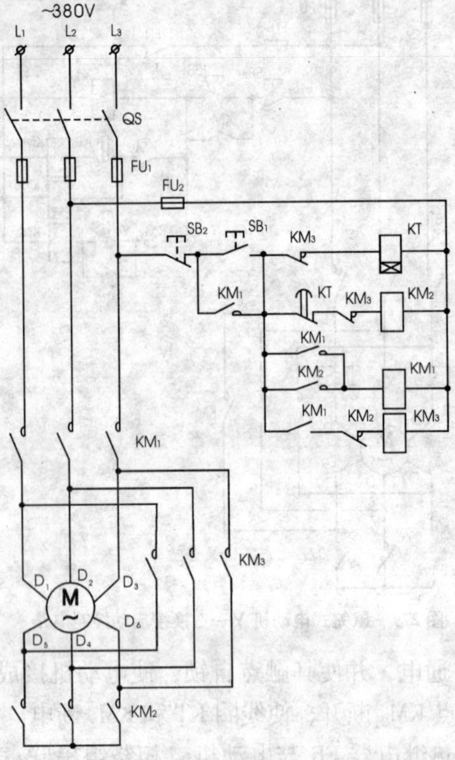

图 280　用时间继电器自动转换 Y—△启动控制电路

281 用中间、时间继电器延时转换的Y—△降压启动控制电路

这种控制线路在设计上增加了一级中间继电器和时间继电器，可以防止大容量电动机在 Y—△转换过程中，由于转换时间

短，电弧不能完全熄灭而造成的相间短路。它适用于55kW以上三角形接法的大容量电动机，见图281。

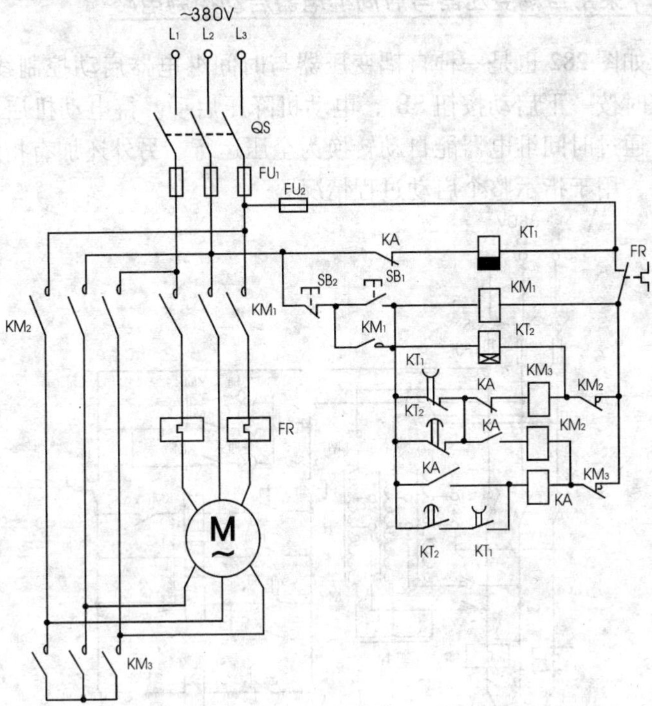

图281　用中间、时间继电器延时转换的Y—△降压启动控制电路

接通电源时，时间继电器 KT_1 获电动作，为启动做好准备。按下启动按钮 SB_1，KM_1、KT_2、KM_3 获电动作。KM_1 常开辅助触点闭合自锁，电动机绕组接成星形接法降压启动。KT_2 达到整定延时时间后，KT_2 延时断开的常闭触点断开，使 KM_3 失电释放，同时 KT_2 延时闭合的常开触点闭合，使中间继电器KA获电动作。KA常闭触点断开使 KT_1 失电释放，同时KA常开触点闭合。当 KT_1 断电，延时触点达到延时时间（0.5～1s）闭合后，KM_2 才获电动作。这时电动机由星形接法转换为三角形接法，

启动过程结束。

282 采用自耦变压器与时间继电器启动控制电路

如图 282 也是一种自耦变压器与时间继电器启动控制线路。工作时按一下启动按钮 SB_1，电动机降压启动。待电动机启动完毕，通过时间继电器能自动转换为全压运行。另外还加有指示灯线路，用于指示整个启动过程情况。

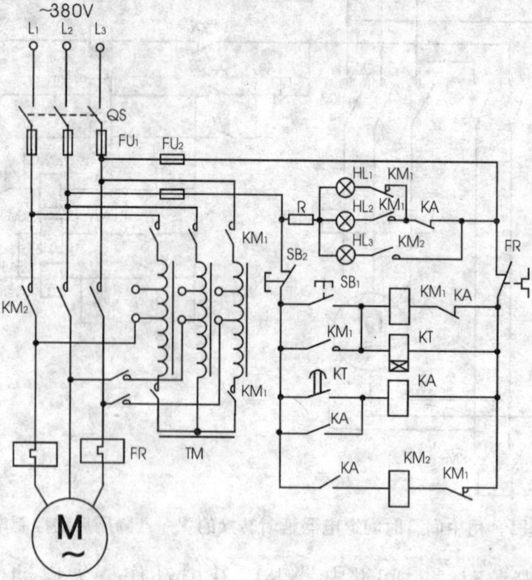

图 282　采用自耦变压器与时间继电器启动控制电路

283 用晶体管延时电路自动转换 Y—△启动控制电路

用电子元件组成延时电路，具有体积小、价格低等优点。

用晶体管延时电路控制 Y—△电动机启动线路如图 283 所示：当按下启动按钮 SB_1 时，交流接触器 KM_1 和 KM_2 同时得电，电动机接成 Y 形启动，与此同时，KM_1 的常开辅助触点把晶体管延时电路接通。继电器 K 延时动作，其常闭触点 K 打开，切断 KM_2 的线圈回路，与此同时，其常开触点 K 闭合，使接触器 KM_3 得电吸合，电动机接成三角形正常运行。

调整线路中电容 C_2 容量的大小或电位器 R_P，可控制三极管达到导通的时间，即延时时间。

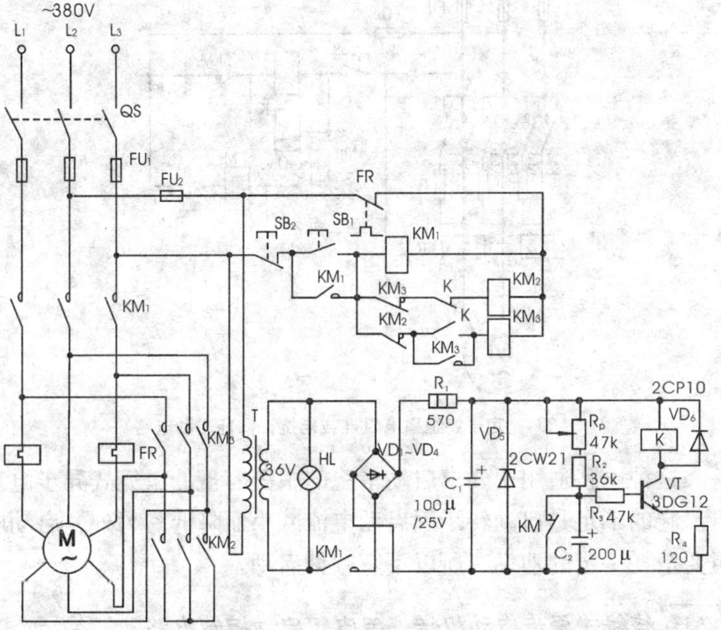

图 283　用晶体管延时电路自动转换 Y—△启动控制电路

284 定子绕组串电阻（或电抗）降压启动电路

按下启动按钮 SB_1，KM_1、KT 获电动作，其常开辅助触点闭合自锁，电动机定子绕组串入电阻降压启动。时间继电器达到整定时间后，KT 常开延时闭合触点闭合，KM_2 获电动作，其主触点闭合将电阻短接，电动机定子绕组加上电源全电压，启动过程结束，见图 284 所示。

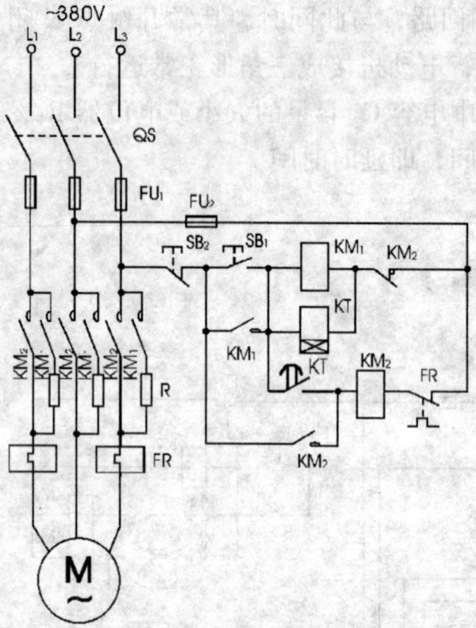

284 定子绕组串电阻（或电抗）降压启动电路

这种电路适用于要求启动平稳的中等容量的鼠笼式异步电动机。它的不足是启动转矩因启动电流减小而降低。另外，启动电阻要消耗一定的功率，所以不宜频繁启动。

285 绕线式异步电动机转子串电阻启动控制电路

如图 285 所示是绕线式异步电动机三级电阻启动控制线路。它根据电动机转子电流的大小变化，利用电流继电器控制电阻的切除，把启动电流控制在一定范围内，提高启动转矩。

按下启动按钮 SB_1，KM 获电动作并自锁，电动机转子电路串入三级电阻启动。这时 KI_1、KI_2、KI_3 吸合，其常闭触点断开，使加速接触器 KM_1、KM_2、KM_3 都断开不动作，而其常开触点闭合，使中间继电器 KA 得电动作，KA 常开触点闭合，使 KA

自锁并为电动机加速做好准备。待电动机转速升高后，转子电流减小，首先 KI_1 释放，其常闭触点闭合，加速接触器 KM_1 获电动作，其常开触点闭合，把第一段启动电阻 SR_1 短接；这时电流又增大，当转速稳定后，转子电流又减小，KI_2 释放，其常闭触点闭合，KM_2 获电动作，又将第二段启动电阻 SR_2 短接……直到启动电阻全部切除，电动机启动过程结束。

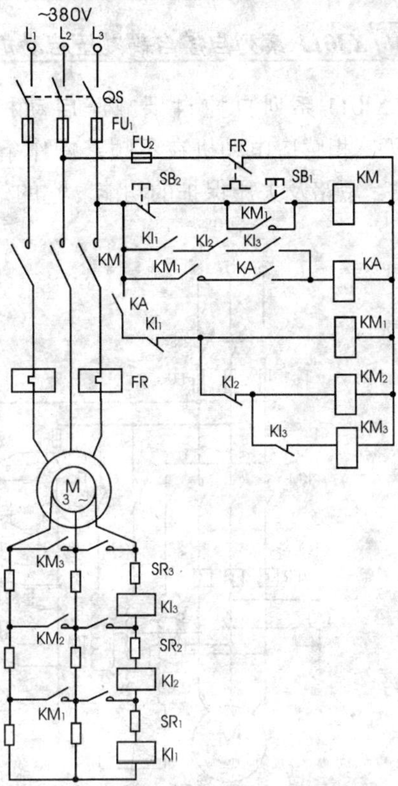

图 285　绕线式异步电动机转子串电阻启动控制电路

启动电路中，三个电流继电器 KI_1、KI_2、KI_3 吸合电流相同，但释放电流不一样大，KI_1 最大，KI_2 次之，KI_3 最小。中间继电器 KA 的作用是为了保证在启动开始时使全部电阻都接入。要求当三个电流继电器的常闭触点都打开后，其常开触头才能闭合。如果立即闭合，则在转子电流由零值递增的过程中，三个电流继电器都尚未动作，其常闭接点仍闭合，加速继电器 KI_1、KI_2 和 KI_3 因获电而同时动作，将全部电阻短接，造成电动机转子未串电阻直接启动。

286 XJ011 系列自控自耦减压启动柜线路

XJ011 系列自控自耦减压启动柜适用于交流 50Hz、电压 380V 三相感应电动机在不频繁操作条件下作降压启动，并具有过载、短路及失压保护的功能。它的外形见图 286 所示。

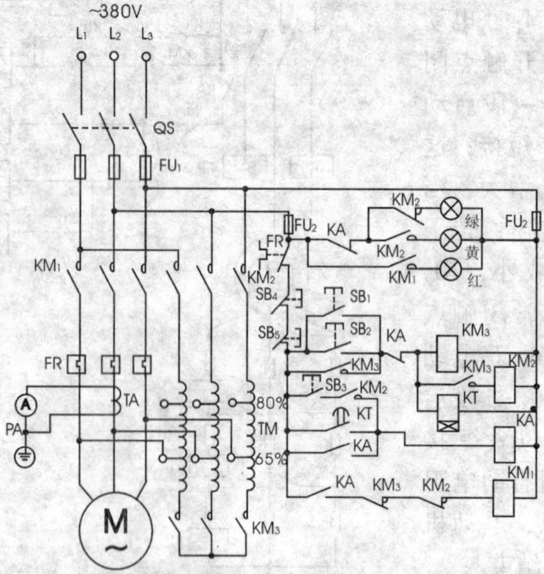

图 286　XJ01 系列自控自耦减压启动柜线路

启动柜具有自动操作功能和手动操作功能两种。自动操作时，合上电源开关，绿色指示灯亮，按下开关按钮 SB_1 时，KM_3 和时间继电器得电吸合，同时 KM_3 常开点闭合，KM_2 也吸合，松开 SB_1 按钮，KM_3 自保点继续接通 KM_3、KM_2、KT 线圈回路保持继续吸合。这时，电源电压便通过自耦变压器降压后接入电动机，使电动机降压启动，经过一段时间，KT 时间继电器动作，使 KT 延时常开点闭合，中间继电器 KA 得电吸合，并自保。由于 KA 的吸合，断开了 KM_3、KM_2、KT 的通电线圈而使它们释放复位，同时在 KM_3、KM_2 释放后其控制常闭点触点闭合，接通 KM_1 接触器，KM_1 接触器便投入电动机运行状态，电动机在全压下运行。同时黄灯（启动指示灯）熄灭，红灯（运行指示灯）亮；当需停止电动机运行时，可按下“停止”按钮，电动机即停止工作。

电路中 SB_2 按钮为手动直接投入运行按钮，它的作用是当时间继电器失灵，不能自动投入运行时，可先按下自动按钮 SB_1 待电动机达到额定转速接近同步转速时，即电流表的指针逐渐下降到接近电动机额定电流时，再按下 SB_3 按钮，便使电动机投入运行。这种配电柜可控制 14 ~ 75kW 的三相异步电动机。如果电动机的功率较大，在 90 ~ 300kW 时，可按图 286 所示的线路图连接线路，动作原理同上。只不过它控制的交流接触器的容量相应也增大些。电路中的熔断器热继电器及变压器与电动机容量也要配套使用。

使用 XJ011 型系列自耦减压配电启动柜应注意以下问题：

（1）XJ011 系列自耦减压启动柜在使用前需用 500V 的兆欧表测量导线对地电阻不小于 1MΩ，并将各个接线点加以紧固。

（2）安装时，电源线、负荷电机线应从箱底部穿入，L_1、L_2、L_3 标定线接电源或接空气开关上桩头，ML_1、ML_2、ML_3 接三相电动机。

（3）自耦变压柜备有额定电压 65% 及 80% 的二挡抽头，在应用中可根据负荷的大小来决定使用接入抽头的位置。

（4）时间继电器可在 0 ~ 60s 范围内调节，根据需要调节启动电动机时间。热继电器的额定电流应根据电动机的额定电流值整定。

（5）启动柜一般启动时间为 10 ~ 20s。如果电动机容量较大、负载较重，最长启动时间可调整到 25s。

(6) 启动柜如需要远距离操作，可按线路图 SB_1、SB_4 的虚线连接。

(7) 在使用过程中，如热继电器发生误动作，可将热继电器的动作电流适当调大一点；如发生过载动作，则须按下热继电器“复位”按钮，方能继续使用。

(8) 配电柜在使用期间，要经常清除尘埃，并定期检查各电器接触部位是否接触良好，有问题要及时修理。

(9) 接触器在工作时，如有噪声或延时释放现象，将衔铁极面积尘或油垢擦净后，即能恢复正常。

(10) 检修时，要检查接触器触头有无烧毛现象。如触头烧毛，应用细纹锉将触头修光。

287 XJ01 大型80～300kW 电动机启动配电线路

XJ01 大型 80～300kW 电动机配电线路如图 287（a）所示。启动时，由 5 排主触点的接触器先动作，接通自耦变压器，然后通过自耦变压器降压后，把电源供给电动机 1M 启动，待转速接近到电动机本身的额定转速时，时间继电器动作，使启动接触器释放，在释放后主接触器把三相 380V 电压全压加到电动机上，这时整个配电柜启动过程全部结束。在特殊场合使用这种启动配电柜，它还可根据工作生产需要把自动降压并能自动投入运行的控制开关改为手动控制电动机启动和运行。

在需自动转入运行时，首先把功能转换开关 QS 拨向自动位置，然后把动力电源 380V 送入空气开关 QF 上桩头，合上 QF 空气开关，然后按下起动按钮 SB_1，这时接触器 KM_1 得电吸合，5 排主触点接通自耦变压器，通过自耦减压后把电压加到电动机 1M 上，电动机开始降压起动。由于 KM_1 的吸合，使 KM_1 所有常开辅助触点闭合，其中一组常开辅助触点闭合后接通了中间继电器 KA_1 线圈回路，使中间继电器 KA_1 得电吸合，并自锁。这

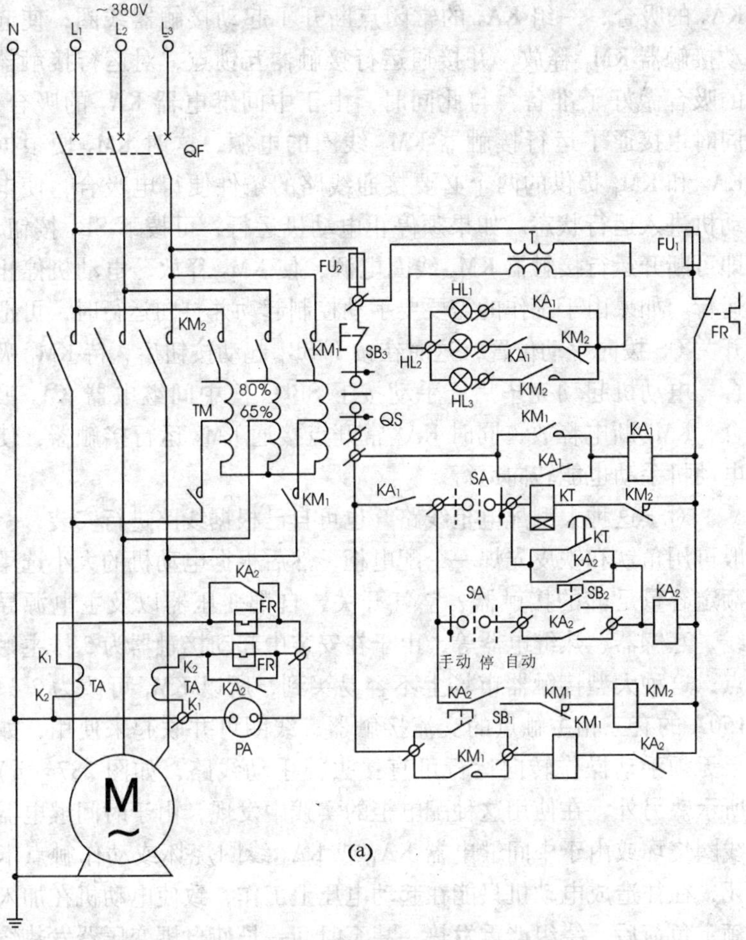

图 287　XJ01 大型 80～300kW 电动机启动配电线路（a）

时，由于中间继电器 KA_1 的吸合，它的常开触点同时又把时间继电器 KT 线圈回路接通，这时 KT 得电后延时动作，延时的时间长短正好整定在电动机从通电到达到额定转速时，这时时间继电器开始动作，延时常开点闭合，接通中间继电器 KA_2。由于

KA_2 的吸合，一组 KA_2 的常闭点断开了起动接触器线圈，使起动接触器 KM_1 释放，并接通运行接触器互锁点，对运行接触器的吸合做好了准备，与此同时，由于中间继电器 KA_2 的吸合，同时也接通了运行接触器 KM_2 线圈的电源，这时 KM_2 便根据 KA_2 和 KM_1 提供的两个必要接通线路的条件便得电吸合，使电动机进入运行状态。如果须停止电动机运行，可按下 SB_3 按钮，即可断开运行接触器 KM_2 线圈电源，使 KM_2 释放，电动机停止运行。如果由于工作的需要要手动控制起动并打向运行时，可把开关 QS 拨向手动位置，这时在按下 SB_1 起动按钮后，待 KM_1 吸合、电动机起动完毕后，手动按下 SB_2，使中间继电器 KA_2 吸合，KM_1 断电释放，同时 KA_2 常开点接通 KM_2 运行接触器，使电动机手动也能转向运行。

对于这种大型配电柜线路，也可自己根据线路进行安装，一般可用角铁和铁皮先焊一个配电柜，然后根据电动机的大小选用额定容量足够的接触器、空气开关、自耦变压器以及主电源导线、互感器、热继电器等，由于在安装中起动接触器为 5 排主触点，这种大型接触器市场上不容易买到，所以 KM_1 可改为 2 只 150A 的有三相主触点的交流接触器，线圈可并联起来使用，如果无须手动操作转向运行可直接去掉手动线路，如图 287（b）所示。另外，在使用这种配电柜的实践中发现，由于时间继电器线圈烧坏或由于中间继电器 KA_1 或 KA_2 线圈烧坏或动作触点卡死，往往造成电动机只能在起动电压上工作，致使电动机在加入额定负荷后，绕组严重发热，甚至时间一长使自耦变压器发热烧毁，电动机绕组也同样会损坏。为此，如在线路中多加一个时间继电器和两只 15A 控制保险，便可在上述电气元件损坏后，在启动配电柜不自动转换至运行状态时，能自动地通过 KT_2 得电延时动作，从而断开控制回路的所有开关接触器，使启动接触器 KM_1、KM_2 断电释放，同时 KM_1、KM_2 释放后无须任何调整即可

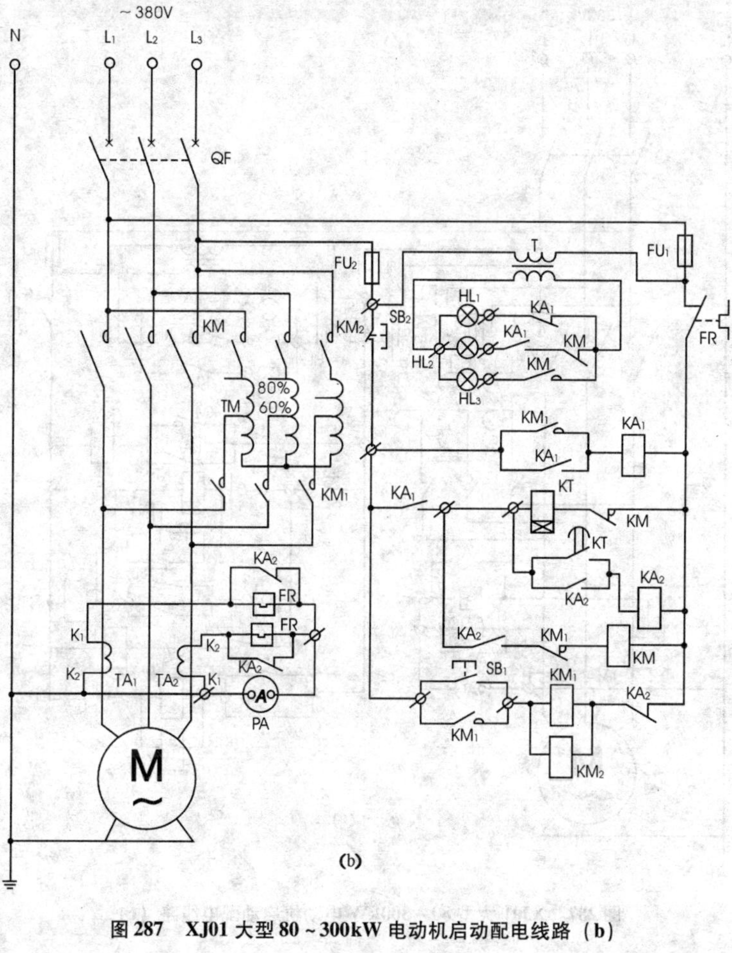

图 287　XJ01 大型 80～300kW 电动机启动配电线路（b）

重新起动电动机配电柜。这种线路如图 287（c）所示。它只是在原线路的基础上，增加了一只时间继电器 KT_2，接在 KM_1 的下桩头，并在此线圈接接触器时串接 2 只 15A 螺旋保险，以防短路。当 KM_1 和 KM_2 接通电源后，KT_2 可同时得电延时，第一个时间继电器 KT_1 调整在电动机起动达到规定转速时延时触点

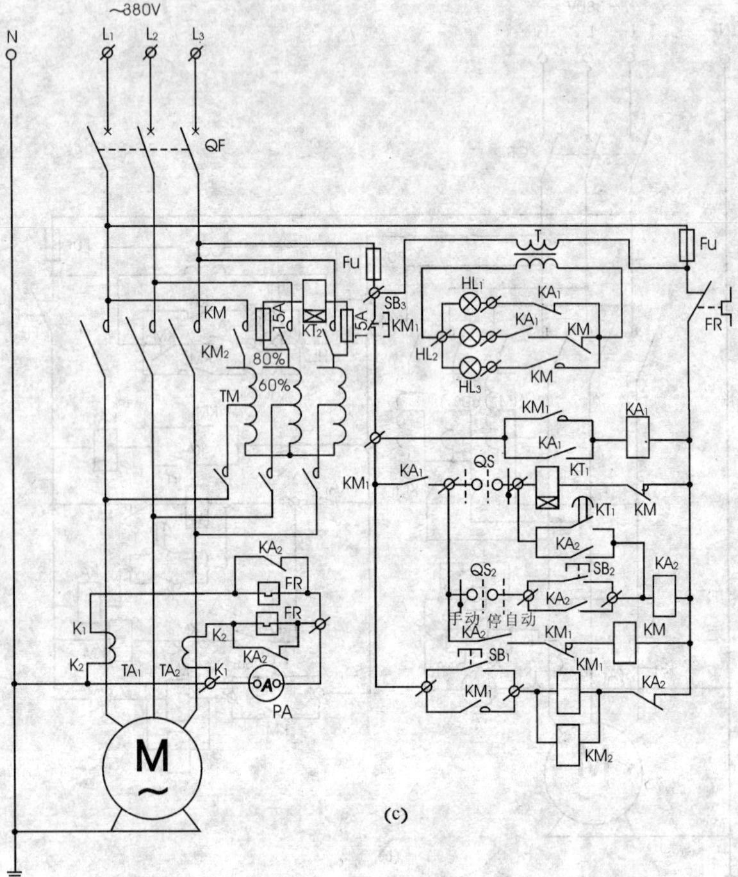

图 287 XJ01 大型 80～300kW 电动机启动配电线路（c）

KT_1 动作，打向运行。而 KT_2 时间继电器则调整在超过 KT_1 时间半分钟以后，如果 KT_1 时间继电器或是中间继电器因线圈烧坏等故障不能动作而 KT_2 时间继电器通电线圈延时到时，使 KT_2 延时常闭点断开主控制电源回路，使接触器 KM_1、KM_2 或中间继电器 KA_1 断电释放，从而保护了电动机和自耦变压器不被烧毁。时间继电器要选用电动式的时间继电器，因它的延时常闭点容量较大，如选用小容量的时间继电器，可在延时触点上先串接中间继电器后再利用中间继电器触点断开配电柜控制主回路。

288 频敏变阻器线路

频敏变阻器用在绕线式电动机中与转子绕组串联来平稳启动电动机。频敏变阻器的符号如图 288 所示，它是一种无触点电磁元件，类似一个铁芯损耗特别大的三相电抗器，它的特点是阻抗随通过电流的频率变化而改变。由于频敏变阻器是串接在绕线式

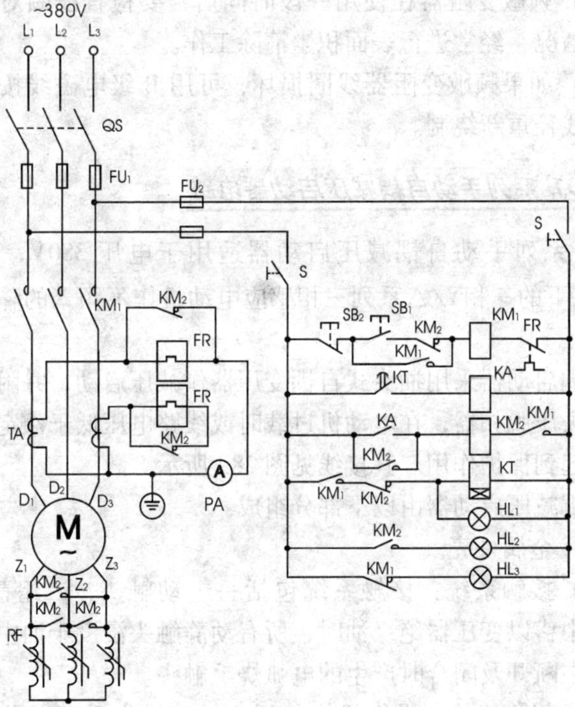

图 288　频敏变阻器线路

电动机的转子电路里，在启动过程中，变阻器的阻抗将随着转子电流频率的降低而自动减小，电动机平稳地启动起来后，再短接频敏变阻器，使电动机正常运行。频敏变阻器是由数片厚钢板和线圈组成，线圈为星形接法。

在使用频敏变阻器时应注意以下问题：

（1）启动电动机时，启动电流过大或启动太快时，可换接线圈接头，因匝数增多，启动电流和启动转矩便会同时减小。

（2）当启动转速过低，切除频敏变阻器时冲击电流过大时，则可换接到匝数较少的接线端子上，启动电流和启动转矩就同时增大。

（3）频敏变阻器在使用一段时间后，要检查线圈对金属壳的绝缘情况，经常进行表面积尘清除工作。

（4）如果频敏变阻器线圈损坏，可用 B 级电磁线按原线圈匝数和线径重新绕制。

289 QJ_3 系列手动自耦减压启动器电路

QJ_3 系列手动自耦减压启动器适用于电压 380V，功率在 75kW 以下的三相Y/△系列三相感应电动机作不频繁的降压启动开关。

自耦启动器采用抽头式自耦变压器作减压启动，并附有热继电器和失压脱扣器，在电动机过载时或线路电压低于额定电压值时，能起到保护作用。其接线见图 289 所示。

自耦减压启动器由以下部分组成：

（1）金属外壳。

（2）接触系统：接触系统包括一组动触头，二组静触头。当油箱中盛以变压器绝缘油时，所有动静触头浸没于油中，可防止触头在断开及闭合时产生的电弧烧毛触头。

（3）操作机构：操作机构包括主轴、操作手柄以及机械联锁装置，能防止误操作后而引起电动机直接启动。

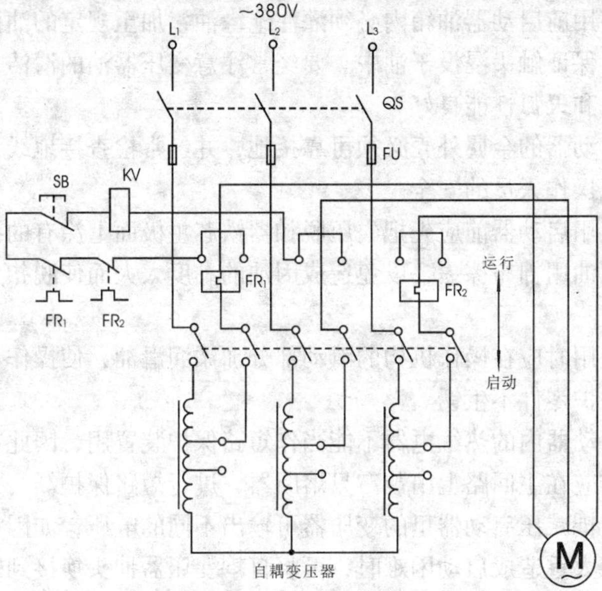

图 289　QJ_3 系列手动自耦减压启动器电路

（4）三相自耦变压器：三相自耦变压器位于接触系统的上方，备有额定电压 65% 及 80% 的二组抽头。

（5）保护装置：保护装置包括一个二相保护的热继电器及一个失压脱扣器。

自耦减压启动器具有结构紧凑、不受电动机绕组接线方式限制、价格低廉等优点。当启动电动机时，将刀柄推向“启动”位置，此时，三相交流电源通过自耦变压器减压后与电动机相连接。待启动完毕后，把刀柄打向“运行”位置，切除自耦变压器，使电动机直接接到三相电源上，电动机正常运转。此时吸合线圈 KV 得电吸合，通过连锁机构保持刀柄在运行位置。停转时，按下 SB 按钮即可停止电动机运行。

使用自耦减压启动补偿器应注意以下问题：

使用前启动器油箱内必须灌注绝缘油，加至规定的油面线高度，以保证触头浸没于油中。要经常注意变压器油的清洁，以保持绝缘和灭弧性能良好。

启动器的金属外壳必须可靠接地，并经常检查接地线，以保障电气操作人员的安全。

使用启动器前应先把失压脱扣器铁芯主极面上涂有的凡士林或其他油用棉布擦去，以免造成因油的黏度太大而使脱扣失灵的事故。

使用时应在操作机构的滑动部分加添润滑油，使操作灵活方便和保护零件不生锈。

启动器内的热继电器不能当作短路保护装置用，因此在启动进线前应在主回路上串装三只熔断器，进行短路保护。

自耦减压启动器里的变压器可输出不同的电压，如因在启动时负荷太重造成启动困难时，可将自耦变压器抽头换接到输出电压较高的抽头上面使用。

电动机如要停止运行时，可按“停止”按钮；如需远距离控制电动机停止时，可在线路控制回路中串接一个常闭按钮。

启动器的功率必须与所控制电动机的功率相当。遇到过流使热继电器脱扣后，应先排除故障，再将热继电器手动复位，以备下次启动电动机时使用。有的热继电器调到了自动复位，就不必用手复位，只需等数分钟后再启动电动机。

自耦减压补偿启动器在安装时如果配用的电动机的电流与补偿器上的热继电器调节得不一致时，可旋动热继电器上的调节旋钮做适当调节。

要定期检查触头表面，发现触头烧毛，应用细锉刀锉光。如果触头严重烧坏，应更换同型号的触头。

六

继电控制线路

290 断相与相序保护器接线

（1）XJ2 断相与相序保护器接线如图 290（a）所示。

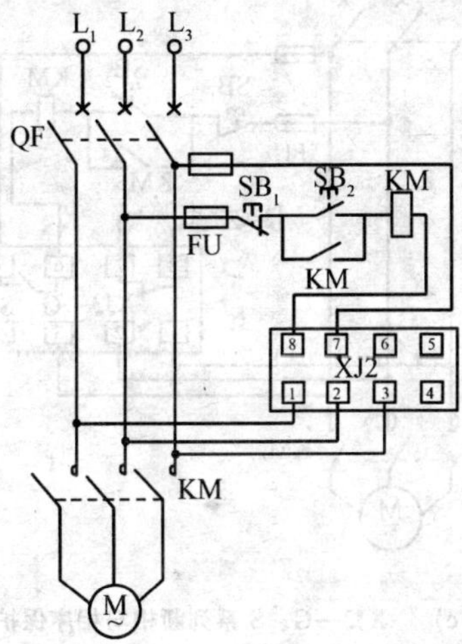

图 290（a） XJ2 断相与相序保护器接线

（2）XJ11 断相与相序保护器接线如图 290（b）所示。

（3）XJ3—G、S 系列断相与相序保护器如图 290（c）所示。

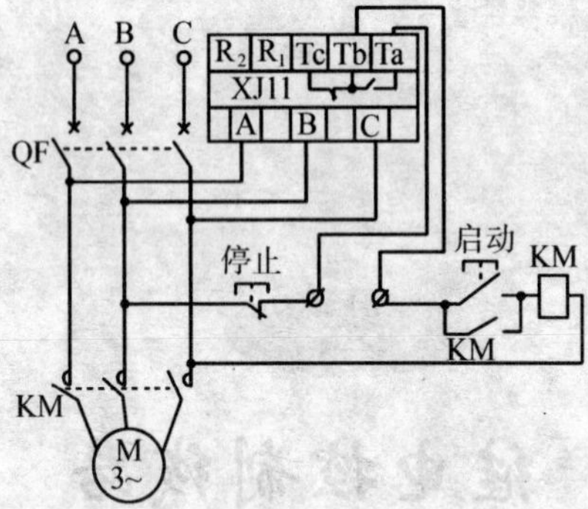

图 290（b） XJ11 断相与相序保护器接线

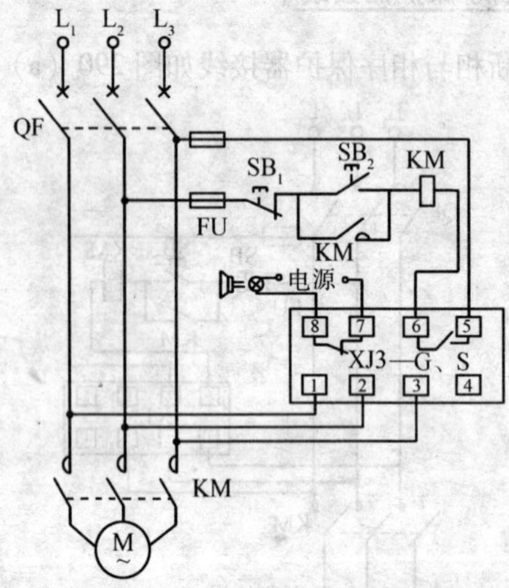

图 290（c） XJ3—G、S 系列断相与相序保护器接线

291 JYB714 型电子式液位继电器接线

（1）JYB714 型电子式液位继电器单相供水接线如图 291（a）所示。

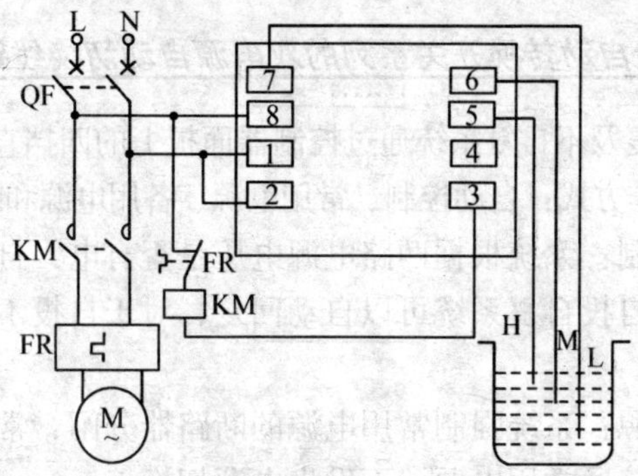

1，8 接 220V 电源　2，3 接内部继电器常开触点　5 接高水位 H 电极

6 接中水位 M 电极　7 接低水位 L 电极

供水方式（~220V 单相电动机接线）

图 291（a）　JYB714 型电子式液位继电器单相供水接线

（2）JYB714 型电子式液位继电器三相供水接线如图 291（b）所示。

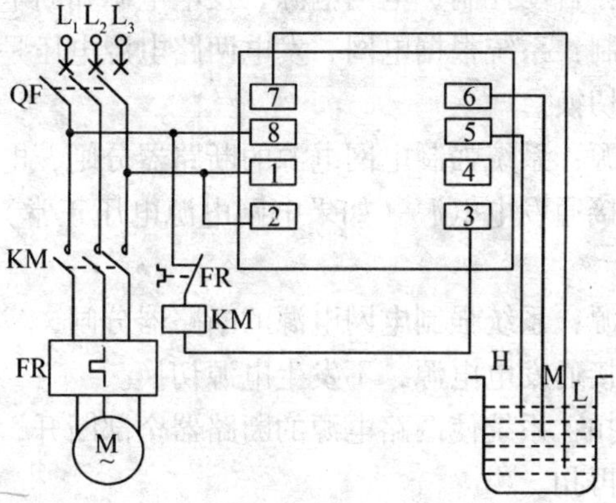

1，8 接 380V 电源　2，3 接内部继电器常开触点　5 接高水位 H 电极

6 接中水位 M 电极　7 接低水位 L 电极

供水方式（~380V 三相电动机接线）

图 291（b）　JYB714 型电子式液位继电器三相供水接线

CB级自动转换开关系列的双电源自动切换线路

自投自复及不自复系统通过控制器面板上的四挡直键开关可以设定四种工作方式：自动控制、常用电源、备用电源和断电再扣。

自动控制：系统根据两路电源电压是否有电，自动进行延时切换，对于自投自复系统可以自动回复，对于自投不自复系统则不能回复。

常用电源：系统强制常用电源的断路器分闸，常用电源的断路器合闸，接通常用电源，不发生电源切换。

备用电源：系统强制备用电源的断路器分闸，备用电源的断路器合闸，接通备用电源，不发生电源切换。

断电再扣：系统使两路电源的断路器全部断开，或使故障脱扣的断路器再扣。

自投自复系统通过控制器面板上的四挡直键开关可以设定四种工作方式：自动控制、电网电源、发电电源和断电再扣。

自动控制：系统根据电网、发电两路电源电压是否有电，自动进行延时切换。

电网电源：系统强制电网电源的断路器分闸，电网电源的断路器合闸，接通发电电源（如果电网电源电压正常），不发生电源切换。

发电电源：系统强制电网电源的断路器分闸，发电电源的断路器合闸，接通发电电源，不发生电源切换。

断电再扣：系统使两路电源的断路器全部断开，或使故障脱扣的断路器再扣。

接线端子“+”、“-”应接12V直流电源，用来保证自动控制器在电网停电而发电机尚未发出电时能正常工作。如不接12V直流电源，虽然系统仍可工作，但会出现在电网停电而发电机尚未发电阶段，自动控制器停止工作而无发电信号发出，发电机发电后，自动控制器重新工作，经发电延时发出发电信号已失去意义，同时断开电网断路器 Q_1，经 0.5s 左右延时发出卸载信号，再经 2s 左右延时接通发电断路器 Q_2，转换到发电电网。

自投自复自动控制器外形如图 292（a）所示。

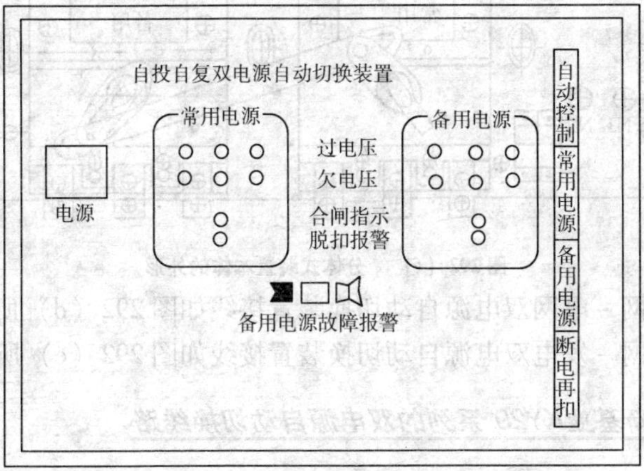

图 292（a） 自投自复自动控制器的外形

电网－发电自动控制器的操作面板如图 292（b）所示。

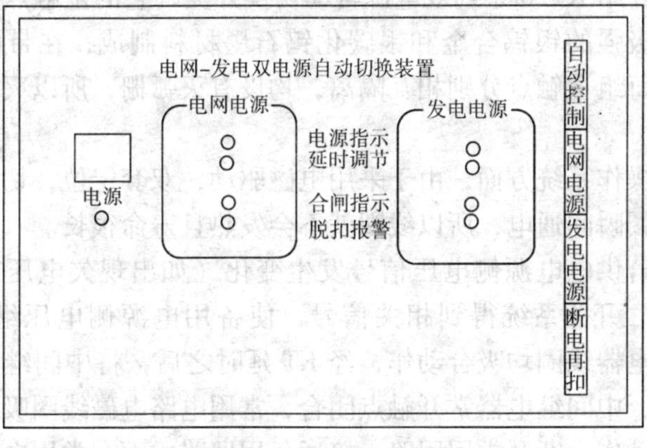

图 292（b） 电网－发电自动控制器的操作面板外形

分体式装置本体外形如图 292（c）所示。

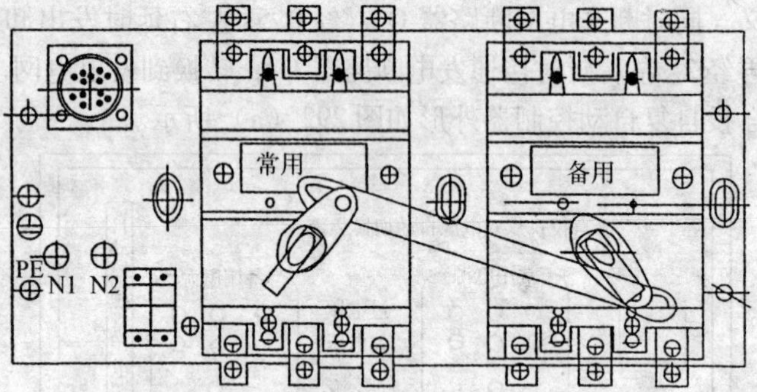

图 292（c） 分体式装置本体的外形

电网－电网双电源自动切换装置接线如图 292（d）所示。

电网－发电双电源自动切换装置接线如图 292（e）所示。

293 新基业KY20 系列的双电源自动切换线路

ATS 双电源自动切换开关，往往要求它切换快速、连锁机构完善可靠，灭弧能力强。

现介绍 KY20 系列双电源自动切换开关，它的主触点采用耐弧能力极强的银钨合金和银碳化钨石墨材料制成，在带电切换时，因每组主触点分别相互隔离，均设有灭弧栅，所以灭弧能力极强。

在操作系统方面，由于采用电磁驱动，双套定位，切换速度快、线圈瞬间通电，所以线圈就不会发热且寿命很长。

倘若供电电源侧电压信号发生变化（如出现欠电压或失电压）时，开关系统得到相关信号，使备用电源侧电压继电器、时间继电器线圈均吸合动作，经 KT 延时之后，将中间继电器线圈接通，中间继电器常开触点闭合，常用电路电磁线圈吸合使开关切换动作，断开常用回路，接通备用回路。而在常用电源恢复正常后，其电压继电器线圈又得电吸合动作，并延时接通中间继

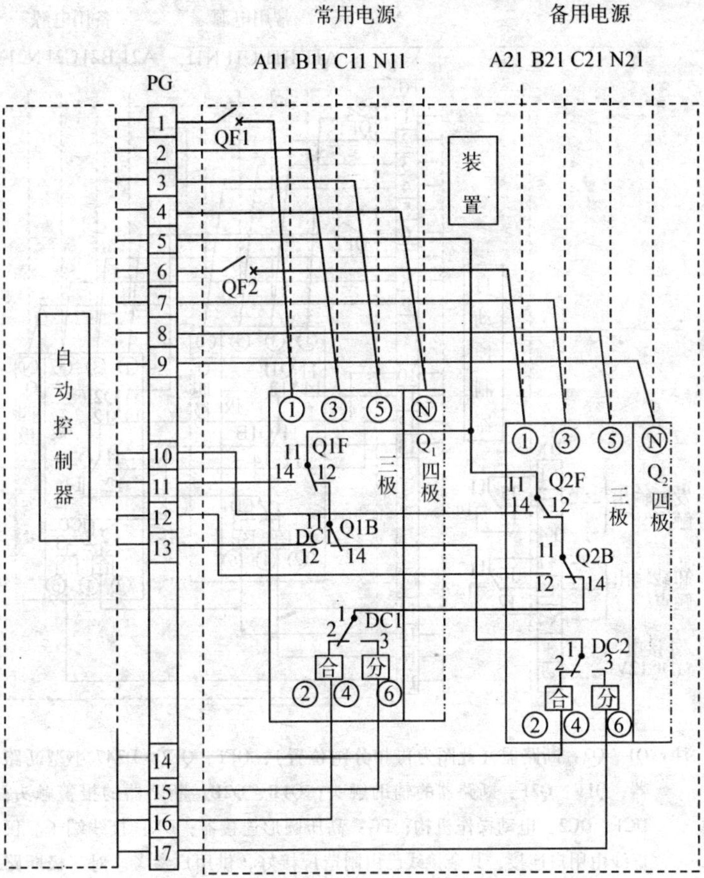

注：Q_1、Q_2：断路器（此图为再扣分闸位置）；QF1、QF2：DZ47 小型断路器；Q1F、Q2F：断路器的辅助触头；Q1B、Q2B：断路器的报警触头；DC1、DC2：电动操作机构；PG：高压圆形连接器。仅虚线由用户连接，其余接线已由制造厂接好，供用户参考。对三极断路器，N11 及 N21 中性线仍必须接入，接到装置底板的接线柱上。

图 292（d） 电网－电网双电源自动切换装置接线

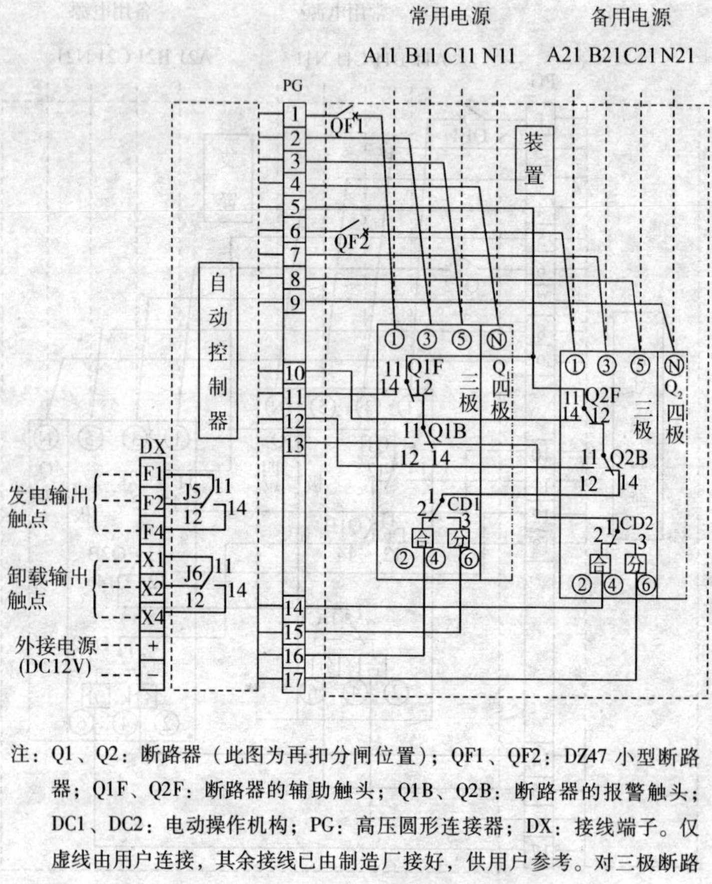

注：Q1、Q2：断路器（此图为再扣分闸位置）；QF1、QF2：DZ47 小型断路器；Q1F、Q2F：断路器的辅助触头；Q1B、Q2B：断路器的报警触头；DC1、DC2：电动操作机构；PG：高压圆形连接器；DX：接线端子。仅虚线由用户连接，其余接线已由制造厂接好，供用户参考。对三极断路器，N11 及 N21 中性线仍必须接入，接到装置底板上的接线柱上。

图 292（e） 电网－发电双电源自动切换装置接线

电器，使驱动电磁线圈动作，将备用电源切断，常用电源接通，从而恢复常用电源正常供电。

其中 A1、A2、B1、B2 为两组控制电源接线端子，同时提供 2 组辅助触点 A1、A3，B3、B4 或 3 组辅助触点 A3、A4、

A5，B3、B4、B5 可作为其他信号控制之用。

图 293（a）、（b）、（c）是 KY20 系列双电源自动切换开关应用电路举例，供读者参考。

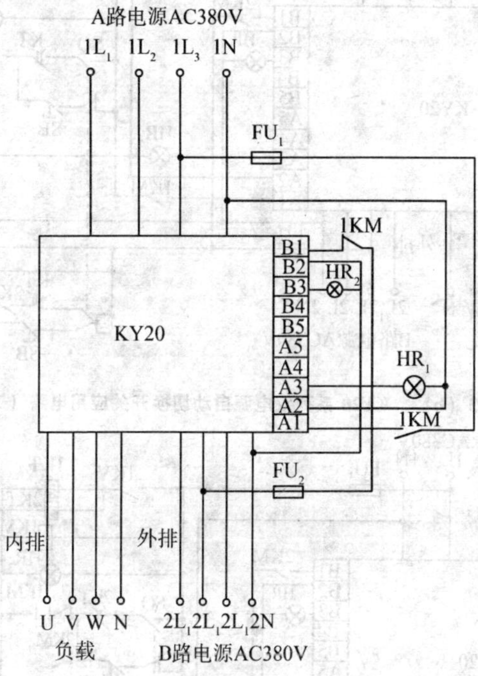

图 293（a） KY20 系列双电源自动切换开关应用电路（一）

294 DSU—C 双电源智能控制线路

如图 294 所示，DSU—C 型智能控制器是控制双接触器组装的双电源转换开关或同两只框架断路器拼装的 ATS，接线端子和 DSU—A 型相同，C_1，C_2 为接触器线圈或断路电动机构，K_1，K_2 为接触器或断路器辅助触点。

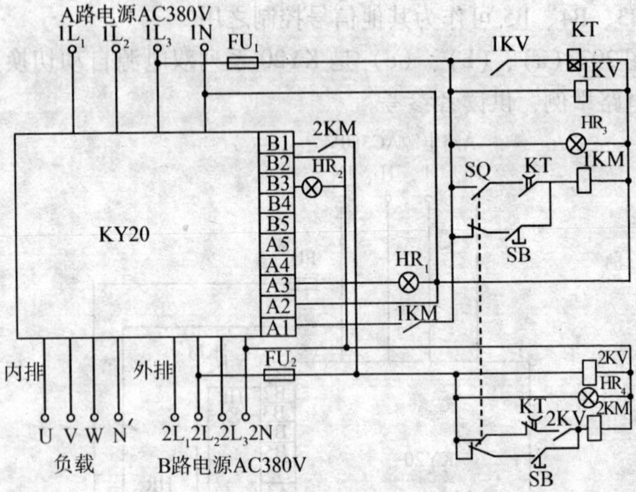

图 293（b） KY20 系列双电源自动切换开关应用电路（二）

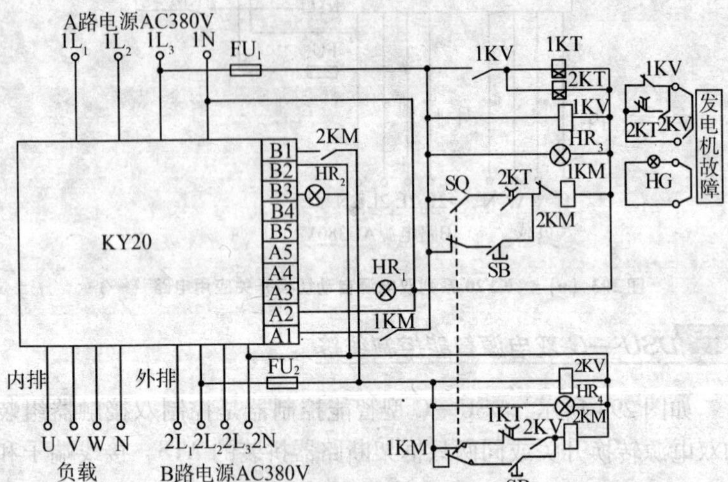

图 293（c） KY20 系列双电源自动切换开关应用电路（三）

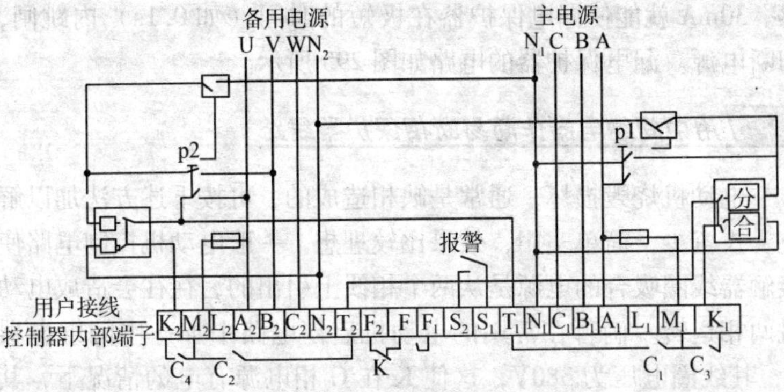

图 294　DSU—C 双电源智能控制线路

295 漏电保护断路器电路

漏电保护断路器又叫漏电保护器、漏电开关，是一种行之有效的防止人身触电的保护装置。漏电保护器的原理是利用人在触电时产生的触电电流使漏电保护器感应出信号，经过电子放大线路或开关电路，推动脱扣机构，使电源开关动作，将电源切断，从而保证人身安全。漏电保护器对电气设备的漏电电流极为敏

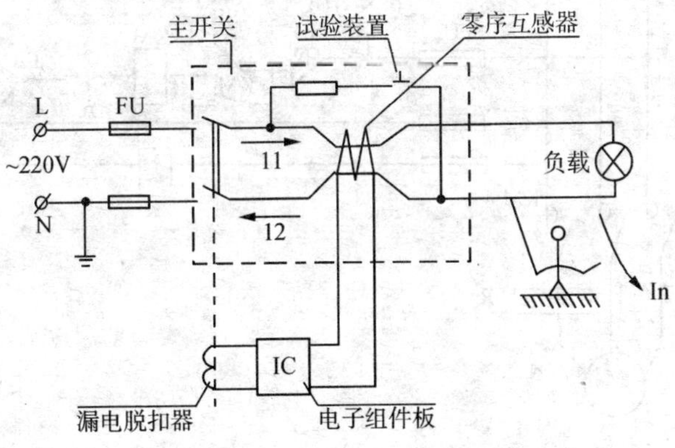

图 295　漏电保护器电路

感。30mA 就能使漏电保护器在极短的时间（如 0.1s）内跳闸，切断电源。漏电保护器的电路如图 295 所示。

296 用中间继电器作简易断相保护器线路

电动机烧毁损坏，通常是缺相造成的，可按下述方法加以解决，投资少，简单实用，效果比较理想。一般电动机控制电路使接触器线圈吸合的电源是从两个相线上引出的，往往会造成电动机两相运转。倘若在常用的电动机启停电路中加一中间继电器 K，其线圈电压为 380V，这使 K 在 C 相电源有电的情况下，其常开触点才能闭合，从而保证 A、B、C 三相都有电，接触器 KM 线圈才能得电工作，起到电动机断相保护的作用，如图 296 所示。

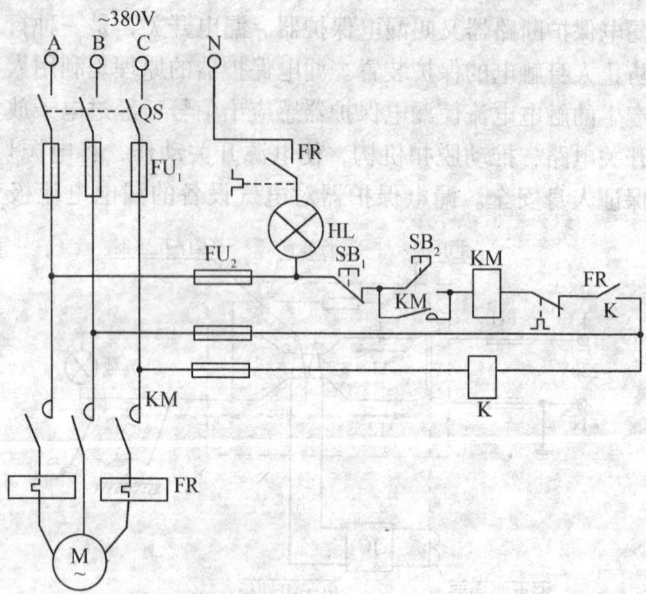

图 296　用中间继电器作简易断相保护线路

297 采用电流继电器控制龙门刨床工件夹紧线路

在很多应用电路中，有时需要根据电路中工作电流的大小来接通或分断某些工作电路。例如，龙门刨床的横梁由于工作需要，可在立柱上做上下移动，但在切削加工时则必须夹紧在立柱上。横梁的夹紧可由电动机拖动夹紧机构来实现。现举龙门刨床横梁夹紧为例，当夹紧力达到所要求的数值时，电动机的电流相应地增大到某一值，此时电动机必须停下来，否则电流和夹紧力过大，会使电动机及机件损坏。图 297 是一个用电流继电器控制龙门刨床工件夹紧的线路。

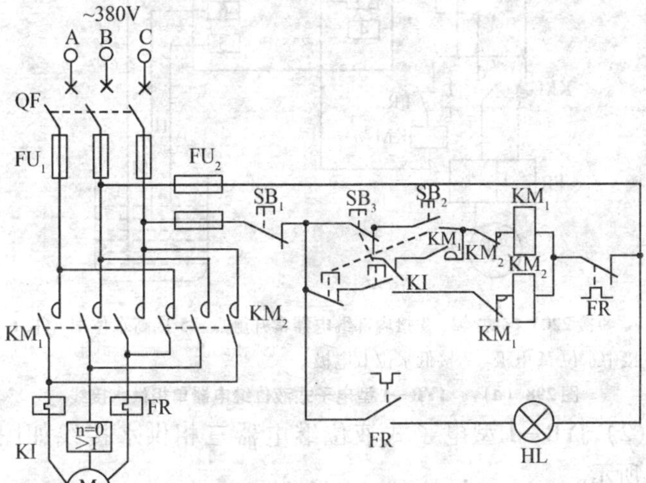

图 297　用电流继电器控制龙门刨床工件夹紧线路

按下按钮 SB_2，线圈 KM_1 通电，电动机正转，这时通过丝杆连动铁板向前推动，使放在工作台上的工件慢慢被夹紧。当夹紧杆上紧后，电动机发生堵转，这时电流增大，电流继电器 KI 动作，常闭触点断开，使线圈 KM_1 断电，电动机停转，然后即可对工件进行操作。当加工完毕后需松开工件时，按下松开按钮 SB_3，线圈 KM_2 通电，电动机反转，松开工件。图中 HL 为电动机过载指示灯。

298 JYB—1、JYB—3 型电子式液位继电器线路

（1）JYB—1 型电子式液位继电器单相供水接线如图 298（a）所示。

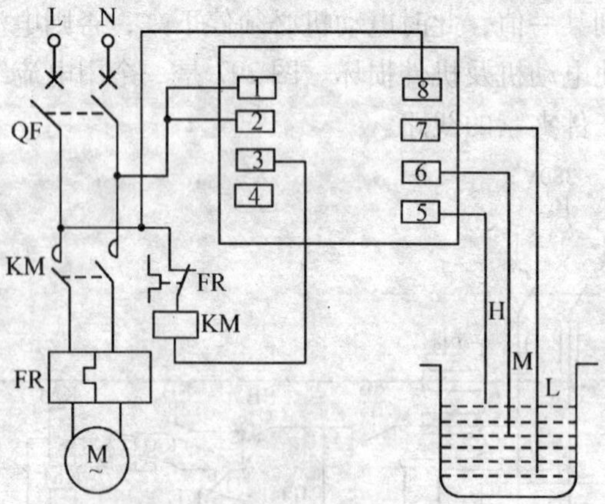

1，8 接 220V 电源　2，3 接内部继电器常开触点　5 接高水位 H 电极 6 接中水位 M 电极　7 接低水位 L 电极

图 298（a）　JYB—1 型电子式液位继电器单相供水接线

（2）JYB—1 型电子式液位继电器三相供水接线如图 298（b）所示。

（3）JYB—3 型电子式液位继电器单相供水接线如图 298（c）所示。

（4）JYB—3 型电子式液位继电器三相供水接线如图 298（d）所示。

（5）JYB—3 型电子式液位继电器单相排水接线如图 298（e）所示。

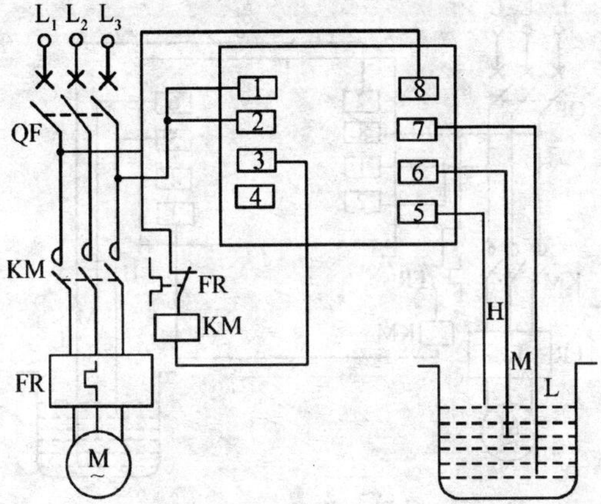

1，8 接 380V 电源　2，3 接内部继电器常开触点　5 接高水位 H 电极
6 接中水位 M 电极　7 接低水位 L 电极

图 298（b）　JYB—1 型电子式液位继电器三相供水接线

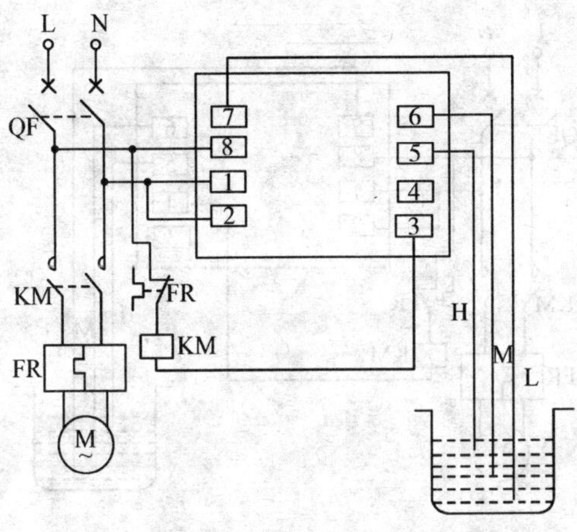

1，8 接 220V 电源　2，3 接内部继电器常开触点　5 接高水位 H 电极
6 接中水位 M 电极　7 接低水位 L 电极

图 298（c）　JYB—3 型电子式液位继电器单相供水接线

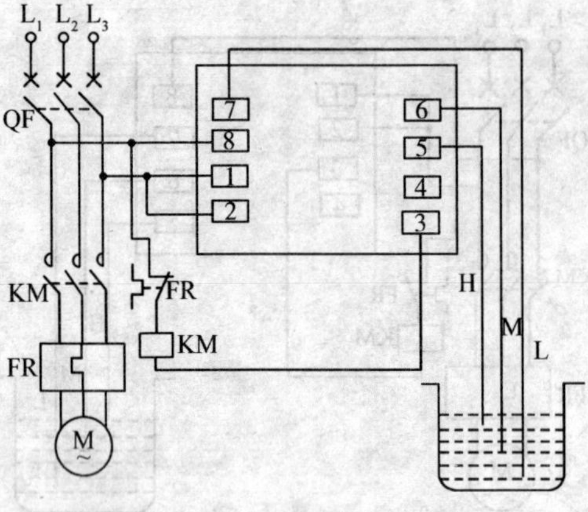

1，8 接 380V 电源　2，3 接内部继电器常开触点　5 接高水位 H 电极
6 接中水位 M 电极　7 接低水位 L 电极

图 298（d）　JYB—3 型电子式液位继电器三相供水接线

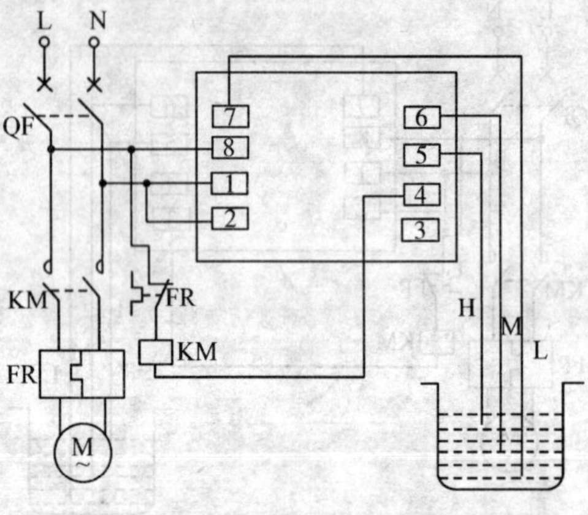

1，8 接 220V 电源　2，3 接内部继电器常闭触点　5 接高水位 H 电极
6 接中水位 M 电极　7 接低水位 L 电极

图 298（e）　JYB—3 型电子式液位继电器单相排水接线

在不通电时，端子3和4为常闭，2和3为常开。

(6) JYB—3型电子式液位继电器三相排水接线如图298 (f) 所示。

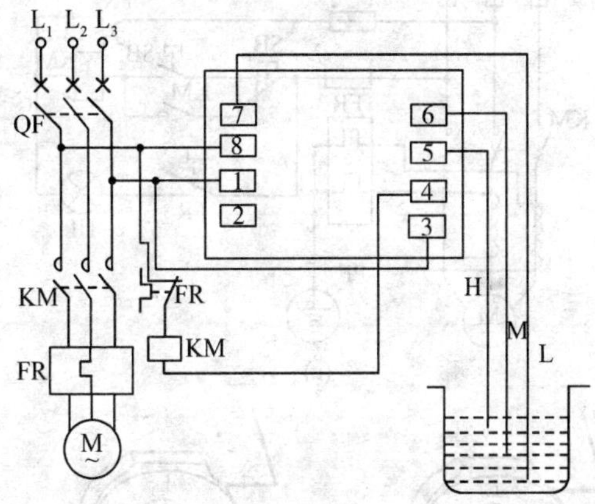

1，8接380V电源　3，4接内部继电器常闭触点　5接高水位H电极　6接中水位M电极　7接低水位L电极

图298 (f)　JYB—3型电子式液位继电器三相排水接线

299 使用电流互感器的热继电器保护线路

对于容量很大的电动机，若采用热继电器来保护，由于热继电器品种不全很难买到，为此可采用电流互感器加以解决。

用电流互感器变流，将热继电器接在二次侧进行保护，如图299 (a) 所示。热继电器动作电流一般设定为电动机额定电流通过电流互感器变比换算后的电流值。若电流互感器与电流表电流相差很大，可用图299 (b) 所示方法解决。通常，过载1.25倍，在20min内动作；过载6～10倍，瞬时动作。图中HL为过载指示灯。

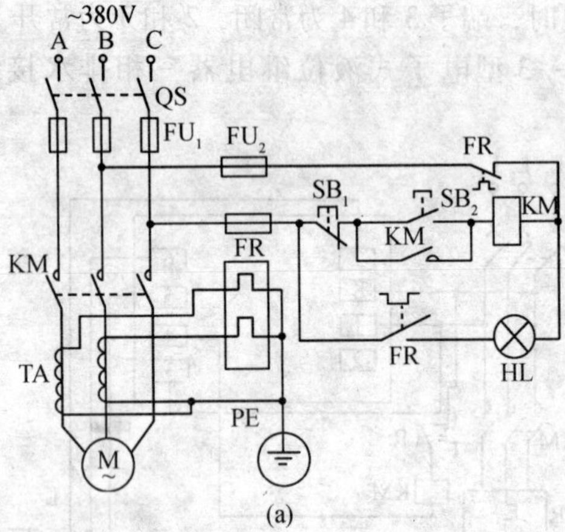

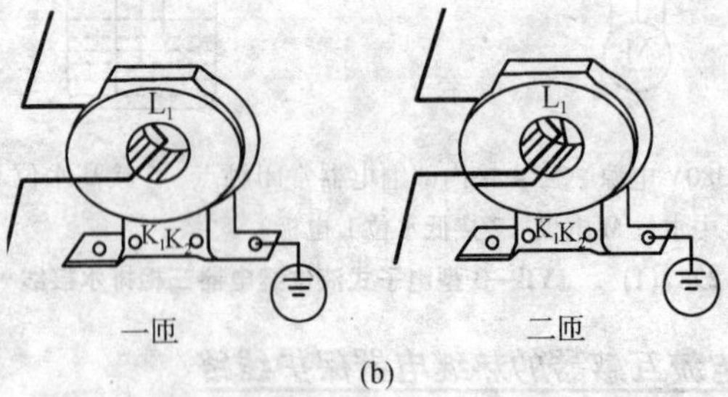

图 299　使用电流互感器的热断电器保护线路

300 用时间继电器控制自耦变压器自动启动线路

在多种降压启动方式中，采用自耦降压启动效果最理想。自耦变压器与时间继电器组合的自动启动控制电路，如图 300（a）所示。启动时只要按下启动按钮 SB_2，交流接触器 KM_1 线圈得电吸合，主电路中串入自耦变压器进行降压启动，经过一段时间后，当电动机达到额定转速后，时间继电器 KT 动作，KT 断开 KM_1 线圈电源，KM_1 断电释放，将自耦变压器 TM 退出运行，同时交流接触器 KM_2 线圈得电，其主触点闭合电动机在全压下正常运转。停止时按下

SB_1 停止按钮，KM_2 线圈失电释放，主触点断开，电动机便失电停止。为了保证电路正常工作，将原电路图中的自保触点 KM_1 换成了 KT 时间继电器不延时瞬动常开触点作为自保触点。

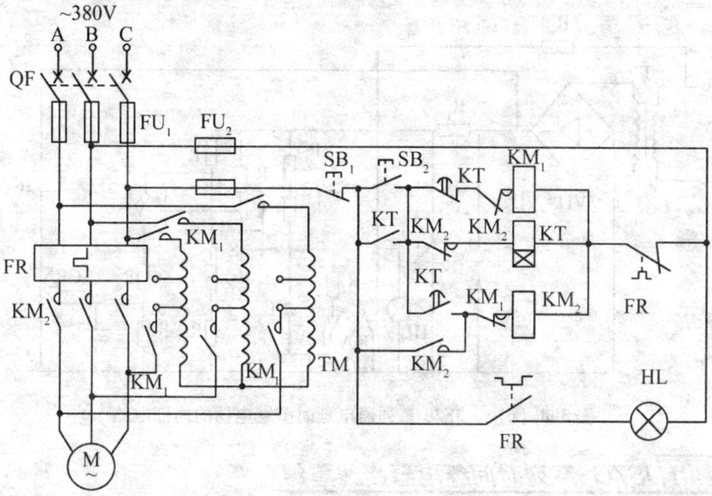

图 300（a） 采用自耦变压器与时间继电器组合的自动启动控制线路

图中时间继电器 KT 可选用气囊式得电延时时间继电器，如 JS7—2A 型；也可选用晶体管得电延时时间继电器，如 JS20 型，其电路及底座接线见图 300（b）、（c），其延时时间可按电动机

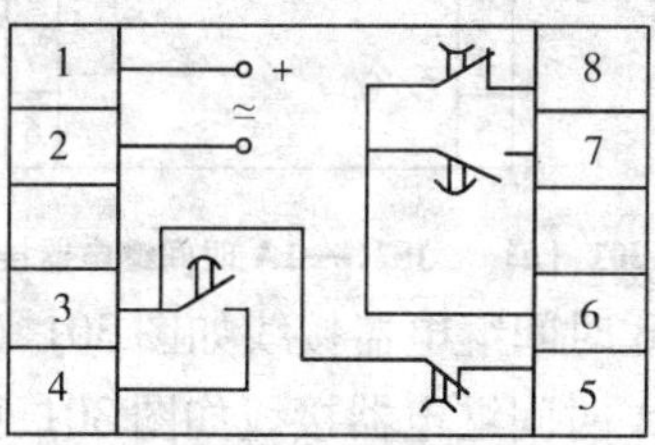

–00: 装置式；–03: 装置式带瞬动
–01: 面板式；–04: 面板式带瞬动
–02: 外接式；–05: 外接式带瞬动

图 300（b） 底座接线

功率开方后乘以 2 倍后再加 4s 计算。例如一台 37kW 的三相异步电动机，采用自耦减压启动，其转换时间应按如下计算：

$$\sqrt{37} \approx 6,\ 6 \times 2 + 4 = 16\ (s)$$

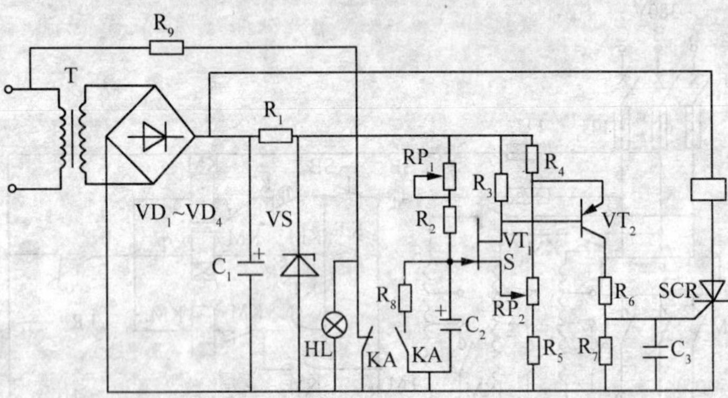

图 300（c） JS20 系列通电延时型继电器的内部电路

301 JS7G 系列时间继电器接线集锦

（1）JS7G—1A 时间继电器接线如图 301（a）所示。

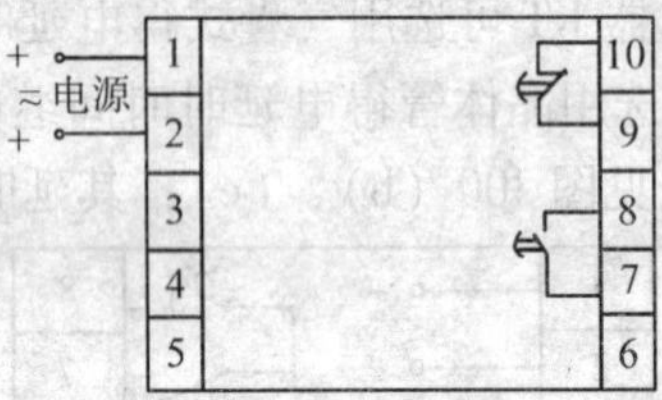

图 301（a） JS7G—1A 时间继电器接线

（2）JS7G—1B 时间继电器接线如图 301（b）所示。

（3）JS7G—2A 时间继电器接线如图 301（c）所示。

（4）JS7G—2B 时间继电器接线如图 301（d）所示。

（5）JS7G—3A 时间继电器接线如图 301（e）所示。

（6）JS7G—3B 时间继电器接线如图 301（f）所示。

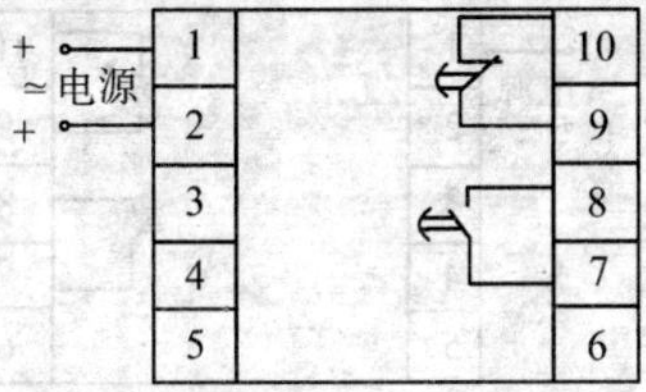

图 301（b） JS7G—1B 时间继电器接线

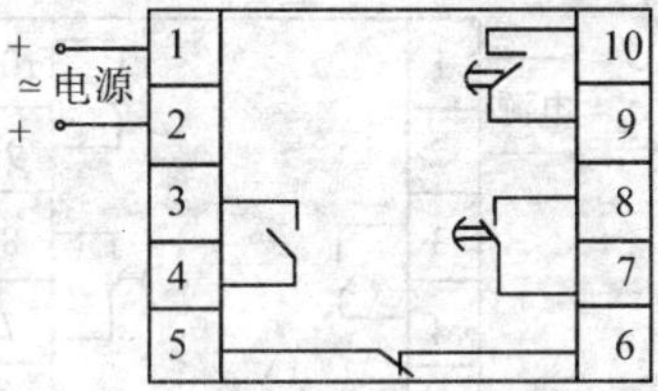

图 301（c） JS7G—2A 时间继电器接线

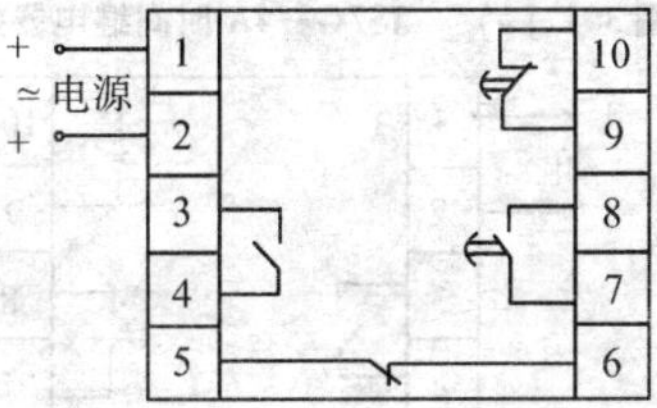

图 301（d） JS7G—2B 时间继电器接线

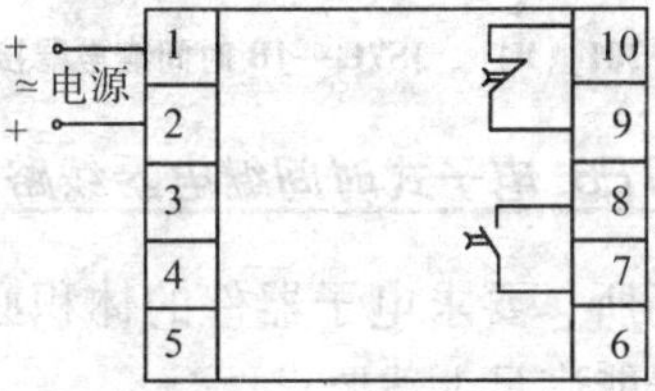

图 301（e） JS7G—3A 时间继电器接线

（7）JS7G—4A 时间继电器接线如图 301（g）所示。

（8）JS7G—4B 时间继电器接线如图 301（h）所示。

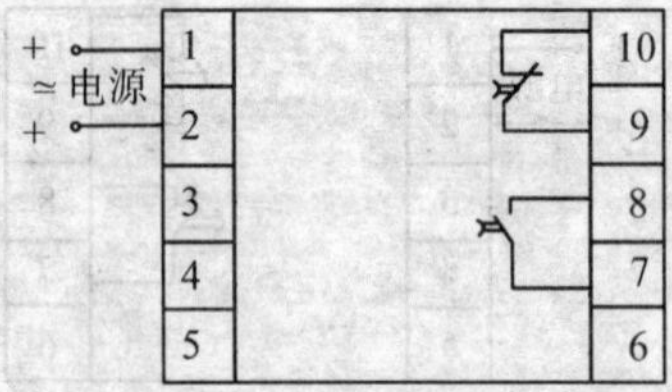

图 301（f）　JS7G—3B 时间继电器接线

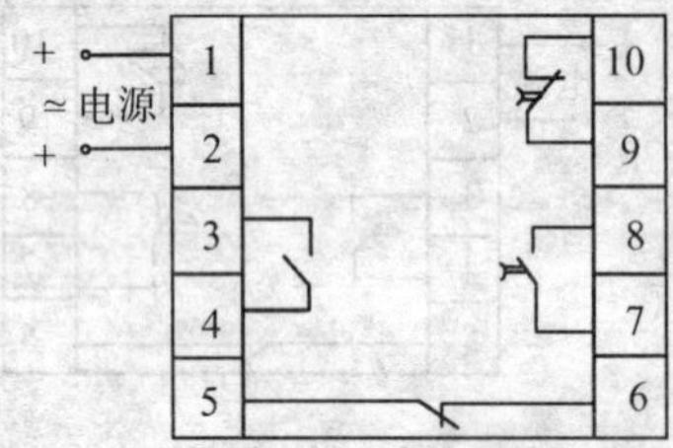

图 301（g）　JS7G—4A 时间继电器接线

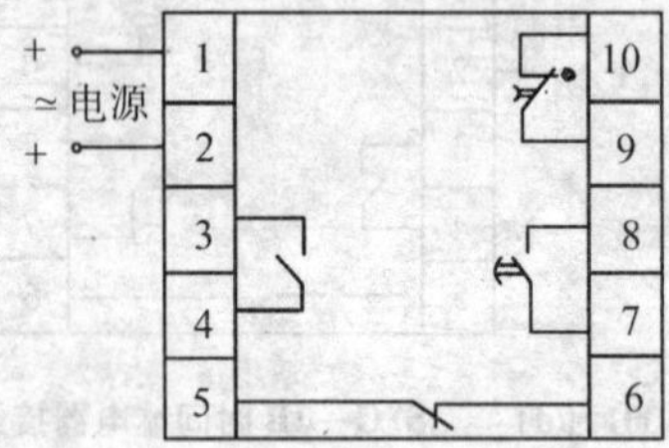

图 301（h）　JS7G—4B 时间继电器接线

302 体积小的NTE8 电子式时间继电器线路

在很多应用场所，要求电子器件的体积必须小型化，NTE8 电子式时间继电器能满足上述要求。

NTE8 电子式时间继电器有两种延时方式：A 为断电延时，接线见图 302（a），B 为得电延时，接线见图 302（b）。

NTE8—□A 电子式时间继电器为断电延时，继电器的 A 端经按钮开关与电源相线连接，继电器的 N 端接中性线（零线），

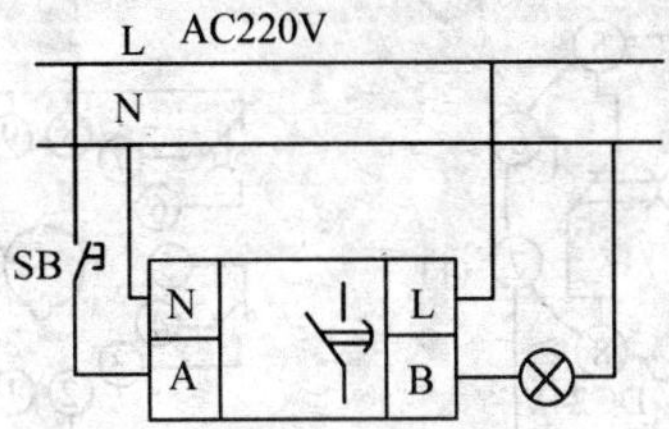

图 302（a） NTE8—□A 电子式时间继电器接线

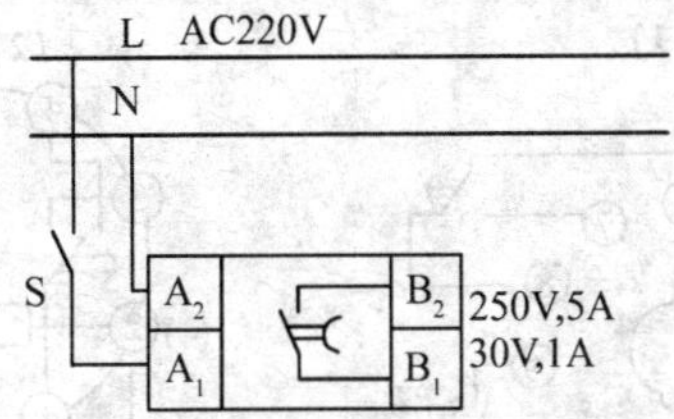

图 302（b） NTE8—□B 电子式时间继电器接线

L 端接相线，B 端与负载串联后接至中性线上（零线），此时按动按钮开关 SB，负载立即工作；松开按钮开关后，B 端仍保持有输出，经过设定时间延时自动切断负载电路。

NTE8—□B 电子式时间继电器为得电延时，继电器的 A_1 端、A_2 端接 220V 交流电源；B_1 端、B_2 端接相线，而一端与负载串联后接至零线上（未画出）。当控制开关 S 接通时，继电器开始延时，经过延时后（预置时间），内部继电器触头闭合。若控制开关 S 断开时，继电器线圈失电释放其触头恢复常开，从而切断负载电路。

303 多种时间继电器接线线路

目前，国内生产的时间继电器品种繁多，型号很杂，应用很广泛，用户说明书如果丢失，会给工作带来很多麻烦。

图 303 所示为 79 种时间继电器接线图，供读者选用参考。

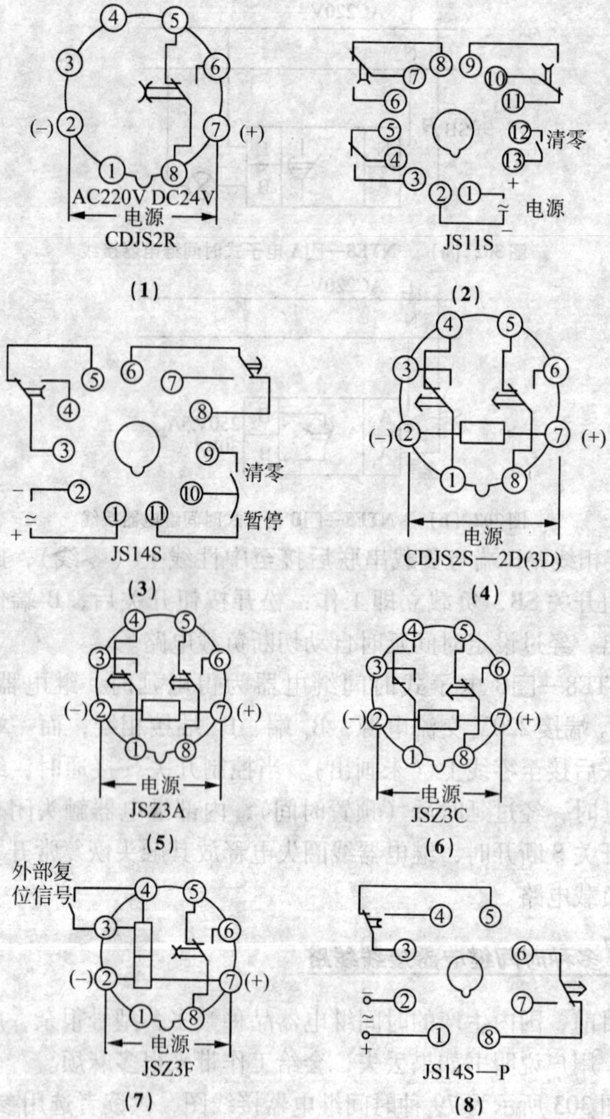

图 303　多种时间继电器接线线路

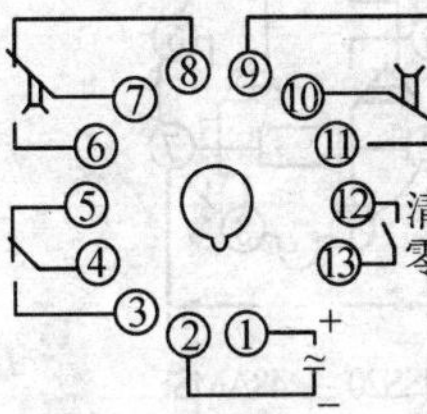

JS11J 或 JSS14

(9)

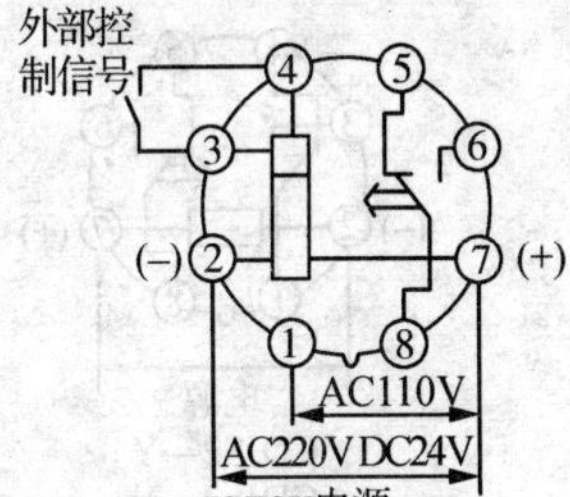

JSZ3K电源

(10)

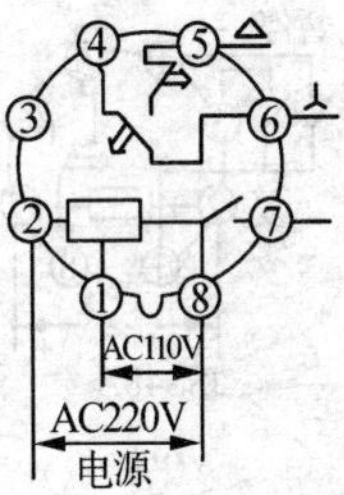

JSZ3Y

(11)

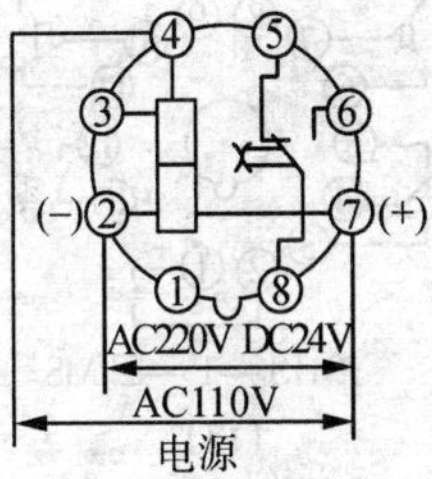

JSZ3R

(12)

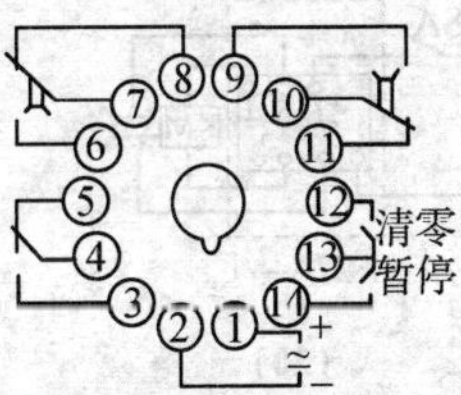

JS11S—G

(13)

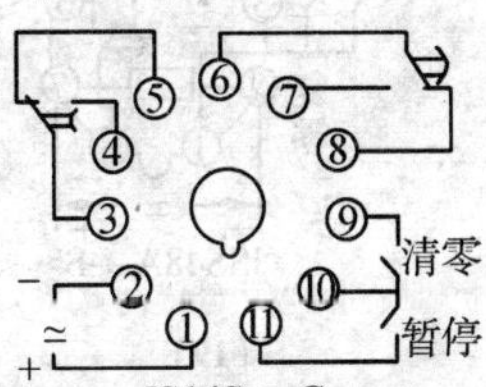

JS14S—G

(14)

续图

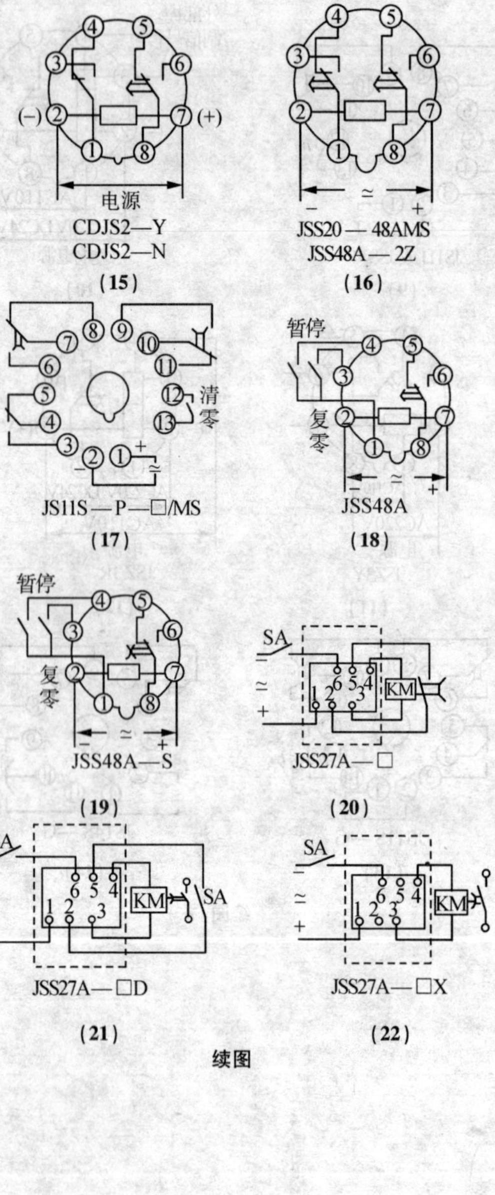
(−)
(+)
电源
CDJS2—Y
CDJS2—N
(15)
−
≃
+
JSS20 — 48AMS
JSS48A — 2Z
(16)
清零
+
−
≃
JS11S — P — □/MS
(17)
暂停
复零
−
≃
+
JSS48A
(18)
暂停
复零
−
≃
+
JSS48A—S
(19)
SA
KM
JSS27A—□
(20)
SA
KM
SA
JSS27A—□D
(21)
SA
KM
JSS27A—□X
(22)

续图

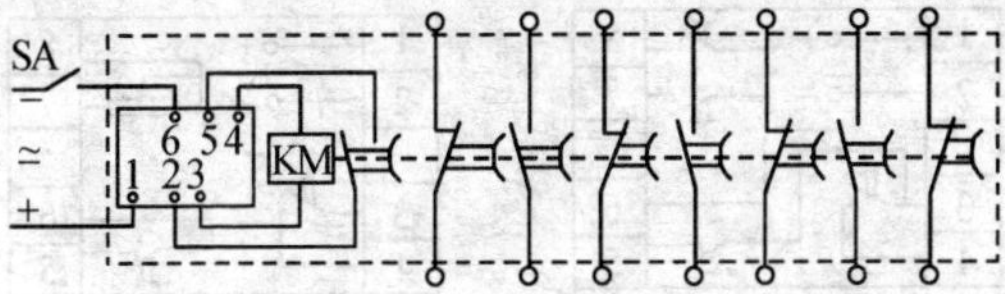

JSS27A—□/1

(23)

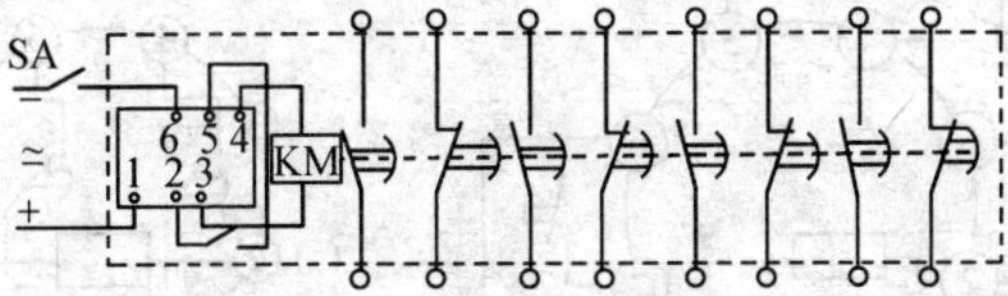

JSS27A—□D/1

(24)

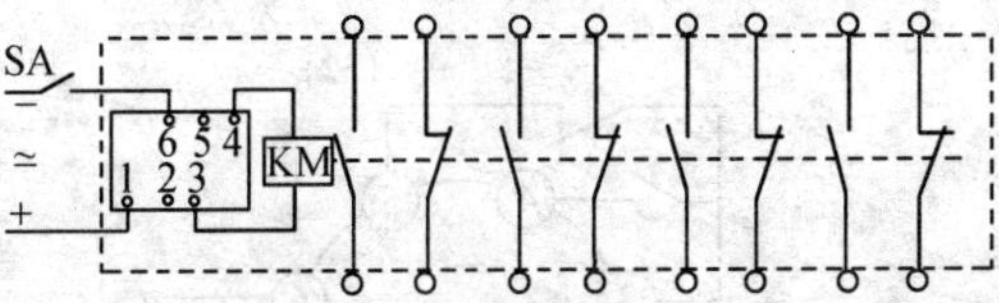

JSS27A—□X/1

(25)

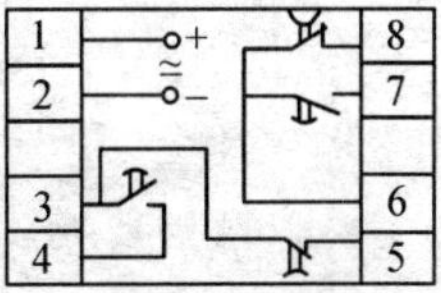

JS14P装置式

(26)

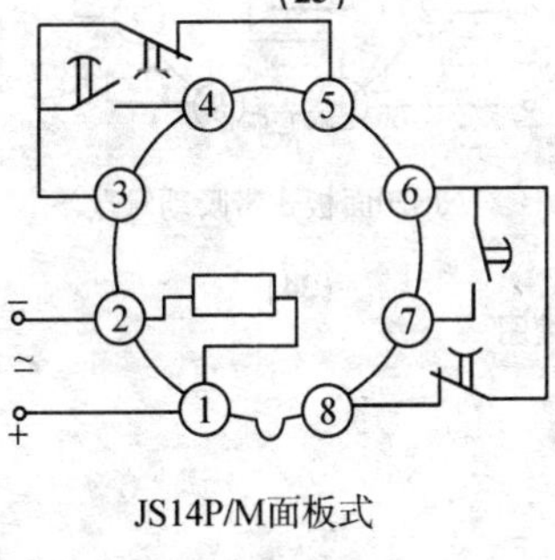

JS14P/M面板式

(27)

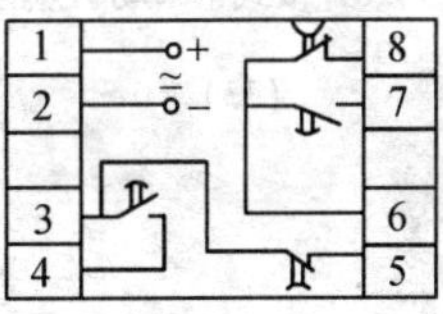

JS20装置式

(28)

续图

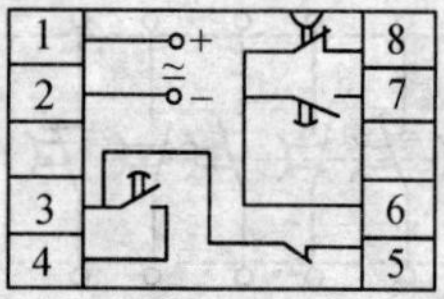

JS20装置式带瞬动触点

(29)

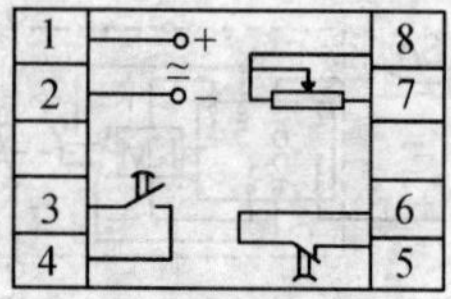

JS20外接式

(30)

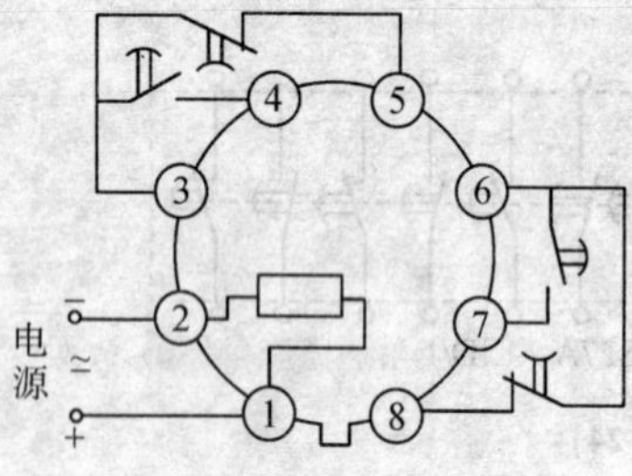

JS20面板式

(31)

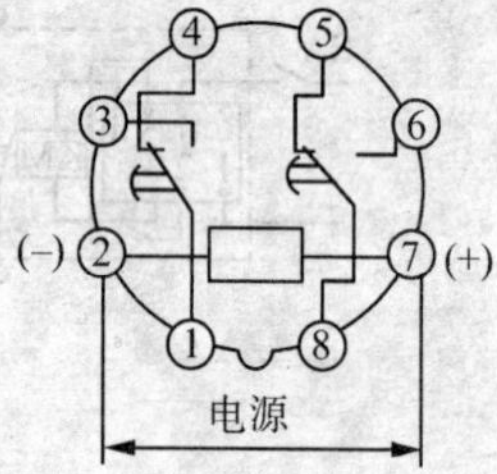

JSM8

(32)

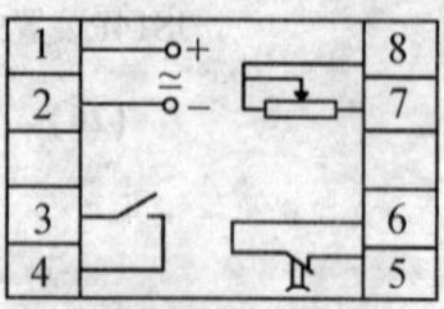

JS20外接式带瞬动触点

(33)

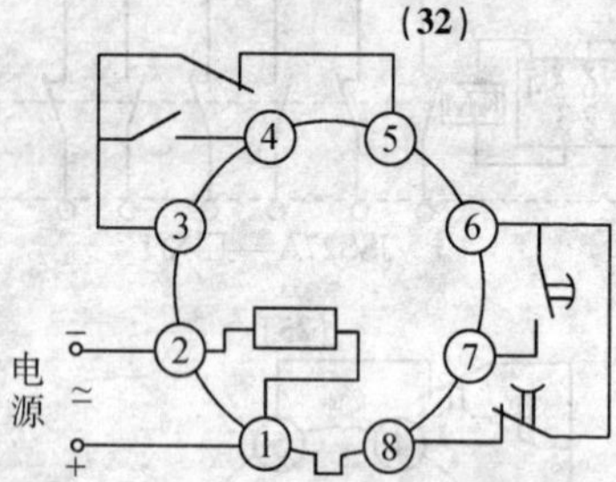

JS20面板式带瞬动触点

(34)

续图

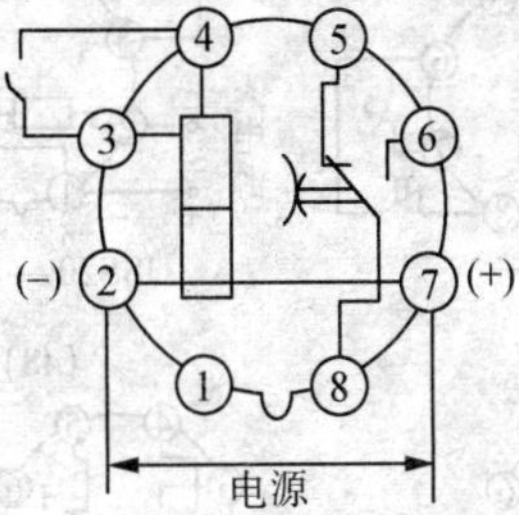

CDJS2—F

(35)

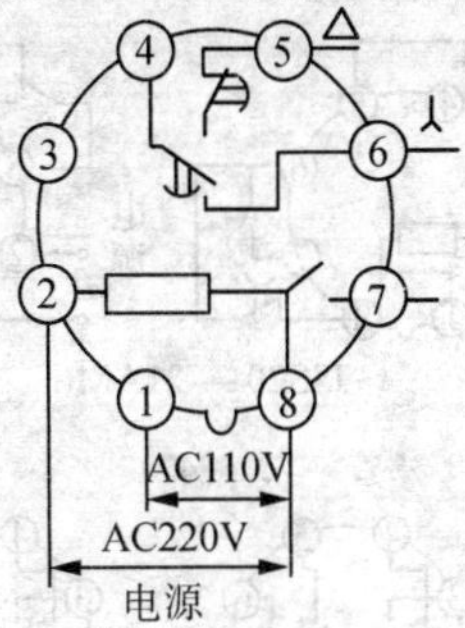

CDJS2—Y

(36)

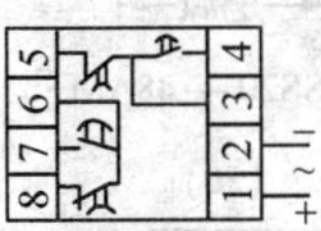
JSS1—□

(37)

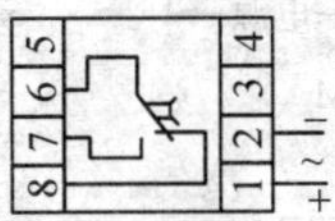
JSS1—□D

(38)

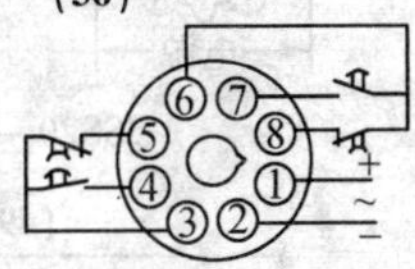
JSS1—□/M

(39)

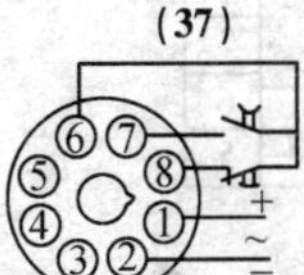
JSS1—□D/M

(40)

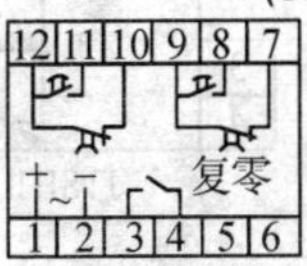

JSS1—□□/M

(41)

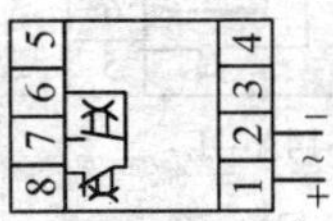
JSS1—□W

(42)

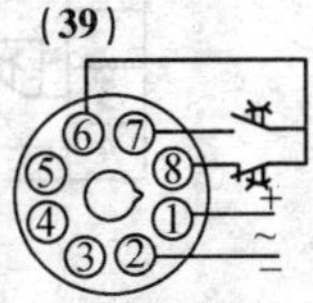
JSS1—□W/M

(43)

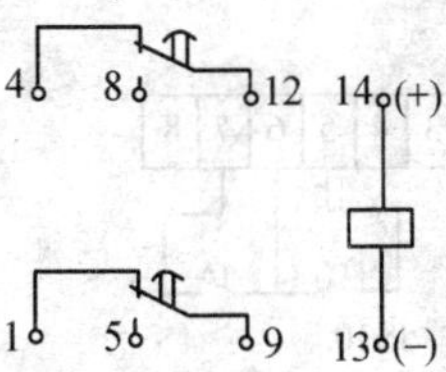

JSZ6—2

(44)

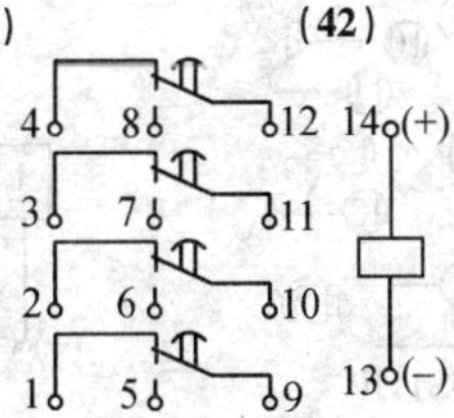

JSZ6—4

(45)

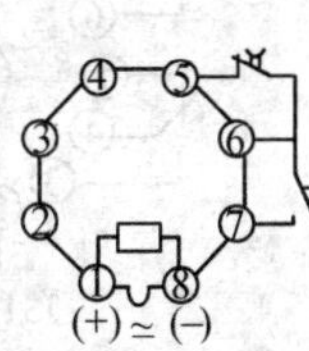

JSS20—11AM

(46)

续图

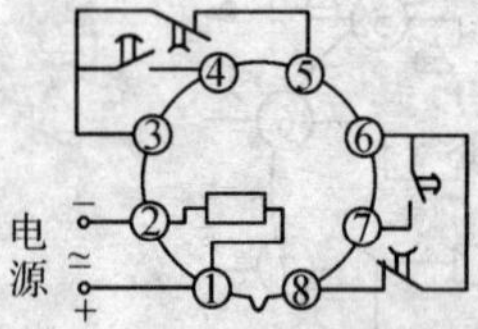

JSS20 — 21AM

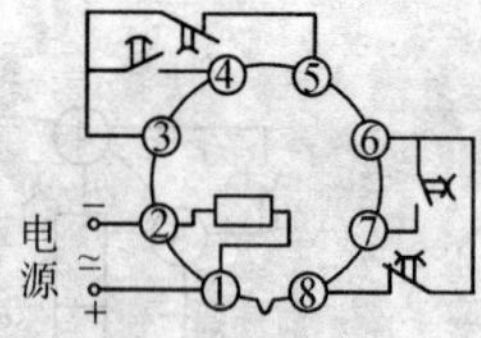

JSS20 — 21AMZ

(47) (48)

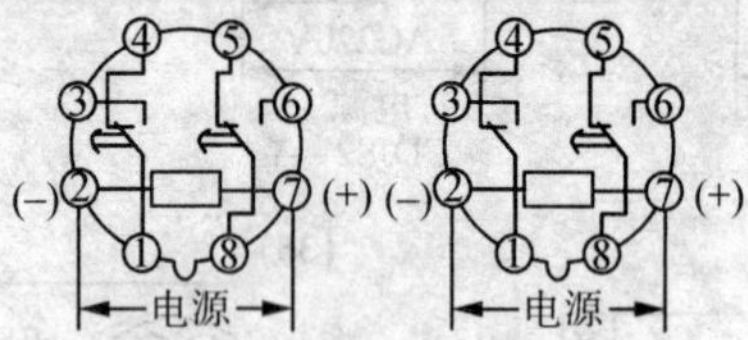

JSS20 — 31AM

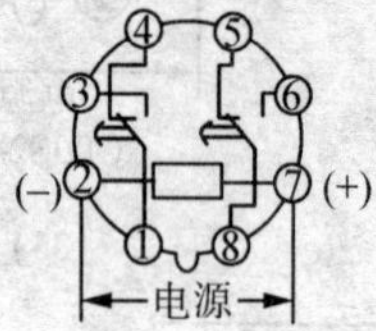

JSS20 — 48AM

(49) (50)

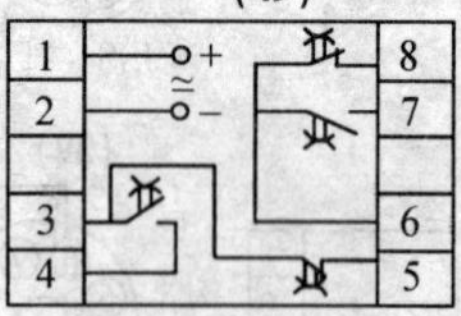

JS14A—J

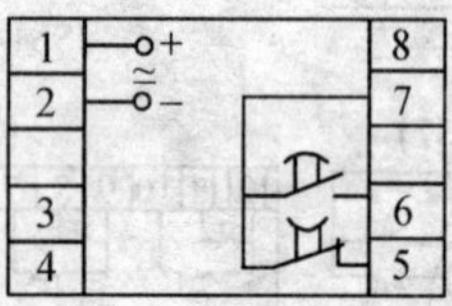

JTSB1

(51) (52)

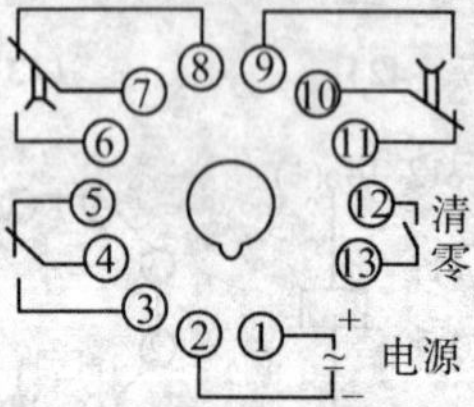

JS11或JS11JP

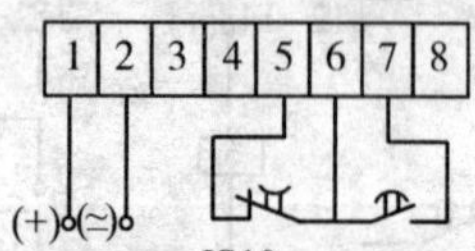

JS10

(53) (54)

续图

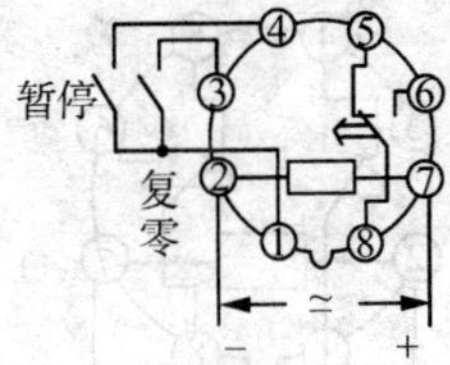

JSS48A —P

（55）

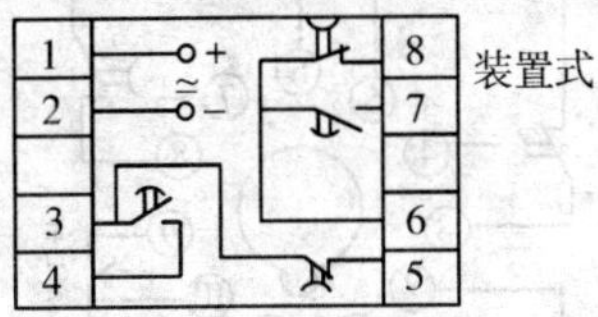

JS14A

（56）

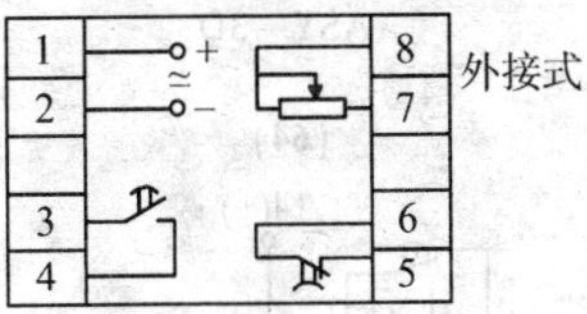

JS14A

（57）

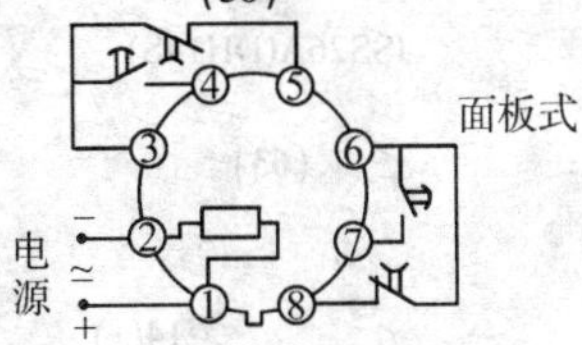

JS14A

（58）

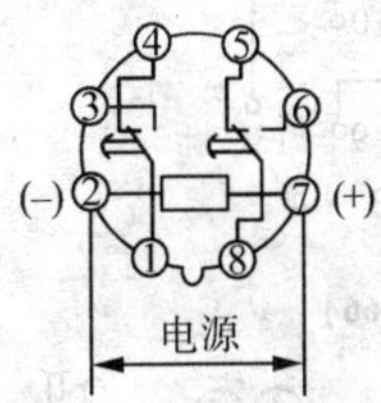

ST3PA—A ST3PA—B ST3PA—C
ST3PA—D ST3PA—E ST3PA—F ST3PA—G

（59）

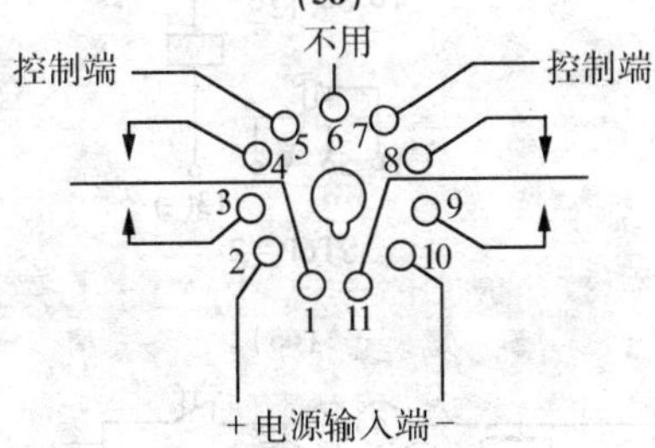

JSF、JSCF(JSS10)

（60）

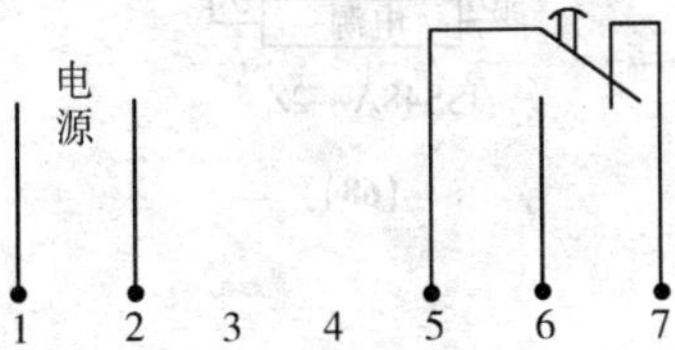

JSB — 5/6

（61）

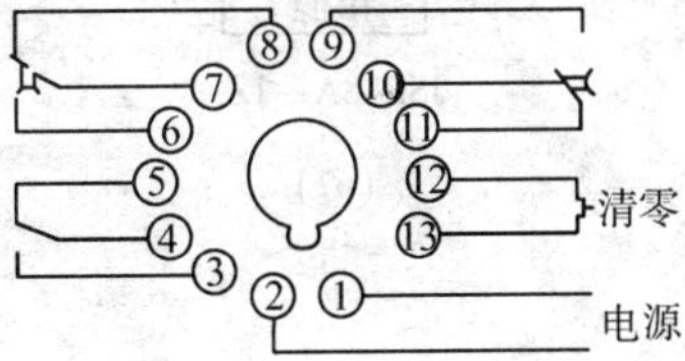

JSS3B

（62）

续图

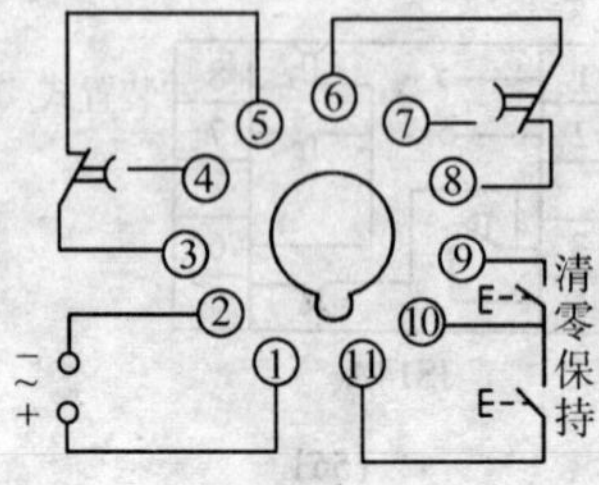

JSS26A(DH14S)

(63)

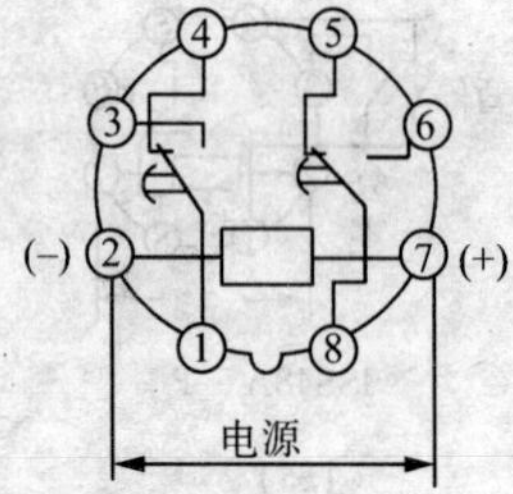

ASY—3D

(64)

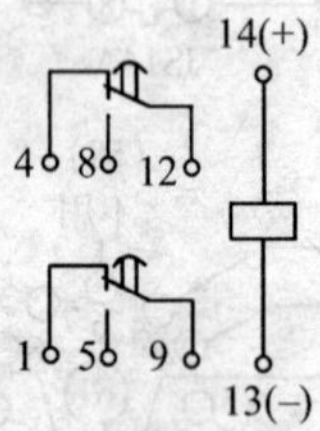

ST6P—2

(65)

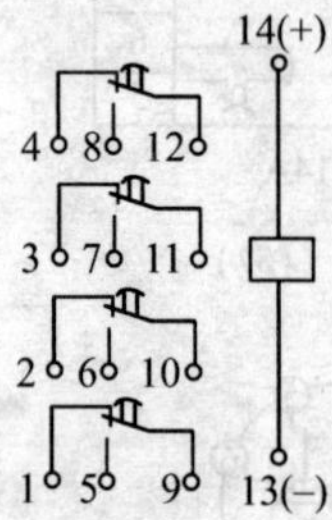

ST6P—4

(66)

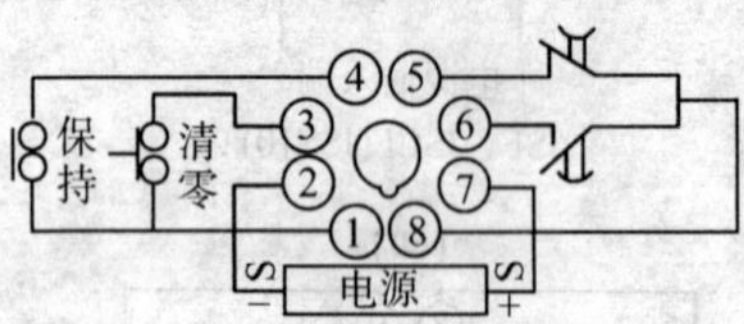

JSS48A—1Z

(67)

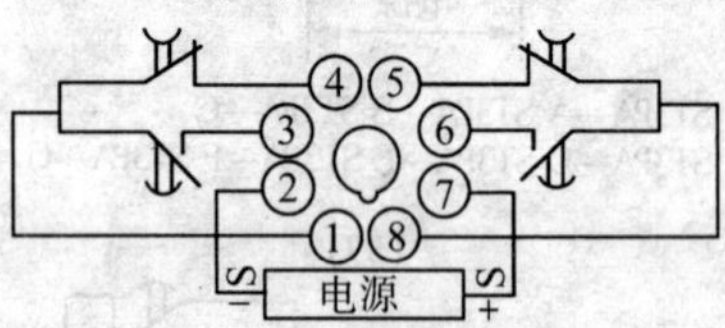

JSS48A—2Z

(68)

续图

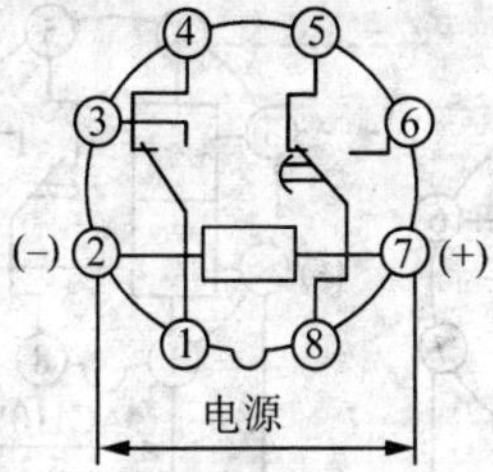

AH2—Y

(69)

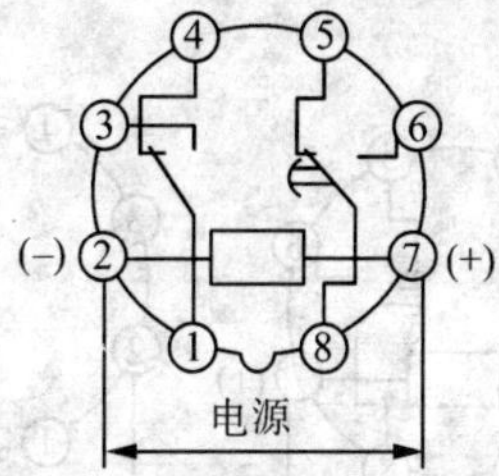

AH2—N

(70)

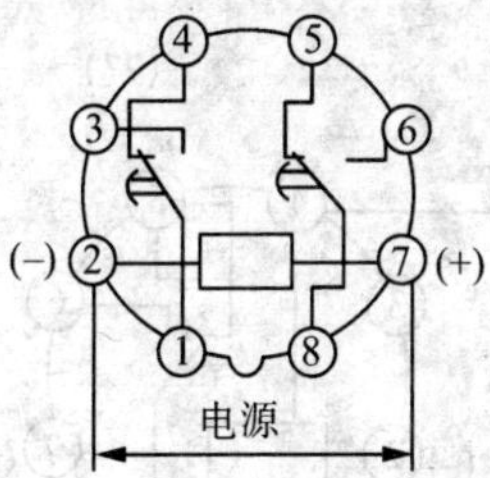

AH3—2

(71)

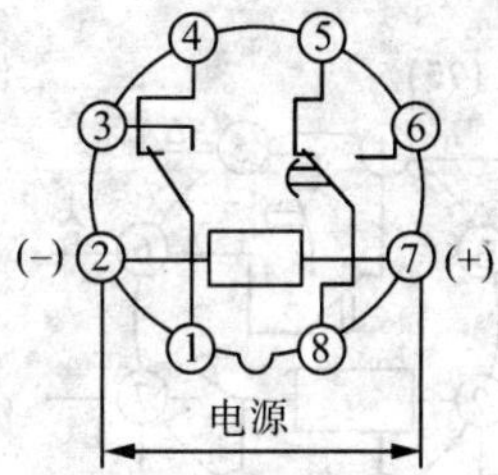

AH3—3

(72)

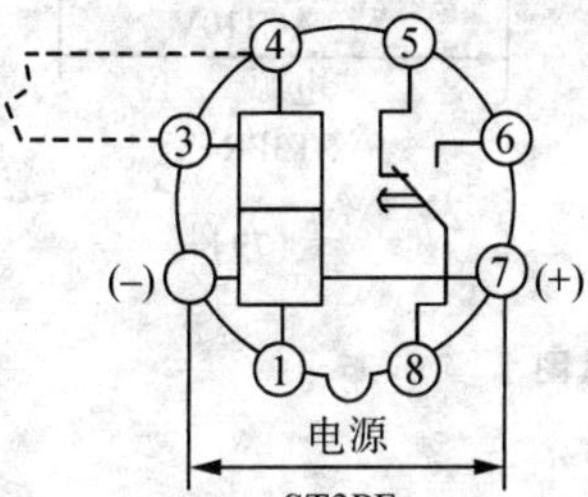

ST3PF

(73)

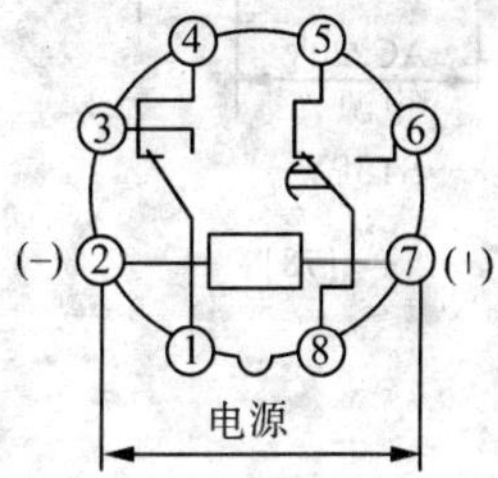

ASTP — Y

(74)

续图

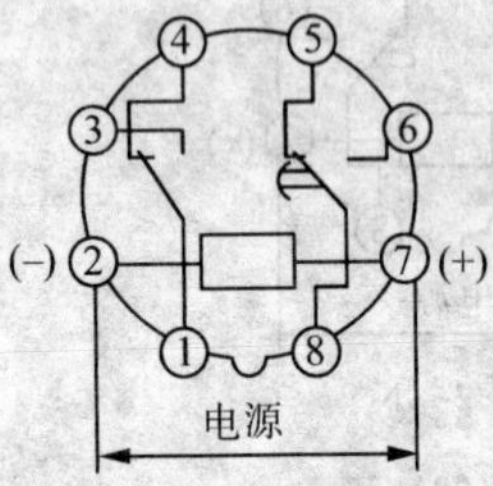

ASTP — N

（75）

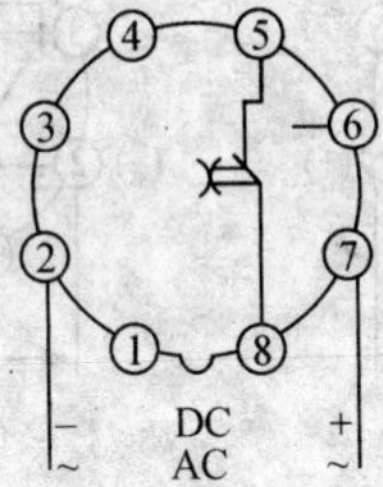

ATDV

（76）

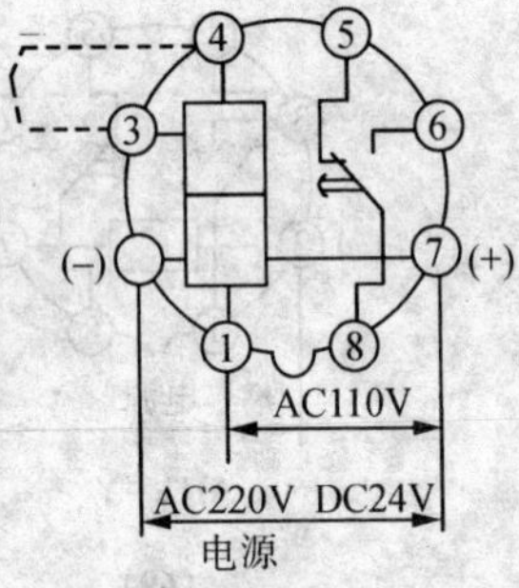

ST3PK

（77）

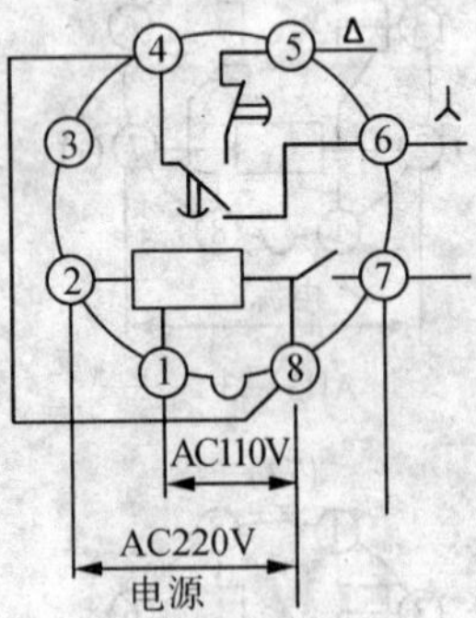

ST3PY

（78）

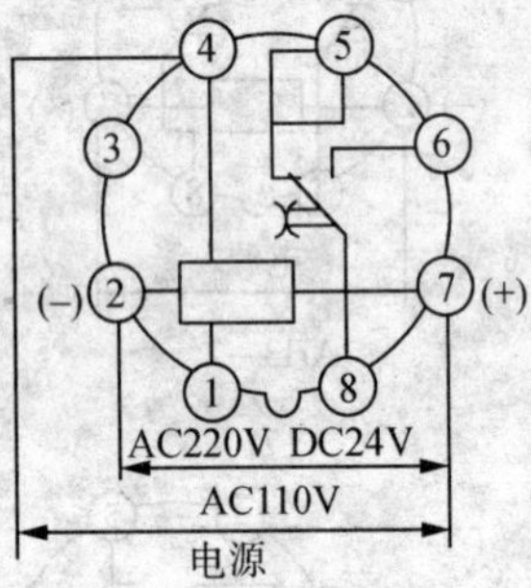

ST3PR

（79）

续图

七

机床及起重控制线路

304 电动葫芦电气控制线路

在工矿的生产中，为了起重工件和吊起材料，要用到电动葫芦，它一般安装在车间某一处的上方，以便吊重物时用。电动葫芦控制线路如图 304 所示。电动机 1M 为吊起重物或落下重物的主电动机；电动机 2M 为带动起重物后向前向后运动的电动机。

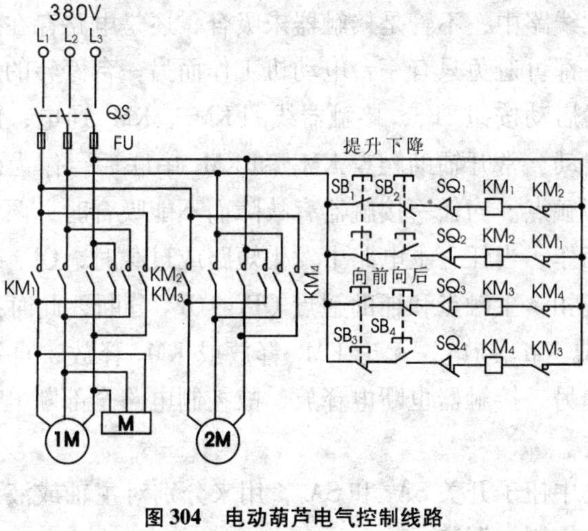

图 304　电动葫芦电气控制线路

电动机 1M 和 2M 均为正反转点动控制。地面控制有 QS 闸刀和 FU 短路保护保险，经过滑线把电源四芯橡皮线送入电动葫芦控制箱内，然后通过控制箱把控制线引下来用一按钮盒来操纵电动机 1M 做提升、下降。只要按下 SB_1 后，接触器 KM_1 便得电动作，使 1M 吊起重物；当按下 SB_2 后，接触器 KM_2 得电动作，使吊起的重物下降。电动葫芦控制线路换相接触器采用了互锁保护，同时按钮也采用了互锁换相保护，以确保换相时因误操作造成 380V 相间短路。另外，线路 2M 电动机当运动到终点时由行程开关 SQ_3 和 SQ_4 保护，以免超行程。对于提升和下降的电动机在机械吊物的钢丝上也使用了导程器，由导程器控制吊钩的上限与下限的极限值，一旦操作失误，行程开关 SQ_1 和 SQ_2 要自动断开接触器 KM_1 或 KM_2 线圈电源，使 1M 断电，停止提升或下降。

305 钻床主轴电动机和液压电动机的连锁控制线路

图 305 所示是钻床主轴电动机和液压电动机的连锁控制线路。在此线路中，不管是接触器未吸合，还是电路存在短路、过载故障，都可避免只有一台电动机工作而另一台停转的现象。

按下启动按钮 SB_1，接触器线圈 KM_1、KM_2 通电，两台电动机同时启动。常开辅助触点 KM_1 和 KM_2 串联后，作为两个接触器的自锁触点。当任一接触器有故障而不能吸合时，两台电动机均不能工作。当任一主电路中发生短路或过载时，QF_1 或 QF_2 自动开关脱扣，主触点和辅助触点 QF_1、QF_2 分断，此时接触器线圈 KM_1 或 KM_2 断电，无论 KM_1 释放或 KM_2 释放，自锁点必然断开，使另一接触器也断电释放，故控制电路全部断电，两台电机均停转。

线路中钮子开关 SA_1 和 SA_2，用来分别对主轴或液压电动机进行单独控制、调整。

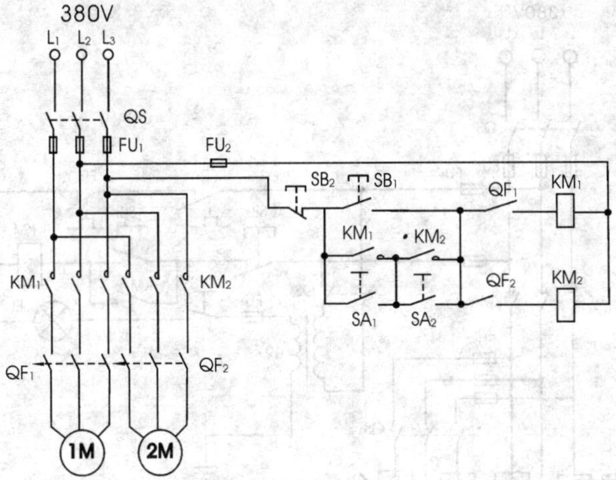

图 305　钻床主轴电动机和液压电动机的连锁控制线路

306 C620—1 型车床线路

C620—1 型车床是普通车床的一种。它有主线路、控制线路和照明线路三部分，如图 306 所示。主线路共有两台电动机，其中 1M 是主轴电动机，拖动主轴旋转和刀架作进给运动。由于主轴是通过摩擦离合器实现正反转的，所以主轴电动机不要求有正反转。主轴电动机 1M 是用按钮和接触器控制的。2M 是冷却泵电动机，直接用转换开关 QS_2 控制。

当合上转换开关 QS_1，按启动按钮 SB_1 时，接触器 KM 线圈获电动作，其主触头和自锁触点闭合，电动机 1M 启动运转。需要停止时，按下按钮 SB_2，接触器 KM 线圈断电释放，电动机停转。

当 1M 接通电源旋转后，合上转换开关 QS_2，冷却液泵电动机 2M 即启动运转。2M 与 1M 是联动的。

照明线路由一台 380/36V 变压器供给 36V 安全电压，使用

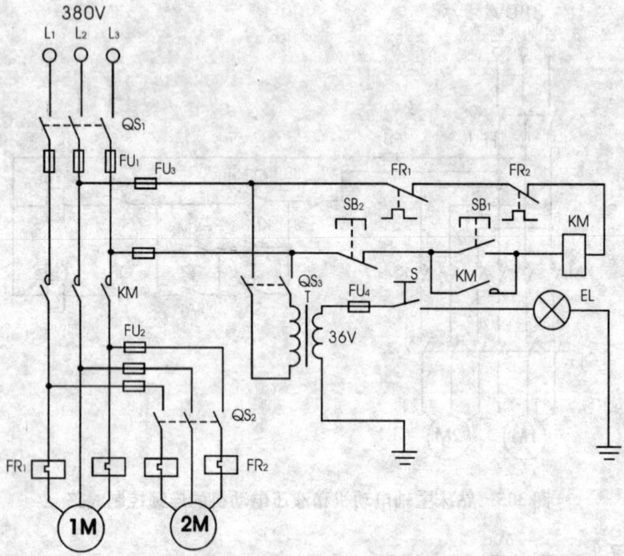

图 306　C620—1 型车床线路

时合上开关 S 即可。

307 简易导轨磨床线路

简易导轨磨床有三台电动机工作，其中工作台电动机为 1M，右砂轮机电动机为 2M，左砂轮机电动机为 3M。图 307 是简易导轨磨床的控制线路。工作时合上 QS 开关，按下按钮开关 SB_1 后，接触器 KM_1 便得电吸合，1M 电动机带动工作台向右运动，当工作台移动到挡铁碰触行程开关 SQ_3 后，KM_1 便断开电源，同时行程开关的另一组触点接通 KM_2 线圈回路，使 KM_2 得电吸合，主电机向左运转。1M 电动机也可点动运行，由 SB_5 和 SB_6 按钮来完成点动动作。为了防止误动作，由 SQ_1 和 SQ_2 行程开关做最后一级保护。对于左右砂轮机的操作，有正常启动按钮 SB_3 和 SB_4 来完成。当按下 SB_3 后，接触器 KM_3 得电吸合，左砂轮

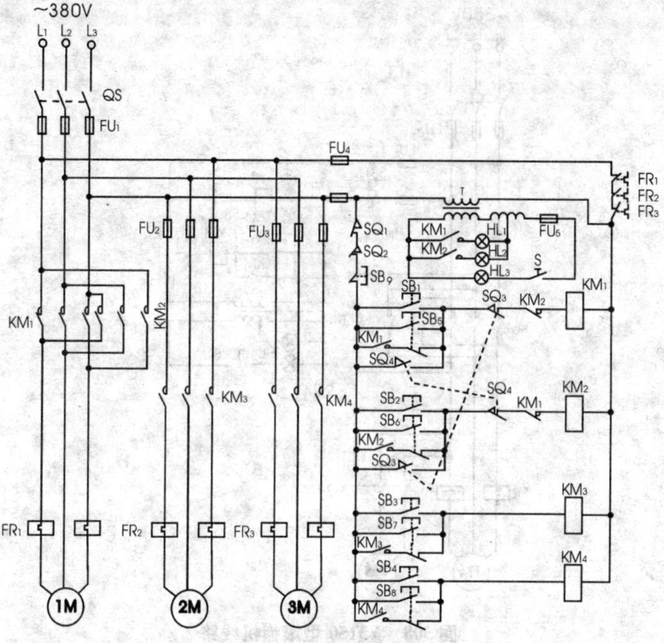

图 307　简易导轨磨床线路

机运转；当按下 SB_4 后，接触器 KM_4 得电吸合，右砂轮机得电运转。停车时按下 SB_9 按钮即可停止所有电动机的工作。如需点动左右砂轮机运行，按下 SB_7 和 SB_8 即可实现。

308 Y3150 型滚齿机线路

工矿生产车间、机修车间有时会用到一种 Y3150 型滚齿机，这种滚齿机主要有两台电动机，为正反转点动和单向启动运行，2M 为冷却泵电动机，由转换开关控制正转开停。它的控制线路中带有正反转到位限位开关，并附有低压照明线路和指示灯线路。

图 308 是 Y3150 型滚齿机控制线路。工作时按下启动按钮

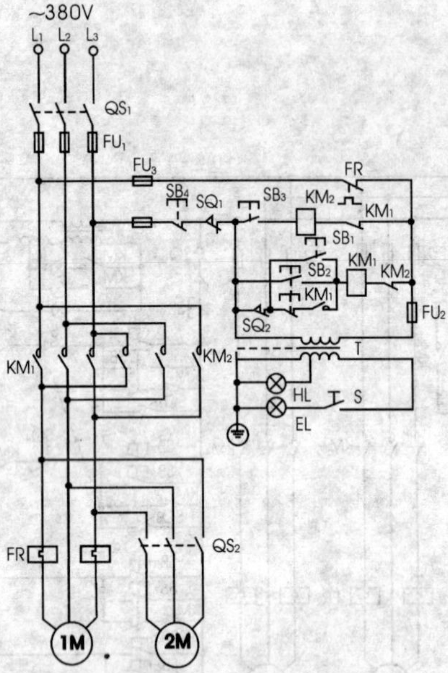

图 308　Y3150 型滚齿机线路

SB_1，此时接触器 KM_1 得电吸合，闭合主触点，使电动机 1M 带动刀架向下移动工作，到达终点与行程开关 SQ_2 相碰后电动机即停止运转。如果要求刀架向上移动，按下启动按钮 SB_3 即可使电动机反转向上移动。如需刀架主电机点动向下，按下点动按钮 SB_2 即可实现点动。

操作冷却泵电动机时，在主机电动机运行后拨动转换开关即可使冷却泵电动机工作。如果在工作时，限位开关 SQ_1 动作后，机床便无法工作，用机械手柄把滚刀架移开限位开关与挡铁接触处，机床便能工作。

309　M7120 型平面磨床线路

M7120 型平面磨床的控制线路如图 309 所示，它主要由主线路、控制线路、照明及指示灯线路，以及电磁工作台线路等组成。下面按线路的几大部分分别对其工作原理及用途作简单介绍。

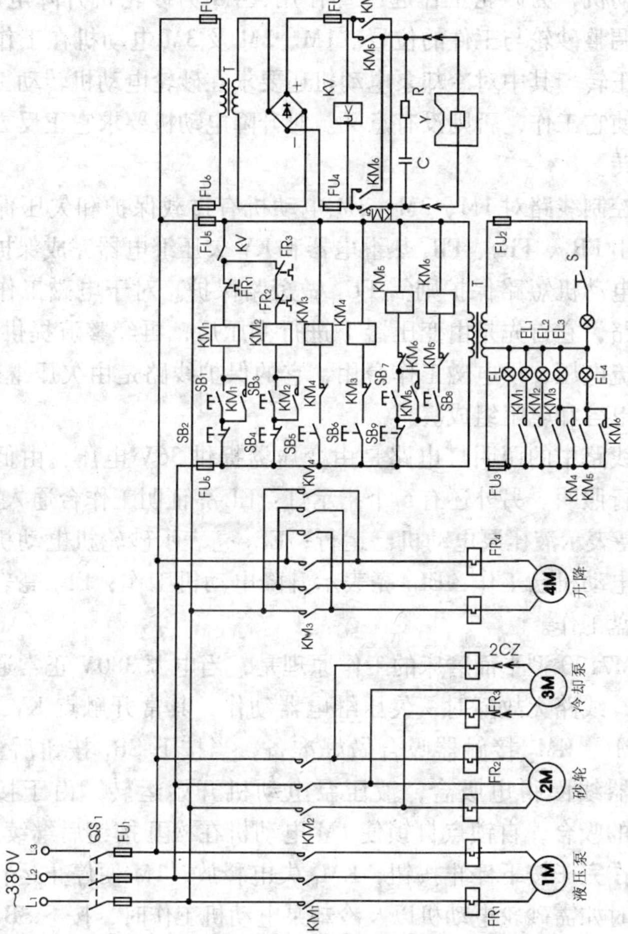

图 309　M7120 型平面磨床线路

M7120 型平面磨床的主线路有四台电动机，1M 为液压泵电动机，它在工作中使工作台往复运动；2M 是砂轮电动机，可带动砂轮旋转，磨削加工工件；3M 电动机做辅助工作，它是冷却泵电动机，为砂轮工作起冷却作用；4M 为砂轮机升降电动机，用于调整砂轮与工件的位置。1M、2M 及 3M 电动机在工作中只要求正转，其中对冷却泵电动机还要求在砂轮电动机转动工作后才能使它工作，否则没有意义。对升降电动机要求它正反方向均能旋转。

控制线路对 1M、2M、3M 电动机有过载保护和欠压保护能力，由 FR_1、FR_2、FR_3 热继电器和 KV 欠压继电器完成保护，而四台电动机短路保护则需 FU_1 做短路保护。对于电磁工作台控制线路，它首先是由变压器 T 进行变压后，再经整流提供 110V 的直流电压，供电磁工作台用，它的保护线路是由欠压继电器、放电电容和电阻组成。

线路中的照明灯电路是由变压器提供 36V 电压，由低压灯泡进行照明。另外还有 5 个指示灯：EL 亮证明工作台通入电源；EL_1 亮表示液压泵电动机已运行；EL_2 亮表示砂轮机电动机及冷却泵电动机已工作；EL_3 亮表示升降电动机工作；EL_4 亮表示电磁吸盘工作。

M7120 型平面磨床的工作原理是，当电源 380V 正常通入磨床后，线路无故障时，欠压继电器动作，其常开触点 KV 闭合，为 KM_1、KM_2 接触器吸合做好准备，当按下 SB_1 按钮后，KM_1 接触器线圈得电吸合，液压泵电动机开始运转，由于接触器 KM_1 的吸合，自锁点自锁使 1M 电动机在松开按钮后继续运行，如工作完毕按下停止按钮，KM_1 失电释放，1M 便停止运行。当工作时如需砂轮电动机以及冷却泵电动机工作时，按下 SB_2 按钮后，KM_2 接触器便得电吸合，此时砂轮机和冷却泵电动机可同时工作，正向运转。停车时只需按下 SB_2 停止按钮，即可使这两台电动机停止工作。在工作中如果需操作升降电动机做升降运动时，按下点动按钮 SB_5 或 SB_6 即可升降。停止升降时，只要松开按钮即可停止工作。如需操作电磁工作台时，把工件放在工作台上，按下 SB_7 按钮后 KM_5 接触器吸合，从而把直流电 110V 电压接入工作台内部线圈中，使磁通与工件形成封闭回路，因此就把工件牢牢地吸住，以便对工件进行加工。当按下 SB_9 后，电磁工作台便失去吸力。有时其本身存在有剩磁，为了去磁可按下按钮 SB_8，使接触器 KM_6 得电吸合，把反向直流电通入工作台，进行退磁，待退完磁后，松开 SB_8 按钮即可将工件拿出。

310 M7130 型平面磨床线路

M7130 型平面磨床，其原理与工作性能基本相同，它同样由

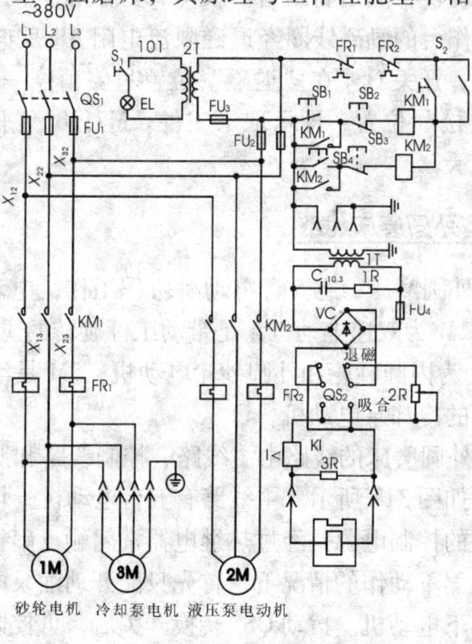

图 310 M7130 型平面磨床线路

主线路、电磁工作台线路、控制线路、照明线路组成。

M7130 型平面磨床工作时，先合上电源开关 QS_1，再将工作台的控制开关 S_2 扳到吸合位置，使电磁工作台的励磁线圈正向通电，将工件牢牢吸住。串接在电磁工作台线圈回路中的 KI 是欠电流继电器的吸引线圈，当电磁工作台正常工作时，通过 KI 线圈的电流足以使触头 KI 闭合，从而接通控制电路，这样各电动机方有可能启动。

按下启动按钮 SB_1 和 SB_1，线圈 KM_1 和 KM_2 通电，常开触点 KM_1 和 KM_2 接通，接触器线圈自锁，砂轮电动机、冷却泵电动机、液压泵电动机启动，磨床开始工作。

当加工完毕需要取下工件时，先按下停止按钮 SB_4、SB_3 使各电动机停止旋转，然后将组合开关 QS_2 经放松扳向退磁位置。此时，电磁工作台的励磁线圈经退磁限流电阻 2R 反向通电，对工件进行退磁。开关 QS_2 在“退磁”位置只要稍停一短暂时间，再扳回到“放松”位置，即可取下工件。M7130 型平面磨床线路如图 310 所示。

311 1432A 型外圆磨床线路

1432A 型外圆磨床，有 5 台电动机协作工作，电动机 1M 为油泵电动机，2M 为双速电动机，是带动工件旋转的主轴电动机，3M 和 4M 分别为内圆砂轮和外圆砂轮电动机，5M 是给砂轮和工件供给冷却液的冷却泵电动机。

1432A 型外圆磨床的线路由主线路、控制线路和照明线路三大部分组成，如图 311 所示。主线路有五台电动机，均有过载和短路保护。它的控制电源是经过热继电器常闭触点串接过来的电源，在热继电器不动作的情况下，首先只能开动油泵电动机，而后才能操作以下电动机。拨动 QS_2 转换开关后，可控制工作主轴双速电动机快速慢速转换。如果 $QS_2$0 ~ 3 接通，按下 SB_3 后，

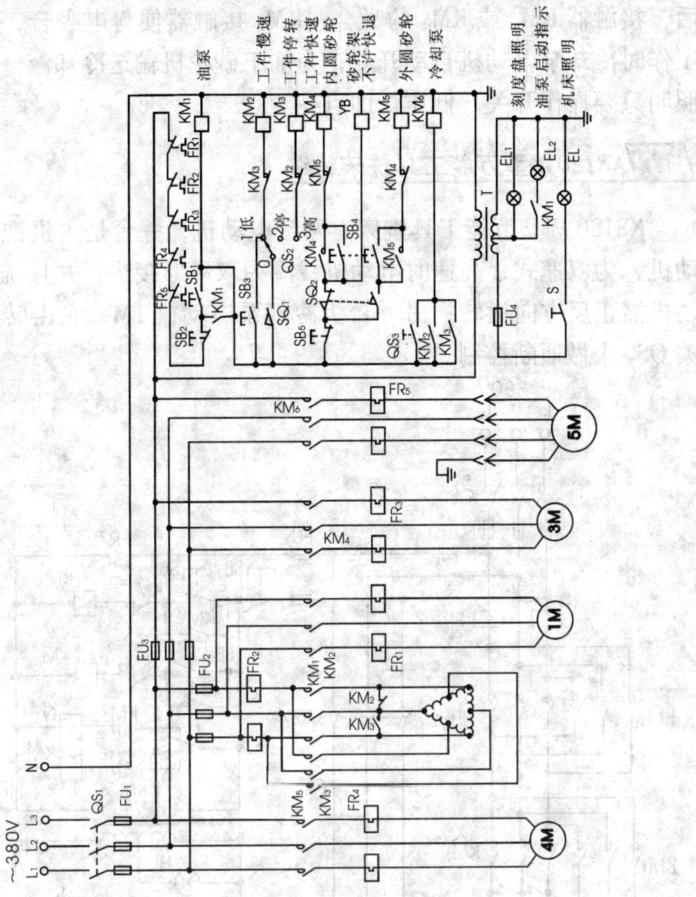

图 311　1432A 型外圆磨床线路

KM_3 得电吸合，2M 工件电动机快速工作，而内外圆电动机 3M 和 4M 由接触器 KM_4 和 KM_5 来控制，只要按下接触器按钮开关 SB_2，内外圆电动机便通电工作，或内圆工作，或外圆工作，它是由行程开关 SQ_2 来选定，但在内圆砂轮机工作时，由于电磁铁 YB 得电吸合，可防止砂轮架快退。另外，在操作工件电动机 2M

后，接触器 KM_2 或 KM_3 的吸合，KM_6 接触器便得电吸合，使在工作时冷却泵电动机自动开动，为加工砂轮机输送冷却液。低压照明只要操作开关 S 低压灯即点亮。

312 X8120W 型万能工具铣床线路

X8120W 型万能工具铣床有两台电动机，一台是主机铣头电动机，为双速式，高速时电动机线圈为双星形接法，并且铣头电动机需正反方向运转；另一台为冷却泵电动机 1M，它由转换开关 QS_2 来做通断控制。

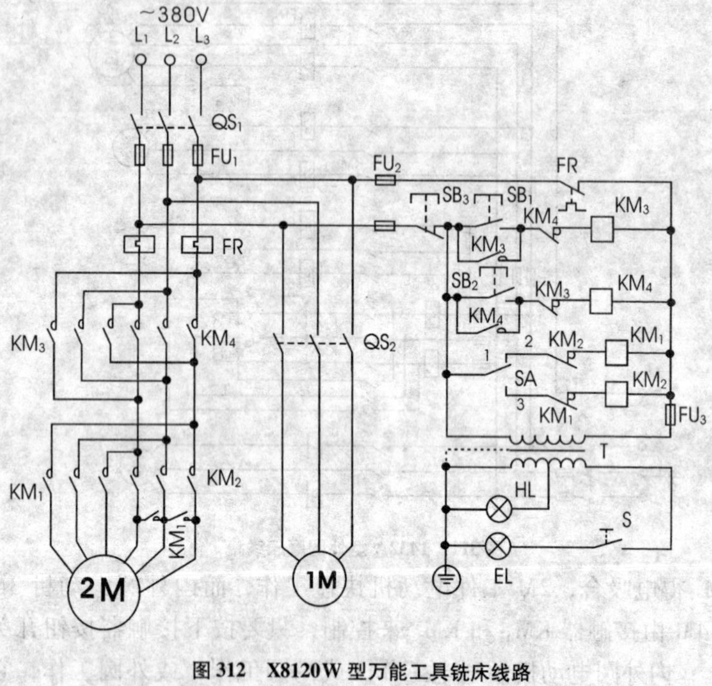

图 312 X8120W 型万能工具铣床线路

图 312 是 X8120W 型万能工具铣床线路。铣床需要工作时可合上刀闸 QS_1，这时，拨动双速开关，若选定为高速运转时需将

开关 1 ~ 2 接通，欲选定低速运转时可将双速开关 1 ~ 3 接通，然后按下 SB_1 按钮，接触器 KM_3 得电吸合，电动机开始正转运行，若需停止电动机运行时，可按下 SB_3 按钮，若工作需要反转时，按下 SB_2 按钮，接触器 KM_4 与接触器 KM_1 闭合，使电动机 2M 在高速上反转运行，只要把双速开关转向 1 ~ 3 接通时，即可操纵按钮正反转工作均为低速运行。低压照明灯工作时按动开关 S 即可。1M 冷却泵电动机工作时，只要将转换开关拨向接通位置即可。

313 电动葫芦的电气控制线路

电动葫芦是用来提升或下降重物，并能在水平方向移动的起重运输机械。它具有起重量轻、结构简单、操作方便等优点。一般电动葫芦只有一个恒定的运行速度，广泛应用于工矿企业，进行小型设备的安装、吊运和维修。

电动葫芦的电气控制电路如图 313 所示。

电动机 M_1 为吊钩升降电动机，用来提升货物，由接触器 KM_1、KM_2 进行正反转控制，以实现吊钩升降。YB 为吊钩电动机 M_1 的电磁制动器，它的线圈两端与电动机 M_1 的两相电源线并联在一起，当 M_1 得电时，YB 也得电并松闸，让电动机 M 转动；M_1 失电时，YB 也失电，靠弹簧力将 M_1 制动。

SB_1、SB_2 为吊钩电动机 M_1 的正反向复合启动按钮，正反向接触器 KM_1、KM_2 线圈电路间采用复合按钮和接触器双重连锁。由于无自锁触点，因此松开按钮 SB_1 或 SB_2，KM_1 或 KM_2 就失电释放，电动机 M_1 就停止转动。SQ_1、SQ_2 为上下限位行程开关。

M_2 为移动机构电动机，用来水平移动货物，由接触器 KM_3、KM_4 进行正反转控制，采用复合按钮和接触器双重连锁，实现电动机 M_2 的水平移动，M_2 停止时不需要电磁制动。

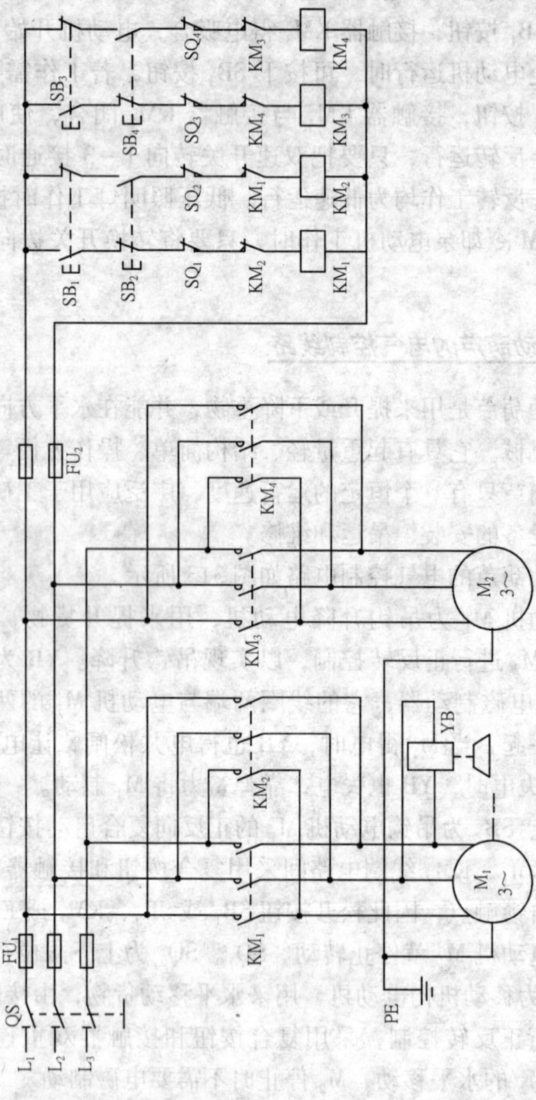

图 313　电动葫芦的电气控制线路

314 Z525 型立式钻床线路

图 314 是工矿常见的一种 Z525 型立式钻床线路。它有两台电动机，一台为主轴钻床电动机 1M，另一台是冷却泵电动机 2M。主轴电动机为正反转控制，而电动机 2M 是通过转换开关控制正转运行。在工作时，合上 QS_1 开关，380V 电源经过 FU_1 送入接触器 KM_1 和 KM_2 上桩头、QS_2 转换开关上桩头，为电动机通电运行做好了准备。控制线路是把 380V 电源通过 FU_2 保险后送入控制线路中，当需操作钻床主轴电动机正转时，把操作手柄置于向右位置，这时行程开关 SQ_1 闭合，SQ_2a—b 和 SQ_3 a—d触点闭合，KM_1 线圈得电吸合，电动机 1M 主轴得电正转。需停止电动机运行时，操作手柄处于停止位置，行程开关 SQ_1 触点断开，使主轴电动机停止运行。如果欲使主轴电动机反转时，操作手柄打向向左位置后行程开关 SQ_1 触点闭合，行程开关 SQ_2a—c 和 SQ_3a—e 触点闭合，从而接通 KM_2 接触器线圈回路，使 KM_2 得电吸合，电动机反转运行。如果需操作冷却泵电动机时，拨通转换开关 QS_2 即可使电动机运行。整个线路中有短路保护和过流保护装置，并使换相接触器线圈触点进行互锁以防接触器同时吸合造成短路。

315 Z35 型摇臂钻床线路

在生产中，进行钻孔、扩孔、攻丝等机械加工，可用 Z35 型摇臂钻床来完成。

Z35 型摇臂钻床的电气控制线路主要有主线路、控制线路以及照明线路等组成。主线路主要有四台电动机，其中主轴电动机 2M 由 KM_1 接触器单方向控制开停进行工作。3M 电动机是摇臂升降所用的电动机，由接触器 KM_2 和 KM_3 进行换相，控制电动机正反转运转。4M 为主轴的紧松电动机，是用接触器 KM_4 和

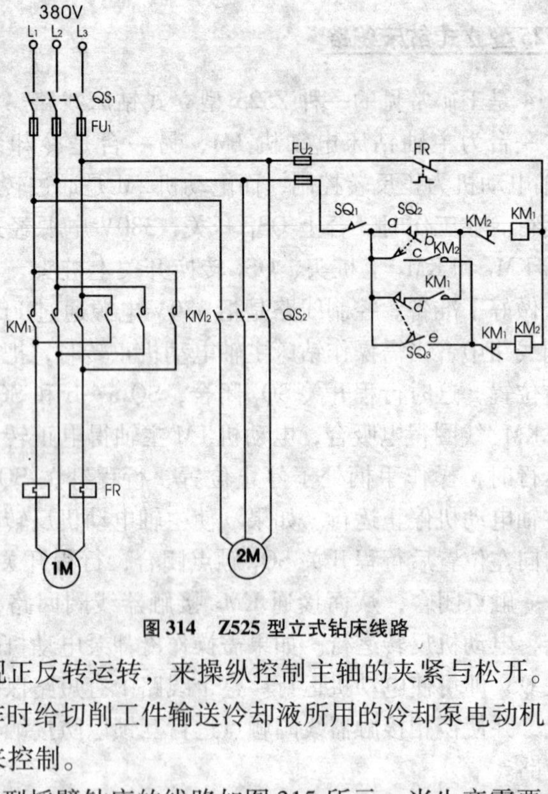

图 314　Z525 型立式钻床线路

KM_5 实现正反转运转，来操纵控制主轴的夹紧与松开。1M 是为了在工作时给切削工件输送冷却液所用的冷却泵电动机，它由开关 QS_3 来控制。

Z35 型摇臂钻床的线路如图 315 所示。当生产需要加工工件时，操纵十字开关 QS_2 扳向左方向位置，QS_2 左方向触点闭合，零压继电器 KV 线圈得电动作，其常开触头闭合自锁，然后再将十字转换开关扳向右边位置，触点接通 KM_1 线圈，从而使主轴电动机 2M 通电运转，其主轴方向由主轴箱上的摩擦离合器手柄位置来决定正反方向。如果将 QS_2 手柄拨向中间位置时，KM_1 线圈断电，主轴停车。摇臂升降也同样由十字开关来完成，QS_2 位置向上时，KM_2 接触器得电吸合，3M 正向运转，摇臂上升，但升到一定程度时，由限位开关 SQ_1 来限位，停止上升。当需摇

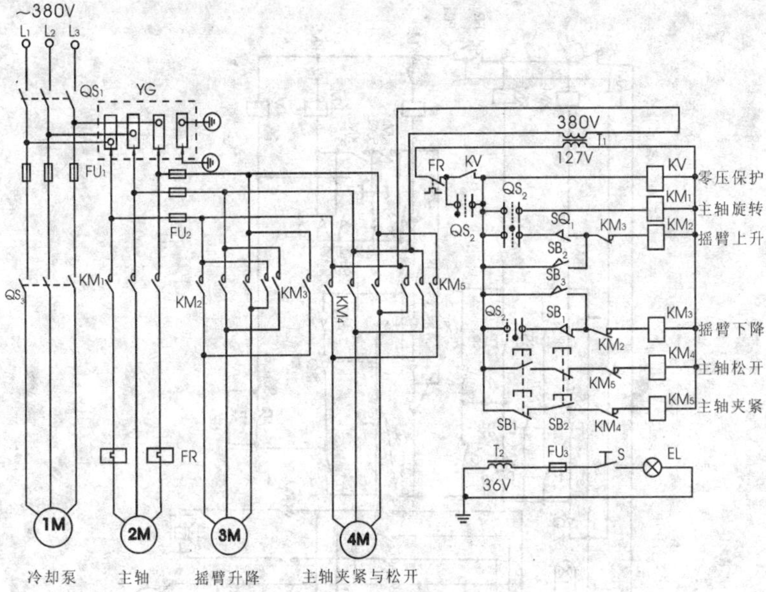

图 315　Z35 型摇臂钻床线路

臂下降时，拨动 QS_2 向下，接触器 KM_3 线圈得电，从而使摇臂下降，当下降到极限值时由行程开关限位停止运行。主轴夹紧与松开由复合按钮 SB_1 和 SB_2 来完成，按下 SB_1 时主轴松开，如果只按下 SB_2 时，主轴夹紧，当松开按钮后，4M 停止工作。如在工作时向工件上送冷却液，操作冷却泵开关 QS_3 即可控制冷却泵 1M 开停。

316 X62W 型万能铣床线路

X62W 型万能铣床是由三台电动机共同完成各种加工的动作功能。1M 为主轴电动机，2M 为工作给进电动机，3M 是冷却泵电动机。主轴电动机是通过换向开关 QS_5 以及接触器 KM_2 和 KM_3 来完成正反转、反接制动及瞬动控制，并可通过机械机构

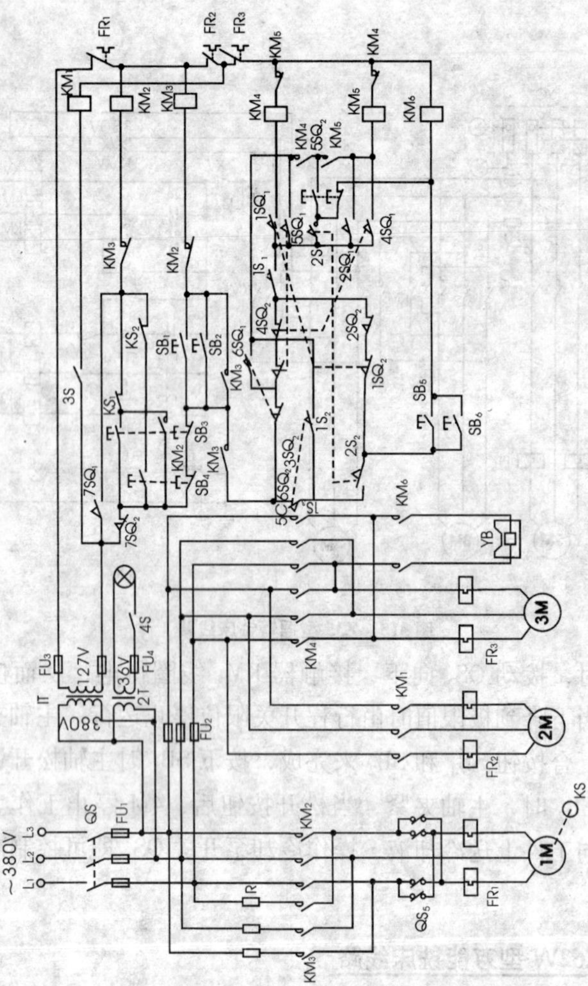

图 316　X62W 型万能铣床线路

进行变速。2M 的功能就更为全面，它能进行正反转控制、快慢速控制、限位控制，并通过机械机构使工作台进行上下、左右、前后方向运动。KM_3 为冷却泵电动机，它通过 KM_1 来控制操作开停。

X62W 型万能铣床的电气线路如图 316 所示。

317 T68 型卧式镗床线路

T68 型卧式镗床线路如图 317 所示，它有两台电动机来完成工作。其中 1M 为双速电动机，它通过变速箱等传动机构带动平旋盘和主轴以及润滑油泵运转。2M 电动机带动主轴上的拖板作上拖板和下拖板等快速运动。

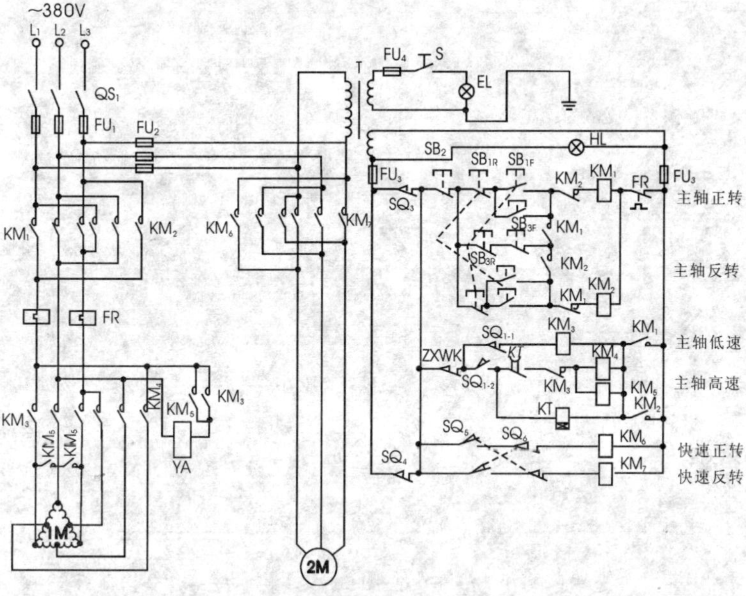

图 317　T68 型卧式镗床线路

操作 SB_{1F} 和 SB_{1R} 按钮使 KM_1 和 KM_2 得电吸合，1M 电动机运转，停车时按下 SB_2。如需点动，应操作 SB_{3F} 和 SB_{3R} 按钮。当需要主轴制动时，按下停止按钮使 KM_3 和 KM_5 接触器释放，电磁铁电源断开，在弹簧作用下杠杆拉紧制动轮，使电动机快速停转。如果需要1M由低速运转变为高速运转，可通过调速联动机构使SQ_1行程开关动作，经时间继电器延时后闭合KM_4和KM_5线圈，使1M电动机由△形低速运转变为YY形高速运转。SQ_2是与机床变速手柄相连的变速联动行程开关，拉出机床变速手柄后，SQ_2断开接触器KM_3或KM_4、KM_5，使电动机停转。给进部件快速移动控制是由操作手柄纵行程开关SQ_5和SQ_6来完成，当接触器KM_6或KM_7通电或断电时，2M电动机做上拖板、下拖板等快速运动。

八

电工常用计量仪表线路

318 单相电度表两种接线

电度表是由电流线圈、电压线圈以及铁芯、铝盘、转轴、数字盘等组成。电流线圈串联于电路中，电压线圈并联于电路中。在用电设备开始消耗电能时，电压线圈和电流线圈产生主磁通过铝盘，在铝盘上感应出涡流并产生转矩，使铝盘转动，带动计数器计算耗电的多少。在实际应用中，应合理选用电度表的规格，如选用的电度表规格过大，而用电量过小，则会造成计度不准；选用规格过小时，会使电度表过载，严重时有可能烧毁电度表。一般选用电度表时，额定电压为220V，1A 电度表的最小负载功率为11W，最大负载功率为440W；2.5A 单相电度表，最小使用功率为27.5W，最大可达1 100W；选用5A 单相电度表，最小使用功率为55W，最大可达2 200W。单相电度表接线方式如图318 所示。(a) 图的1、3 为进线，2、4 接负载，接线柱1 要接相线（即火线)。这种方法常用，图（b）一般不常用。

在安装时应注意三点:

一是检查表罩两个耳朵上所加封的铅印是否完整。

二是电度表应安装在干燥、稳固的地方，避免阳光直射，忌湿、热、霉、烟、尘、沙及腐蚀性气体。位置要装正，如有明显

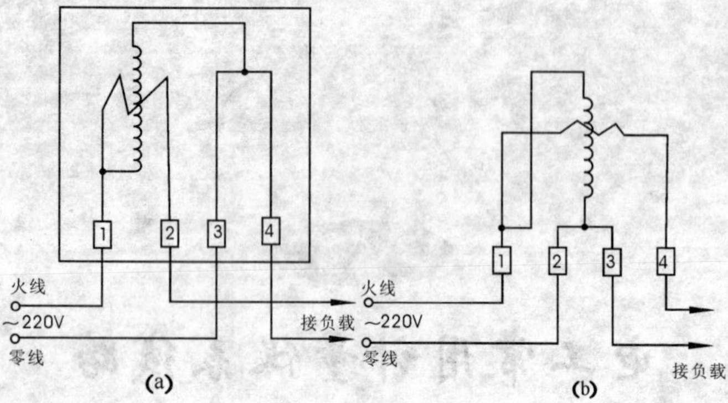

图 318　单相电度表两种接线

倾斜，容易造成计度不准、停走或空走等毛病。应安装得高些，但又要便于抄表。

三是必须按接线图接线，同时注意拧紧螺钉和紧固一下接线盒内的小钩子。

使用时需要注意：

(1) 电表装好后，合上闸刀，开亮电灯，转盘即从左向右转动。

(2) 关灯后，转盘有时还在微微转动，如不超过一整圈，属正常现象。如超过一整圈后继续转动，试拆去“3”、“4”二根线，若不再连续转动，则说明线路上有漏电问题。如仍转动不停，就说明电表不正常，需要检修。

(3) 电表内有交流磁场存在，金属罩壳上产生感应电流是正常现象，不会费电，也不影响安全和正确计度。若因其他原因使外壳带电，则应设法排除，以保安全。

(4) 电度表工作时有一些轻微响声，不会损坏机件，不影响使用寿命，也不会妨碍计度的准确性。

(5) 电度表每月自身耗电量约 1kWh 左右，因此若作分表使用时，每月应向总表贴补 1kWh 电。

（6）用户在低于“最小使用电力”情况下使用电表时，会造成计度显著不准现象。在低于“启动电力”的情况下使用时，转盘将停止转动。

（7）转盘转动的快慢跟用户的用电量的多少成正比，但不同规格的表，尽管用电量相同，转动的快慢也不同，或者，虽然规格相同，但电度表的型号不同，转动的快慢也可能不同，所以，单纯从转盘转动的快慢来证明电度表准不准是不确切的。

319 DD17型单相跳入式电度表的接线

DD17 型单相跳入式电度表的接线方法是：电度表电流线圈 1 端接电网火线，2 接用电器火线，3 接电网零线进入线，4 接用电器零线。总之，1、3 进线，2、4 出线后进入用户。见图 319 所示。

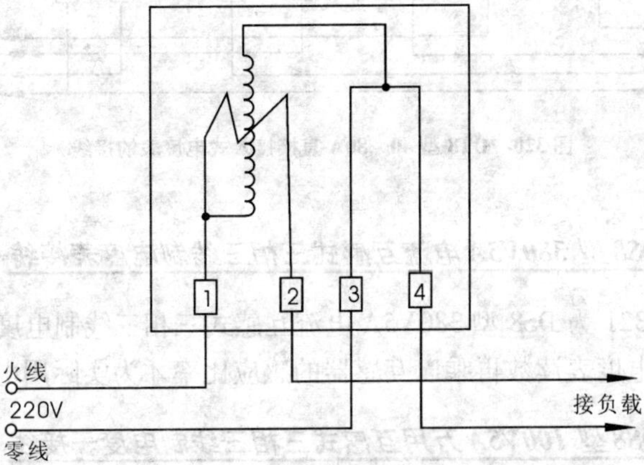

图 319　DD17 型单相跳入式电度表的接线

电度表的额定电压为 220V，电流规格为 1（2）A，选用负载为最小功率 11W，最大功率 440W，否则造成电度表度数计费不准或超载时烧坏电度表。以此类推，如果电度表为 2.5（5）A，选用负载 27.5～1 100W；如电度表为 5（10）A，选用负载为55～2 200W；如果电度表为30（60）A，选用负载为330～13 200W；如电度表为60（120）A，选用负载则为660～26 400W。

320 DT8型 40～80A直接接入式电度表接线

如图320所示是DT8型40～80A直接接入式三相四线制有功电度表接线线路。三相四线三元件电度表实际上是由三只单相电度表组合而成，它有3个电流线圈和4个电压线圈，10个接线端子，其接线方法如图320所示。

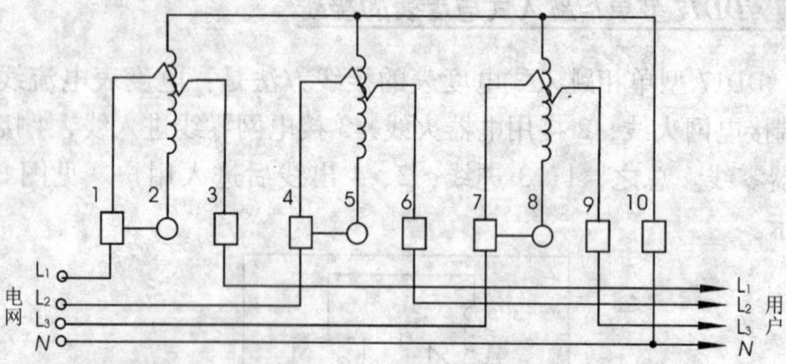

图320 DT8型40～80A直接接入式电度表的接线

321 DS8型 380V5A电流互感式三相三线制电度表接线

图321为DS8型380V5A电流互感式三相三线制电度表接线线路。电度表读数再乘以互感器的感应比率才为实际用电度数。

322 DS8型 100V5A万用互感式三相三线制电度表接线

如图322为DS8型100V5A万用互感式三相三线制电度表接线线路。电度表读数乘以电压比和电流互感器的感应比率才是实际电度数。

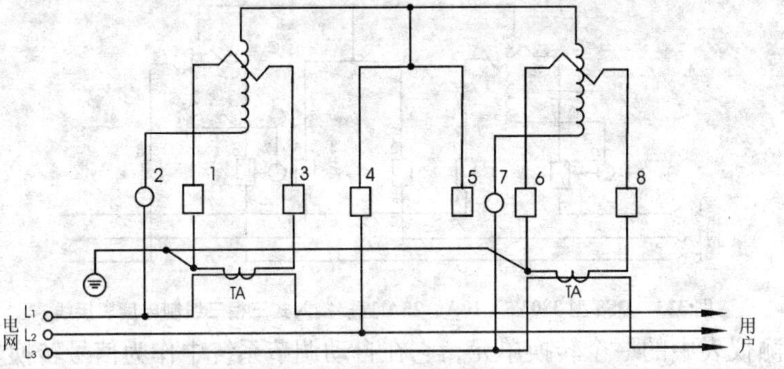

图 321　DS8 型 380V5A 电流互感式三相三线制电度表接线

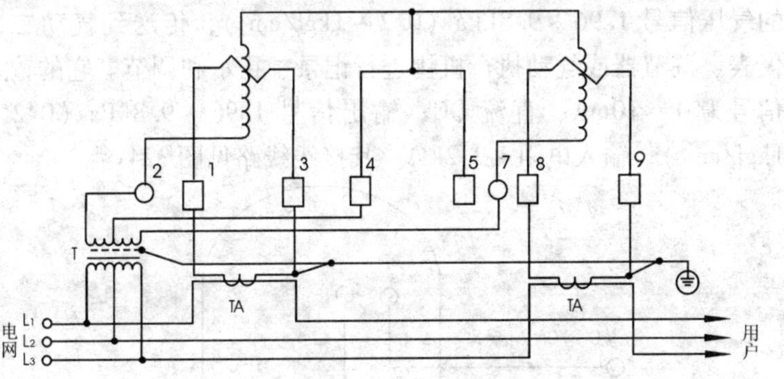

图 322　DS8 型 100V5A 万用互感式三相三线制电度表接线

323 DS8 型 380V5 ~ 10A、25A 直接接入式三相三线制电度表接线

如图 323 为 DS8 型 380V5 ~ 10A、25A 直接接入式三相三线制电度表接线方法。接线时应按三相交流电源的正相序接线。1、4、6 进线，3、5、8 出线。

324 DZD— 031 型电－气转换器接线

DZD—031 型电 - 气转换器为 DDZ—Ⅱ型电动单元组合式检

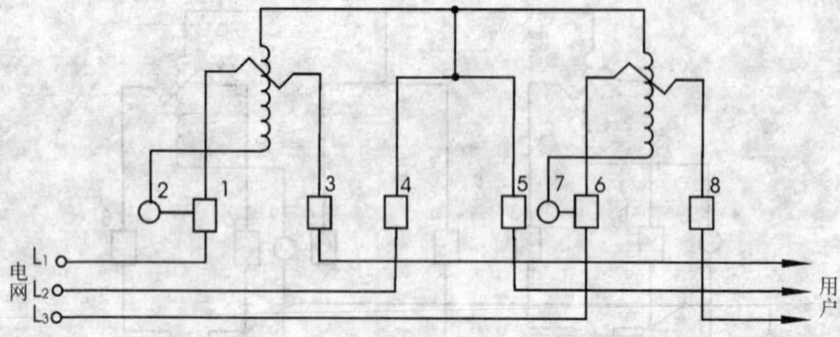

图 323　DS8 型 380V5～10A、25A 直接接入式三相三线制电度表接线

测仪表中的一个转换单元，它在自动调节系统中作为信号转换器用，它能将连续的电信号 0～10mA、直流 DC 相应地转换为连续的气压信号 1.96～9.8kPa（0.2～1kgf/cm^2），传送到气动二次仪表、调节器或气动执行机构进行记录、指示和调节。它的输入信号为 0～10mA、直流 DC；输出信号 1.96～9.8kPa（0.2～1kgf/cm^2）；输入电阻≤2.2kΩ。其接线线路见图 324。

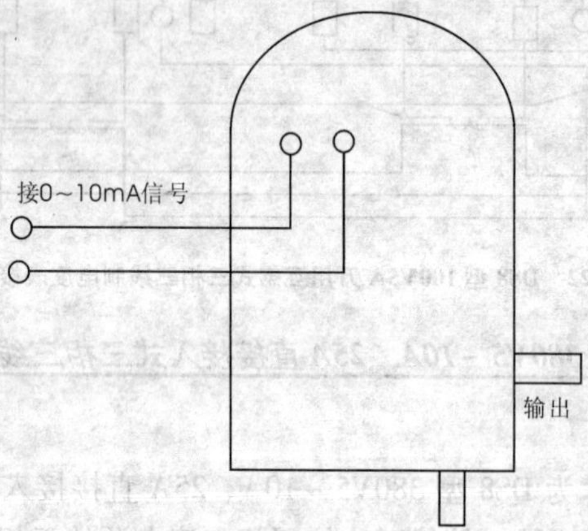

图 324　DZD—031 型电－气转换器接线

325 DBY—120 型压力变送器接线

DBY 型压力变送器为 DDZ—Ⅱ系列电动单元组合式检测调

节仪表中的一个变送单元。

DBY 型变送器在测量和自动调节系统中作为检测环节，用于连续测量气体、液体等介质的压力和负压，并将被测参数转换成 0 ~ 10mA、DC 统一电流信号输出，它与 DDZ—Ⅱ系列电动单元组合仪表中记录仪表、调节器等组成自动检测、调节、控制等工业自动化系统。

DBY—120 型压力变送器接线线路见图 325，接线端子 1、2 接该压力变送器的负载（如调节器、指示灯、记录仪表等或负载电阻 1.5kΩ）。接线端子 3、4 接工频电源 220V。

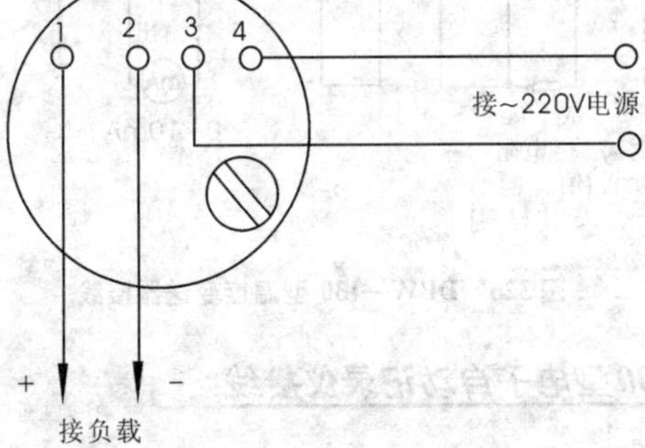

图 325　DBY—120 型压力变送器线路

326 DBW—130 型温度变送器接线

DBW 型温度变送器是 DDZ 系列电动单元组合式检测调节仪表中的一个变送单元。它与各种种类的热电偶、热电阻配合使用，可将温度信号转换成 0 ~ 10mA 统一电流信号，同时它又是一个低电平直流 mV 转换器，可与具有毫伏输出的各种变送器配合，使之具有 0 ~ 10mA 统一信号输出。由此可组成对温度参数的自动调节系统。

DBW 型温度变送器有两种型式，一种是墙挂式，另一种是现场安装式。它的接线方法如图 546 所示。它可接入热电偶及热电阻，量程为 10 ~ 100Ω，也可接入毫伏输入量程为 5 ~ 50mA。所接的负载电阻 0 ~ 1.5kΩ，供电电压为交流 220V，消耗电功率约 5VA。

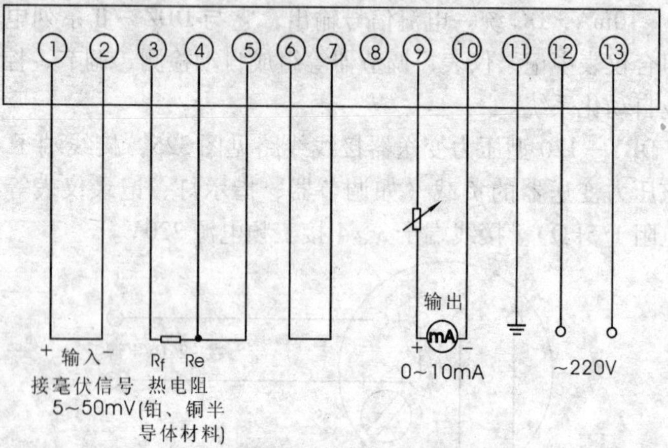

图 326 DBW—130 型温度变送器接线

327 XWD100 型电子自动记录仪接线

XWD100 型电子自动记录仪是自动化仪表的一个单元。它是可将由输入的 0 到 10mA 的电流信号变化自动记录下来，得到以时间为坐标的变化曲线图。例如需要记录温度曲线时，测量温度的热电阻阻值变化通过温度变送器输出，变成 0 ~ 10mA 的电流信号送入记录仪中，便可记录出温度变化的曲线。具体外接接线如图 327 所示，R_A 为记录仪自带的外加电阻。

328 DDZ—Ⅱ调节器外接接线

DDZ—Ⅱ调节器在自动仪表中起直接操动执行机构作用。DDZ—Ⅱ调节器输入 0 ~ 10mA、DC；输出 0 ~ 10mA（DC）；电源电压为 220V。外接接线线路如图 328 所示。

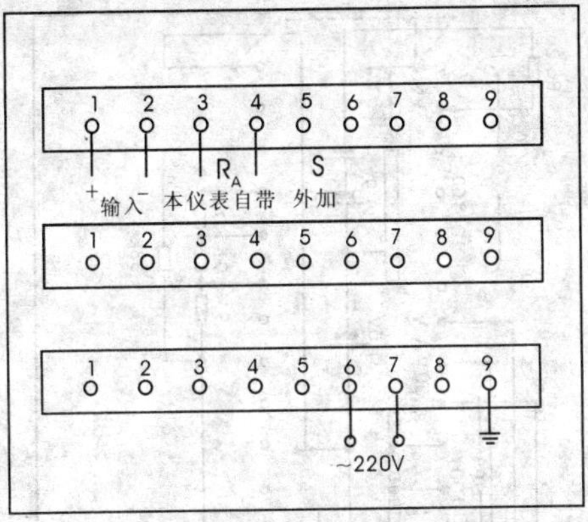

图 327　XWD100 型电子自动记录仪接线

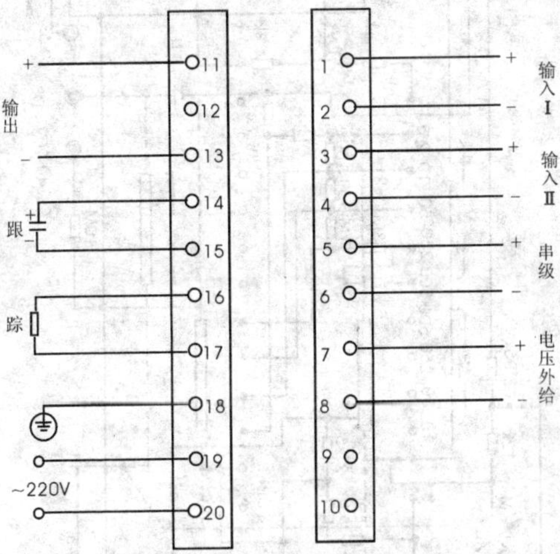

图 328　DDZ—Ⅱ调节器外接接线

329 500型万用表线路

万用表是一种多用途的便携式测量仪表，它具有测量范围广、使用方便、体积小、易携带等优点。

万用表可用来测量电阻、直流电流、交流电流、直流电压、

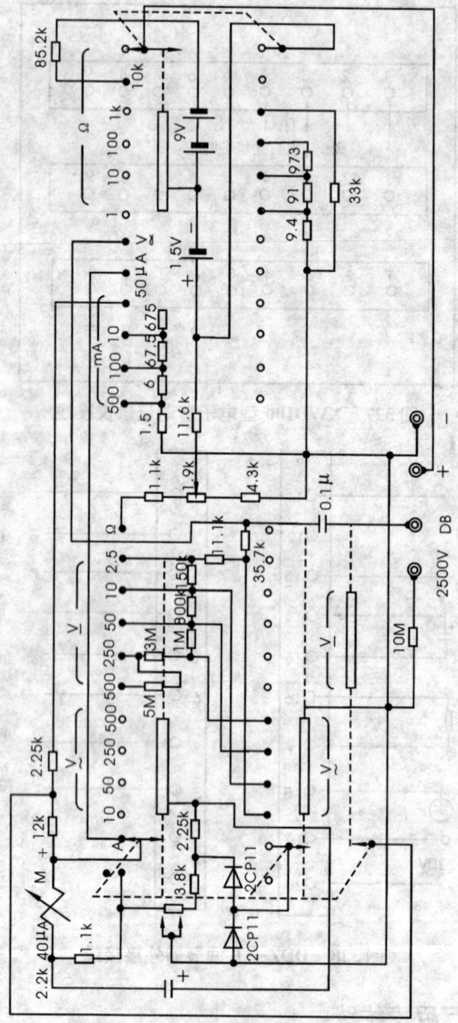

图 329　500 型万用表线路

交流电压等。功能较多的万用表，还能测电感、电容、声频电压、三极管放大倍数等。

万用表是利用磁电式测量机构（表头）和测量线路通过转换开关来实现各种测量的。万用表的表头是万用表的核心，它是一块高灵敏磁电式电流表，一般只能通过几微安到几百微安的电流，达到满刻度偏转。满度电流越小，表头灵敏度越高。万用表都通过转换开关来实现多种测量功能，来达到降压、分流、整流等目的，以测量不同的电学物理量。

图 329 所示是 500 型万用表线路图，可在维修万用表时参考使用。

电工人员在使用万用表时应注意：

（1）使用前，首先要检查转换开关挡位，是否与所要测量物理量一致，切不能把挡位拨错。例如，在测量较高的电压时，误将转换开关置于电流或电阻挡上，则很可能烧坏仪表。

（2）在测量电阻时，首先选好所需要的量程，然后，将两表笔连接在一起短路一下，此时，万用表的指针应指向零值，若未指零，应旋动“Ω”旋钮，使指针指零，然后再去测电路，每换一次电阻挡量程，均应先调零位。

（3）在线路中测电阻时，应断电测量。测试电路中的电容器要先短路放电然后再测。电阻的量限，应选择适当，一般选择在测电阻阻值时，表针能停留在表头刻度的中心位置最易读数。在测量较高阻值的电阻时，不应将手触及电阻两端，这样会形成被测电阻与人体电阻并联，引起测量不准。

（4）在测量电压或电流时，若被测线路上电压或电流的大小难于估计出来，应先把万用表的量程拨到最大时测量，然后逐渐换小挡位。换挡时，要使两笔离开测量体，不可带电换量程。

（5）在测量直流电压或直流电流时，还须注意，应使被测量的极性与仪表的正负极性一致。测量电流时，应将万用表串联在电路中；测量电压须将万用表并联在电路上。

（6）测量交流电压时，须考虑被测电压的波形，万用表只适用于测量正弦波电压的有效值，而不能测量非正弦量。

（7）用万用表测量2 500V交流或直流高压时，应先将万用表架在绝缘支架上，将被测部件断电。电路中若有固定大电容时。应先将电容放电短路，并拆除短路线，然后，再接通电源。测试棒应分别置于2 500V及“－”插孔内，应将测试棒“－”端固定在电路“地”点上，将测试棒的另一端去接触被测高压电源。测试过程中应严格执行高压操作规程，双手必须戴高压绝缘手套，地板上应铺高压绝缘胶板，测试人员要谨慎从事。

（8）万用表在每次测量完毕后，应将转换开关拨到交流电压最高挡位置，以防他人粗心损坏万用表；另外，也可避免放在量程电阻挡上时，表笔不慎接触，造成电池消耗。

（9）万用表在检修表头时，应先用软铁将磁铁短路，以防灵敏度下降。

（10）万用表应经常保持清洁和干燥，防止震动，防止较大的冲击，以免影响准确度或损坏仪表。

330 MF52型万用表接线线路

万用表是电工常用测量仪表工具，其内部结构由直流电流表、电容、电阻、二极管、开关、电池等组成。如图330是一种典型的袖珍式万用表线路。它是有直流电流测量挡、交直流电压测量挡、直流电阻测量挡、晶体管h_{FE}测定。h_{FE}测量方法如下：把开关转到R×1k挡上，将测杆短路，调好欧姆零位，再把开关转到h_{FE}挡，把晶体管e、b、c三极插入万用表相对应的e、b、c插孔内，在h_{FE}刻度线上可读出h_{FE}的值来。在使用万用表时应注意以下几点。

（1）用直流电阻挡时，首先要调整“Ω”旋钮，使两表笔在短接时，指针指向零位，然后将测试棒分开去测被测电阻的两端，即可测出被测的电阻阻值，电阻的读数在第一条刻度线上读

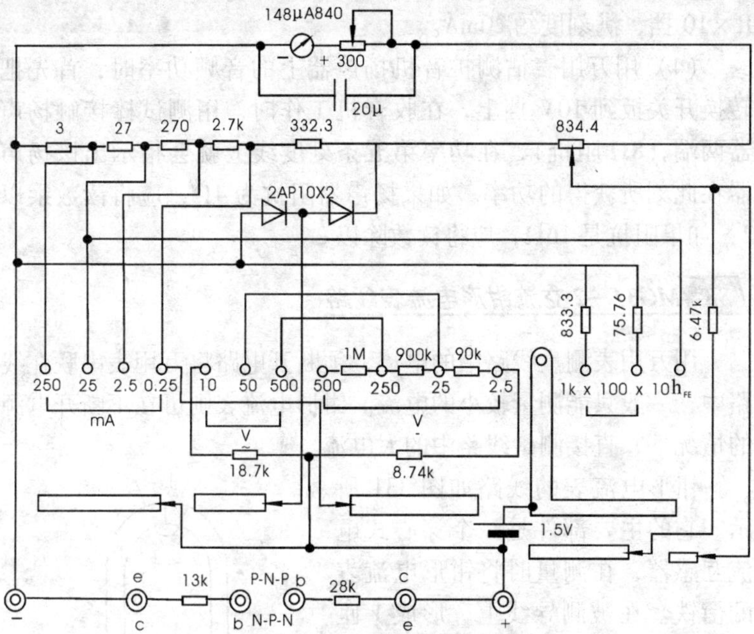

图 330　MF52 型万用表线路

出，并须乘上该挡的倍率。

（2）万用表在测试晶体管 h_{FE}时，把开关转到 R×1k 挡上，将测试棒短路，调好欧姆零位，再把开关转到 h_{FE}挡上，将晶体管 e、b、c 三极插入万用表相应的 e、b、c 插座内，在 h_{FE}刻度线上即可读出 h_{FE}的大小，PNP 管看第三条刻度线，NPN 管看第四条刻度线（h_{FE}仅供小功率管测定）。

（3）用 MF52 型万用表测量电阻方法可以估计 PN 结的反向漏电流，使用方法如下：首先将开关转到欧姆量程上，调整“Ω”旋钮，使指针在表笔短接时指零，然后将黑表笔接触 N 区，红表笔接触 P 区，在电流刻度线上按以下范围估计漏电电流，R×1k 挡，满刻度约为 200μA，R×100 挡，满刻度为 2mA，

R×10 挡，满刻度约 20mA。

（4）用万用表估测扩音机扬声器上的音频功率时，首先把转换开关扳到 10V 挡上，在收音机工作时，用测试棒接触扬声器两端（8Ω 阻抗），在功率第五条刻度线上就会指示出该扬声器在此刻所获得的功率。如果扬声器阻抗为 4Ω，应将读数乘以 2，如果阻抗是 16Ω，应将读数除以 2。

331 MG31—2 交流钳形电流表线路

用万用表测量线路中的电流，须断开电路将万用表串联在线路中，一般只能测量较小的电流。钳形电流表则可在不断开电源的情况下，直接测量线路中的大电流。

钳形电流表的线路如图 331 所示。它的主要部件是一个穿心式电流互感器，在测量时将钳形电流表的衔铁套在被测导线上，形成 1 匝的初级线圈，利用电磁感应原理，次级线圈中便会产生感应电流，经分流、整流、由指示仪表 M 显示，M 的刻度盘按一次电流数值显示。电流互感器的电流比为 $I_1/I_2=W_2/W_1$。

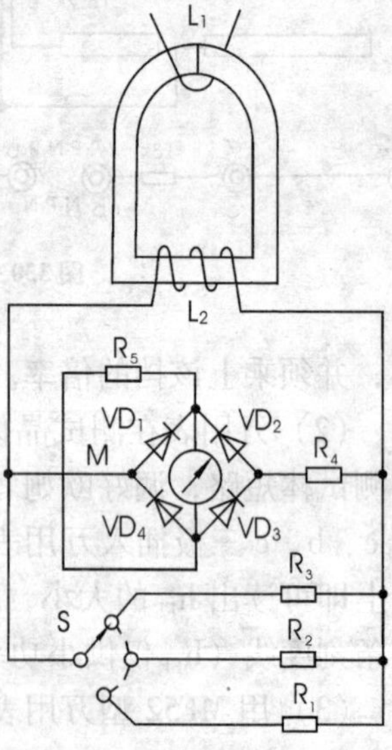

图 331 MG31—2 交流钳形电流表线路

使用钳形电流表时应注意：

（1）在使用钳形电流表时，要正确选择钳形电流表的挡位位置，测量前，根据负载的大小粗估一下电流数值，然后从大挡往小挡切换，换挡时要被测导线置于钳形电流表卡口之外。

（2）检查表针在不测量电流时是否指向零位，若未指零，应用小螺丝刀调整表头上的调零螺钉使表针指向零位，以提高读数准确度。

（3）测量电动机电流时，扳开钳口活动衔铁，将电动机的一根电源线放在钳口中央位置，然后松手使钳口密合好，如果钳口接触不好，应检查是否弹簧损坏或脏污，如有污垢，用干布清除后再测量。

（4）在使用钳形电流表时，要尽量远离强磁场（如通电的自耦调压器、磁铁等），以减少磁场对钳形电流表的影响。

（5）测量较小的电流时，如果钳形电流表量程较大，可将被测导线在钳形电流表口内绕几圈，然后去读数。线路中实际的电流值应为仪表读数除以导线在钳形电流表上绕的匝数。

332 500V 兆欧表线路

兆欧表俗称摇表、绝缘摇表。兆欧表主要用来测量电气设备的绝缘电阻，如电动机、电气线路的绝缘电阻，判断设备或线路有无漏电、绝缘损坏或短路。

兆欧表的主要组成部分是一个磁电式流比计和一只作为测量电源的手摇高压直流发电机。兆欧表线路如图 332 所示。

兆欧表的工作原理：兆欧表表针相连的有两个线圈，一个同表内的附加电阻 R 串联，另一个和被测的电阻 R 串联，然后一起接到手摇发电机上。当手摇动发电机时，两个线圈中同时有电流通过，在两个线圈上产生方向相反的转矩，表针就随着两个转矩的合成转矩的大小而偏转某一角度，这个偏转角度决定于两个电流的比值，附加电阻是不变的，所以电流值仅取决于待测电阻的大小。

值得一提的是兆欧表测得的是在额定电压作用下的绝缘电阻阻值。万用表虽然也能测得数千欧的绝缘阻值，但它所测得的绝

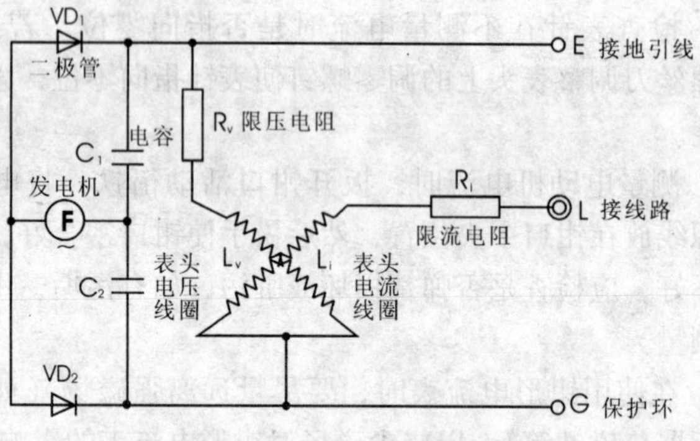

图 332　500V 兆欧表线路

缘阻值，只能做为参考，因为万用表所使用的电池电压较低，绝缘物质在电压较低时不易击穿，而一般被测量的电气设备，均要接在较高的工作电压上，为此，只能采用兆欧表来测量。一般还规定在测量额定电压在 500V 以上的电气设备的绝缘电阻时，必须选用 1 000 ~ 2 500V 兆欧表。测量 500V 以下电压的电气设备，则选用 500V 摇表为宜。

兆欧表使用中须注意以下几点：

（1）正确选用兆欧表的电压等级，应根据被测电气设备的额定电压而定：一般测量 50V 以下的用电器绝缘，可选用 250V 兆欧表；50 ~ 380V 的用电设备，可选用 500V 兆欧表。500V 以下的电气设备，应选用读数从零开始的兆欧表；否则，不易测量。因为在一般情况下，电气设备无故障时，由于绝缘受潮，其绝缘电阻在 0.5MΩ 以上时，就可使电气设备通电试用一下，若选用读数从 1MΩ 开始的兆欧表，对小于 1MΩ 的绝缘电阻无法读数。

（2）兆欧表的外接导线，应选用单根的多股铜导线，不能用多股绝缘线，绝缘强度要在 500V 以上；否则，会影响测量的精确度。

(3) 测量电气设备绝缘电阻前必须先断开设备的电源，并验明无电。如果是电容器或较长的电缆线路必须先进行放电，然后再测量。

(4) 兆欧表在使用时必须远离强磁场，并且平放。摇动摇表时，切勿使表震动。

(5) 在测量前，兆欧表应先做一次开路试验，然后再做一次短路实验，表针在前次实验中应指到“∞”（无穷大）处；而后次表针能摆到“0”处，表明兆欧表工作状态正常，可以使用。

(6) 测量时，应清洁被测电气设备各表面，以免增大接触电阻，使测量结果不准。

(7) 在测电容器的绝缘电阻时须注意，电容器的耐压必须大于兆欧表发出的电压值。测完电容后，应先取下摇表线再停止摇动摇把，以防已充电的电容向摇表放电损坏仪表。测完的电容要用电阻进行放电。

(8) 兆欧表在测量时，还须注意摇表上“L”端子通入电气设备的带电体一端，而标有“E”接地的端子应接配电设备的外壳或接电动机外壳或地线，如果测量电缆的绝缘电阻时，除把兆欧表“接地”端接入电气设备接地外，另一端接线路后，还须再将电缆芯之间的内层绝缘物接“保护环”，以消除因表面漏电而引起的读数误差。

(9) 若遇天气潮湿或降雨后空气湿度较大时，应使用“保护环”以消除绝缘物表面泄漏，使被测物绝缘电阻比实际值偏低。

(10) 使用兆欧表测试完毕后也应对电气设备进行一次放电。

(11) 使用兆欧表时，要保持一定的转速，按兆欧表的规定一般为120r/min，容许变动±20%，在1min后取一稳定读数。

测量时不要用手触摸被测物及兆欧表接线柱，以防触电。

（12）摇动兆欧表手柄，应先慢再逐渐加快，待调速器发生滑动后，应保持转速稳定不变。如果被测电气设备短路，表针摆动到“0”时，应停止摇动手柄，以免兆欧表过流发热烧坏。

（13）兆欧表在不使用时应放于柜橱内，周围温度不宜太冷太热，切忌放于污秽、潮湿的地面上，并避免置于有侵蚀作用的气体附近，以免兆欧表内部线圈、导流片等零件发生受潮、生锈、腐蚀等现象。

（14）应尽量避免剧烈的长期的震动，造成表头轴尖变秃或宝石破裂，影响指示。

（15）禁止在雷电时或在邻近有带高压导体的设备时用兆欧表进行测量，只有在设备不带电又不可能受其他电源感应而带电时才能进行。

九

PLC 控制线路

333 PLC 电加热炉控制线路

图 333 所示为电加热炉送料系统的功能表与梯形图。除初始步外，各步的动作分别为开炉门、推料、推料机返回和关炉门，分别用 Y0、Y1、Y2、Y3 驱动动作。X0 是启动按钮，X1 ~ X4 分别是各动作结束的限位开关。与左侧母线相连的 M300 ~ M304 的触点，其作用与步进梯形指令 STL 常开触点相似，它右边的电路块的作用为驱动负载、指定转换条件和转换目标以及使前几步的辅助继电器复位。

334 PLC 延时定时控制线路

大多数 PLC 的定时器均为接通延时定时器，即定时器线圈通电后开始延时，待时时间到达时，定时器的常开触点闭合、常闭触点断开。在定时器线圈断电时，定时器的触点立刻复位。

图 334 所示为断开延时程序的梯形图和动作时序。当 X13 接通时，M0 线圈接通并自锁，Y3 线圈通电，这时 T13 线圈由于 X13 的常闭触点断开而没有接通定时；当 X13 断开时，X13 的常闭触点恢复闭合，T13 线圈得电，开始定时。经过 10s 延时后，T13 的常闭触点断开，使 M0 复位，Y3 线圈断电，从而实现从输

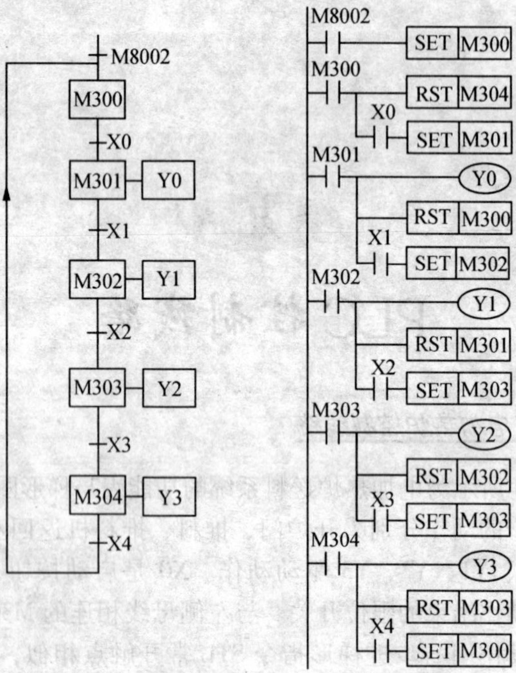

图 333　电加热炉送料系统的功能表与梯形图

入信号 X13 断开，经 10s 延时后，输出信号 Y3 才断开的延时功能。

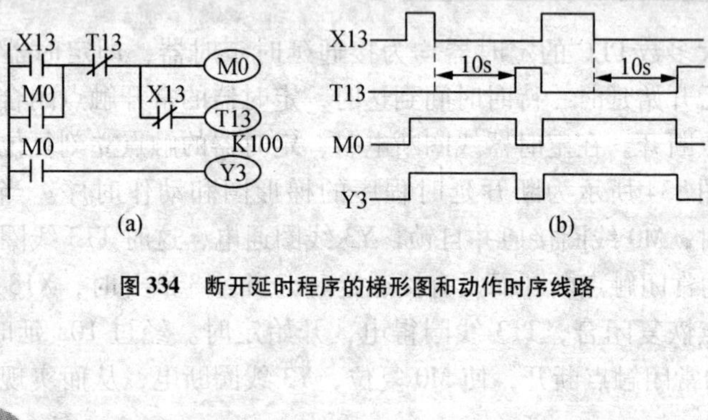

图 334　断开延时程序的梯形图和动作时序线路

335 PLC连锁报警控制线路

常压法硝酸装置是一套具有爆炸危险的工业装置，其连锁报警系统的功能是：在紧急事故状态下实现停车，使生产处于安全状态，在正常情况下，工艺操作不受影响。连锁报警控制如下：

（1）在工艺操作处于正常状态下，事故触点设计为闭合的，当事故发生时，相应触点断开，连锁系统动作，相应的输出继电器断电。要求输出的报警触点为常开触点，这样使系统的传感器以及继电器本身故障也考虑在事故之中。

（2）根据事故发生时使工艺装置处于安全状态来考虑驱动调节阀的三通电磁阀的“通电”或“断电”状态。

（3）具备下列条件之一，使工艺操作停止，并在3min后，使空气压缩机停车：控制室仪表盘上的紧急事故停车按钮动作；氨氧化炉铂网任一点温度超高；氨过热器出口气氨温度超高；点火通氨后，氨/空比超高。

（4）若全部故障被解除，则跳闸灯灭，此时按动PV—102、XV—101的复位按钮，阀PV—102开，阀XV—101关。

（5）按动XV—101、XV—102的复位按钮，阀XV—101关、阀XV—102开。XV—102的复位信号只在阀PV—102开后有效，否则不可复位，即必须打开阀PV—102、关闭阀XV—101，然后才能打开阀XV—102。控制关系结构如图335所示。

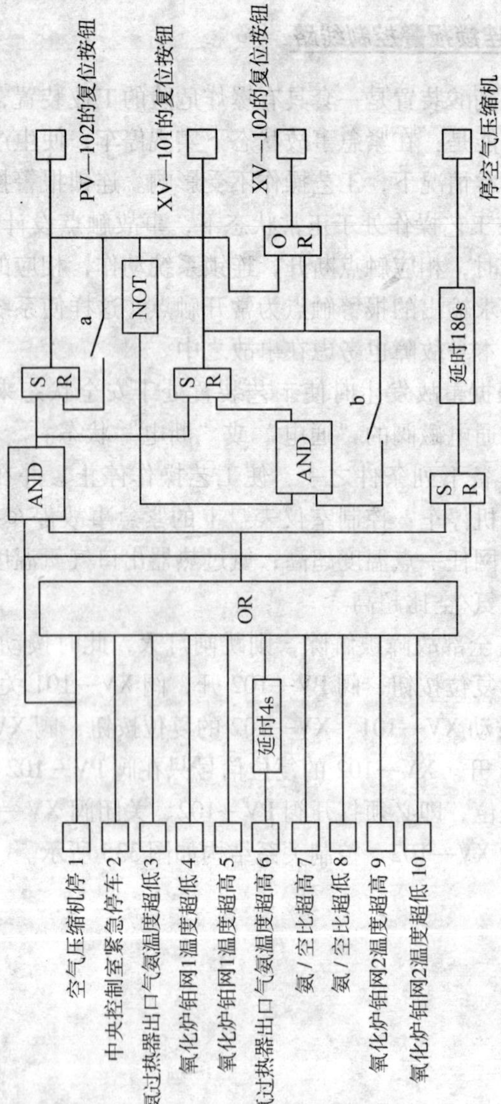

图 335　PLC 用于生产过程的连锁报警控制线路

336 PLC彩灯控制线路

PLC 彩灯控制电路梯形图如图 336 所示。彩灯是否移位由 X20 来控制，移位的方向由 X21 来控制，其中：X0 ~ X21 可用钮子开关来模拟，Y0 ~ Y16 用实验箱上的信号灯来表示。在 X20 由 OFF 转到 ON 时，根据 X0 ~ X16 的状态给 Y0 ~ Y16 置入初值。

程序调试：将图 336 所示的程序写入 PLC，检查无误后开始运行。通过观测与 Y0 ~ Y17 对应的 LED，检查彩灯的工作情况。

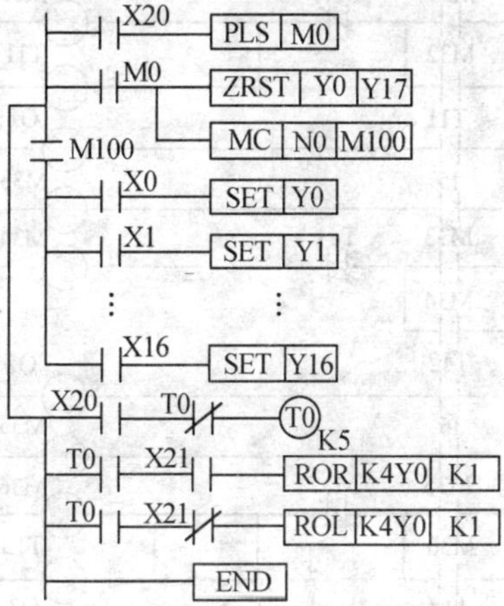

图 336 PLC 彩灯控制电路梯形图

337 PLC谷物烘干自动控制线路

要实现谷物烘干机的自动控制，不仅可用传统的电器控制，还可用 PLC 控制。本例主要讲解用 PLC 对燃油循环式谷物烘干机进行自动控制，实现谷物烘干全过程（进粮、循环烘干、出粮）的自动控制。

根据谷物烘干机的工作流程，系统主要有谷物水分检测和燃烧机的控制。水分检测每隔一定时间要进行一次，将检测到的谷物水分与给定值比较，如果检测水分不大于水分谷物给定值，则控制燃烧机熄火；反之，则控制燃烧机点火燃烧。相应的控制梯形图如图 337 所示。

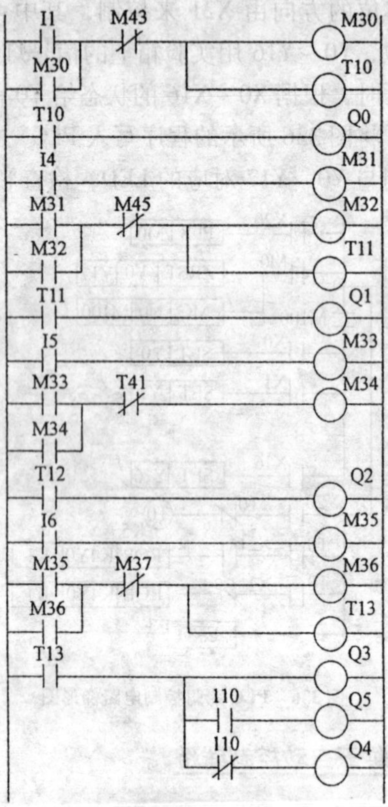

图 337　热风循环自动控制的部分梯形图

338 PLC 控制电动机正、反转线路

某些单相交流电动机的旋转方向随其接线而改变。图 338 所示为采用 PLC 来控制这类电动机正、反转时，断开正向控制触

点到接通反向控制触点之间要有一段延时。

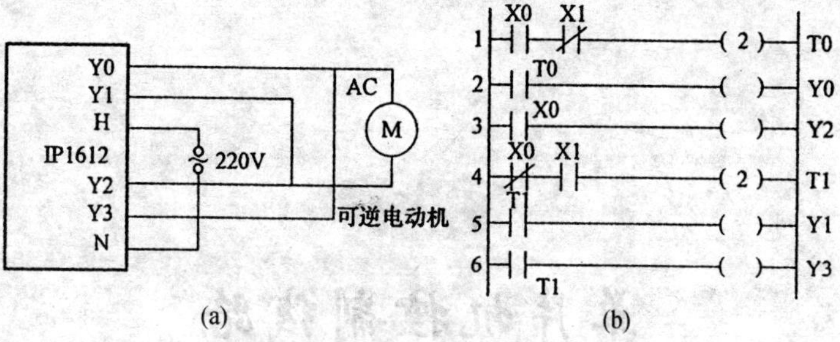

图 338　PLC 控制电动机正、反转线路

(a) PLC 正、反转控制路线 (b) 正、反转 RLL 程序

IP 系列 PLC 的 H 端可以接相线或中心线，但两组之间 H 端是相互绝缘的。由两个输入信号 X0 及 X1 控制电动机的正转、反转及停止。

若用这种方法去控制一台三相交流电动机时要十分仔细考虑 Y0 和 Y1 的瞬时接通，否则会使设备毁坏。

十

单片机控制线路

339 单片机控制超声波测距线路

本电路的特点是利用单片机控制超声波的发射和对超声波自发射至接收往返时间的计时，单片机选用8751，经济实用，且片内有4KB的ROM，便于编写程序，如图339所示。其中，只画出了前方测距电路的接线圈，左侧和右侧测距电路与前方测距电路相同，故省略。

测距系统中的超声波传感器采用UCM40压电陶瓷传感器，它的工作电压是40kHz的脉冲信号。前方测距电路的输入端接单片机P1.0端口，单片机执行上面的程序后，在P1.0端口输出一个40kHz的脉冲信号，经过晶体管VT放大，驱动超声波发射头UCM40T，发出40kHz的脉冲超声波，且持续发射200μs。右侧和左侧测距电路的输入端分别接P1.1和P1.2端口，工作原理与前方测距电路相同。

接收头采用与发射头配对的UCM40R，将超声波调制脉冲变为交变电压信号，经运算放大器IC1A和IC1B两级放大后加至I—DC2。I—DC2是带有锁定环的音频译码集成块LM567，电容C_4决定其锁定带宽。调节R_8在发射的载频上，则LM567输入信号大于25mV，输出端8脚由高电平跃变为低电平，作为中断请

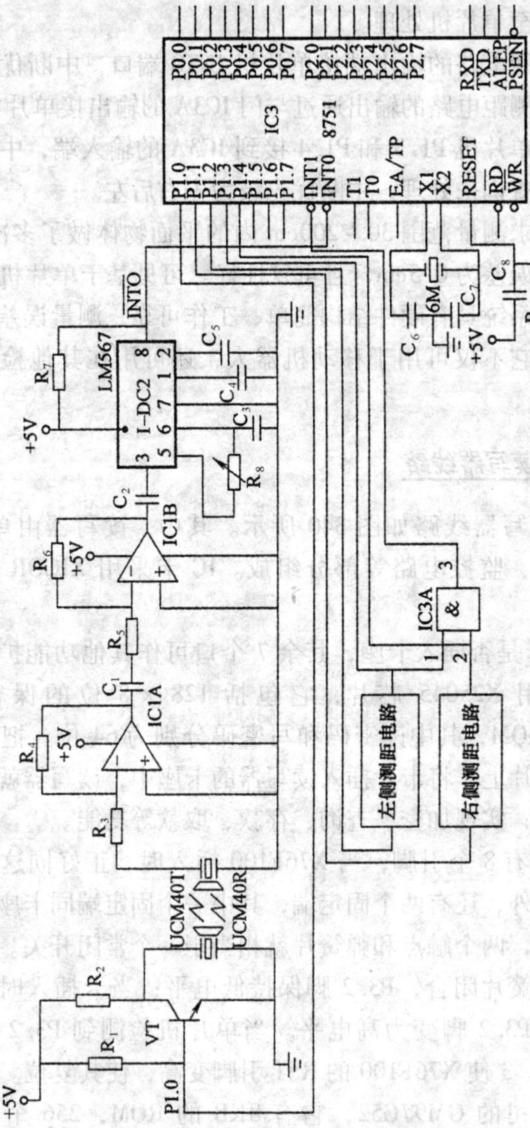

图 339　单片机控制超声波测距线路

求信号，送至单片机处理。

前方测距电路的输出端接单片机 INT0 端口，中断优先级最高，左、右测距电路的输出通过与门 IC3A 的输出接单片机 INT1 端口，同时单片机 P1.3 和 P1.4 接到 IC3A 的输入端，中断源的识别由程序查询来处理，中断优先级为先右后左。

对所要求测量范围 30～200cm 内的平面物体做了多次测量，发现其最大误差为 0.5cm，且重复性好。可见基于单片机设计的超声波测距系统具有硬件结构简单、工作可靠、测量误差小等特点。因此，它不仅可用于移动机器人，还可用在其他检测系统中。

340 IC 卡读写器线路

IC 卡读写器线路如图 340 所示。其中，读写器由单片机、键盘、显示、监控电路等部分组成。IC 卡采用 XICOR 公司的 X76F100。

测 IC 卡是否插入卡座，其余 7 个口可作其他功能扩充。监控电路采用 X25045 芯片，它包括 128 × 8 位的保密串行 FLASHE2PROM，其中读密码和写密码分别为 64 位。把芯片封装在一个卡片上，将卡片插入读写器的卡座中，读写器就可以对它进行读写，实现加密、查询、存款、取款等功能。

IC 卡座有 8 个引脚，当 X76F100 插入时，正好同这几个引脚相连。另外，还有两个固定端，其中一个固定端同卡座上一个弹簧片相连，两个触点和弹簧片就相当于一个常闭开关。当卡未插入时，弹簧片闭合，P3.2 脚保持低电平；当卡插入时，弹簧片被顶开，P3.2 脚变为高电平。当单片机检测到 P3.2 脚变高时，通过 P1.3 使 X76F100 的 RST 引脚变高，使其复位。单片机采用 LG 公司的 GM97C52，它有 8KB 的 ROM，256 个字节的 RAM 以及 32 个 I/O 口。P1 口与串行器件 X25045 和 X76F100 连

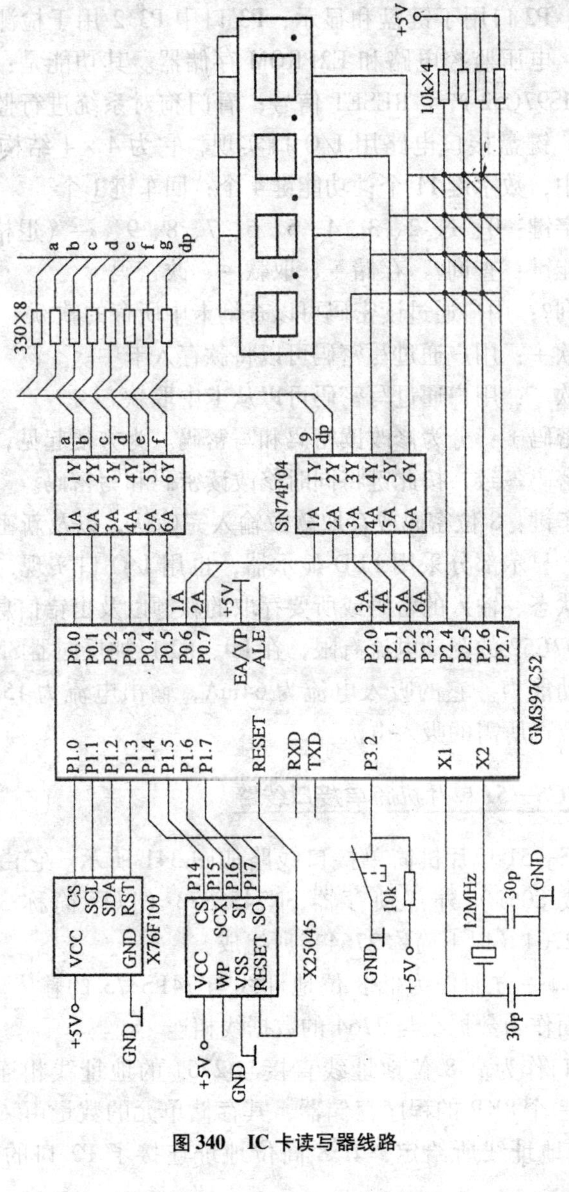

图 340　IC 卡读写器线路

接；P0、P2 口用于键盘和显示；P3 口中 P3.2 用于检测看门狗定时器、电压监控电路和 E2PROM 存储器。其功能是：当掉电时对 GMS97C52 产生 RESET 信号；看门狗对系统进行监控，防止死机。键盘接口电路用 I/O 口实现，它为 4×4 结构，16 个键。其中，数字键 11 个；功能键 4 个；回车键 1 个。

数字键：0、1、2、3、4、5、6、7、8、9、←（退格）。

功能键：查询?、存储 +、取款 -、改密码 *。

查询?：用户通过读密码可以查询卡中所存的款额。

存款 +：用户通过写密码可以将款存入卡中。

取款 -：用户通过写密码可以从卡中取款。

改密码 *：分为修改读密码和写密码。为方便起见，令读密码和写密码一致，按此键将同时修改读密码和写密码。

回车键：8 位密码或存取款数输入完确认，以及新密码输入完确认。显示部分采用 LED 显示器，也用 I/O 口实现，用于显示系统状态、输入的密码或所要存取的款额以及出错信息等。由于 GMS97C52 的驱动电流有限，在 P0、P2 口加反向器 SN74F04，增加驱动能力。它的吸入电流为 64mA，输出电流为 15mA，可以保证位选所需的吸入电流。

341 MCS—51 单片机简单接口线路

MCS—51 单片机简单接口线路如图 341 所示。它由单片机（8031 或 8051）外部锁存器 SN74LS373（以下简称 373）和 EPROM2764（以下简称 2764）所组成。

P0 口一方面作为低 8 位地址线与 74LS373 的输入端相连，另一方面作为数据线与 2764 的数据线相连。

P2 口作为高 8 位地址线直接与 2764 的地址线相连，由于 2764 是一个 8KB 的程序存储器，其存储单元的数量由 A0 ~ A12 共 13 根地址线所给定，其 8 高位地址连接了 P2 口的 P2.0 ~

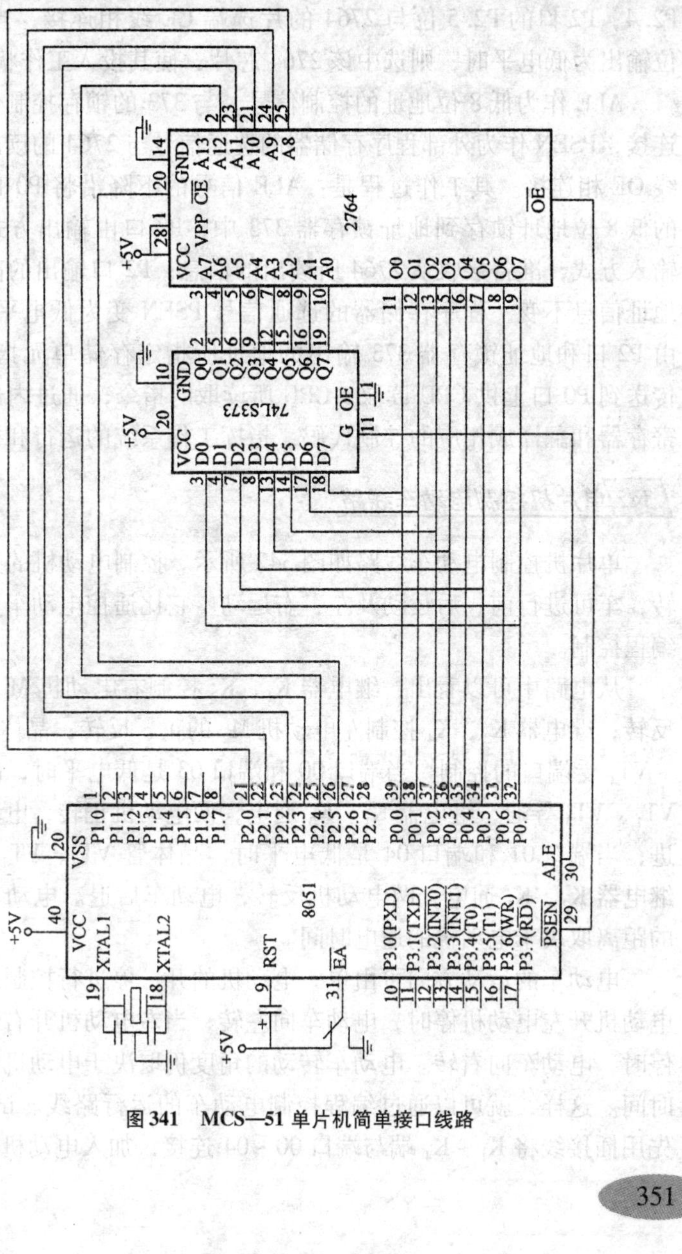

图 341　MCS—51 单片机简单接口线路

P2.4，P2 口的 P2.5 位与 2764 的片选端 CE 线相连接，当 P2.5 位输出为低电平时，则选中该 2764 芯片，使其投入工作状态。

ALE 作为低 8 位地址的控制信号，与 373 的锁存控制信号相连接，PSEN 作为外部程序存储器的选通信号与 2764 的读出信号线 OE 相连接。其工作过程是：ALE 信号的下降沿将 P0 口输出的低 8 位地址锁存到地址锁存器 373 中，P0 口由输出方式变为输入方式，准备接收从 2764 所读出的信息；P2 口输出的高 8 位地址信息不变，程序存储器的选通信号 PSEN 变为低电平有效，由 P2 口和地址锁存器 373 输出的地址所指定存储单元指令字，传送到 P0 口上供 CPU 读取；CPU 所读取的指令，通过内部专用寄存器和翻译成相应的控制代码，指挥工作系统的运行和操作。

342 单片机控制电动车线路

单片机控制电动车线路如图 342 所示。控制电动机的正、反转，车可进行前、后运动及左、右运动。它比遥控电动车更适合编程控制。

从电路中可以看出，继电器 K_1、K_2 控制右电动机 M_1 的正、反转；继电器 K_3、K_4 控制左电动机 M_2 的正、反转；晶体管 VT_1 ~ VT_4 受端口的控制。当端口 00 和端口 03 是低电平时，晶体管 VT_1、VT_3 导通，继电器 K_1、K_3 通电，两电动机正转，电动车前进；当端口 01 和端口 04 是低电平时，晶体管 VT_2、VT_4 导通，继电器 K_2、K_4 通电，两电动机反转，电动车后退。电动车运动的距离取决于电动机的通电时间。

电动车的运动方向可由单一电动机的开、停进行控制。当右电动机开左电动机停时，电动车向左转；当左电动机开右电动机停时，电动车向右转。电动车转动的角度仍取决于电动机的通电时间。这样，就可以通过编程控制电动车的运行路线。试车前，先用插接线将 K_1 ~ K_4 端与端口 00 ~ 04 连接，加入电动机电源。

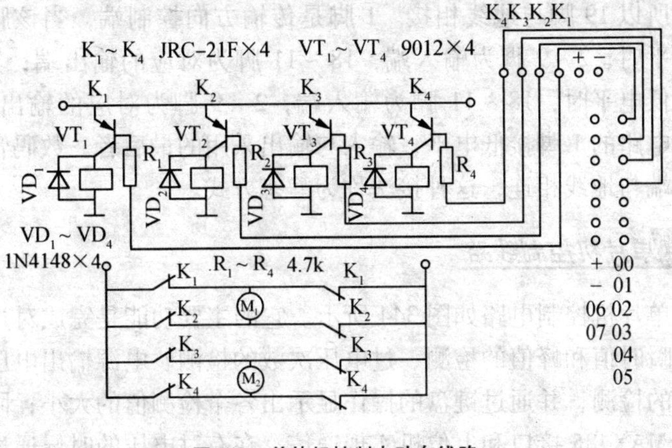

图 342 单片机控制电动车线路

343 数码管点亮线路

单片机执行程序后，P1 口输出到双向驱动芯片 74LS245 的输入端，同相驱动数码管各段，根据 P1 口输出的信息，在数码管形成字符，达到用数码管显示字符的目的。

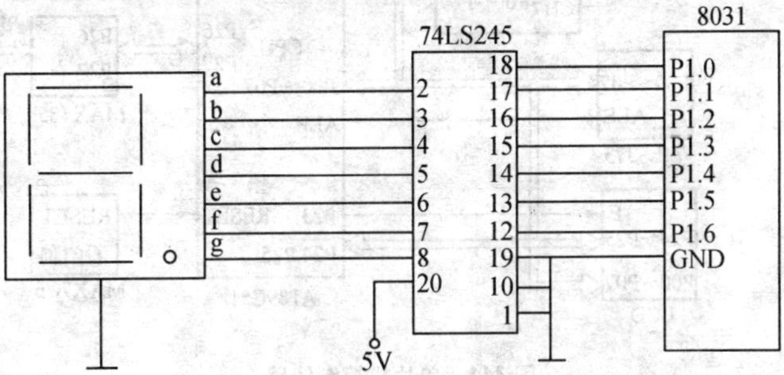

图 343 数码管点亮线路

数码管点亮电路如图 343 所示。P1 口与 74LS245 的输入端相连，其输出端直接与数码管的各段相连。其中，74LS245 的 19 脚称为使能控制端，当该脚处于低电平时，74LS245 才传输数据，所以 19 脚与地线相接。1 脚是传输方向控制端，当该脚为高电平时，2 ~ 9 脚为输入端，18 ~ 11 脚为对应的输出端；当 1 脚为低电平时，18 ~ 11 脚为输入端，2 ~ 9 脚为对应的输出端。本例电路的 1 脚接低电平，输入与输出采用的最后者。数码管的共阴端与地线相连，这种接法称为静态方式。

344 单片机控制线路

单片机控制电路如图 344 所示。它的主要功能是完成对过电压的瞬时值和峰值的检测、过电压次数的检测、电源输出电压和电流的检测，并通过键盘的操作显示出各个检测值的大小；同时通过 MAX485 接口和上位机实现通信，在有过电压的时候通过控制电路启动备用电源，实现对电源本身的保护。

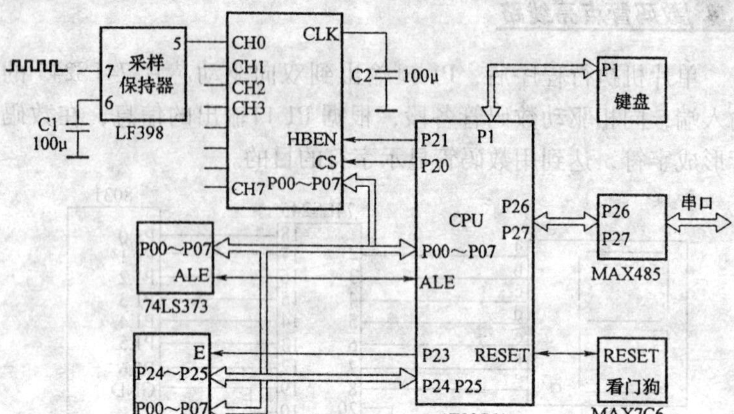

图 344　单片机控制线路

345 单片机控制闪光灯线路

单片机控制闪光灯线路如图 345（a）所示，可以把两个灯循环点亮。本电路是由晶体管（NPN9014，直流放大倍数应 >

200）、红色发光二极管及 R、C 元件组成的非稳态多谐振荡器，6V 直流电源供电。执行单片机编写流程如图 345（b）所示，可以看到两管交替闪烁。

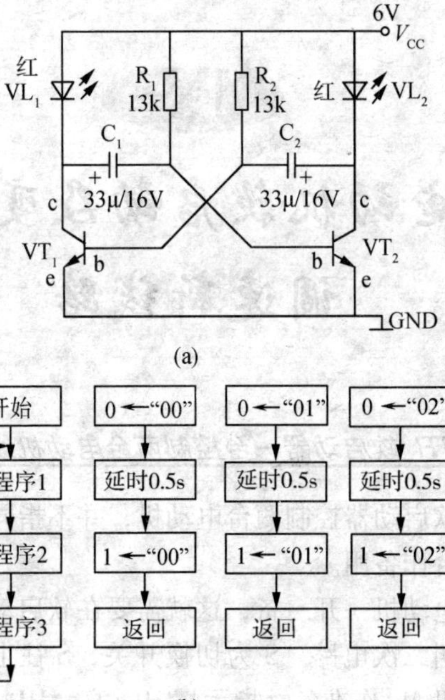

图 345　单片机控制闪光灯线路

（a）电路（b）流程

十一

电动机软启动及变频调速新线路

346 西普STR 软启动器一台控制两台电动机线路

用一台软启动器控制两台电动机，并不指同时开机。而是开一台，另一台作备用。

此例是电动机一开一备，这就需要在软启动器外另接一部控制电路，也叫二次电路。S 为切换开关，S 往上，则 KM_1 动作，为启动电动机 M_1 作准备，指示灯 HL_1 亮，HL_2 灭；往下则 KM_1 不工作，KM_2 工作，指示灯 HL_2 亮，HL_1 灭，西普 STR 软启动器一台控制两台电动机电路如图 346 所示。

电动机工作之前，需根据需要切换开关 S，然后在 STR 的操作键盘上按动 RUN 键启动电动机；按动 STOP 键则停止。JOG 是点动按钮，可根据需要自行设置安装。

347 西普STR 软启动器一台启动两台电动机线路

西普 STR 软启动器一台启动两台电动机电路如图 347 所示，先操作二次电路，让 KM_1 吸合，为启动 M_1 做好准备，然后按下

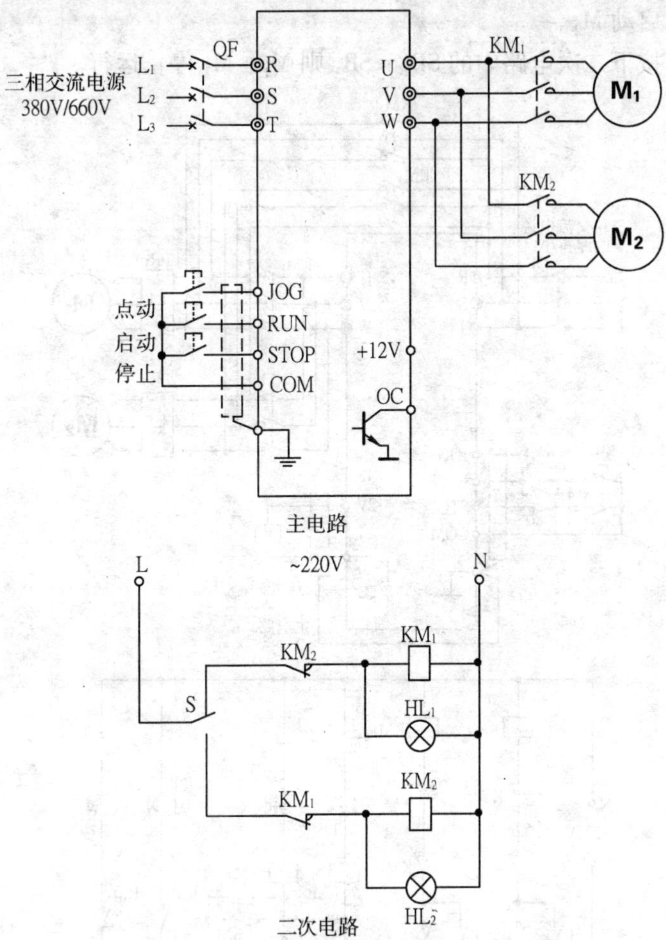

图 346　西普 STR 软启动器一台控制两台电动机线路

启动按钮 SB_2。因为只有 KM_1 吸合后，SB_2 才有效，在 KM_1 吸合后，旁路接触器 KM_3 吸合。时间继电器 KT_1 开始延时，延时结束后，KT_1 常闭触头断开，切断 KM_1。至此，由旁路接触器 KM_3 为 M_1 供电，而 STR 软启动器已退出运行状态。用上述同样方法，启动 M_2。

按下二次电路中的 SB_1、SB_3 则 M_1、M_2 停止运行。

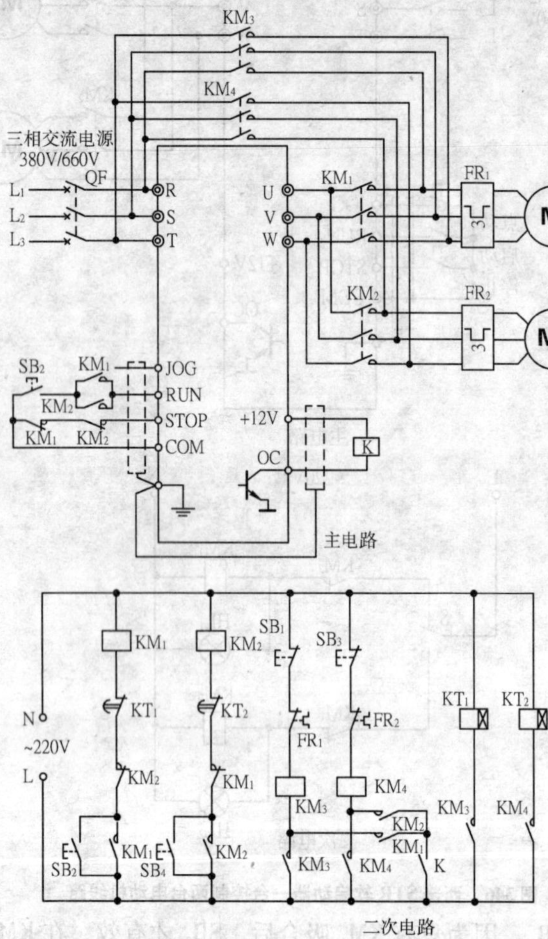

图 347　西普 STR 软启动器一台启动两台电动机线路

348 BCK 箔式绕组磁控式电动机软启动器线路

BCK 箔式绕组磁控式电动机软启动器是一种交流异步电动机软启动装置，可减轻电动机启动时对电网的冲击扰动，降低对电网容量的要求。它采用继电器、可编程序控制器（PLC）或单片机控制系统，实现对异步电动机启动过程和运行方式的手动与自动集中和就地控制，具有低耗节能、适应较重载启动等优点。BCK 箔式绕组磁控式电动机软启动器线路如图 348 所示。

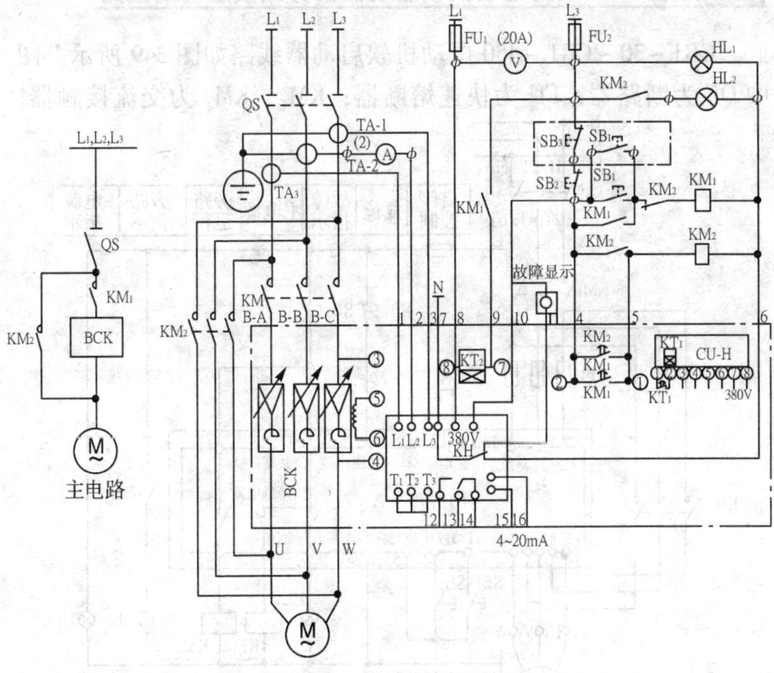

图 348　BCK 箔式绕组磁控式电动机软启动器线路

BCK 箔式绕组磁控式电动机软启动器与电子式软启动器的主要区别在于，用无反馈箔式绕组磁放大器（也称可控电抗器）

取代晶闸管作为主线路执行单元。它实现了磁电器件对磁电设备（电动机）的控制，使两者的抗过载能力处于同一水平，大幅度地提高了整机的可靠性和启动成功率；变晶闸管的斩波调压为磁控限幅调压，输出电压波形为正弦波，有效地抑制了电压波形畸变和高次谐波对电网的污染，而且大大简化了整机结构。此外，主线路与控制线路之间只有磁路的联系而无线路的直接联系，只需要控制直流励磁的变化即可实现软启动的功能。

349 常熟CR1 系列电动机软启动器带旁路接触器的线路

CR1－30～CR1－450 电动机软启动器线路如图 349 所示。图中 QF 为断路器；FU 为快速熔断器；KM_1、KM_2 为交流接触器，

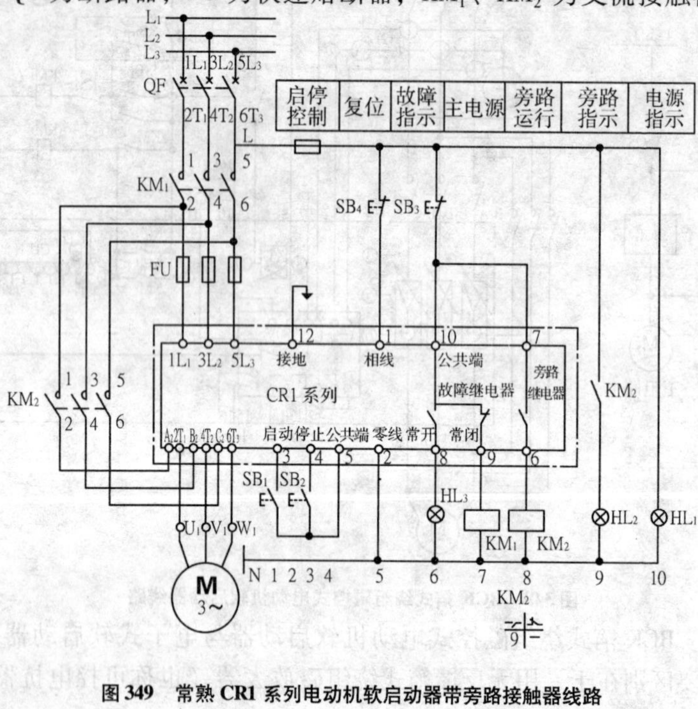

图 349　常熟 CR1 系列电动机软启动器带旁路接触器线路

其中 KM_2 为旁路接触器；SB_1 为启动按钮；SB_2 为软停按钮，SB_3 为电动机急停按钮；SB_4 为控制电源复位按钮；HL_1 为电源指示灯；HL_2 为旁路指示灯；HL_3 为故障指示灯。

当合上断路器 QF 时，HL_1 点亮，表明电源接通。按动 SB_1，KM_1 闭合，软启动器工作，电动机 M 软启动，转速逐渐上升。当 M 转速到达额定值时，KM_2 自动闭合，将软启动器内部的主线路（晶闸管）短路，从而使晶闸管等不致长期工作而发热损坏。工作完毕，按动 SB_2 使 KM_2 关断，软启动器实现 M 软停车（逐渐减速）。若是线路或 M 发生事故，按动 SB_3，M 则急停车。在事故停车时，HL_3 点亮；M 运转时 HL_2 点亮。

350 雷诺尔JJR5000系列智能型软启动器线路

JJR5000 系列智能型软启动器的线路如图 350 所示，JJR5000 系列智能型软启动器有以下特点：

（1）JJR5000 系列智能型软启动器适用于交流 380V（50Hz），5.5～600kW 各种负载的笼型电动机。

（2）三种启动方式，电压斜坡启动方式可得到最大的输出转矩；恒流软启动方式最大地限制启动电流；重载启动方式可输出最大的启动转矩。

（3）停车方式包括电压斜坡软停车方式及自由停车方式。

（4）具有可编程延时启动方式、可编程连锁控制及可编程故障接点输出。

（5）对输入电源无相序要求。

（6）启动时间、停车时间均可编程修改。

（7）具有多种保护功能，对过电流、三相电流不平衡、过热、缺相、电动机过载等进行保护。

351 具有遥控设定箱的变频器调速线路

具有遥控设定箱的变频器调速线路如图 351 所示。它适于变

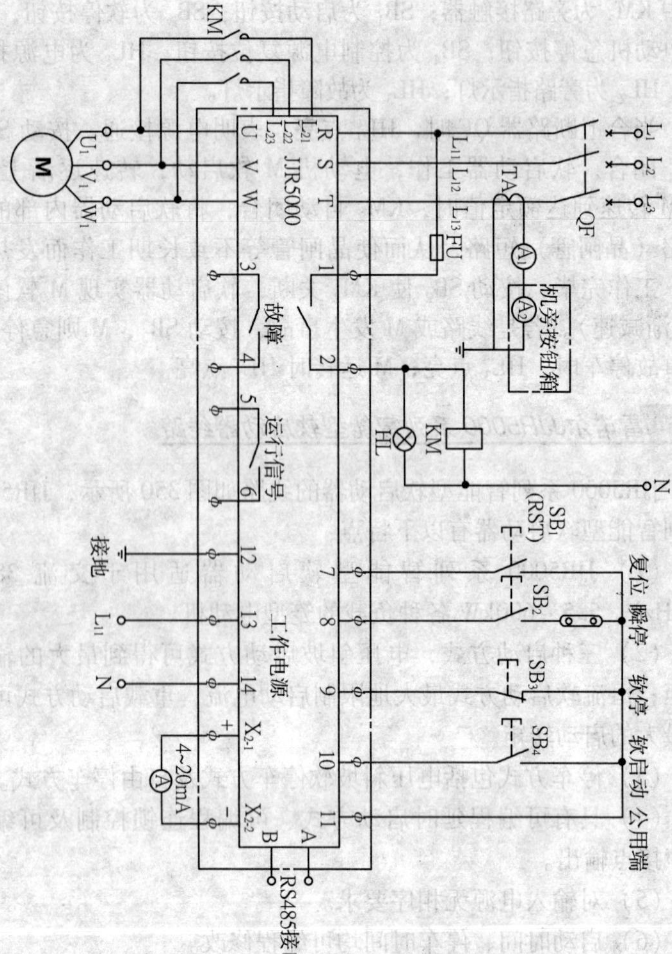

图 350　雷诺尔 JJR5000 系列智能型软启动器线路

频器不能就地操作或无法实现集中控制时采用，图中 FR－FK 为遥控设定箱。遥控设定箱外接加速、减速、设定消除三个按钮和一个启动开关。操作时先合上启动开关，然后根据需要按动其他按钮。变频器不仅可调速，而且可换向，如图所示，将 SF 合上时，电动机 M 正转；扳下 SF，合上 SR 开关，电动机 M 反转。

FR－FK 的 M_1、M_2 端子用来连接频率计。其②、⑤端与变频器的②、⑤端用屏蔽线相连。

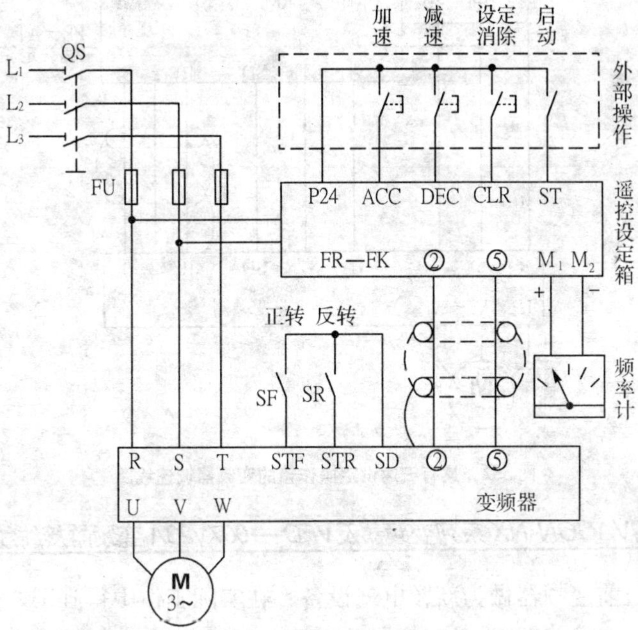

图 351　具有遥控设定箱的变频器调速线路

352 具有三速设定操作箱的变频器调速线路

具有三速设定操作箱的变频器调速线路如图 352 所示。它适于抛光、研磨、搅拌、脱水、离心、甩干、清洗等机械设备在需要多段速度的工序中采用，图中 FR－AT 为三速设定操作箱，它与变频器之间须用屏蔽线连接。通过 S_1、S_2、S_3 三个手动开关控制，可以实现三速选择。

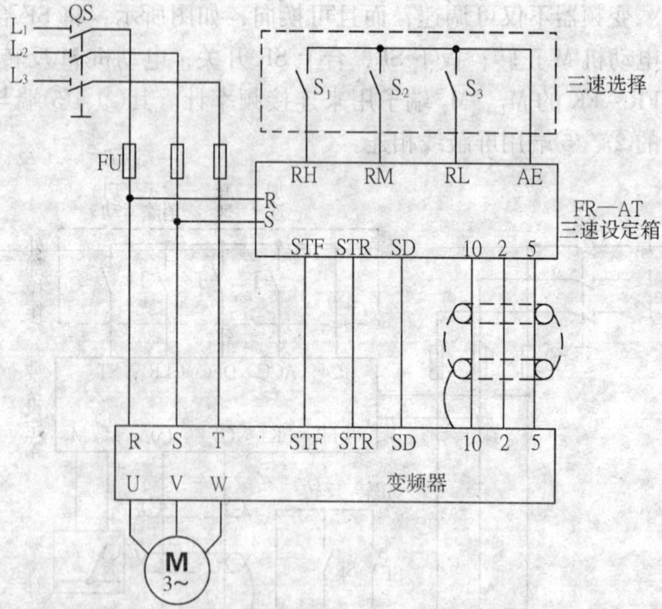

图 352　具有三速设定操作箱的变频器调速线路

353 VACON NX 系列变频器及 VFD—007V23A 变频器接线线路

目前变频器做为新颖电气设备，在实际工作中得到了广泛应用，VACON NX 系列变频器及 VFD—007V23A 变频器接线线路就是实际应用线路之一，如图 353 所示。

VACON NX 系列变频器的输入电压是：

200～240V，380～500V，525～690V －15%～＋10%。

辅助电压：

外部辅助电源可以给控制线路供电，可以给控制面板，内部驱动功能和现场总线供电。24VDC，300mA。

VACON NX 系列变频器的电动机输出连接：电压 0～Uin。

VACON NX 系列变频器的数字输出：开集电极输出 50mA /

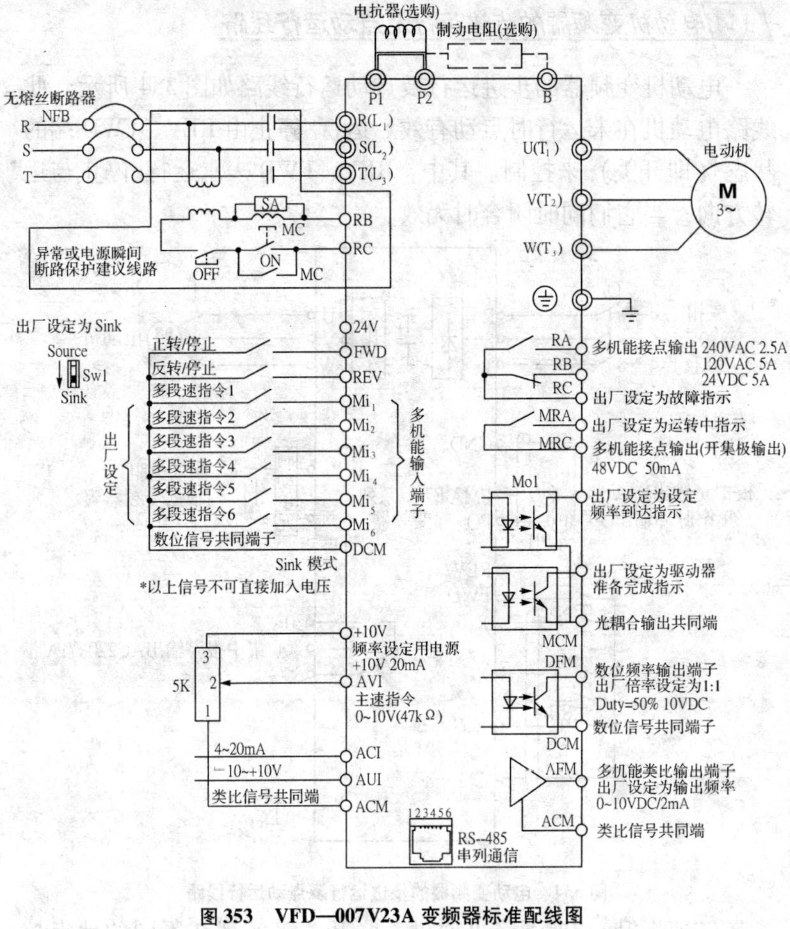

图 353　VFD—007V23A 变频器标准配线图

48V。

VACON NX 系列变频器的继电器输出：最大开关电压 125VDC ，250VAC。

VACON NX 系列变频器的最大开关负载：8A / 24VDC，0.4A / 125VDC，2kVA / 250VAC。

354 电动机变频器的步进运行及点动运行线路

电动机变频器的步进运行及点动运行线路如图 354 所示。此线路电动机在未运行时点动有效。运行/停止由 REV、FWD 端的状态（即开关）来控制。其中，REV、FWD 表示运行/停止与运转方向，当它们同时闭合时无效。

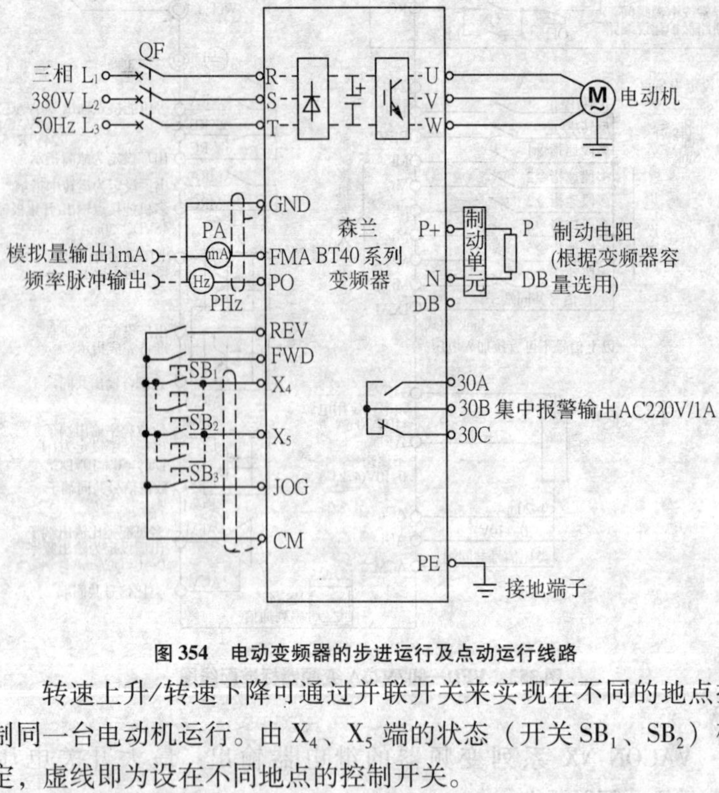

图 354　电动变频器的步进运行及点动运行线路

转速上升/转速下降可通过并联开关来实现在不同的地点控制同一台电动机运行。由 X_4、X_5 端的状态（开关 SB_1、SB_2）确定，虚线即为设在不同地点的控制开关。

JOG 端为点动输入端子。当变频器处于停止状态时，短接 JOG 端与公共端（CM）（即按下 SB_3），再闭合 FWD 端与 CM 端之间连接的开关，或闭合 REV 端与 CM 端之间连接的开关，则会使电动机 M 实现点动正转或反转。

355 用单相电源变频控制三相电动机线路

变频控制有很多好处，例如三相变频器通入单相电源，可以方便地为三相电动机提供三相变频电源。线路如图 355 所示。

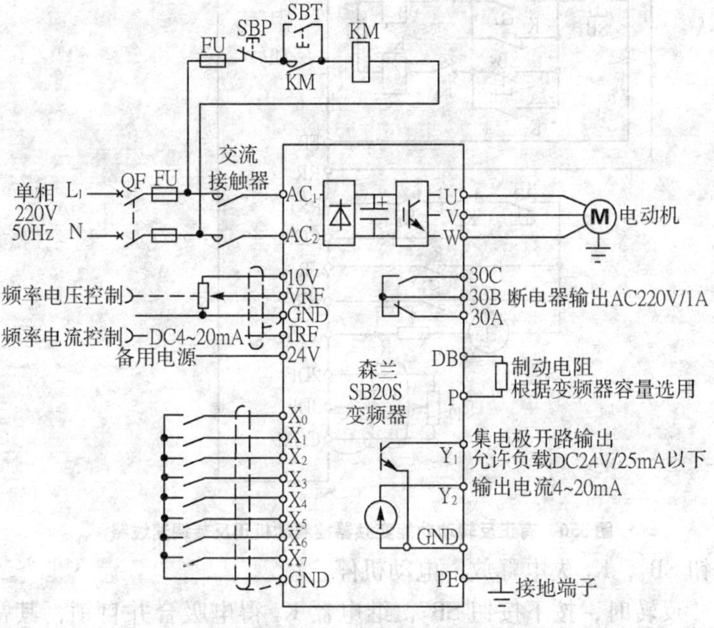

图 355　用单相电源变频控制三相电动机线图

356 有正反转动功能变频器控制电动机正反转调速线路

对于有正反转功能的变频器，可以采用继电器来构成正转、反转、外接信号，有正反转动功能变频器控制电动机正反转调速线路如图 356 所示。

正转时，按下按钮 SB_1，继电器 K_1 得电吸合并自锁，其常开触头闭合，FR－COM 连接，电动机正转运行；停止时，按下

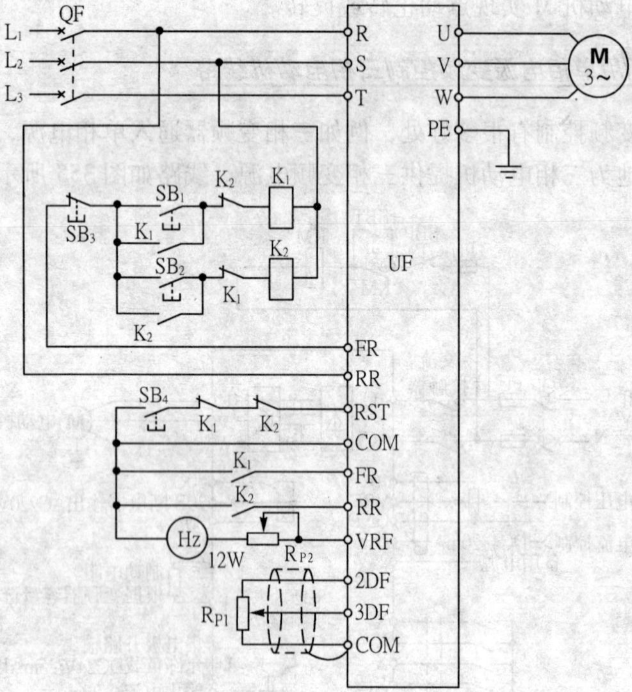

图 356　有正反转动功能变频器控制动机正反转调速线路

按钮 SB_3，K_1 失电释放，电动机停止。

反转时，按下按钮 SB_2，继电器 K_2 得电吸合并自锁，其常开触头闭合，RR－COM 连接，电动机反转运行；停止时，按下按钮 SB_3，K_2 失电释放，电动机停止。

事故停机或正常停机时，复位端子 RST－COM 断开，发出报警信号。按下复位按钮 SB_4，使 RST－COM 连接，报警解除。

图中 Hz 为频率表，R_{P1} 为 2W、1kΩ 线绕式频率给定电位器。R_{P2} 为 12W、10kΩ 校正电阻，构成频率调整回路。

357 无正反转功能变频器控制电动机正反转调速线路

有些变频器无正反转功能，只能使电动机向一个方向旋转，这时采用本例线路可实现电动机正反转运行，无正反转功能变频器控制电动机正反转调速线路如图 357 所示。

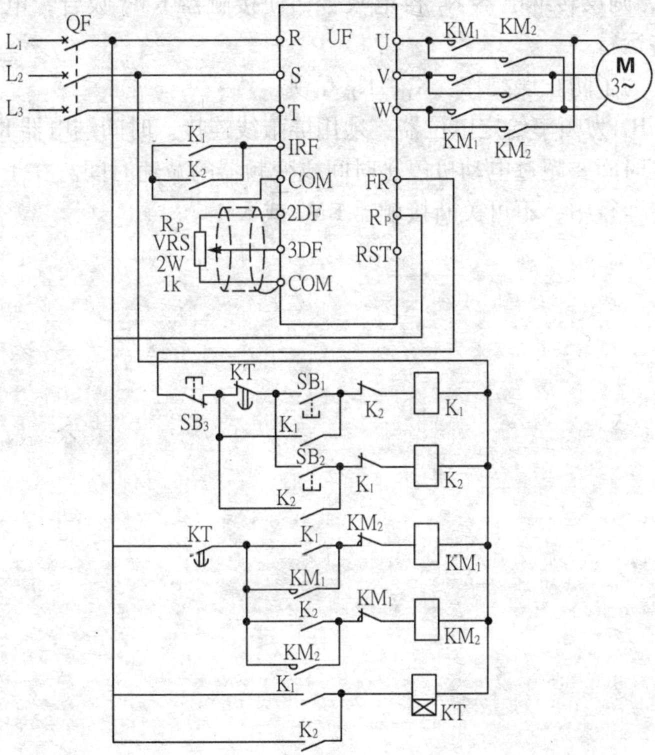

图 357　无正反转功能变频器控制电动机正反转调速线路

正转时，按下按钮 SB_1，中间继电器 K_1 得电吸合并自锁，其两副常开触头闭合，IRF－COM 接通，同时时间继电器 KT 得电进入延时工作状态，待延时结束后，KT 延时闭合触点动作，

使交流接触器 KM_1 得电吸合并自锁，电动机正转运行。

欲要使 M 反转，在 IRF－COM 接通后，变频器 UF 开始运行，其输出频率按预置的升速时间上升至与给定相对应的数值。当按下停止按钮 SB_3 后，K_1 失电释放，IRF－COM 断开，变频器 UF 输出频率按预置频率下降至 0，M 停转。按下反转按钮 SB_2，则反转继电器 K_2 得电吸合，使接触器 KM_2 吸合，电动机反转运行。

为了防止误操作，K_1、K_2 互锁。

R_P 为频率给定电位器，须用屏蔽线连接。时间继电器 KT 的整定时间要超过电动机停止时间或变频器的减速时间。在正转或反转运行中，不可关断接触器 KM_1 或 KM_2。

十二

各种灯具照明线路

358 日光灯的一般连接线路

日光灯大量应用于家庭以及公共场所的照明，具有发光效率高、寿命长等优点，图 358 为日光灯的一般连接线图。

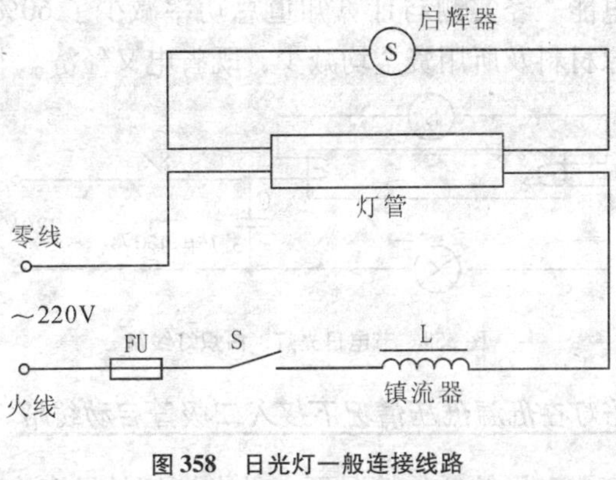

图 358　日光灯一般连接线路

日光灯的工作原理是：当开关闭合，电源接通后，灯管尚未放电，电源电压通过灯丝全部加在启辉器内两个双金属触片上，使氖管中产生辉光放电发热，两触片接通，于是电流通过镇流器和灯管两端的灯丝，使灯丝加热并发射电子。此时由于氖管被双金属触片短路停止辉光放电，双金属触片也因温度降低而分开，在此瞬间，镇流器产生相当高的自感电动势，与电源电压串联后加在灯管两端引起弧光放电，使日光灯发光。

在装配日光灯时，所配用的灯管功率要与镇流器相一致，并且与日光灯启辉器所能启动的功率相匹配。

359 节电日光灯、白炽灯线路

如图 359 表示白炽灯、日光灯混合节电电路图。这种照明灯安装简单，省钱省力。

制作时，首先准备 30W 日光灯管一只，启辉器一个，100W 的白炽灯泡一个。按照电路原理图接线安装，即可制成白炽灯与日光灯节电混合灯。实践证明该电路可延长白炽灯泡和日光灯管的使用寿命。还有，由于不用镇流器，就可避免这部分功率损耗。可用万用表和钳形电流表测试，然后算出白炽灯和日光灯实际所耗的电能。经实测与计算知道总功率减少了 60% 左右。每组灯具的原材料及所用资金均减少，既省电又经济。

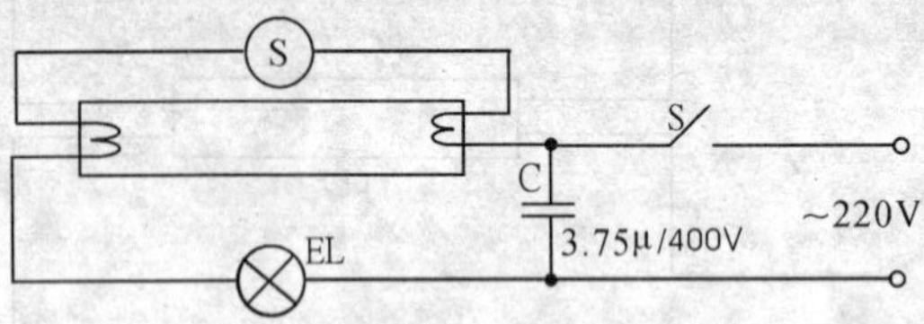

图 359 节电日光灯、白炽灯线路

360 日光灯在低温低压情况下接入二极管启动线路

在温度或电压较低的情况下，日光灯灯丝经多次冲击闪烁，仍不能启辉，将影响灯管使用寿命。如果改进接线电路，则可解决在低温低压下启动困难的问题。从图 360 中可看出，当把启动开关合上时，交流电经整流后，变成脉动直流电，通过日光灯灯丝的电流较大，容易使管内气体电离。另一方面，这种脉动的直流波形，使镇流器产生的瞬时自感电动势也较大。所以一般 S 合上 1 ~4s 即断开，日光灯随即启辉。S 可用电铃按钮，二极管可选用 2CP3、2CP4、2CP6 等。此法一般适用于功率较小的日光灯，且由于启辉时电流较大，启动开关 S 不要按得太久。

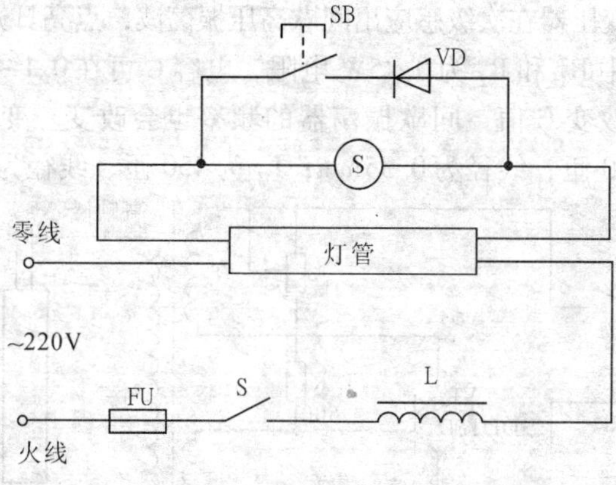

图 360　日光灯在低温低压情况下接入二极管启动线路

361 黑光灯接线方法

黑光灯一般应用于农业，它能辐射出波长很短的不可见光，用于夜间诱虫和预测虫害情况。黑光灯与日光灯的区别仅是管壁内涂荧光粉不同，所以接线方法是和一般日光灯相同的。见图 361 所示。

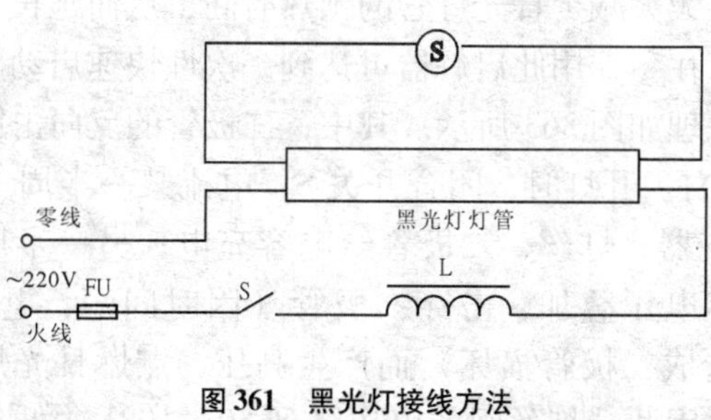

图 361　黑光灯接线方法

362 用直流电点亮日光灯线路

如图 362 所示为直流电点亮日光灯线路，可用来直接点亮 6～8W 日光灯。它是由一个晶体三极管 VT 组成的共发射极间歇振荡器，通过变压器在次级感应出间歇高压振荡波，点亮日光灯。

线路中 R_1 和 R_2 为 0.25W 电阻，电容 C 可在 0.1～1μF 范围内选用，改变 C 值，间歇振荡器的频率也会改变。变压器 T 的 $L_1 = L_2 = 40$ 匝，线径为 0.35mm；L_3 为 450 匝、线径为 0.21mm。

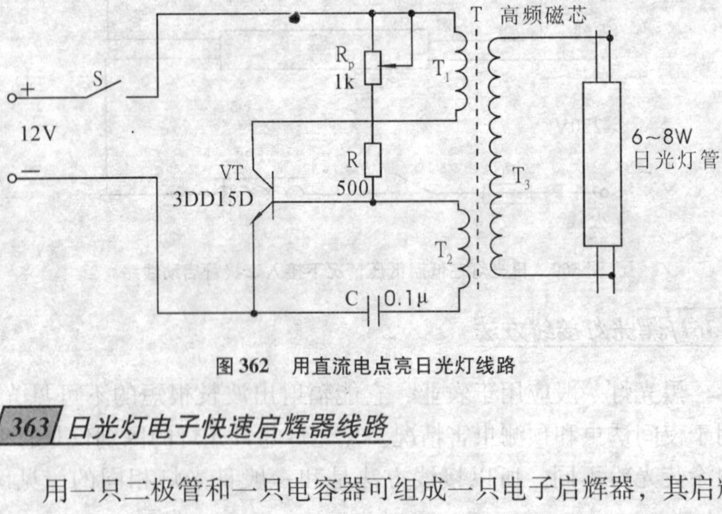

图 362 用直流电点亮日光灯线路

363 日光灯电子快速启辉器线路

用一只二极管和一只电容器可组成一只电子启辉器，其启辉速度快，可大大减少日光灯管的预热时间，从而延长日光灯管的使用寿命，在冬天用此启辉器可达到一次性快速启动。

工作原理如图 363 所示。其中，二极管的反向击穿电压选定在 190V 左右。开灯时，闭合开关 S，电流某一半周（零线为正时）经镇流器、灯丝、二极管给电容充电；另一半周时，电源电压与电容电压叠加，击穿二极管（因时间短，电流不很大，一般不会造成二极管损坏）而产生高压，点燃日光灯管。在灯管点燃后，因两端灯丝间的电压降到 50～108V，低于二极管的击穿电压，这时日光灯便正常工作。

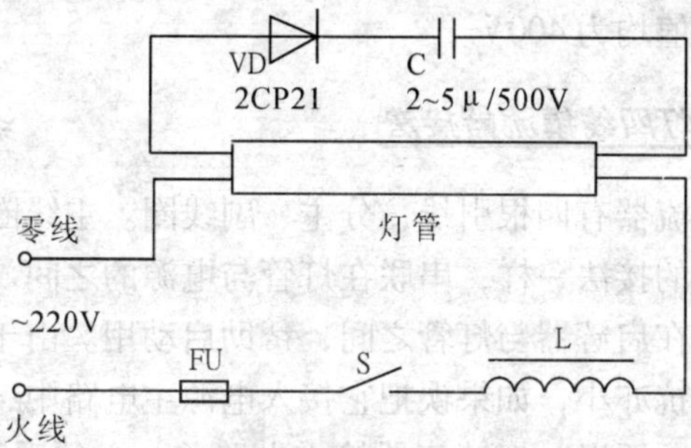

图 363　日光灯电子快速启辉器线路

364 具有无功功率补偿的日光灯线路

由于镇流器是一个电感性负载，需要消耗一定的无功功率，致使整个日光灯装置的功率因数降低，影响了供电设备能力的充分发挥，并且降低了用电地点的电压，对节约用电不利。为了提高功率因数，在使用日光灯的地方，应在日光灯的电源侧并联一个电容器，这样，镇流器所需的无功功率可由电容器提供。见图364。电容器的大小与日光灯功率有关。日光灯功率为15～20W时，选配电容容量为2.5μF；日光灯功率为30W时，选配电容

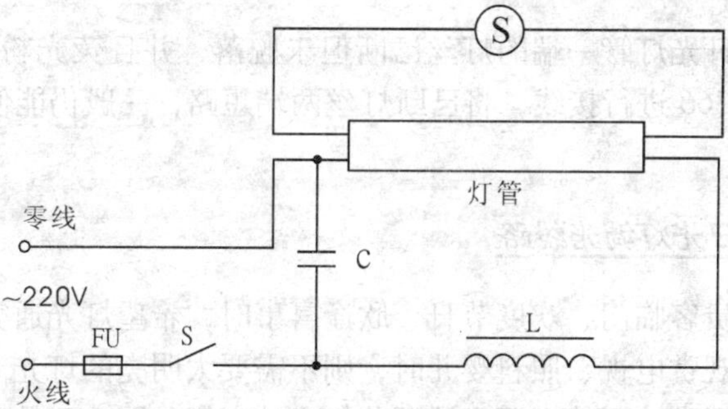

图 364　具有无功功率补偿的日光灯线路

量为 3.75μF；日光灯功率为 40W 时，选配电容量为 4.75μF。电容器耐压值均为 400V。

365 日光灯四线镇流器接法

四线镇流器有四根引线，分主、副线圈。主线圈的两引线和二线镇流器的接法一样，串联在灯管与电源的之间。副线圈的两引线，串联在启辉器与灯管之间，帮助启动用。由于副线圈匝数少，交流阻抗亦小，如果误把它接入电源主电路中，就会烧毁灯管和镇流器。所以，把镇流器接入电路前，必须看清接线说明，分清主副线圈。也可用万用表检测，阻值大的为主线圈，阻值小的为副线圈。正确接线法如图 365 所示。

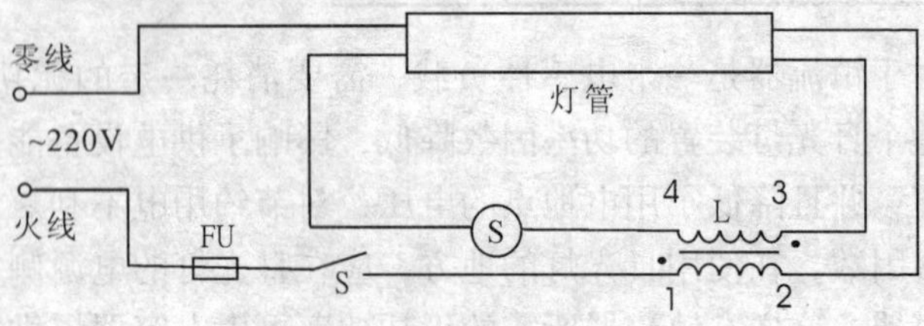

图 365　日光灯四线镇流器接法

366 废日光灯管的利用

当日光灯管一端的灯丝已断但未脱落，并且荧光粉尚好时，可按图 366 进行接线，将已断灯丝两端短路，一般仍能使用一段时间。

367 日光灯调光线路

当贵客临门、欢度节日、欣逢喜事时，希望灯光通亮；而在休息、观赏电视、照料婴儿时，则不需要太明亮的灯光。为了实现这种要求，可使用调光器调节灯光的亮度。图 367 是日光灯调光线路。启辉前应把亮度调至最大，以保证正常启辉，启辉后再

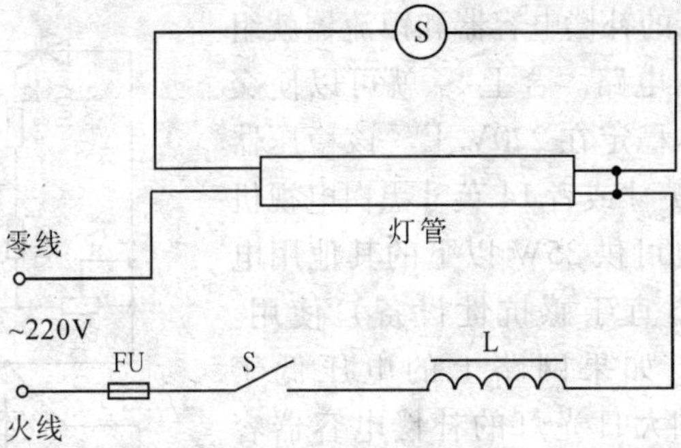

图 366 废日光灯管的利用

把亮度调到需要的大小。VD_1 ~ VD_4 可选用 5A/400V 任何型号的整流二极管。

368 自制20 W 日光灯调光器线路

采用串联电容的方法可以方便地控制日光灯的亮度，适应不同的照明要求。如图 368 是改装后的线路图。当开关与“1”接触，灯管发出正常亮度，实际功率 20W；与“2”接触，亮度中等，功率约 10W 左右；与“3”接触，亮度微弱，功率约 5W 左右。

使用时应注意灯管必须先正常点燃后，才可调光。调光时拨开关的动作必须迅速，以免开关断开过久而熄辉，而重新启动。

369 日光灯兼做电视机交流稳压器线路

有些地方电网电压很不稳定，致使电视机不能正常收看节目。如果将 30W 或 40W 日光灯线路略微改装，就可以兼做电视机交流稳压器，且不影响日光灯正常使用，线路如图 369 所示。当作为日光灯照明使用时，波段开关的两组触片 S_2、S_3 应处于接通位置，S_4、S_5 处于断开位置。S_1 为灯控制开关。如果要收看电视节目时，拨动一下波段开关，使 S_2、S_3 断开，S_4、S_5 闭合，日光灯的补偿电容器和镇流器就组成交流稳压电路。合上 S_1 就可以使交流电压基本稳定在 220V 上。该稳压器除可供 12 英寸或者 14 英寸黑白电视机使用外，也可供 35W 以下的其他用电设备（但不宜于感抗性设备）使用。在使用中，如果网路上的电压低于 180V，应加大日光灯的补偿电容器容量，一般在电容 C 上再并联一只 2μF 电容即可。电容器耐压应在 350V 以上。

370 点亮断丝日光灯管简易线路

用一只 2.5 ~6V 手电筒小电珠，并接于断丝接线上，其他电路不必改动。要求日光灯管是老化不严重的灯管。见图 370 所示。

371 简单的应急灯电路

如图 371 所示，三极管 VT 与变压器 T 的初级绕组构成电感三点式振荡器，将蓄电池的直流电压转换为交流电压，然后经变压器的升压作用，在 L_3 上得到较高的交流电压，从而点燃 8W 荧光灯，作为应急灯使用。

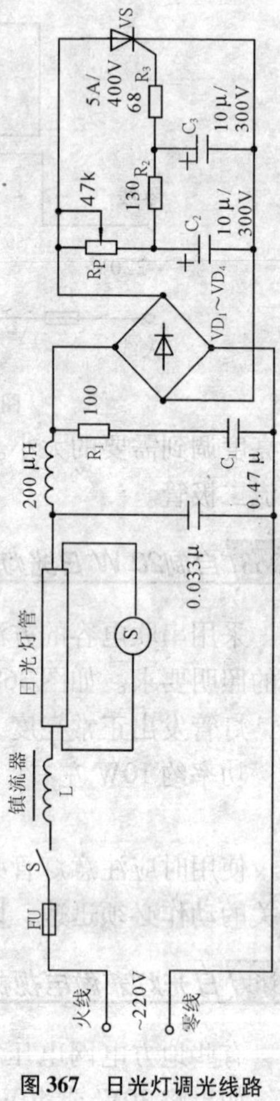

图 367　日光灯调光线路

电阻 R 为三极管 VT 的基极偏置电阻，适当调整它可改变逆变输出功率。

制作时，变压器的磁芯可用电视机的行输出变压器的磁芯，L_1 用 ϕ0.35mm 漆包线绕 40 圈，L_2 用 ϕ0.35mm 漆包线绕 40 圈，

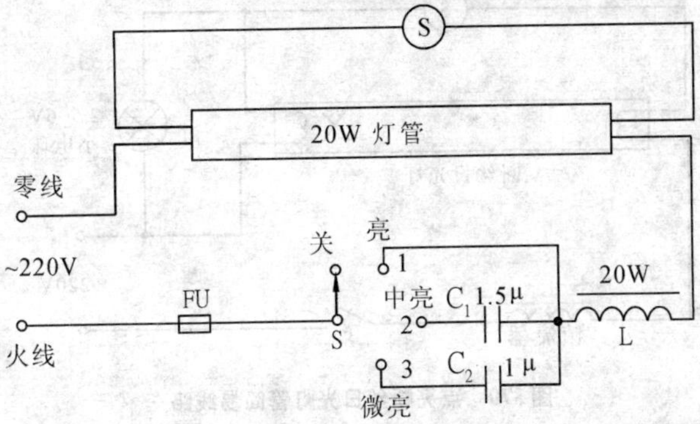

图 368　自制 20W 日光灯调光器线路

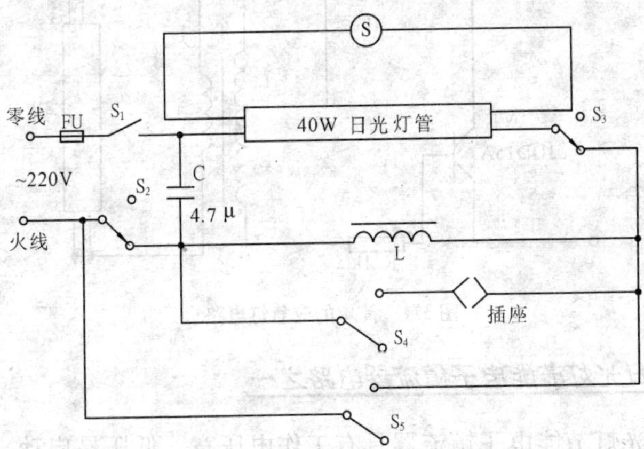

图 369　日光灯兼做电视机交流稳压器线路

L_3 用 ϕ0.16mm 漆包线绕 300 圈。三极管 VT 选用 3DD15A，电阻用 1kΩ 左右 1/8W。

调试时，如不启振，将 L_1 或 L_2 两线头对调一下即可。

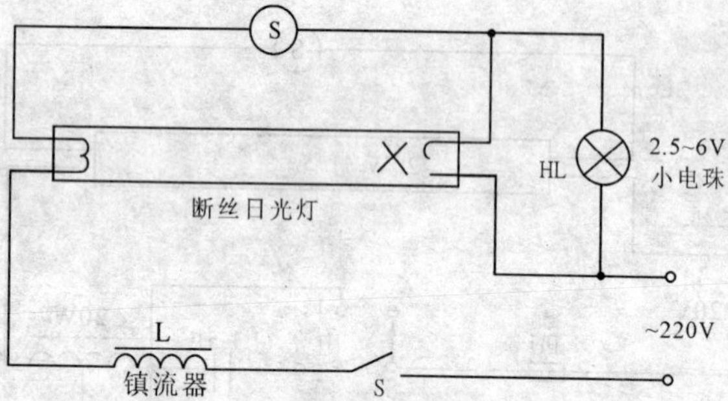

图 370　点亮断丝日光灯管简易线路

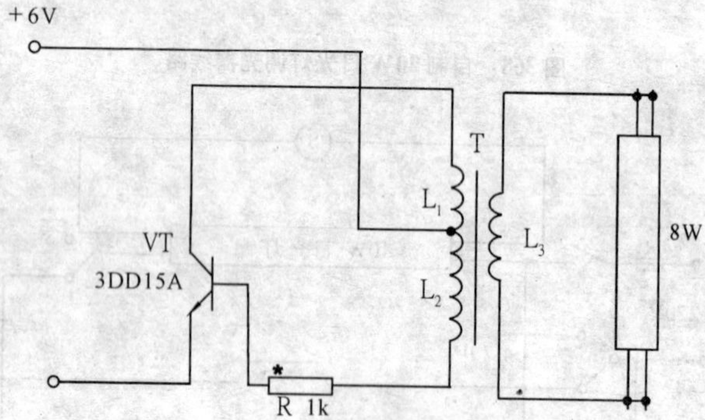

图 371　简单的应急灯电路

372 日光灯节能电子镇流器电路之一

日光灯节能电子镇流器具有工作电压宽、低压易启动、工作时无蜂音、无闪烁、节能省电等特点。它已被愈来愈多的人所接受。下面的电路是目前市面上流行的电子镇流器典型电路。

如图 372 所示，由 VD_1 ~ VD_4、C_1 组成桥式整流滤波电路，把交流 220V 转换成 300V 左右的直流电，供后续的振荡激励电路使用。R_1、C_2、双向触发二极管 VD_7 构成触发起振电路，VT_1、VT_2 及相应元件构成主振电路。在 VT_1、VT_2 截止时，L_4、L_5 产生高压，点亮日光灯管，C_5、R_7 的作用是为了消除瞬间高压对灯丝的冲击而形成的灯管两端早期老化发黑现象，以延长灯管的使用寿命。

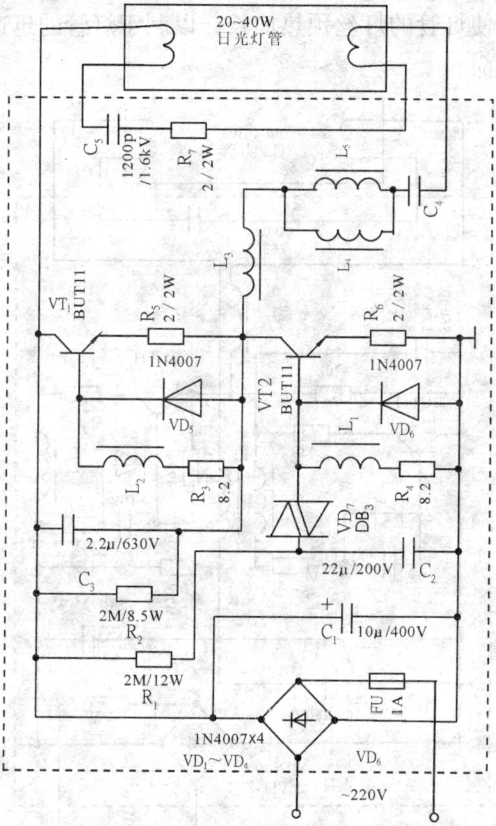

图 372　日光灯节能电子镇流器电路之一

373 日光灯节能电子镇流器电路之二

图 373 是另一种形式的电子镇流器电路，图中 VD_1 ~ VD_4、C_1、C_2 构成桥式整流滤波电路，完成交流 220V 到直流 300V 的转换。R_7、R_6 是启振电阻，为 VT_2 提供起始导通偏置电压，从

而激发 VT_1、VT_2 形成高频自激振荡。L_4 为高压产生自感扼流圈，C_3、VD_5、VD_6、C_6 组成软启动电路，使电路工作点的建立得以延时，使灯管的灯丝预热加长，以利于灯管的迅速启动，延长其使用寿命。

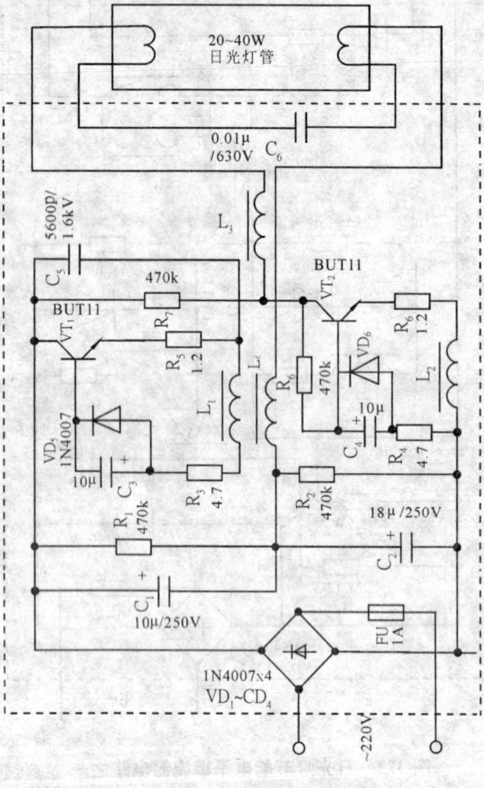

图 373 日光灯节能电子镇流器电路之二

374 白炽灯照明线路

白炽灯的线路如图 374 所示。它是由保险、开关、白炽灯泡串联起来并接于电源电压为交流 220 V电路上。开关应安装在电源电压的相线上，白炽灯线路目前应用较广，它具有线路简单、实用、更换灯泡方便等优点，被各行各业、家用照明等采用。白炽灯由灯头、玻璃泡和灯丝三部分构成。灯丝是用钨丝做成的；玻璃泡一般用透明玻璃制成，也有用磨砂的乳白色玻璃壳及彩色玻璃壳的。40W 以下的灯泡，玻璃壳内抽成真空；40W 以上的，抽真空后还充进少量氩气或氮气。

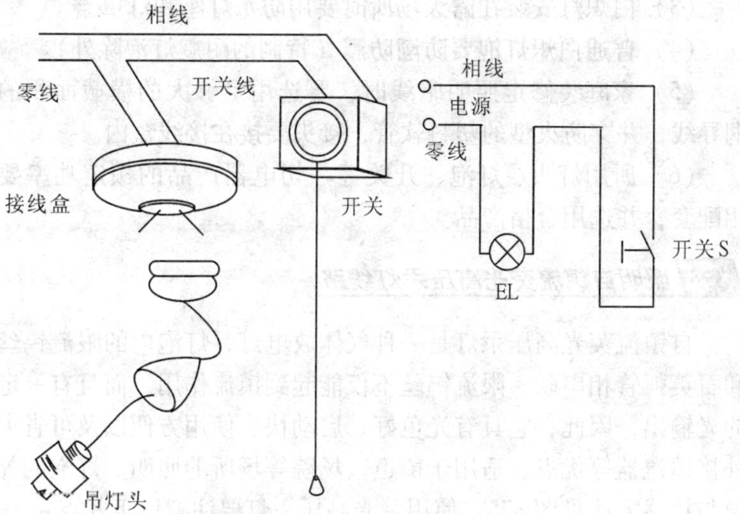

图 374　白炽灯照明线路

白炽灯是电流通过灯丝时使灯丝灼热至白炽状态而发光的。灯丝的温度越高，发出的光就越强。点亮时灯丝的温度一般在 2 000℃以上。在空气中这样高的温度是会使灯丝很快烧断的。

必须将玻璃泡中的空气抽去。即使这样，灯丝在灼热时钨原子还会从钨丝中飞散出来，这就是钨丝的蒸发现象。蒸发出来的钨原子凝聚在温度较冷的玻璃泡壁上，这就是灯泡用久了会发黑的原因。钨丝的蒸发不但影响灯光亮度，还使钨丝变细，最后烧断，大大影响灯泡寿命。在灯泡中充进适量的氩气或氮气能在一定程度上起到阻碍钨丝蒸发的作用。

白炽灯泡使用简单，价格便宜，至今仍是最普遍使用的光源。

使用白炽灯应注意以下几点：

（1）白炽灯的额定电压要与电源电压相符。

（2）使用螺口灯泡要把火线接到灯座中心触点上。

（3）白炽灯安装在露天场所时要用防水灯座和灯罩。

（4）普通白炽灯泡要防潮防震（特制的耐震灯泡除外）。

（5）家庭装修走照明暗线时，要选用足够大的横截面积的铜导线，并穿防火型的塑料软管，接头要接在接线盒内。

（6）所用灯头、灯泡、开关等一切电器产品的额定功率要相配套，并选用合格产品。

375 照明自镇流荧光高压汞灯线路

自镇流荧光高压汞灯是一种气体放电灯，灯泡内的限流钨丝和石英弧管相串联。限流钨丝不仅能起到镇流作用，而且有一定的光输出，因此，它具有光色好、启动快、使用方便以及可省去外接镇流器等优点，适用于街道、场院等场所的照明。灯泡的外形与接线方法见图375。使用荧光高压汞灯要注意以下几点：

（1）自镇流荧光高压汞灯的起燃电流较大，这就要求电源线的额定电流与保险丝要与灯泡功率相符。电线接点要接触牢靠；以免松动造成灯泡起燃困难或自动熄灭。

（2）灯泡采用的是螺旋式灯头，安装灯泡时不要用力过猛，以防损坏灯泡。维修电路时应断开电源，并在灯泡冷却后方可进行。

（3）灯泡的火线应通入螺口灯头的舌头触点上，以防触电。

（4）电源电压不应波动太大，超过 ±5% 额定电压时，可能引起灯泡自动熄灭。

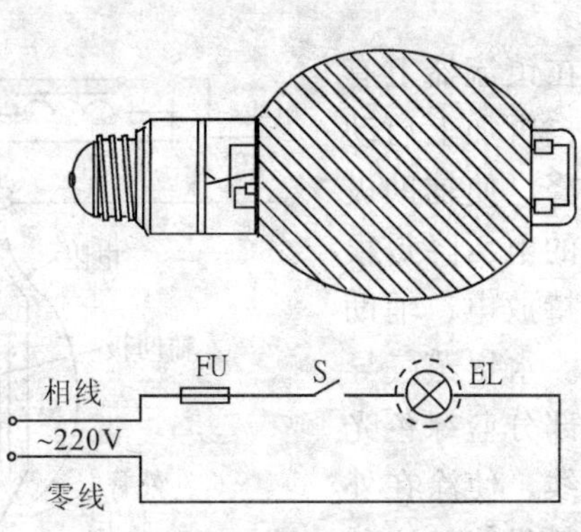

图 375 照明自镇流荧光高压汞灯线路

（5）灯泡在点燃中突然断电，如再通电点燃，灯泡需待 10 ~15min 后自行点燃，这是正常现象。如果电源电压正常，又无线路接触不良，灯泡仍有熄灭和自行点燃现象反复出现，说明灯泡需要更换。

（6）灯泡启辉后 4 ~8min 才能正常发光。

376 照明高压汞灯连接线路

高压汞灯又名高压水银荧光灯。它的结构和安装时的接线如图 376 所示。高压汞灯有两个主电极和一个辅助电极。外玻璃管的形状是为使点燃时管壁具有均匀温度而设计的。在外壳的内壁上还涂有荧光粉。制造时，抽去内、外玻璃壳里的空气后，再在内管中充以适量的汞和少量氩气，有的还在内、外玻璃之间充进氮气。

高压汞灯的发光原理是这样的：当电源刚接通时，由于两个主极间的距离较大，它们之间还不能立即导电。但是辅助极是通过一个电阻与主极 2 连接的，它与主极 1 相距很近，加上的电源电压足以使它们之间的气体导电，发出红色辉光。辅助极与主极 1 之间的导电，促进了两个主极间的氩气导电，同时使水银受热蒸发电离并参与导电，迅速地形成电弧放电。两主极之间导电以后电流较大，在镇流器上有较大的电压降，再加上启动电阻上的电压降，使辅助极与主极1之间的电压降得很低，不足以维持放电，辅助极便停止工作。水银蒸气导电时除放出一部分蓝绿色光外还放出紫外线，使涂在外壳壁上的荧光粉发光。这种灯在正常发光时放电管内汞蒸气气压很高，可达0.2～0.4MPa，故叫做高压汞灯。

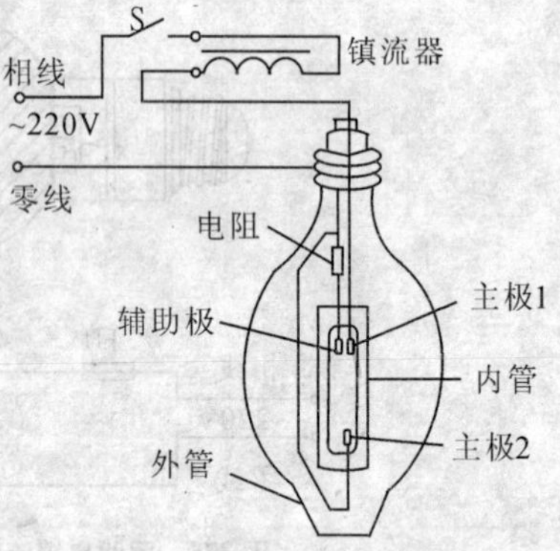

图376　照明高压汞灯连接线路

高压汞灯从启动到正常发光大约需要10min时间。使用时要注意熄灯后不能立即再起燃，必须冷却5～10min，待灯管内的水银蒸气压力降低后才能再次开灯，以免损坏灯泡。

377 照明碘钨灯线路

碘钨灯也是一种白炽灯，但结构上与普通灯泡不同，其钨丝放在一根细长的石英玻璃管内，并用许多支架支持，如图377所示。石英管内抽成真空后充有微量的碘。点燃时，钨丝表面蒸发，钨原子黏附在管壁上；同时，管内的碘受热汽化。如果管壁的温度高于250℃，碘便与黏附在管壁上的钨原子发生化学反应生成气态的碘化钨。碘化钨气体向灯丝扩散，在灯丝附近高温区域又分解为钨和碘，钨原子回到灯丝上，碘原子则又向管壁扩散，形成碘钨循环。可见，碘在这里起着“回收”钨原子的作用，把灯丝蒸发出来的钨不断地送回灯丝。但是，要使这个回收工作顺利进行，灯管内的碘蒸气或碘化钨气体不能有对流运动，否则钨原子就不能均匀地回到钨丝上。为了减少灯管内气体的对流作用，灯管要做得较细，而且要水平安装（倾斜度不超过

7°)。碘钨灯的管壁温度较高（500～700℃），灯管用耐高温的石英玻璃或高硅氧玻璃制造。使用碘钨灯时，要注意周围不要有易燃物品。

碘钨灯与普通白炽灯相比，由于对阻止钨丝的蒸发方面作了改进，大大提高了灯泡效率和寿命。碘化钨循环的作用，使灯丝不会因蒸发而变细，大大延长了灯泡寿命，玻璃壳也不会变黑；更主要的是灯丝可以有更高的工作温度，提高了发光效率。

碘钨灯及接线线路如图 377 所示，常用于打麦场、临时演出场地、工地等大面积照明，也可作为烘干、加热的热源。

通常用汉语拼音字母 DW 作为碘钨灯的代号，后面的数字分别代表额定电压和额定功率。例如 DW220—1000 就是额定电压是 220V，额定功率为1 000W的碘钨灯。

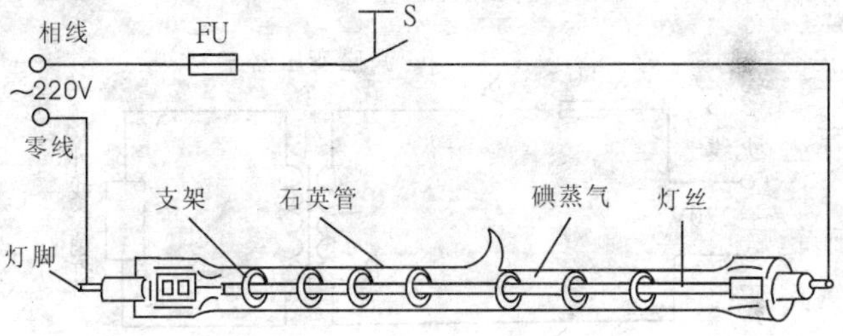

图 377　照明碘钨灯线路

378 探照灯、红外线灯、碘钨灯的接线方法

探照灯适用于铁路、建筑工地及远距离照明。探照灯只要它的额定电压和电源电压一致即可直接并接在电源上。见图 378 所示。

红外线灯主要应用于医疗、化工等方面，其接线线路同上。

碘钨灯具有体积小、使用时间长、光线好、光效高等优点，灯管两端的接线柱也同样是直接与电源相连接。

另外，自镇流高压水银荧光灯、工厂安全型照明灯、普通反射型灯、白炽灯都可按图 378 接线。

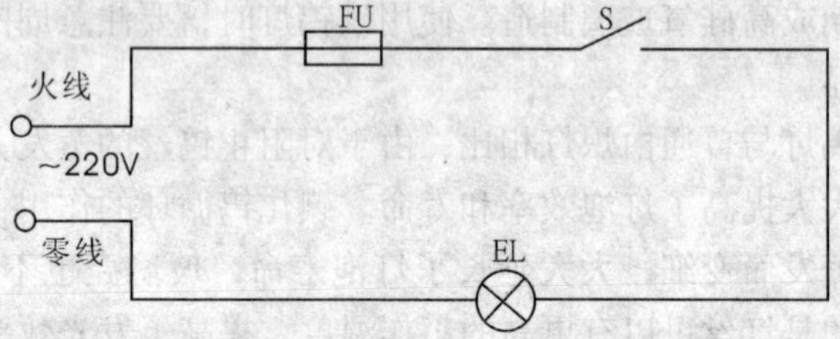

图 378　探照灯、红外线灯、碘钨灯接线方法

379 紫外线杀菌灯接线方法

紫外线杀菌灯应用于医学、制药工业等方面，灯与电源接线见图 379。紫外线杀菌灯必须配使用符合配套要求的专用漏磁变压器。

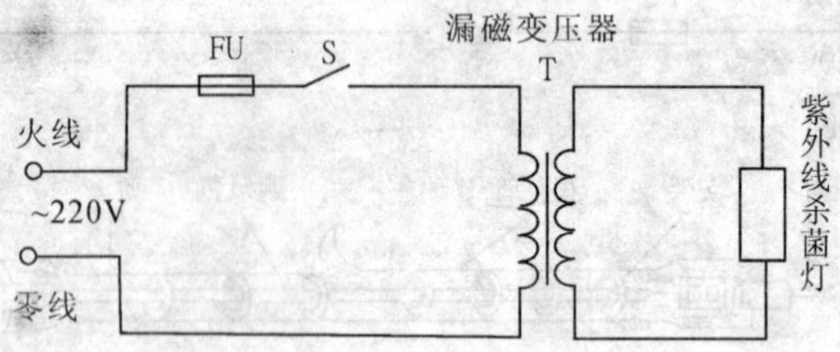

图 379　紫外线杀菌灯接线方法

380 管形氙灯接线方法

如图 380 所示，是管形氙灯接线线路。1 为高压输出端，应注意绝缘。触发控制端在触发时电流很大，需配上一只 CDC10—20 接触器。启动时按下按钮 SB，灯管即可点燃，线路中 3 接相线，4 接中性线，1、2 接灯管两端。

381 高压钠灯线路

钠灯常用于路灯照明，它具有光线柔和、发光效率高等优

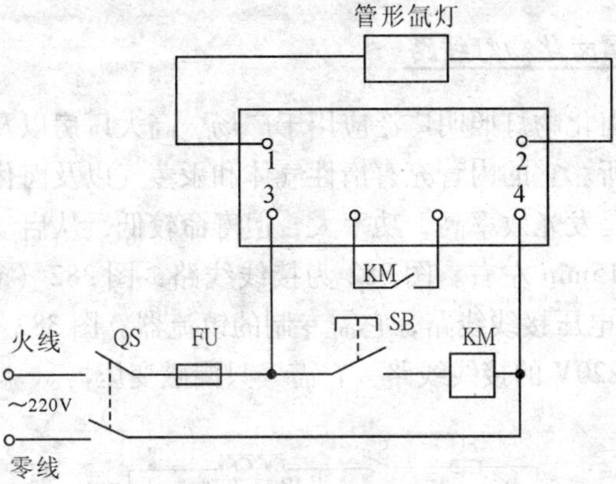

图 380　管形氙灯接线方法

点。钠灯又分为低压钠灯和高压钠灯两种。低压钠灯发出是单色荧光，它的发光效率很高，一般一个 90W 的钠灯，相当于一个 250W 的高压水银灯泡。另一种则为高压钠灯，它是将钠的蒸气压力提高，并充进少量的水银，光谱线为黄色或红色，其特点是发光效率高，寿命长，广泛适用于道路、车站、广场、厂矿企业照明，高压钠灯线路如图 381 所示。图 381（a）为高压钠灯的一种常用接线线路，它的特点是在灯的制造过程中，在外玻泡内有一种启动用的热控开关，启动时，电流流过热控开关和加热线圈，当热控开关受热打开时，镇流器产生脉冲高压，使灯击穿放电，在启动后热控开关靠放电管的高温保持继续断开位置。图 381（b）为高压钠灯带电子启动器的接线图。

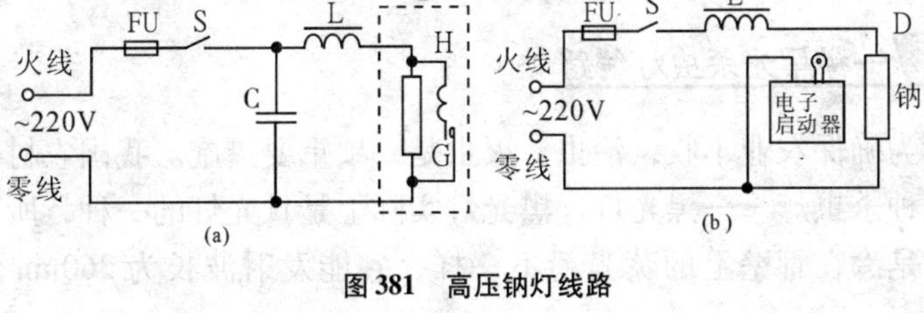

图 381　高压钠灯线路

382 金属卤化物灯线路

金属卤化物灯照明广泛应用于广场、高大厂房以及要求高照明度的场所。它的内管充有惰性气体和汞蒸气以及卤化物。这种灯的特点是发光效率高，功率大，但寿命较低，从启动到稳定正常发光需 15min 左右。图 382 为接线线路，图 382（a）为采用 380V 电源电压接线线路，它需专制的镇流器。图 382（b）为接工频电压 220V 的接线线路，它需一只漏磁变压器。

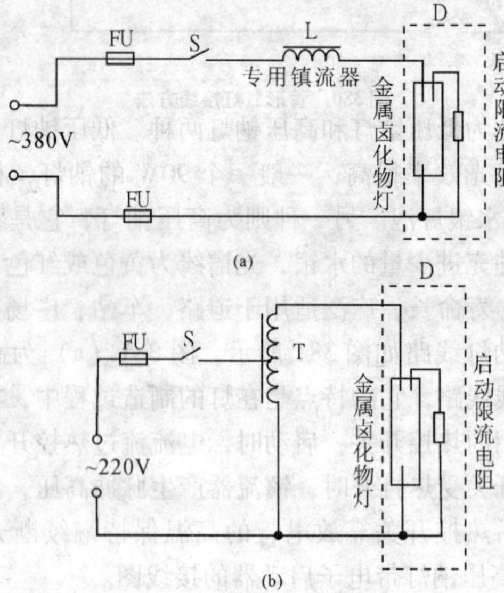

图 382　金属卤化物灯线路

383 一种黑光杀虫灯线路

为确保农业丰收，治虫、灭虫是一项重要措施。我国农村使用一种杀虫灯——黑光灯。黑光灯实际上是日光灯的一种，所不同的是涂在管壁上的荧光粉不一样，它能发射波长为 360nm 的

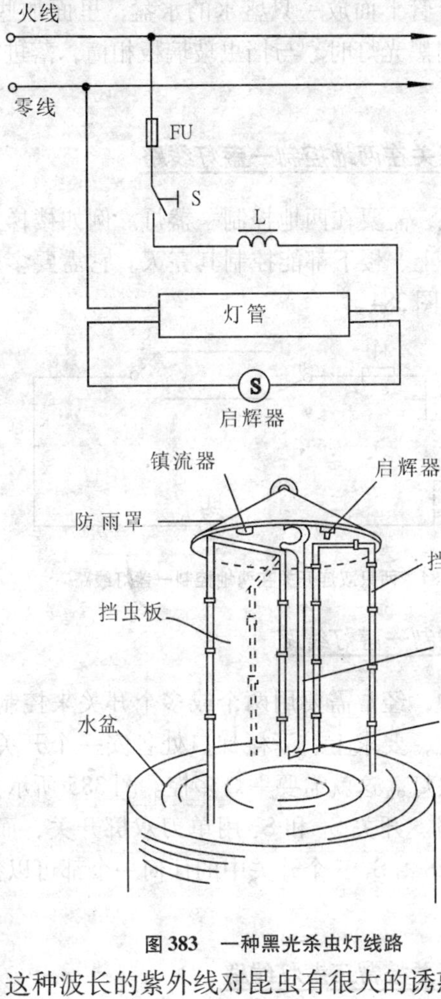

图 383　一种黑光杀虫灯线路

紫外线。这种波长的紫外线对昆虫有很大的诱惑力。使用黑光灯时同样要配上镇流器、启辉器等附件，安装方法和普遍日光灯一样。

黑光灯本身只能诱集飞行的害虫，杀虫还须配有捕杀装置。最简单的办法是用水盆杀虫。如图 383 所示，在灯管四周装设几块挡虫玻璃板，灯管下面放一只盛水的水盆，里面加些杀虫剂。当飞行的害虫扑向黑光灯时，与挡虫玻璃板相撞，落进水盆被杀死。

384 两只双连开关在两地控制一盏灯线路

有时为了方便，需要在两地控制一盏灯。例如楼梯上使用的照明灯，要求在楼上、楼下都能控制其亮灭。它需要多用一根连线，其接线方法见图 384。

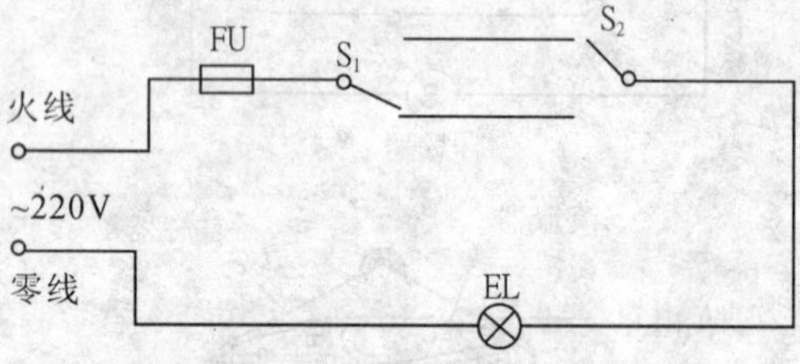

图 384　两只双连开关在两地控制一盏灯线路

385 三个开关控制一盏灯线路

在日常生活中，经常需要用两个或多个开关来控制一盏灯，如楼梯上有一盏灯，要求上、下楼梯口处各安一个开关，使上、下楼都能开灯或关灯。这就需要一灯多控。图 385 所示是三个开关控制一盏灯线路。开关 S_1 和 S_3 用单刀双掷开关，而 S_2 用双刀双掷开关。S_1、S_2、S_3 三个开关中的任何一个都可以独立地控制电路通断。

386 一只单连开关控制三盏灯线路

用一只单连开关控制三盏灯的线路见图 386 所示，要注意通过开关的电流值不能超过该开关允许的范围。

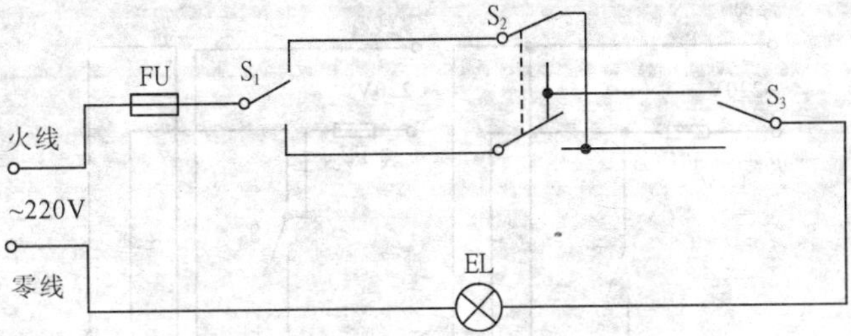

图 385　三个开关控制一盏灯线路

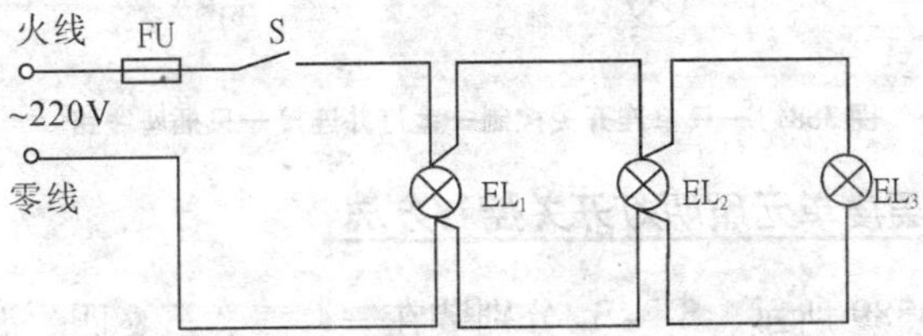

图 386　一只单连开关控制三盏灯线路

387 两只单连开关控制两盏灯线路

两只单连开关控制两盏灯可按图 387 实线部分连接。多只单连开关控制多盏灯，可参照同样方法连接，如图 387 虚线所示。

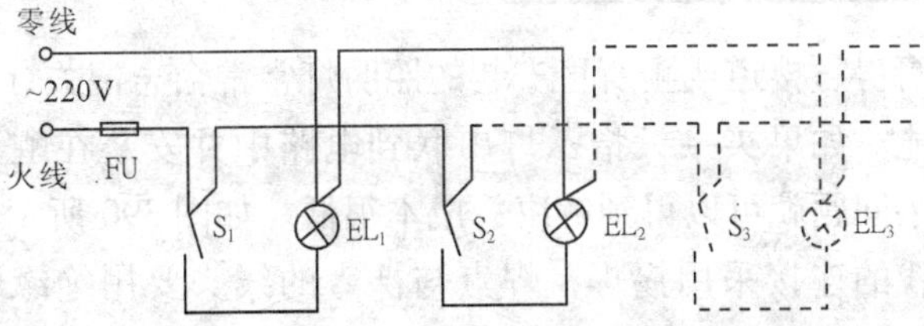

图 387　两只单连开关控制两盏灯线路

388 一只单连开关控制一盏灯并连接一只插座线路

加接的插座一般并接于电源上。见图 388（a）。有时为了维修方便，减少故障点，接头可接入内部接线柱上，外部连线可做到无接头，见图 388（b）所示。

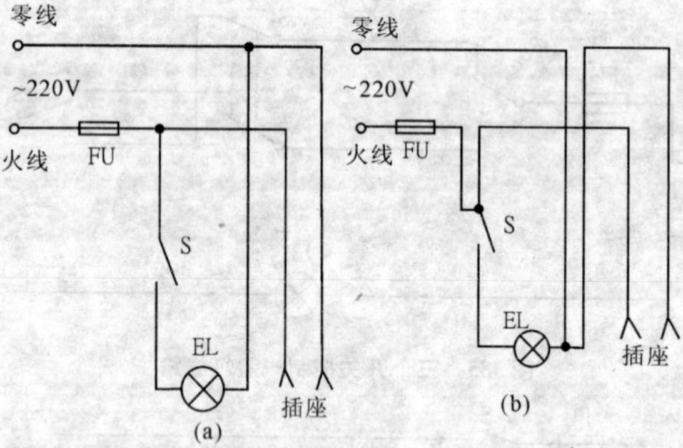

图 388　一只单连开关控制一盏灯并连接一只插座线路

389 五层楼单元照明灯开关控制方法

如图 389 所示，S_1 ~ S_5 分别装在一、二、三、四、五层楼单元的楼梯上，灯泡也分别装在各楼层的走廊里。这样在任何一个地方都可控制单元走廊的照明灯。例如上楼时开灯，到五楼再关灯，或从四楼下楼时开灯，到一楼再关灯。

390 简易的节能指示灯线路

在厨房、楼道或厕所里安装的照明灯常常会忘记关灯，白白浪费电能。如果买一只指示灯串联到电路中并安装在醒目的地方，这个问题就可以得到解决，成本很低。如图 390 所示，指示灯与导线的连接采用锡焊，焊点与裸露的线头要用绝缘胶布包好。

照明灯功率为 15W 时用 12V、0. 15A 的指示灯；为 25W 时用 6. 3V、0. 15A 的指示灯；为 40W 时用 3. 8V、0. 3A 的指示灯。

391 用发光二极管做家用电器指示灯线路

用一只发光二极管 LED 串联一只电阻，直接接入交流 220V

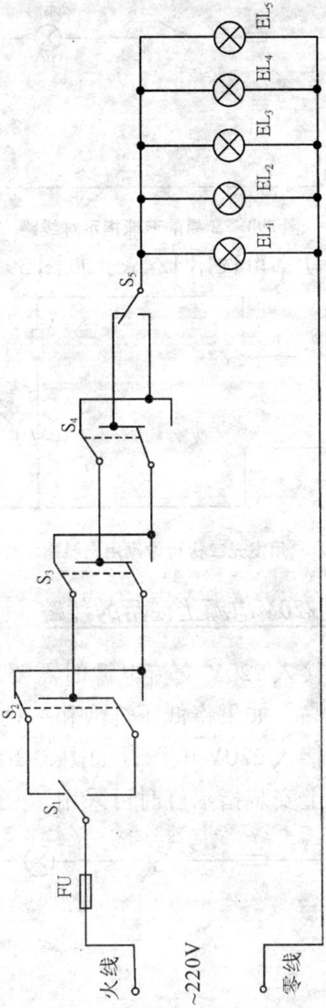

图 389　五层楼单元照明灯开关控制方法

电源，线路中电阻起限流作用，发光二极管通过几毫安的电流即可发光，这样可做家用电器的电源指示灯。线路中的电阻值在

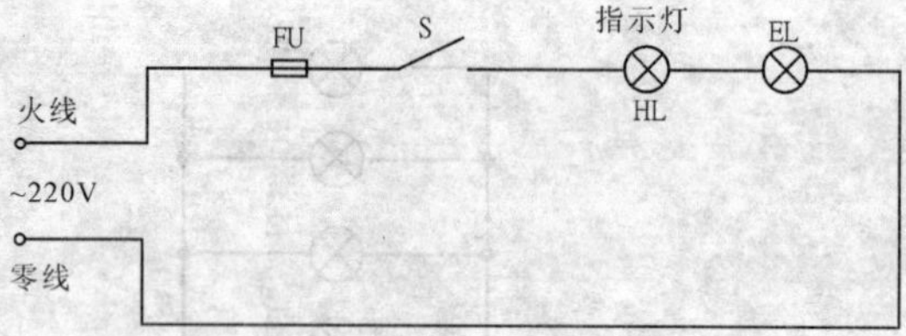

图 390　简易的节能指示灯线路

91～130kΩ 左右，功率可选用 1/4W，见图 391。

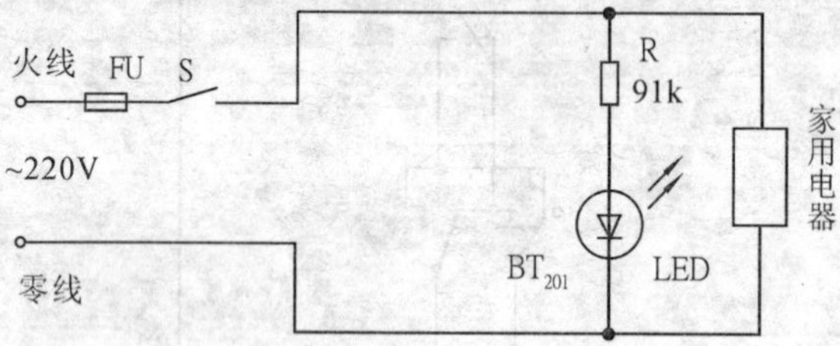

图 391　用发光二极管做家用电器指示灯线路

392 低压灯泡在 220V 电源上使用的线路

一般低压灯泡接入 220V 交流电源时需要一只变压器，这样体积增大，价格也高。如果将低压灯泡和一只容量合适的电容器串联后，就可直接接入 220V 电源，如图 392 所示。这种方法简便易行，如在车床上安装指示灯时可采用。

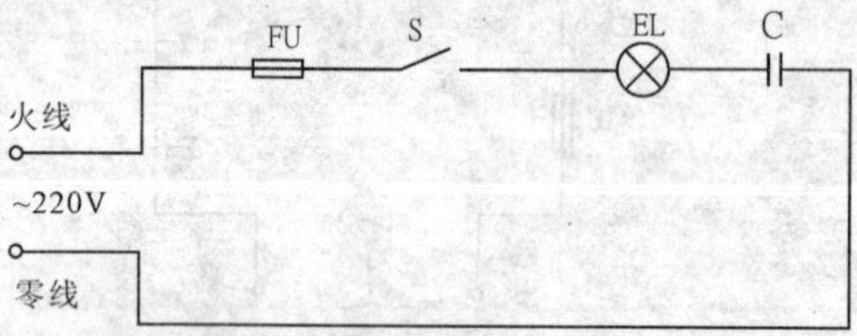

图 392　低压灯泡在 220V 电源上使用的线路

串联的电容器起降压作用。容量要适当，过大会烧坏灯泡，过小则灯光太暗，可根据实验而定。它的估算公式为 C = 15I

（μF），I 为低压灯泡的额定电流（A）。另外，电容的耐压值要大于 300V。低压灯泡的这种使用方法应特别注意绝缘保护，以防触电。

393 将两只 110V 灯泡接在 220V 电源上的线路

某些地区用的电源电压为 110V，我国绝大多数地区所用的电源电压为 220V，按图 393 方法可将两只 110V 的灯泡接在 220V 电源上使用，接线方法为串联法。注意：两只 110V 的灯泡功率必须相同，否则，灯泡功率比较小的一个将极易烧坏。

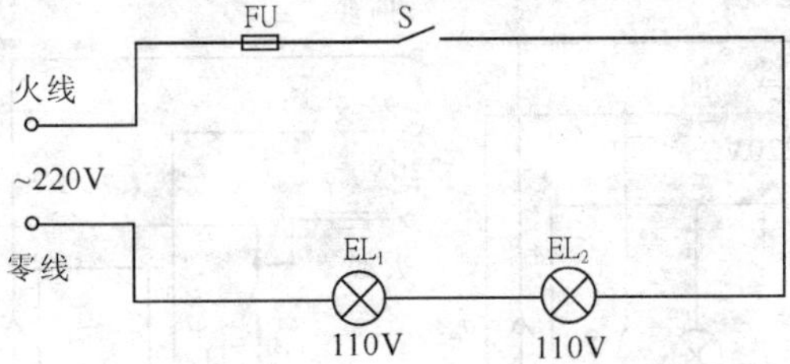

图 393　将两只 110V 灯泡接在 220V 电源上的线路

394 延长白炽灯寿命线路

在楼梯、走廊、卫生间等场所使用的照明灯，照明度要求不高，但由于电压升高或在点燃瞬间受到电流冲击的影响，很容易烧坏灯泡。因此需要经常更换，使电工人员感到很头痛。延长寿命的一个简便的方法，是采用两只功率相同，电压均为 220V 的白炽灯相串联，一起连接在电压为 220V 的电源回路里，如图 394 所示。因为每只灯泡的电压降低了，故发光效率也降低了。

395 一只开关控制一盏灯并外连三眼插座线路

在建筑安装中，如果在一般照明线路上加装插座时，请按图 395（a）所示线路连接。但有时，为了维修方便，减少故障点，

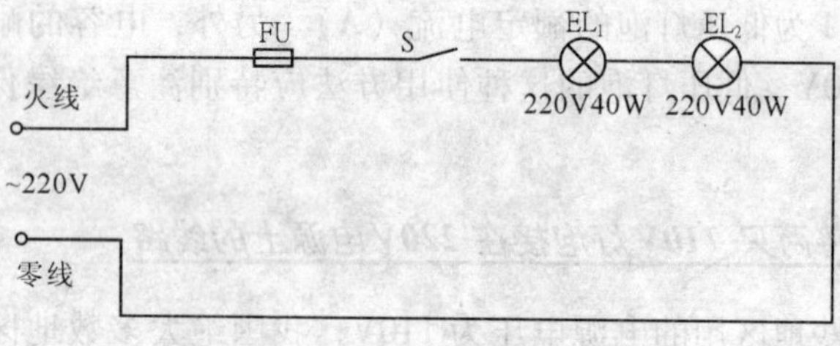

图 394　延长白炽灯寿命

接头可直接与用电器内部的接线螺丝相连接，外部连线可达到无接头，如图 395（b）所示。

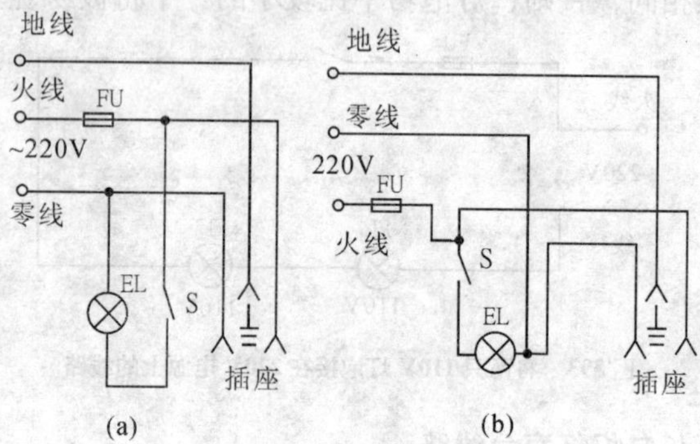

图 395　一只开关控制一盏灯并外连三眼插座线路

396 用二极管延长白炽灯寿命线路

在楼梯、走廊、卫生间等照明亮度要求不高的场所，可采用这个方法延长灯泡寿命。即在拉线开关内加装一只耐压大于400V、电流为1A 的整流管。

它的工作原理是：220V 交流电源通过半波整流使灯泡只有半个周期中有电流通过，从而达到延长白炽灯寿命的目的，但灯泡亮度降低。见图 396 所示。

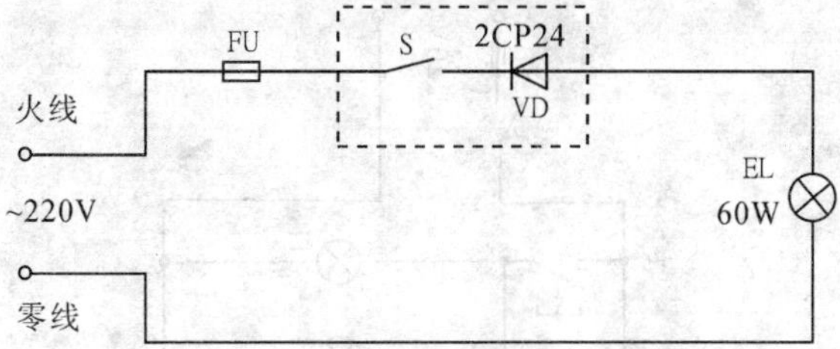

图 396　用二极管延长白炽灯寿命线路

397 照明灯自动延时关灯线路

在走廊、门厅或楼梯口的照明灯开关旁边，我们常见到贴有“人走灯灭”或“随手关灯”字样的提示纸条，可实际上很难真正做到人走灯灭，常常还是让照明灯彻夜长明，既费了电，又缩短了灯泡寿命。如图 397 所示的电路，可以有效地做到“人走灯灭”。

线路中的 S_1、S_2、S_3、S_4 分别是设在四层楼梯上的开关，EL_1、EL_2、EL_3、EL_4 四盏灯分别装在四层楼的楼梯上。当人走进走廊后，按下任何一个开关按钮，四盏照明灯全部接通电源发光。照明一段时间，照明灯就会自动熄灭。

线路中继电器选用 JRX—13F 继电器；EL_1 ~ EL_4 灯泡选用 15W 为宜；调 R_1 可改变延时时间。

398 楼房走廊照明灯自动延时关灯线路

如图 398 为楼房走廊照明节电线路，当人走进楼房走廊时，按下任何一个按钮，KT 时间继电器吸合，使 KT 延时常闭点闭合，照明灯点亮。延时常闭点经过了一段时间后打开，使走廊的灯自动熄灭。

电路中的延时继电器选用 JS7—3A 或 JS7—4A 断电延时时间继电器，线圈电压为 220V。这种延时时间继电器在线圈得电后

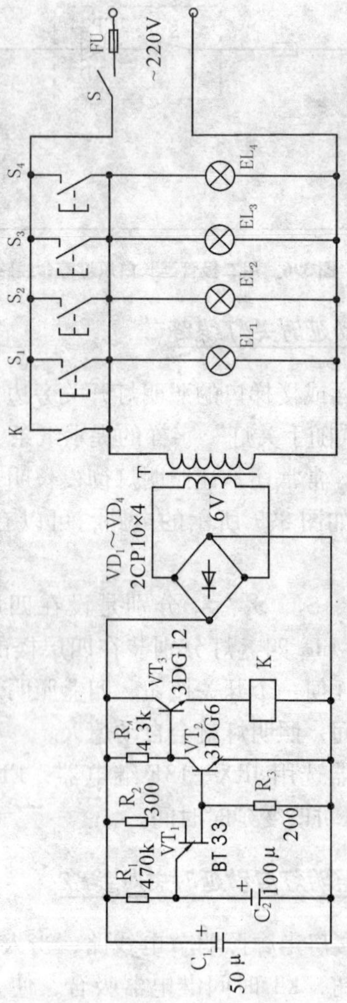

图 397　照明灯自动延时关灯线路

动作，使 KT 吸合，然后在线圈失电后延迟一段时间后才断开。此方法简单易行，非常方便。

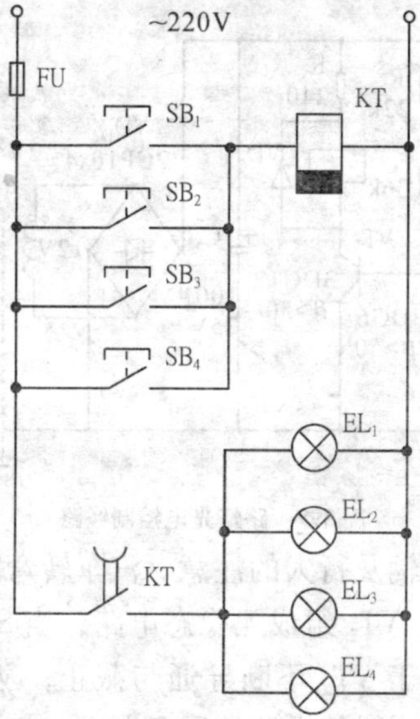

图 398　楼房走廊照明灯自动延时关灯线路

399 路灯光电控制线路

这是一种简单的光控开关电路，如图 399 所示。当晚上（照度很低）时，光敏电阻 GR 的电阻增大，VT_1 的基极电流减小直至截止，于是 VT_2 也截止。VT_2 的集电极电压上升使 VT_3 导通，继电器 K 吸合，点亮路灯。早上天刚亮（照度高），GR 的阻值减小，使 VT_1 导通，于是与上述过程相反，关闭路灯。继电器 K 为 JRX—13F 型。

电源变压器采用次级输出为 12V 的小型电源变压器，功率约 2W 即可。桥式整流器采用 2CP10 型整流管。

400 汽车转弯闪光指示灯电路

当汽车转弯时，方向指示灯一闪一闪地发光，指示转弯的方

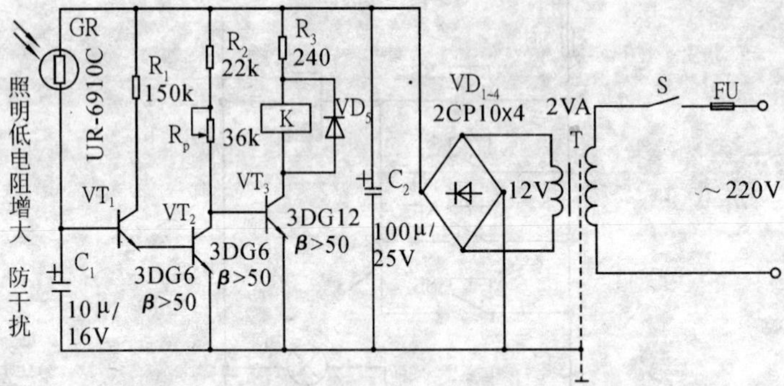

图 399 路灯光电控制线路

向，以引起来往车辆及行人的注意。汽车转弯闪光指示灯电路如图 400 所示。VT_1、VT_2 组成无稳态电路，当 S_1 合上后，无稳态电路开始工作，由于 VT_2 不断导通与截止，从而使继电器 K 不断吸合与释放，使指示灯电路接通和断开，灯发出一闪一闪的亮光。S_2 合在“1”上时，汽车左灯发光，S_2 合到“2”上时，汽车右边的指示灯发光。

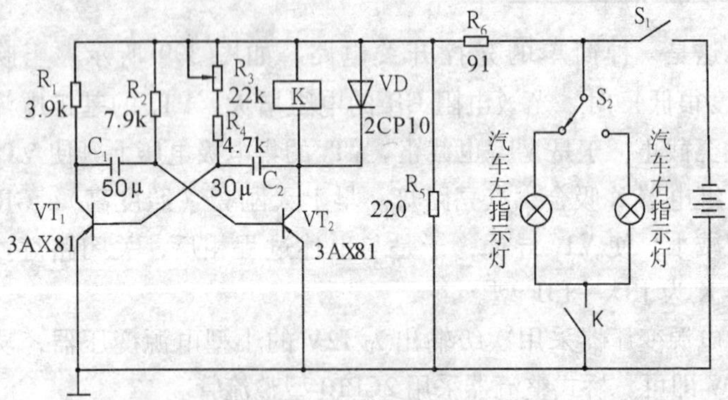

图 400 汽车转弯闪光指示灯电路

401 延时节能路灯开关电路

如图 401 所示。该电路相当于一个双端器件，可直接替代现有的照明开关，它造价低，容易制作。

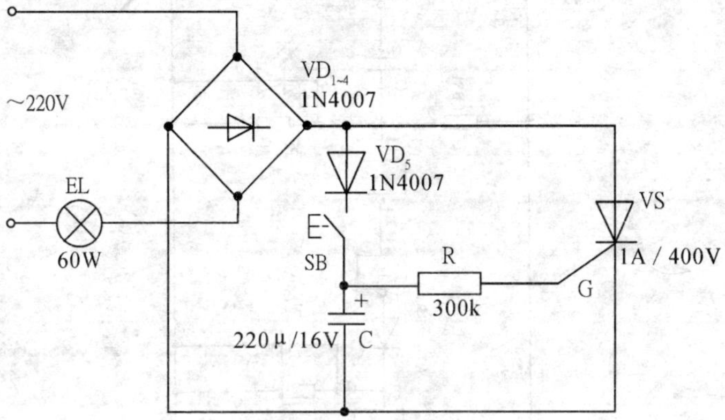

图 401　延时节能路灯开关电路

使用时，按一下 SB，220V 交流电经过灯泡降压、桥式整流后得到脉动直流电，经 VD_5 向 C 快速充电，当电容器上的电压高于单向可控硅 VS 的控制极触发电压时，单向可控硅被触发导通，灯泡点亮。松开 SB 后，电容器上的电荷通过电阻器 R 放电，维持单向可控硅的导通，灯泡继续发光，随着 C 的放电，延时 1 段时间（1 ~ 2min），最后 C 上的电压不足以维持可控硅的导通，可控硅在交流电过零时，自动关断，灯泡熄灭，从而完成一次延时开灯过程。

402 光控声控节能楼梯开关电路

该电路采用一片六反相器集成电路 CD4069，工作稳定，调试简便。同时它体积小，便于安装。

电路如图 402 所示，220V 交流电经 VD_1 ~ VD_4 桥式整流，

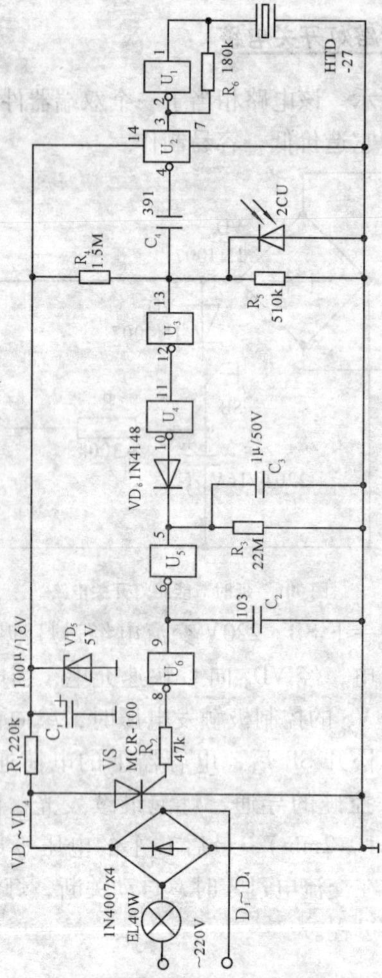

图 402　光控声控节能楼梯开关电路

电阻 R_1 降压，C_1 滤波，VD_5 稳压，得到 +5V 直流电供控制电路使用。白天光电管 2CU 受光照呈低阻，将 IC⑬脚限定为低电平，音频信号不能通过，⑧脚为低电平，可控硅得不到触发电压而截止，灯泡不亮。晚上 2CU 因无光照而呈高阻，⑬脚的电平不再受 2CU 的限制。此时，若楼道有人走动、说话或击掌，压电陶瓷片拾取微弱的声音信号，经 U_1 的线性放大，U_2 整形，由 C_4 耦合给⑬脚，U_3、U_4 的进一步整形，使⑩脚瞬时输出高电平，经二极管 VD_6 迅速对电容器 C_3 充电，⑤脚高电平，⑥脚低电平，⑧脚高电平，可控硅触发导通，灯亮。此后 IC 靠 C_1 上的电荷维持供电。声音消失后，⑩脚变为低电平，但由于 VD_6 的反偏隔离作用，C_3 上的电荷通过 R_3 缓慢泄放，维持⑤脚高电平 15s 左右，期间可控硅导通，灯泡一直工作，待 15s 后⑤脚变为低电平，⑧脚也为低电平，可控硅关断，照明灯自动熄灭，整个电路等待下一次的声波触发。

403 电容降压的节能灯线路

通常，为节约用电起见，楼房及家庭的楼梯、过道和厨房等处不需要照明很亮，仅需安上一盏小瓦数灯泡就行了。但这种灯泡市场上供应很少。这里介绍一种电容节电灯，可使大瓦数灯泡变成小瓦数，还能延长灯泡的使用寿命，并且对于供电线路功率因数改善也有好处。

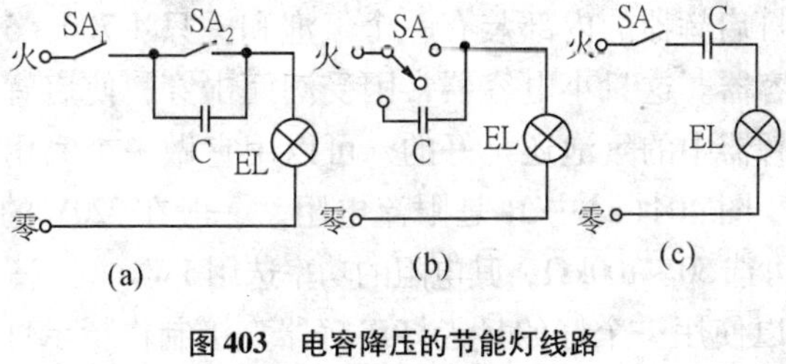

图 403　电容降压的节能灯线路

图 403 为电容节能灯的电路图。其工作原理是利用电容器作为降压元件串联在灯泡回路中，降低灯泡工作电压，达到使灯泡功率变小的目的。图（a）是在原电路中增加一只串联电容 C 和一只单连开关 SA_2。SA_2 用来控制电容 C 的接入和不接入。图

(b) 是利用一只单刀双掷开关 SA 进行控制的接法。这两种接法都可以使灯泡具有两种工作状态：串入电容使灯泡变成小瓦数；短路电容使灯泡正常发光。图（c）只是在原电路中串入一只电容器，灯泡只能在小瓦数状态下工作。

安装时，将电容器安装在拉线开关旁边。接线时，导线与电容器应用锡焊接，接头处用胶布包好，以确保安全。

电容器应选用额定电压在 400V 以上的，不能采用电解电容器。常用的各种瓦数的灯泡改成约 5W 时串联的电容器容量见下表。

各种瓦数的灯泡改成约 5W 时串联的电容器容量

灯泡功率（W）	100	60	40	25	15
串联电容（μF）	1.47	1.18	0.94	0.80	0.66
实际功率（W）	4.75	4.92	4.52	4.73	4.63

表中串联电容后电灯相当于 4 ~ 5W 的功率，若要亮一点，可改用容量稍大的（例如 2 ~ 4μF 的）电容器。

404 用日光灯启辉器做家用电器指示灯电路

日光灯启辉器的内部装有一个氖泡和一只 4 700 ~ 5 100pF 的纸质小电容器。这只小电容器常因受潮而击穿，使启辉器不能使用。但启辉器中的氖泡还是好的，可以用它做一个家用电器的电源指示灯。图 404(a) 中 R 是限流电阻，一般在 220V 的电源电路中，电阻可选 50 ~ 100kΩ，其电阻的功率选用 1W。

也可以使用一个好的日光灯启辉器直接制作指示灯，只要将启辉器内的氖泡和电容改为串联连接后，接入 220V 交流电源上即可。见图 404（b）所示。此法非常简单方便。

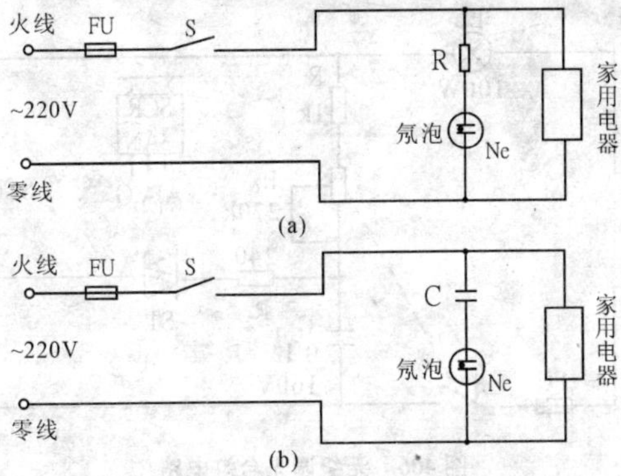

图 404　用日光灯启辉器做家用电器指示灯电路

405 简单的可控硅调光灯电路

如图 405 所示是一种简单的可控硅调光灯线路。将线路中电位器 R_P 的阻值调小时，可控硅导通角增大，灯光亮度增强；阻值调大时，可控硅的导通角减小，灯光亮度减弱。它还可用于电热器加热温度的调节。

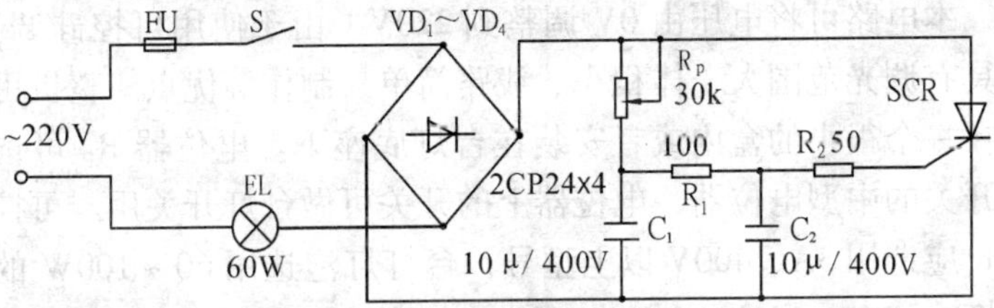

图 405　简单的可控硅调光灯电路

406 无级调光台灯电路

自制一台小型可控硅调光器，可根据工作学习等需要，随意调整台灯的亮度，不但能为您在工作或家庭生活中带来方便，而且还可达到节电目的。

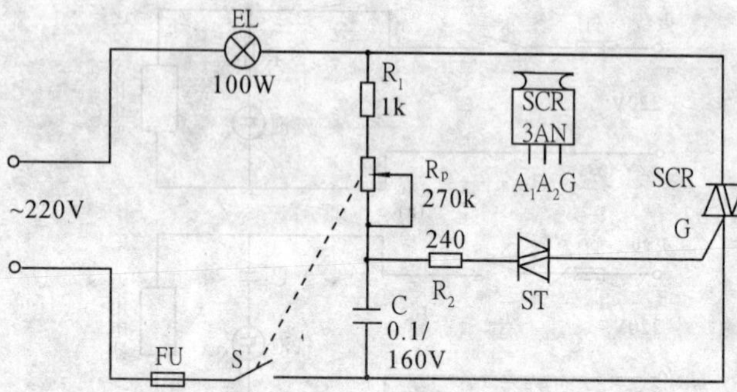

图 406　无级调光台灯电路

工作原理如图 406 所示，R_1、R_P、C、R_2 和 ST 组成移相触发电路，在交流电压的某半周，220V 交流电源经 R_P、R_1 向 C 充电，电容两端电压上升。当 C 两端电压升高到大于双向触发二极管 ST 的阻断值时，ST 和双向可控硅 SCR 才相继导通，然后，SCR 在交流电压零点时截止。SCR 的触发角由 R_P、R、C 的乘积决定，调节电位器 R_P 便可改变 SCR 的触发角，从而改变负载电流的大小，即改变灯泡两端电压，起到随意调光的作用。

本电路可将电压由 0V 调整到 220V。由于使用可控硅调光，故具有调光范围大、体积小、线路简单易制作等优点。整机可安装在一个很小的盒内或者安装在台灯底座下。电位器 R_P 可选用带开关的中型电位器，电位器上的开关可做台灯开关用。可控硅 SCR 应选用 3A、400V 以上型号，台灯灯泡选用 60 ~ 100W 的白炽灯。

407 应急照明灯电路

应急照明灯电路如图 407 所示。当开关 S 在 1 的位置时，220V 的交流电经变压器 T_1 降压、VD_1 ~ VD_4 整流后向蓄电池 E 充电。当停止交流供电时，可把开关 S 拨向 2 的位置，此时蓄电池向逆变变压器 T_2 次级输出高压，使灯管启辉。

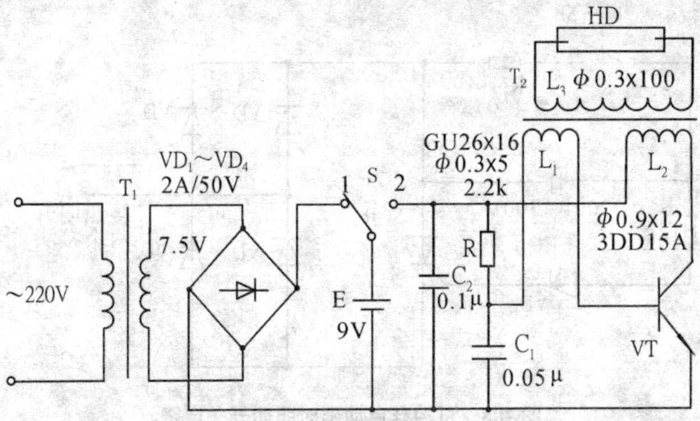

图 407　应急照明灯电路

逆变变压器采用铁氧体罐形磁芯绕制，规格为 GU26×16。绕制时，注意高压绕组 L_3 的绝缘。电池组可根据条件选用。电源变压器可用 10VA 铁芯绕制。灯管可选用 7W 的 H 形或 U 形节能灯。

线路安装无误后，如通电不起振，有可能是反馈线圈接反，可将 L_1 两端对调，一般来讲即可正常工作。调整 C_1 可改变振荡频率，C_1 越大，振荡频率越低。

408 可控硅自动延时照明开关电路

工作原理图 408 所示。二极管 VD_2 ~ VD_5 组成电桥，其中一个对角线上的两个接点接可控硅 SCR，另一个对角线上的两个接点引出接在原来的照明开关上。当 SB 闭合时，在交流电源的一个半周时间，可控硅 SCR 导通，使电桥的对角线短接，因而照明灯亮；当 SB 打开时，由于电容 C 经 R_1、VD_1 向可控硅控制极放电，使得通过可控硅控制极的电流继续保持，这样照明灯在电容放电的一段时间内延时点亮，然后熄灭。

在装试此电路时，若按下 SB 时，照明灯不亮，可重新选择电阻 R_1 的阻值。线路中可控硅与二极管的型号由负载电流大小决定。

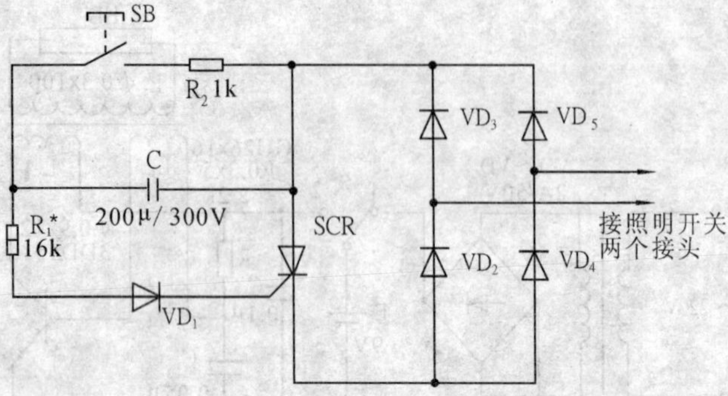

图 408　可控硅自动延时照明开关电路

409 简易调光灯电路

图 409 是一种简易调光灯线路，光线的调节由多挡开关 S 控制。当 S 拨到“1”时灯灭；当 S 拨到“2”时，灯通过电容连接发出微光；当 S 拨到“3”时，电源经二极管半波整流给灯泡供电，灯泡亮度约为平时的一半；当 S 拨到“4”时，灯泡在额定电压下工作，亮度最亮。

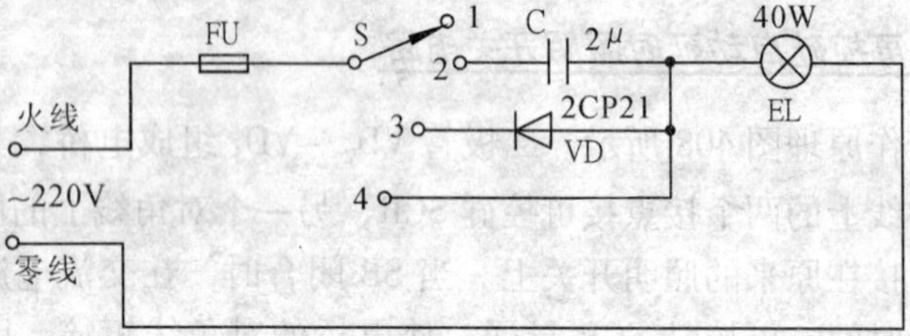

图 409　简易调光灯电路

410 简单实用的延时开关电路

该电路简单实用，工作稳定可靠。平时电路本身不耗电，灯泡也不亮。按一下按钮开关，灯泡延时亮一段时间，然后自动熄灭，完成一个控灯过程。

电路如图410所示，工作原理如下：平时电容器C处于充足电的状态，没有充电电流。可控硅VS因控制极G没有触发电流而截止，电路处在守候状态，灯泡EL不亮。使用时，按一下按钮开关SB，C通过R_2迅速放电，端电压变为零。松开SB后，C通过灯泡EL、R_1、VD，可控硅G极、T极开始充电。此时可控硅控制极有触发电流而导通，灯泡EL亮。此后因R_1的阻值较大，充电电流缓慢减小，使可控硅的导通维持一段较长的时间，这段时间也就是灯泡延时工作的时间。随着C的充电，其端电压逐渐升高，充电电流逐步减小，最后可控硅因得不到足够的触发电流，在交流电过零时，而自行关断，灯泡熄灭，完成一个控灯过程。

制作时，C选用2～10μF/450V的漏电小的高品质电容器，VS选用1A/630V的双向可控硅，VD选用高品质二极管1N4007，其他元件如图所示。调试时，若可控硅不能关断，可在G—T之间接一个200Ω的电阻，R_1配合C决定延时时间，可根据需要酌情取值。

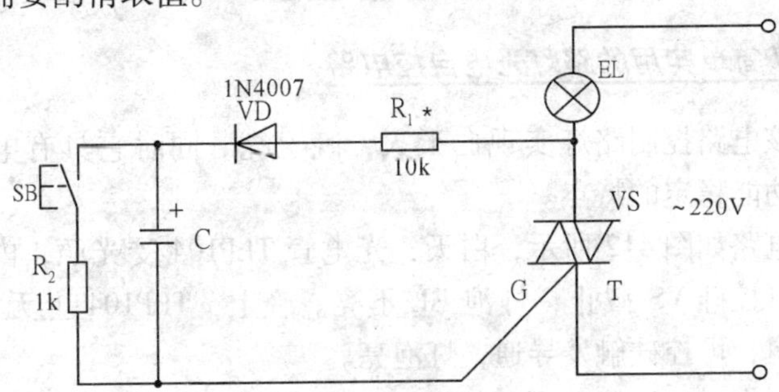

图410　简单实用的延时开关电路

411 氖泡微光灯电路

用氖泡作夜间微光照明，具有耗电省的显著特点。应用于室内晚上的照明，可起到辅助调光的作用。对于在漆黑的情况下寻找电源开关，以及一些喜欢开灯睡觉的人，安装这样的电路大有益处。

如图411所示，当电源开关S闭合时普通照明灯EL亮，室内得到正常采光照明。当S断开时，灯泡EL熄灭，氖泡Ne_1、Ne_2、Ne_3亮，发出红光，供室内作微光照明。平时若开关S断开而氖灯不亮时，提醒用户已停电或供电线路有故障，应及时维修。制作时，氖灯可用日光灯启辉器内的氖泡，电阻用100 kΩ1/8W即可（因氖泡耗电甚微）。

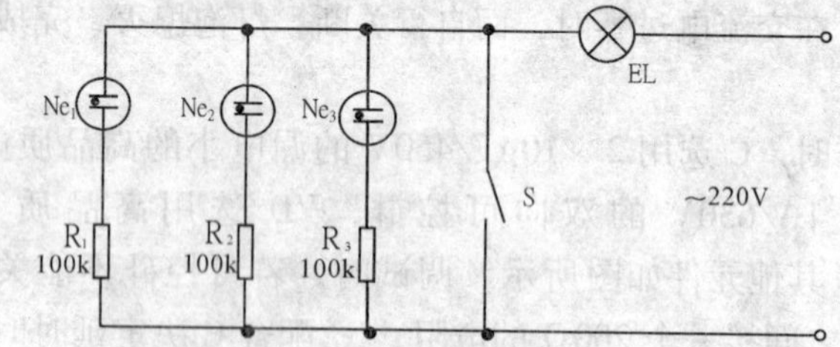

图411　氖泡微光灯电路

412 简单实用的路灯光电自控电路

该电路控制路灯实现白天灭，晚上亮。同时它具有电路简单，功能稳定的特点。

电路如图412所示，白天，光电管TLP104受光照，内阻很低，可控硅VS截止，灯泡EL不亮。晚上，TLP104上无光照，呈高阻，可控硅触发导通，灯泡亮。

制作时，可控硅用CR02AM8，也可用其他型号的单、双向可控硅，双向的比单向的灯泡更亮，耐压应大于400V，允许电流根据灯泡功率而定，一般2A的可控硅对路灯来说已足够了。

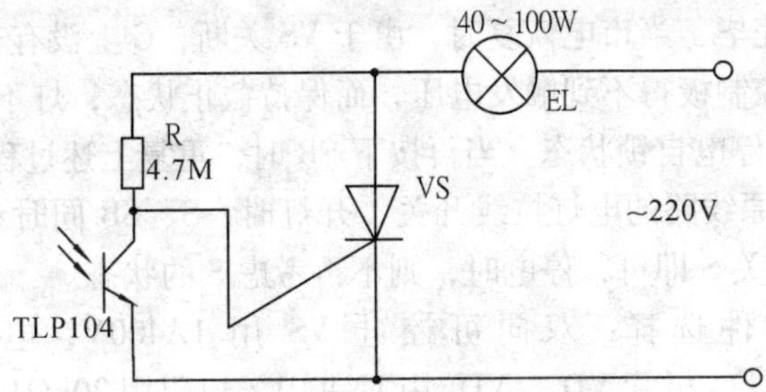

图 412　简单实用的路灯光电自控电路

413 能够识别停电的照明灯电路

日常生活中，有时虽停了电，可照明灯的拉线开关不知是处在开还是关的状态，往往再来电时，灯泡成了长明灯，白白浪费了电能。这里给出的电路能够解决上述问题，用它控制的照明灯，停电时它自动识别，再来电时，灯泡不再长明。

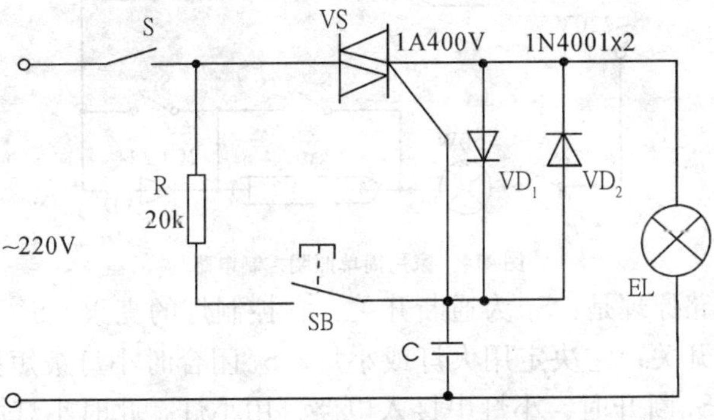

图 413　能够识别停电的照明灯电路

如图 413 所示，有电时，按下按钮 SB，电容器 C 充电，可控硅 VS 有触发电压而导通，灯泡 EL 亮。松开 SB 后，电源由 VS、VD_1、VD_2 向电容器 C 充电，维持可控硅的导通，灯泡 EL 持续亮。停电时，VS 关断截止，C 上的电荷经 VD_1、VD_2、灯泡

EL 泄放完毕，当市电恢复时，由于 VS 关断，C 上没有充放电电压，VS 控制极得不到触发电压，而保持截止状态，灯不会再亮，从而达到停电自锁状态。当再按下 SB 时，重复上述过程。

S 为原线路的电灯拉线开关，开灯时，S、SB 同时动作，关灯时，只关 S 即可，停电时，则不再考虑 S 的状态。

元器件选择：双向可控硅 VS 用 1A400V，电容器用 1μF400V，二极管 VD_1、VD_2 用 1N4001，电阻用 20kΩ1/8W。

414 家用简单照明控制电路

图 414 是可以获得不同亮度的家用简单照明控制电路。该电路仅用一只大灯（40W 白炽灯），一只小灯（3W 冷阴极荧光灯）和三只控制开关，就能灵活地获得 4 种不同的照明亮度，而且灯的接通、关断始终由一只开关控制，使用方便，节电效果好。

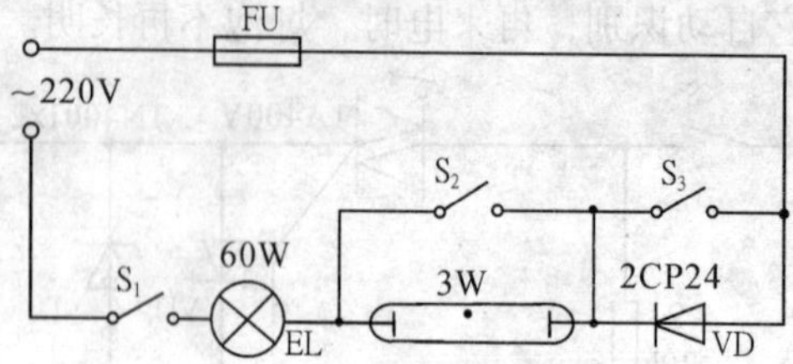

图 414 家用简单照明控制电路

电路原理是：S_1 为通断开关，它控制灯的亮灭，S_2 为大小灯选择开关，它决定用大灯或小灯。S_2 闭合时小灯被短接，用大灯；S_2 断开时，小灯串接入电路，用小灯。此时小灯电流虽然也流过大灯，但因电流小，大灯不会发光。S_3 为亮度选择开关，它决定灯的亮度。S_3 断开时，二极管 2CP 24 串入电路，只允许交流电的半波通过，故灯发暗光；当 S_3 闭合时，二极管被短接，交流电全波都能通过，电灯获得额定的电压，发出正常的亮光。S_1、S_2、S_3 均采用拉线开关。